Alexander Sievers

Die Ökonomisierung der Kartografie

Jahrbuch für Wirtschaftsgeschichte

Im Auftrag der Herausgeber des Jahrbuchs
für Wirtschaftsgeschichte herausgegeben von
Alexander Nützenadel und Jochen Streb

Beiheft 31

Alexander Sievers

Die Ökonomisierung der Kartografie

Kartenhandel im 19. Jahrhundert in Deutschland

DE GRUYTER
OLDENBOURG

In Erinnerung an meinen Großvater Gerhard Paul Möller und meinen Vater Gunnar Mario Sievers

ISBN 978-3-11-100387-0
e-ISBN (PDF) 978-3-11-100437-2
e-ISBN (EPUB) 978-3-11-100506-5
ISSN 1869-0971

Library of Congress Control Number: 2023940881

Bibliografische Information der Deutschen Nationalbibliothek
Die Deutsche Nationalbibliothek verzeichnet diese Publikation in der Deutschen Nationalbibliografie; detaillierte bibliografische Daten sind im Internet über http://dnb.dnb.de abrufbar.

Einbandabbildung: August Petermann: Ost-Afrika zwischen Chartum und dem Rothen Meere bis Suakin und Massaua : eine vornehmlich zum Verfolg der v. Heuglin'schen Expedition bestimmte Karte. Anh.: Ein arabischer Schriftsteller über die Bedja-Länder, Gotha 1861. © Thüringer Universitäts- und Landesbibliothek Jena.
Satz: bsix information exchange GmbH, Braunschweig
Druck und Bindung: CPI books GmbH, Leck

www.degruyter.com

Inhaltsverzeichnis

1 Einleitung

Der Leipziger Publizist und Philosoph Johann Adam Bergk sagte in seinem erstmals im Jahr 1828 erschienenen Werk *Der Buchhändler* dem Handel mit Druckerzeugnissen aller Art eine goldene Zukunft voraus.[1] Für den Zeitgenossen Bergk war der Buchhändler somit eine Person, die durch Geschick und die nötige Menge Glück durchaus zu Reichtum und Ansehen gelangen konnte. Das sollte ihm vor allem durch seine hervorgehobene gesellschaftliche Position gelingen, als ein allseits geschätzter Anbieter von Wissen und somit einer besonders nachgefragten Ware:

> [...] Der Buchhändler ist nicht bloßer Kaufmann, und wenn dieser schon viele Kenntnisse besitzen muss, wie viel mehr der Buchhändler, der mittel- und unmittelbar Einfluß auf das hat, was für die Menschen, Völker und Staaten von der größten Wichtigkeit ist? Der Buchhändler soll in aller Hinsicht ein Ehrenmann seyn; sein Verkehr mit den Gelehrten und ihren wissenschaftlichen und künstlerischen Bestrebungen verlangt von ihm eine ausgezeichnete wissenschaftliche und moralische Bildung [...].[2]

Dennoch genügte es aus Sicht Bergks nicht, bloß Bücher ohne die Beachtung der Wünsche der Leser herauszugeben. Vielmehr überschrieb er in seinem im Eigenverlag publizierten Werk ein ganzes Kapitel mit der geradezu auffordernden Frage, welche Schriften der Verleger nun verlegen solle, um den geneigten Kollegen nicht nur seine Sicht auf die Welt des Buchhandels näher zu bringen, sondern ihn anzuspornen, diese Frage sich als Leser beständig selbst zu stellen.

Nach einigen Passagen über theologische Werke und Belletristik, ging Bergk in Folge auch auf Bücher aus der Kategorie „Geschichte und Erdkunde" über. Für den Autor stand unmissverständlich fest, dass:

> Geschichte und Erdkunde keiner entbehren [kann], der nicht auf der Scholle liegen bleiben will, auf welche ihn der Zufall der Geburt geworfen hat; Werke aus diesen beiden Wissenschaften entsprechen also dem Bedürfnisse Vieler; denn wer wünscht nicht zu wissen, wie es sonst auf der Erde ausgesehen hat und wie es jetzt aussieht? [...] Sie finden also daher einen bedeutenden Absatz, zumal wenn sie die allgemeine Erd- und Völkergeschichte und die Kunde der ganzen Erde beheften und zweckmäßig bearbeitet sind. [...][3]

Zugegeben, es soll in dieser Arbeit weder um die Ansichten zeitgenössischer Publizisten zum Buchhandel gehen und auch nicht genuin um die Geschichte des Buchhandels im 19. Jahrhundert, dennoch dient der kleine Exkurs zu Beginn dieser Arbeit als Hinweis auf die folgenden Ausführungen zum Handel mit Landkarten im deutschsprachigen Raum während des 19. Jahrhunderts. Denn es steht zweifelsfrei fest, dass der von mir auf den kommenden Seiten zu untersuchende Handel mit kartografischen

---

1 Vgl.: Johann Adam Bergk, *Der Buchhändler oder Anweisung wie man durch den Buchhandel zu Ansehen und Vermögen kommen kann*, Die Expedition des europäischen Aufsehers, Leipzig, 1825.
2 Ebd.: Vorrede, III.– IV.
3 Ebd.:, 18.

https://doi.org/10.1515/9783111004372-001

Druckerzeugnissen aller Art, ähnlich wie der des Buchhandels, nicht im leeren Raum stattfand. Auch Geografen als die Oberfläche der Erde beschreibende Wissenschaftler, betrieben ihr Tagwerk durchaus mit einem Mindestmaß an betriebswirtschaftlicher Kenntnis. Die Vorstellung von der Verbreitung kartografischen Wissens im 19. Jahrhundert als ausschließlich akademische Disziplin, ohne das Vorhandensein von ökonomischen Zwängen kann also nicht als wahr angesehen werden. Doch wie lässt sich der Handel mit Karten, Atlanten und geografischer Literatur in dem von mir betrachteten Jahrhundert dann beschreiben?

Um diese Frage genauer ausformulieren zu können, besteht die Notwendigkeit überhaupt zu klären, was mit Kartografie im „langen" 19. Jahrhundert gemeint ist.[4]

1.1 Forschungsfragen und Inhalt

Die erste Aufgabe der hier vorliegenden Arbeit wird sein, eine zunächst verborgene Kongruenz zwischen Kartenbild und Warencharakter der gehandelten Karte aufzudecken.

Um dies an einem Beispiel genauer erörtern zu können, werde ich mich in Abschnitt 2.3 auf die Veröffentlichung der sogenannten *Chart of the World*, einer Weltverkehrskarte aus dem Gothaer Justus Perthes Verlag, deren Publikationszeitraum ab dem Jahr 1863 bis nach dem Ersten Weltkrieg nachvollzogen werden kann, konzentrieren. Vor allem die Frage nach den Gründen für Veränderungen im Kartenbild im Hinblick auf den globalisierten Verkauf der Landkarte stellt das Zentrum der Untersuchung in diesem Abschnitt dar. Die Vertriebsstrukturen eines zeitgenössischen Kartenverlages und die Werbung für eine Karte aus einem solchen Unternehmen im Buchmarkt und darüber hinaus bilden gleichzeitig für das gesamte zweite Kapitel ein zentrales Thema.

Zunächst wird es daher als Erstes erforderlich sein, überhaupt die Frage nach den Produkten zu stellen. Diese werde ich kurz in drei Kategorien einteilen: die Prestige- und die Gebrauchskartografie bilden die ersten beiden Gruppen der auf dem Buchmarkt gehandelten kartografischen Erzeugnisse. Hinzu kommt als dritte und letzte Kategorie die der Schulkartografie. Diese Einteilung hilft zu verstehen, welche Bedeutung einzelne Entscheidungen von Verlegern und Autoren für den Handel mit den von mir beschriebenen Produkten inne hatten, um die unternehmerische Entscheidung für oder gegen eine Publikation nachvollziehbarer in die überlieferte Geschäftstätigkeit der Fachverlage einordnen zu können.

Der folgende Abschnitt 2.2 baut deshalb explizit auf der von mir getätigten inhaltlichen Einordnung von Landkarten als Waren auf und fragt nach dem ganz eigenen

4 Eine Einordnung des zugegebener Maßen sehr eurozentrischen Begriffes des „langen 19. Jahrhunderts" findet sich bei: Jürgen Osterhammel, *Die Verwandlung der Welt. Eine Geschichte des 19. Jahrhunderts*, Bonn, 2010, 1279–1301.

Markencharakter von deutschsprachiger Kartografie im 19. Jahrhundert. Dabei wird ein weiterer zentraler Aspekt dieser Arbeit offensichtlich. Es wird nicht vordergründig die Produktgeschichte einzelner Karten im Zentrum der Argumentation stehen. Mehr als die Entstehung und die Drucklegung, in Relation zu den dafür notwendigen Produktionsfaktoren, steht der Handel und die Bewerbung von Karten im Mittelpunkt dieser Studie. Denn vor allem im Hinblick auf den Buch-, aber ganz besonders eben auch auf den Kartenmarkt in Deutschland stellt dieser Blickwinkel für das 18. und erst recht für das 19. Jahrhundert ein Forschungsdesiderat dar.[5]

Die Erzählung von gehandelten Landkarten verlangt schließlich am Schluss des Kapitels die Beurteilung des Wertes der gehandelten Ware. Das 19. Jahrhundert war geprägt von zunehmend professionalisierten Entdeckungsreisen, deren Ergebnisse als Ausstellungsstücke die Welt erklären sollten.[6] In diesem Sinne ist es nicht nur erforderlich nach der Herkunft des angebotenen geografischen Wissens zu fragen, sondern gleichzeitig die Einschätzung des Wertes durch die Zeitgenossen gleichzeitig zu klären. Denn gerade im 19. Jahrhundert kristallisierten sich Maßstäbe der Bewertung wissenschaftlicher Erkenntnisse im Bezug zu ihrer Aussagekraft und ihrer ökonomischen Relevanz heraus, die exemplarisch anhand des Inhaltes der veröffentlichten Karten nachgewiesen werden kann.

Für diese Analyse werde ich mich deshalb im Abschnitt 2.4 mit der Organisation und Beschaffung kartografischer Wissensbestände während und in Folge der *Deutschen Expedition nach Ostafrika* in den Jahren 1861 bis 1862 im Verlagshaus von Justus Perthes befassen. Dieser Abschnitt komplettiert das Kapitel auch im Bezug zur Frage, was auf dem deutschsprachigen Buchmarkt des 19. Jahrhunderts unter dem Label der Kartografie subsumiert wurde und welche Rolle dabei der Inhalt gegenüber der Materialität der Handelsware Karte für das Geschäft mit diesen Produkten aufwies. Insofern muss abschließend geklärt werden, ob wissenschaftliche Erkenntnisse einen eigenen Markenkern besitzen und was dies für den Handel mit Wissen ganz allgemein

5 Eine detaillierte Arbeit zur Arbeit kartografischer Verlage im 18. Jahrhundert in Frankreich und Großbritannien legte Mary Pedley bereits 2005 vor. Darin beschriebt die Autorin die Rolle von Verlegern, Kupferstechern und Druckern im Prozess der Kartenherstellung und des Vertriebs und erläutert die Besonderheiten des Marktes für Kartografie in den beiden genannten Ländern zu Beginn der europäischen Aufklärung. Siehe: Mary S. Pedley, *The Commerce of Cartography. Making and Marketing Maps in Eighteenth-Century France and England*, Chicago und London, 2005. Zur Einführung in die Marketinggeschichte und zur Analyse historischer Werbemaßnahmen siehe außerdem: Hartmut Berghoff (Hrsg.), *Marketinggeschichte. Die Genese einer modernen Sozialtechnik*, Frankfurt und New York, 2007.

6 Für einen ersten Überblick zur geografischen Auswertung von Forschungsreisen und kartografischen Rezeption der raumbezogenen Entdeckungen des 19. Jahrhunderts siehe: Holt Meyer et a. (Hrsg.), *Space Time of the Imperial*, Berlin und Boston, 2017; David Livingstone und Charles W. J. Withers (Hrsg.), *Geographies of nineteenth-century science. Thinking geographically about nineteenth-century science*, Chicago u. a., 2011; Matthias Fiedler, *Zwischen Abenteuer, Wissenschaft und Kolonialismus: der deutsche Afrikadiskurs im 18. und 19. Jahrhundert*, Köln u. a., 2005 sowie *D. Graham Burnett, Masters of All They Surveyed: Exploration, Geography, and a British El Dorado*, Chicago u. a., 2000.

bedeutet. Diese Arbeit ist deshalb zwangsläufig auch als eine Studie zur Wissensgeschichte der Geografie im 19. Jahrhundert zu verstehen.[7]

Nachdem die Produkte zu Beginn im Mittelpunkt der Betrachtung standen, werde ich mich in einem zweiten Kapitel mit den beteiligten Personen des Kartenhandels im Untersuchungszeitraum beschäftigen. Diesbezüglich können vier Berufsgruppen ausgemacht werden, deren Wirken den Handel mit Karten überhaupt erst ermöglicht haben: Die Kartografen, ihre Verleger, die Drucker sowie Kupferstecher, deren Rolle zu Beginn der technischen Vervielfältigung von Karten oftmals mit der des eigentlichen Kartografen verbunden war, und schließlich der Buchhändler als Vertriebspartner der Verlage.

Betrachtet man diese Einteilung, so stellt sich unweigerlich die Frage, inwiefern die Geschichte des Kartenhandels ohne die Einbeziehung der Buchhandelsgeschichte des 19. Jahrhunderts geschrieben werden kann? Hinsichtlich der Bedeutung von Verlegern und Buchhändlern für den Handel mit Druckerzeugnissen liegt bereits eine umfassende Forschung für die Zeit des 19. Jahrhunderts vor.[8] Die Analyse des Wirkens von Verlegern im Buchmarkt, vor allem im Bezug zu den von ihnen angewandten Verfahrenstechniken und Praktiken im Handel mit Büchern, lassen sich zum Teil auch auf den Handel mit Karten übertragen. Dadurch würde eine Beschreibung und Auswertung der konkreten Praxis des Buchhandels im 19. Jahrhundert helfen, den Rahmen der Möglichkeiten von Verlegern als Akteure des Handels mit Karten einordnen zu können, aber gleichzeitig wenig zur Erforschung der Eigentümlichkeit des Kartenhandels beitragen.[9] Aus diesem Grund werde ich mich im zweiten Kapitel dieser Arbeit in erster Linie mit der Rolle des Kartografen als Autor und Akteur im Handel mit Kartografie im 19. Jahrhundert näher befassen.

Das Bild der Kartografen als Wissenschaftler ist gut erforscht.[10] Die Rolle eines Kartografen als Mitarbeiter in einem Verlag dagegen weit weniger. Deshalb werde ich

---

7 Zur Einführung in die Markenbildung in der Wissenschaft siehe: Christof Windgätter, *Wissenschaft als Marke. Schaufenster, Buchgestaltung und die Psychoanalyse*, Berlin, 2016 sowie ders., *Verpackungen des Wissens. Materialität und Markenbildung in den Wissenschaften*, Wien u. a., 2012. Einen Überblick über grundlegende Fragen der Wissensgeschichte vom 18. bis in das 20. Jahrhundert findet man bei: Walther Ch. Zimmerli, *Wissenskulturen des 18. und 21. Jahrhunderts*, in: Ulrich Johannes Schneider (Hrsg.), *Kulturen des Wissens im 18. Jahrhundert*, Berlin und New York, 2008, 1–22.

8 Eine der detailliertesten, chronologischen Darstellungen der Geschichte des Buchhandels in Deutschland veröffentlichte Reinhard Wittmann. Siehe: Reinhard Wittmann, *Geschichte des deutschen Buchhandels*, 4. Auflage, München, 2019. Zur Geschichte der Mediennutzung im 19. Jahrhundert, besonders zur Verbreitung von Zeitungen und Zeitschriften siehe: Werner Telesko, *Das 19. Jahrhundert. Eine Epoche und ihre Medien*, Wien u. a., 2010 und Jörg Requate, *Das 19. Jahrhundert als Mediengesellschaft*, München, 2009.

9 Eine beispielhafte Studie zur Arbeit von Koloristinnen und Druckern in einem Kartenverlag findet sich bei: Nils Güttler, *Unsichtbare Hände. Die Koloristinnen des Perthes Verlages und die Verwissenschaftlichung der Kartographie im 19. Jahrhundert*, in: Archiv für die Geschichte des Buchwesens (68), 2013, 133–153.

10 Das bezeugen zahlreiche Biografien von Kartografen des 19. Jahrhunderts. Vgl.: Jürgen Espenhorst und Erhard Kümpel, *Diercke – ein Atlas für Generationen. Hintergründe, Geschichte und bibliographi-*

mich in Abschnitt 3.1 auf die Suche nach der Rolle der Kartografen als Mitarbeiter im Fachverlag für Kartografie begeben und die Frage nach der Bedeutung von Humankapital für die Arbeit eines derartigen Verlages beantworten. Dafür ist es außerdem unerlässlich, nicht nur den vermuteten Wandel in der Beziehung zwischen dem Kartografen als Autor und des Verlegers als Unternehmer zu untersuchen, sondern zugleich auch das Spezifische in der Arbeit der Kartografen als Wissenschaftler und Autoren für ein breites bzw. klar definiertes Publikum herauszuarbeiten.

Damit dies gelingen kann, werde ich in den folgenden drei Abschnitten drei besonders einflussreiche und bekannte Kartografen ihrer Zeit betrachten. Das Adjektiv „einflussreich" kann deshalb an dieser Stelle Anwendung finden, weil die Auswahl der von mir genannten Personen für nachfolgende Geo- und Kartografen als Lehrmeister und akademische Vorbilder auftraten.[11]

Den Anfang macht Heinrich Berghaus in Abschnitt 3.2.1. Der hauptsächlich in Potsdam lebende- und arbeitende Kartograf galt nicht nur als persönlicher Freund des Berliner Naturforschers und Intellektuellen Alexander von Humboldt, sondern auch als einer der einflussreichsten Geografen seiner Zeit. Die Beschäftigung mit der Biografie des Mannes, der auch mit seiner Tätigkeit als Lehrer August Petermanns, Henry Langes und seines Neffen Hermann Berghaus die berufliche Karriere der drei genannten Kartografen maßgeblich förderte, ermöglicht zugleich den Blick auf den beginnenden Wandel in der Beziehung zwischen Kartograf als Autor und dem Verleger als Unternehmer in der ersten Hälfte des 19. Jahrhunderts. Ausgehend von den Ideen der Aufklärung und geprägt von der zunehmenden Akademisierung sowie Professionalisierung der Naturwissenschaften waren Kartografen als Autoren nicht nur vermehrt gezwungen von ihrer Arbeit auch tatsächlich leben zu können, sondern vor allem im Zusammenhang mit der Bildung privatwirtschaftlicher, geografischer Anstalten das

sche Daten bis 1955, Schwerte, 1999 sowie Gerhard Engelmann, *Heinrich Berghaus. Der Kartograph von Potsdam*, Leipzig und Halle/Saale, 1977.

11 Zur Bedeutung von wissenschaftlichen Vorbildern für nachfolgende akademische Diskurse im Fach Geografie, besonders im Hinblick auf die Auswirkungen der Arbeit Carl Ritters siehe: Felix Schmutterer, *Carl Ritter und seine „Erdkunde von Asien": Die Anfänge der wissenschaftlichen Geographie im frühen 19. Jahrhundert*, Berlin, 2018 und Cornelia Lüdecke, *Carl Ritters (1779–1859) Einfluß auf die Geographie bis hin zur Geopolitik Karls Haushofers (1869–1946)*, in: Sudhoff's Archiv (88), Nr. 2, 2004, 129–154. Selten wird nach einzelnen Wissenschaftlern eine Ära benannt, im Fall des Gothaer Kartografen August Petermanns wurde dies für die Zeit seines Wirkens im Justus Perthes Verlag für die zweite Hälfte des 19. Jahrhunderts versucht. Siehe hierzu einen heute im Grunde selbst zu historisierenden Text aus dem ehemaligen VEB Hermann Haack: Matthias Hoffmann und Rainer Huschmann, *August Heinrich Petermann. Eine neue Ära beginnt*, in: Gottfried Suchy, *Gothaer Geographen und Kartographen: Beiträge zur Geschichte der Geographie und Kartographie*, Gotha, 1985, 77–84. Wie Karten und deren Autoren zu Legenden werden können siehe: Wolfgang Struck, *Karten-Legenden. August Petermanns Verschollene*, in: Irina Gradinari et al., *Reisen und Nichtwissen. Versteckt – Verirrt – Verschollen*, Wiesbaden, 2016, 69–84.

Leben eines Gelehrten mit dem eines Spezialisten zu tauschen.[12] In diese Zeit dieses Umbruches fällt die Erwerbstätigkeit von Heinrich Berghaus für verschiedene Verlagshäuser, allen voran für den Justus Perthes Verlag.

Deshalb werde ich in diesem Abschnitt in erster Linie die ökonomischen Abhängigkeiten im Leben eines Kartografen im frühen 19. Jahrhundert von einem Verlag beleuchten und gleichzeitig den Versuch unternehmen, den von mir beschrieben Wandel im Selbstverständnis des Berufs Kartograf aus Sicht der Autoren und ihrer Verleger sichtbar werden zu lassen.

Diese Betrachtung führt mich im nächsten Abschnitt deshalb zur Genese des Berufs des Forschungsreisenden. Heinrich Barth steht wie kein anderer reisende Geograf für eine neue Generation abenteuerlustiger Naturforscher, deren Wirken über Ländergrenzen hinaus Bekanntheit erlangte. Erst recht im Hinblick auf die in Abschnitt 2.4 gestellte Frage des Ursprungs und der Organisation kartografischen Wissens aus dem Feld auf den Zeichentisch, komplettiert die Analyse der Arbeit Barths in Abschnitt 3.2.2 die Nachverfolgung und pekuniäre Verwertung des veröffentlichten Raumwissens. Zugleich eröffnet dieser Ansatz die Klärung der Frage nach dem genuinen Wesen der Arbeit eines Forschungsreisenden für die Praxis der Veröffentlichung von Landkarten im 19. Jahrhundert sowie die nach der Historiografie der zeitgenössischen Bewertung geografischer Räume hinsichtlich ihrer kartografischen und gewissermaßen betriebswirtschaftlichen Verwertungsmöglichkeiten.[13]

Denn Verleger des 19. Jahrhunderts waren auch gezwungen den Wünschen ihrer Leser entgegen zu kommen, was, bezogen auf den sich verändernden Zeitgeist, in den sich zum Teil stark unterscheidenden Angaben zu Auflagenhöhen der jeweiligen Karten zum Ausdruck kam. Dieser Befund lässt sich besonders eindrucksvoll mit der Aus-

---

12 Die Arbeit geografischer Fachverlage ist besonders eindrucksvoll für den mitteldeutschen Raum im 18. Jahrhundert belegt. Welchen Einfluss die beginnende Aufklärung und ein expandierender Büchermarkt auf die Verbreitung geografischen Wissens ausübten, siehe bei: Andreas Christoph, *Geographica und Cartographica aus dem Hause Bertuch. Zur Ökonomisierung des Naturwissens um 1800*, München und Paderborn, 2012. Zur Geschichte des Verlags- und Buchhandels zum Ende des 18. und zu Beginn des 19. Jahrhunderts in Mitteldeutschland als Zentrum des deutschen Buchhandels der damaligen Zeit, siehe: Werner Greiling und Siegfried Seifert (Hrsg.), *„Der entfesselte Markt“: Verleger und Verlagsbuchhandel im thüringisch-sächsischen Kulturraum um 1800*, Leipzig, 2004.

13 Die Mehrheit der Publikationen zu diesem Thema behandelt aus literaturwissenschaftlicher Sicht Reiseberichte bekannter Forschungsreisenden bzw. deren Rezeption im Heimatland. Den Blick auf die ökonomische Bedeutung der Regionen in Afrika, die von Heinrich Barth durchreist wurden, richteten zahlreiche Autoren in den 1970er und 1980er Jahren, z. B.: Paul E. Lovejoy, *Commercial Sectores in the Economy of the Nineteenth-Century Central Sudan: The Trans-Saharan Trade and the Desert-Side Salt Trade*, in: African Economic History (13), 1984, 85–116. Zur Bewertung indigenen Wissens in Wissenschaft und Forschung siehe: Adam Jones und Isabel Voigt, *„Just a First Sketchy Makeshift“. German Travellers and Their Cartographic Encounters in Africa, 1850–1914*, in: History in Africa (39), 2012, 9–39. Warum gerade Großbritannien zum Zufluchtsort deutscher Naturforscher während der Mitte des 19. Jahrhunderts wurde, zeigt: Ulrike Kirchberger, *Deutsche Naturwissenschaftler im britischen Empire. Die Erforschung der außereuropäischen Welt im Spannungsfeld zwischen deutschem und britischem Imperialismus*, Historische Zeitschrift (271), Nr. 3, 2000, 621–660.

wertung von Kartendrucken in zeitgenössischen Fachzeitschriften visualisieren. Aus diesem Grund werde ich mich im letzten Abschnitt des zweiten inhaltlichen Kapitels einer der bekanntesten geografischen Zeitschriften des 19. Jahrhunderts, nämlich *Petermanns Geographischen Mitteilungen*, widmen.

Dabei wird nicht die Darstellung des Inhaltes der Zeitschrift oder der Vergleich mit anderen, ähnlicheren zeitgenössischen Publikationen im Vordergrund stehen, sondern vielmehr die Frage, welche Bedeutung einem Kartografen als Werbefigur seiner eigenen Arbeit und für den ihn beschäftigten Verlag beigemessen werden kann.[14]

Denn August Petermann galt nicht nur als begnadeter Kartograf, sondern auch als Wissenschaftsunternehmer. Seine Arbeit für den Gothaer Perthes Verlag katapultierte das kleine Verlagsunternehmen binnen weniger Jahre an die Spitze der europäischen Forschung auf dem Gebiet der Geografie, was vor allem dem engen, globalen Autorennetzwerk Petermanns zu verdanken war. Zeitgleich ermöglichte der Verlag dem Kartografen Petermann mit einer eigenen Zeitschrift nicht nur das aus dem Netzwerk bezogene Raumwissen publizieren zu können, sondern seinen eigenen Kartenstil in dem konstant erschienenem Periodikum weiterzuentwickeln. Dies führte unweigerlich zu Bildung einer eigenen Personenmarke und zur Frage, wie der Autor das so entstandene Image mithilfe immer neuer Karten für seine eigene akademische Reputation und zur Steigerung des Absatzes anderer Verlagsprodukte nutzte, deren Inhalte vom genannten Netzwerk in mindestens gleicher Weise wie *Petermanns Geographische Mitteilungen* profitierten.

Nachdem ich in den vorherigen Kapiteln zunächst die Kartenprodukte sowie die Akteure des Kartenhandels im 19. Jahrhundert in Deutschland beschrieben habe, allen voran die Rolle der Kartografen als Akteure des Handels mit Karten selber, stellt sich am Schluss eine ganz zentrale Frage: Ist es möglich einen Raum des Kartenhandels im 19. Jahrhundert zu lokalisieren? Ferner muss gefragt werden, ob die Bedeutung der einzelnen Akteure innerhalb der dann so verorteten räumlichen Struktur erkannt, beschrieben und analysiert werden kann.

Es wird mir dabei in Abschnitt 4.1 vor allem darauf ankommen, zunächst einen Raum oder entsprechende Räume zu finden, in denen der Handel mit verschiedenen Produkten kartografischer Verlage stattfand sowie deren eigene Raumverfassung zu dekonstruieren. Hierzu werde ich mich zu Beginn auf die Suche nach dem eigentlichen Handelsraum für Kartografie begeben und fragen, wo man Karten vor über 100 Jahren vertrieb. Ohne schon zu viel an dieser Stelle zu verraten – die Suche nach jenen Orten

---

14 Die Bedeutung *Petermanns Geographischer Mitteilungen* für die Geschichte der Kartografie Europas im 19. Jahrhundert wurde umfassend erörtert, z. B. bei: Ute Wardenga, *Petermanns Geographische Mitteilungen, Geographische Zeitschrift und Geographischer Anzeiger: Eine vergleichende Analyse von Zeitschriften in der Geographie 1855–1945*, in: Sebastian Lentz und Ferjan Ormeling (Hrsg.), *Verräumlichung des Welt-Bildes. Petermanns Geographische Mitteilungen zwischen explorativer Geographie und „Vermessenheit" europäischer Raumphantasien*, Stuttgart, 2008, 31–44 und Jan Smits, *Petermann's Maps. Carto-bibliography of the maps in Petermanns Geographischen Mitteilungen*, MS 't Goy-Houten, 2004.

wird keineswegs linear verlaufen, da die Verortung des Handels mit Druckerzeugnissen nicht geradlinig nachvollzogen werden kann, auch wenn die Vermutung auf den ersten Blick eine andere sein mag. Es wird schließlich nicht möglich sein, den einen ganz speziellen Ort zu lokalisieren, weil es erforderlich ist, unterschiedlich genuin als Märkte verstandene Räume zu beschreiben.[15] Deren eigene Verortung als Markt für Karten muss gleichzeitig wiederum zwingend historisiert werden, da die zeitgenössische Beschreibung des jeweiligen ökonomischen bzw. kulturellen Raumes, der als Markt tituliert wurde, nicht immer mit gegenwärtigen Vorstellungen entsprechender Märkte übereinstimmt. Dies wird vor allem in dem in Abschnitt 4.1 zu klärenden Wandel in der Bedeutung von Buchmessen für den Handel mit Druckerzeugnissen ab Mitte des 19. Jahrhunderts offensichtlich.

In diesem Sinne werde ich in Abschnitt 4.2 außerdem die Grenzen der regionalen Betrachtung des Handels mit entsprechenden Publikationen überwinden, um die Frage aufzuwerfen, ob der Handel mit Karten für deutsche Verleger im 19. Jahrhundert überhaupt auf den geografischen Raum, den man als Deutschland verstand, beschränkt blieb oder nicht doch eine Verwendung des Adjektivs „deutsch" für den Landkartenhandel deutschsprachiger Verleger im 19. Jahrhundert überdacht werden muss. Diese Betrachtung fokussiert dabei die spannende Frage, ob handelnde Akteure an einen ökonomischen Raum gebunden sein müssen oder welche Anforderungen an deren Arbeit sowie ihre Produkte notwendig sind, um Grenzen der räumlichen Struktur zu überwinden und im Anschluss daran global ökonomisch tätig zu werden.

Genau aus diesem Grund werde ich mich am Schluss der Arbeit in Abschnitt 4.3 mit der Problematik der räumlichen Zugehörigkeit von Akteuren im Prozess des Kartenhandels beschäftigen, deren Dringlichkeit in der Auseinandersetzung der Zeitgenossen mit Fragen des Urheberrechts zum Ausdruck kam. Es wird dafür unabdingbar

---

15 Zur Einführung in die Raumtheorie in den Geisteswissenschaften siehe: Susanne Rau, Räume. Konzepte, Wahrnehmungen, Nutzungen, Frankfurt und New York, 2013. Die Literatur bzgl. der Darstellungen von Clustern als Zentren der Kartenproduktion in Deutschland im Zusammenhang mit der Bereitstellung von Raumwissen beschränkte sich bisher auf Wissensräume und nicht auf deren ökonomische Bedeutung für den Handel mit Kartografie. Als Beispiel für eine Studie zu einem solchen Raum siehe: Heinz Peter Brogiato, *Gotha als Wissensraum*, in: Sebastian Lentz und Ferjan Ormeling (Hrsg.), *Verräumlichung des Welt-Bildes. Petermanns Geographische Mitteilungen zwischen explorativer Geographie und „Vermessenheit" europäischer Raumphantasien*, Stuttgart, 2008, 15–29. Singuläre Studien zu historischen Orten des Buchhandels finden sich dagegen selten. In diesem Bereich sind vor allem Arbeiten zu Buchmessen als zentrale Orte des frühneuzeitlichen Buchhandels und Studien zur Geschichte einzelner Verlage zu nennen. Vgl.: Peter Weidhaas, *Zur Geschichte der Frankfurter Buchmesse*, Frankfurt am Main, 2003. Studien zu deutschsprachigen Kartenverlagen, finden sich vor allem zu Unternehmen des 18. Jahrhunderts, siehe: Katharina Middell, *„Die Bertuchs müssen doch in dieser Welt überall Glück haben": Der Verleger Friedrich Justin Bertuch und sein Landes-Industrie-Comptoir um 1800*, Leipzig, 2002 oder Markus Heinz, *A Programme for Map Publishing: The Homann Firm in the Eighteenth Century*, in: Imago Mundi (49), 1997, 104–115. Für das 19. Jahrhundert liegen wenige Arbeiten zur Geschichte ausgewählter Kartenverlage vor, unter anderem bei: Claus Calaminus, *250 Jahre Schropp in Berlin, 1742–1992*, Berlin, 1992 und bei Christoph von Wolzogen, *Zur Geschichte des Dietrich Reimer Verlages, 1845–1985*, Berlin, 1986.

sein, nicht nur auf die Geschichte des Urheberrechtes in Deutschland im 19. Jahrhundert einzugehen, sondern zugleich die Besonderheiten im Handel mit Karten im Zusammenhang mit den genuinen Produkteigenschaften derartiger Druckerzeugnisse zu klären.

Die Notwendigkeit dieses Analyseschrittes ergibt sich maßgeblich aus dem Umstand, dass das Urheberrecht von Kartenautoren häufig verletzt wurde und die Gründe hierfür in der konkreten Verfassung des Buchmarktes im 19. Jahrhundert zu finden sind. Insofern ermöglicht die Beschäftigung mit Fragen des Urheberrechts von Karten als ganz spezielle Vertreter besonders aufwendig herzustellender Druckerzeugnisse den Blick auf die Konstitution eines Marktes für Karten im deutschsprachigen Raum. Aus diesem Grund erscheint mir die abschließende Erörterung des Urheberrechtsgedankens im Kartenhandel für die Analyse nach der räumlichen Struktur eben diese Handels zielführend.

1.2 Kartografie im „langen“ 19. Jahrhundert – eine Bestandsaufnahme

Wie lässt sich die Geschichte der Kartografie des 19. Jahrhunderts eingrenzen? Gibt es bestimmte Charakteristika, die Karten des 19. Jahrhunderts einmalig erscheinen lassen und in welcher Beziehung steht der Inhalt sowie die Gestaltung der betrachteten Karten zu ihrer Autorenschaft?

Zugegebenermaßen wird es nicht Ziel dieser Arbeit sein, die Kartografiegeschichte des 19. Jahrhunderts in jeder Einzelheit zu beleuchten oder eine vergleichende Analyse des Kartenhandels im 18. und 19. Jahrhundert in Deutschland zu erörtern.[16] Vielmehr ist es wichtig zu verstehen, was als ganz typisch für den Inhalt von Karten des 19. Jahrhunderts beschrieben werden kann, um die Handlungsmaximen derjenigen nachvollziehen zu können, deren Berufung und Aufgabe es war, mit eben jenen Druckerzeugnissen zu handeln. Dies trifft vor allem für das 19. Jahrhundert zu, als die Geschichte der Kartografie in vielen Bereichen einem umfassenden Wandel gegenüber vorherigen Jahrhunderten bzgl. des Inhaltes und der Herstellung von Karten erfuhr.

Karten wurden zu einem Massenmedium, dem die sie gestaltenden Kartografen eine deutlich größere Aussagekraft als Medium der Abbildung der Erdoberfläche beimaßen, als noch am Ende des 18. Jahrhunderts.[17] Dieser Befund resultierte nicht nur

---

16 An dieser Stelle sei auf das *History of Cartography Project* der University Wisconsin-Madison verwiesen. Das Publikationsvorhaben umfasst die Veröffentlichung von sechs Ausgaben, die in chronologischer Reihenfolge eine interdisziplinäre Geschichte der Kartografie von der Frühgeschichte bis ins 20. Jahrhundert thematisieren. Die Ausgabe fünf, über die Geschichte der Kartografie im 19. Jahrhundert, lag zum Zeitpunkt der Erstellung dieser Arbeit noch nicht vor. Zum Status des Projekts siehe: https://geography.wisc.edu/histcart/ (zuletzt aufgerufen am 20.12.2020).

17 Bruno Schelhaas, *Das „Wiederkehren des Fragezeichens in der Karte“. Gothaer Kartenproduktion im 19. Jahrhundert*, in: Geographische Zeitschrift (97), Nr. 4, 2009, 229 und 238.

aus dem gestiegenen Selbstbewusstsein der Kartenautoren, die ihre Arbeit zunehmend in den Kanon anderer Naturwissenschaften einzuordnen pflegten, sondern auch aus neuen technischen Möglichkeiten der Kartenherstellung und ihrer Vervielfältigung. Mit der Erfindung der Lithografie durch Alois Senefelder im Jahr 1798 und durch den Einzug dieser zunehmend preisgünstiger werdenden Drucktechnik, vor allem für Farbdrucke, begannen sich Inhalt, Layout und damit unweigerlich auch das Zielpublikum der nun angebotenen Karten zu verändern.[18]

Der angesprochene Wandel offenbarte sich in der gestiegenen Bedeutung thematischer Karten für Verlage und Autoren, die damit nicht nur neue Ideen im Bereich der Kartengestaltung umzusetzen begannen, sondern mit einem verstärkt auf die Bedürfnisse des Marktes ausgerichteten Kartendesigns neue Zielgruppen an sich banden.[19] Mit welchen Mitteln dies geschah, soll auch ein maßgeblicher Teil dieser Arbeit sein.

Die thematische Kartografie erforderte zunächst eine Vielzahl an neuen statistischen Daten, Messergebnissen und neuen Techniken des Kartendrucks. In erster Linie standen Verlage und Kartenautoren aber vor dem Problem der Vervielfältigung von Druckvorlagen als notwendige Innovation für den Druck und Nachdruck einer großer Anzahl von Karten. Auch die Kartenherstellung des 19. Jahrhunderts war nach wie vor in sehr arbeitsreiche Prozessabläufe eingebunden.[20] Techniken wie die Galvanoplastik, die im Lauf dieser Arbeit noch dezidierter erläutert wird, lieferten schließlich die benötigten Verfahren, um hochwertige Drucke in der gewünschten Auflage preisgünstig anfertigen zu können.

Am Ende des Jahrhunderts war der Wandel in der Bedeutung der thematischen Kartografie gegenüber den klassischen Topografien früherer Jahrhunderte so stark angewachsen, dass zunehmend im Kartenbild politische Grenzen oder andere topografische Informationen zugunsten der Darstellung von Themen, Problemen oder Hypothesen verschwanden.[21] Im gleichen Zeitraum wandelte sich in diesem Zusammenhang auch die Funktion einer Karte. Versuchten topografische Karten eher Räume zu beschreiben, haben thematische Karten den Anspruch zu argumentieren.[22] Aus diesem Grund wurden Karten im Laufe des 19. Jahrhunderts für die Visualisierung und damit einhergehend auch zur Argumentation wissenschaftlicher Erkenntnis ein immer wichtigeres Medium.[23] Karten waren und sind also zugleich ein Werkzeug, um Beziehungen

---

18 Zur Einführung der Lithografie als Drucktechnik im Kartendruck siehe: Karen Severud Cook, *From False Starts to Firm Beginnings: Early Colour Printing of Geological Maps*, in: Imago Mundi (47), 1995, 158.

19 Dabei war die thematische Kartografie keine alleinige Erfindung des 19. Jahrhunderts, sondern kann bereits für Karten des 18. Jahrhunderts nachgewiesen werden. Siehe hierzu: Hans Harms, *Geographische Literatur und Thematische Kartographie vor 1800*, in: Der Globusfreund (25/27), 1978, 97–102.

20 Vgl.: Bruno Schelhaas, *Das „Wiederkehren des Fragezeichens in der Karte“* [wie Anm. 17], 227.

21 Susan Schulten, *Mapping the Nation: History and Cartography in Nineteenth-Century America*, Chicago, 2012, 2.

22 Ebd.

23 Ebd., 3.

und Muster in der Beschreibung der Welt aufzudecken und, wie vor allem in Kapitel 2.3 noch deutlicher werden wird, damit gleichzeitig auch an der Konzeptualisierung von Wissen maßgeblich beteiligt.

Die vorliegende Arbeit hat das Ziel an diesem Punkt anzuknüpfen und einen Beitrag zur Geschichte der Kartografie des 19. Jahrhunderts im Hinblick auf die Rolle von Karten als Handelswaren zu leisten.[24] Doch gerade die Notwendigkeit einen eigenen Markt für Karten zu schaffen, damit möglichst aktuelles Raumwissen allgemein verfügbar wurde, schuf in vielen Staaten Europas und in den USA bereits im 18. Jahrhundert einen privatwirtschaftlichen Markt für Kartografie.[25] Damals standen vor allem topografische Karten, Weltkarten und Atlanten hoch im Kurs. Die erwähnte thematische Kartografie spielte eine eher untergeordnete Rolle, da in der Regel deren Produktion und ihre Rezeption einen größeren technischen Aufwand und fachwissenschaftliche Kenntnisse erforderten, als die Herstellung der genannten kartografischen Produkte.

Zugleich lässt sich für den Verlauf des 19. Jahrhunderts eine zunehmend sichtbarere Ausdifferenzierung unterschiedlicher nationaler Märkte für Kartografie beobachten. Während in Großbritannien, Frankreich oder in den USA eher kleinere Verlage mit wenigen Angestellten den Markt dominierten, bildeten sich in Mitteleuropa, vor allem in Deutschland, mittelgroße Unternehmen heraus, deren Selbstbeschreibung als „Geographische Anstalten“ die Produktorientierung als Verlag im Titel versinnbildlichten.[26] Eine der bekanntesten dieser Anstalten in Deutschland, ohne deren reichhaltigen Nachlass diese Arbeit nicht denkbar wäre, ist der von Justus Perthes 1785 in Gotha gleichnamig gegründete Verlag.[27]

Zunächst als regionaler Dienstleister für die Versorgung der lokalen, bald auch überregionalen bildungsbürgerlichen Stadtbevölkerung mit Literatur der europäischen Aufklärung in Mitteldeutschland gegründet, avancierte das Unternehmen schnell zu einem der bekanntesten Orte in der Publikation geografischen Wissens aller Art. Gerade weil der Verlag in seiner über 200-jährigen Geschichte dem von mir angesprochen Wandel in der Geschichte der Kartografie vom 18. bis in das 20. Jahrhundert aktiv als Akteur beigewohnt hatte, ist der Nachlass ein wertvoller Fundus für Quellen aus dieser Zeit. Das wird an vielen Punkten in dieser Arbeit deutlich, auch wenn der Justus Perthes Verlag nicht das einzige Unternehmen war, dessen Überlieferungen den

---

24 Einen ersten kurzen Exkurs dazu lieferte Nils Güttler mit seiner Arbeit zur Geschichte der Pflanzengeografie des 19. Jahrhunderts. Auch Güttler erkannte die Lücken in der gegenwärtigen Historiografie der Kartografiegeschichte in diesem Punkt. Siehe: Nils Güttler, *Das Kosmoskop. Karten und ihre Benutzer in der Pflanzengeographie des 19. Jahrhunderts*, Göttingen, 2014, hier: 175–283.

25 Ebd., 175.

26 Ebd.

27 Zur detaillierten Geschichte des Justus Perthes Verlages im 19. Jahrhundert siehe: Jenny Bryś, *Justus Perthes Gotha – Die Profilierung zum kartographischen Verlag, 1816–1853*, in: Archiv für die Geschichte des Buchwesens (74), 2019, 19–54 sowie Franz Köhler, *Gothaer Wege in Geographie und Kartographie*, Gotha, 1987.

Blick ins 19. Jahrhundert ermöglichen. Die Geschäftstätigkeit vieler anderer Unternehmen liegt jedoch deutlich schlechter dokumentiert vor.

Zusammenfassend lässt sich feststellen, dass das 19. Jahrhundert eine Zeit war, in der die Geografie und mit ihr die Kartografie als sich emanzipierende akademische Disziplin den Wandel von einer Text- zu einer Bildwissenschaft vollzog.[28] Dabei konkurrierten zahlreiche Unternehmen um die Vorherrschaft in einem Markt, dessen Evolution auch durch die zunehmende Relevanz der Geografie als Unterrichtsfach mit eingeleitet wurde. Gerade dieser Umstand wird die Frage des Umgangs der Fachverlage in der Auseinandersetzung um neue Käufer aufwerfen, deren Beantwortung anhand ausgewählter Beispiele, vor allem im Verlauf der Analyse in Kapitel 2 erfolgen soll.

Für die Geschichte der Kartografie stellt die Analyse des Handels mit ihren Produkten daher nicht nur einen überfälligen Versuch dar, neue Erkenntnisse über das Wesen dieser Disziplin zu gewinnen, sondern auch neue Einblicke in die Geschichte des Buchhandels zu erhalten.

Dennoch wird die vorliegende Arbeit keine reine unternehmenshistorische Abhandlung der innerbetrieblichen Abläufe in Buchhandelsunternehmen oder Verlagen sein. Vielmehr steht die Verbindung von klassischen wirtschafts- sowie kulturhistorischen Methoden im Mittelpunkt der nachfolgenden Seiten. Für das Verständnis der Arbeit ist es deshalb erforderlich darauf hinzuweisen, dass in vielen Fällen, besonders in Fragen der Analyse von Werbemaßnahmen der untersuchten Unternehmen auf die Ergebnisse aktueller betriebswirtschaftlicher Forschungen zurückgegriffen wurde. Dies geschah aus Ermangelung an zeitgemäßer Literatur zu Phänomenen des Verlagsmarketings in historischer Perspektive. Dabei kam es allerdings darauf an, gegenwärtige Erklärungsmuster unternehmerischen Handelns behutsam auf die untersuchten historischen Fälle anzuwenden und Gemeinsamkeiten zwischen zeitgenössischen und aktuellen Fragen im Umgang mit Produktionsfaktoren und betriebswirtschaftlichen Zwänge herauszustellen.

Zugleich bleibt es nicht aus, dass auch Fragen der Wissensgeschichte im Bezug zum Medium Karte diskutiert werden. Vor allem hinsichtlich der Bewertung des Handels von zeitgenössischen Wissensbeständen, der durch der Verkauf von Karten als Medien einer räumlichen Wissensproduktion beobachtet werden kann, ergibt sich zwangsläufig die Frage, welchen eigenen ökonomischen Wert Wissen, vor allem in diesem Kontext aber Raumwissen auswies. Daher liefert diese Arbeit auch einen Beitrag zur Wissensgeschichte des 19. Jahrhunderts, indem ich Karten nicht nur als reine Abbilder einer subjektiv wahrgenommen sowie im Anschluss interpretierten räumlichen Verfassung der Welt verstehe, sondern gleichzeitig ihren Charakter als Handelsware darüber hinaus betone.

28 Nils Güttler, *Das Kosmoskop* [wie Anm. 24], 221.

1.3 Begrifflichkeiten und Quellenlage

Zum Verständnis der vorliegenden Arbeit ist es zu Beginn erforderlich auf einige methodische Besonderheiten hinzuweisen. Zunächst werden an der ein oder anderen Stelle Fachtermini des Buchhandels Anwendung finden, deren dezidierte Erklärung im Fließtext der Arbeit nicht immer erfolgt und deshalb an dieser Stelle Erwähnung finden soll.

So beschreibt der Begriff der Novitäten alle Neuerscheinungen eines Verlages in einem Jahr. Verlage treten grundsätzlich mit zwei Produktgruppen an den Buchhandel heran: Zum einen mit den bereits in der Vergangenheit veröffentlichten Publikationen, deren Verkauf weiterverfolgt werden soll und zum anderen veröffentlichen Verlage aber auch stetig Neuerscheinungen, die sowohl den Charakter bisher komplett unveröffentlichter Werke aufweisen, als auch aus Neuauflagen bereits publizierter Literatur bestehen können. Gleichzeitig können Verlage natürlich neue Arbeiten von Autoren verlegen, aber auch deren ältere, bereits im Verlag veröffentlichte Publikationen. Dies gilt auch für Neuauflagen von Werken eines Autors, die in der Vergangenheit in einem anderen Verlag veröffentlicht wurden und nun als Novitäten an den Buchhandel herangetragen werden.

Eine Besonderheit im Verlagsgeschäft des 19. Jahrhunderts markiert die Praxis der Lieferungsausgaben. Vor allem im Hinblick auf die Veröffentlichung von mehrbändigen lexikalischen Werken oder Landkarten angewandt, wird die Publikation dieser Arbeiten auf viele unterschiedliche Lieferungen ausgedehnt. Dabei kann es vorkommen, dass eine besonders umfangreiche Publikation erst nach Jahren komplett erschienen war. Der Käufer erhält ab einem festgelegten Datum zunächst eine oder mehrere Teile der fertigen Publikation und kann in Folge nach jedem neuen Erscheinen der Fortsetzungen diese ebenfalls käuflich im Buchhandel oder direkt beim Verlag erwerben. Buchhandlungen übernahmen i. d. R. die Bindung der oft nur lose erschienenen Druckbögen zu einer fertigen Publikation nach persönlichem Geschmack des Kunden. Erst nach Auslieferung der letzten Druckbögen boten die sie veröffentlichten Verlage eine eigene gebundene Fassung des Gesamtwerkes in unterschiedlichen Qualitäten hinsichtlich der Bindung an. Neben einer einfachen Bindung in Halbjuchten, also einer Art einfachen Ledereinband, standen auch hochwertige Lederbindungen, zum Teil mit Goldlettern im Titel, zur Verfügung.[29]

Diese Praxis erlaubte es Verlagen aufwendige zu gestaltende Publikationen zu veröffentlichen, da deren Herstellung mit hohen personellen und finanziellen Aufwendungen verbunden war und i. d. R. nicht in kurzen Zeiträumen für die damaligen Verlagsunternehmen zu bewerkstelligen gewesen war. Der Nachteil dieser Form des

29 Jenseits der Publikation von Landkarten ist diese Praxis vor allem für die Veröffentlichung von Lexika bekannt. Siehe dazu: Thomas Keiderling, *„Wissen ist Gold". Zur Markenpolitik des Brockhaus-Lexikons*, in: Christof Windgätter, *Verpackungen des Wissens. Materialität und Markenbildung in den Wissenschaften*, Wien u. a., 2012, 83–95.

Verlagsgeschäftes lag in der Tatsache begründet, dass Einzelteile kompletter Publikationen bei sehr langen Lieferzeiträumen schnell veralten konnten und diese in Folge einer bereits zu Beginn bestehenden lückenhaften Finanzierung im Verlag selber zum Teil nie vollendet wurden. Beispiele hierfür finden sich im 19. Jahrhundert zahlreich. In dieser Arbeit lassen sich derartige Beispiele in den Abschnitten 2.1.2 und 4.2 finden.

Ein oft dringende Notwendigkeit für die Veröffentlichung dieser Lieferungsausgaben umfangreicher Werke war die Finanzierung der Herstellung durch Subskription. Dabei leisteten potentielle Käufer eine Vorabzahlung an den Buchhändler oder direkt an den Verlag, welcher die so eingenommenen finanziellen Mittel für die Herstellung der ersten Lieferungen des fertigen Werkes zu nutzen begann. Die Verlage gewährten dabei den Subskribenten, deren Namen in Subskriptionslisten vermerkt wurden, einen spürbaren Rabatt gegenüber Käufern, die erst nach Aufforderung zur Subskription von Seiten der Verlage einen Kauf der Lieferungsausgaben in Erwägung zogen. Buchhändler, die sich an einer solchen Subskription beteiligten, banden also ähnlich wie die Verlage Käufer, der in den meisten Fällen teuren Publikationen an sich. Deren Geschäft wiederum bestand aus dem Verkauf der Verlagsartikel nach erfolgtem rabattierten Ankauf der Ware von den Verlagen. Einige der in dieser Arbeit genannten Kartenpublikationen wurden nur durch die Praxis der Subskription im 19. Jahrhundert veröffentlicht. Dies schloss auch die Herausgabe von Zeitschriften mit ein.

Die Auswahl der untersuchten Quellen aus den Beständen der Sammlung Perthes der Forschungsbibliothek Erfurt/Gotha, des Archivs der Westermann Gruppe in Braunschweig sowie den Nachlässen der ehemaligen Verlage von John Bartholomew und John Murray aus der National Library of Scotland in Edinburgh gewährte dabei umfangreiche Einblicke in die Arbeit der genannten Unternehmen. Die oftmals handschriftlichen Quellen mussten hierfür zunächst transkribiert werden und werden in den meisten Fällen nur in Ausschnitten angegeben. Dies dient in erster Linie dazu, den Fokus auf ihren für wichtig empfundenen Inhalt beizubehalten.

2 Kartenwelten – Kartenprodukte

2.1 Klassifikation der Produktkategorien auf dem deutschen Markt

2.1.1 Vorbemerkungen

Für das bessere Verständnis des Kartenhandels im 19. Jahrhundert mag es zunächst notwendig sein, alle von zeitgenössischen Verlagen angebotenen Produkte des Sammelbegriffs „Landkarten" einer systematischen Vorstellung sowie thematischen Einordnung zu unterziehen. Dabei wird es mir auf den folgenden Seiten vor allem darauf ankommen, dass der Markt für Kartografie im 19. Jahrhundert kein statischer war, welcher den Verkauf nur eines speziellen Kartentypus zuließ. Vielmehr boten eine große Zahl thematisch verschieden positionierter Verlage eine große Anzahl unterschiedlichster Produkte an, die gewissermaßen sowohl um die Gunst einer breiten Leserschaft, als auch um die des Fachpublikums buhlten.

In der Vergangenheit lieferte die Erforschung der Geschichte der Kartografie zahlreiche Beiträge zur Evolution der thematischen Kartografie im 19. und frühen 20. Jahrhundert.[30] Die von mir nun vorgeschlagene Klassifikation von gehandelten Karten im 19. Jahrhundert soll die eben genannte Beschreibung thematischer Landkarten um das Feld ihrer ökonomischen Aura bereichern. Dabei wird es mir nicht darauf ankommen thematische von nicht thematischen Karten zu unterscheiden, sondern alle Verlagsprodukte, welche als Karte bzw. Kartensammlungen subsumiert werden können, hinsichtlich ihrer ökonomischen Eigenschaften im Bezug auf Gestaltung, Verkauf und Marketing kurz zu skizzieren. Wenn in diesem Zusammenhang von einer „Aura" die Rede ist, dann beabsichtige ich mit der Verwendung dieses Begriffes Karten nicht nur als Abbilder geografischer Raumimaginationen zu verstehen, sondern ihnen auch den Status einer Ware auf einem dafür vorgesehenen Markt zukommen zu lassen. Diese Einordnung der Produktkategorie Karte in den Kanon gedruckter Verlagspublikationen erlaubt nicht nur ein differenzierteres Bild des zeitgenössischen Buchhandels, sondern auch auf die Geschichte der Kartografie im Allgemeinen. Denn Waren weisen hinsichtlich ihrer genuinen Beschaffenheit als gehandelte Brauchs- und Gebrauchsgüter sowie ihrer Marktperformanz eigene Charakteristika auf, die ihr Entstehen, aber auch ihr Verschwinden vom Markt besser erklärbar machen.

Insofern stellt die Klassifikation von Karten als gehandelte Produkte des Marktes für gedruckte Publikationen die Chance dar, sowohl den Handel dieser Güter, als auch den Inhalt und die Beschaffenheit jener besser erforschen zu können. Aus diesem

---

30 An dieser Stelle sei noch einmal auf das *History of Cartography Project* verwiesen. Vor allem auf die bereits erschienenen Bände vier und sechs. Siehe: Band 4: Matthew H. Edney und Mary Sponberg Pedley (Hrsg.), *Cartography in the European Enlightenment*, Chicago, 2019. sowie Band 6: Mark Monmonier (Hrsg.), *Cartography in the Twentieth Century*, 2 Bände, Chicago, 2015.

https://doi.org/10.1515/9783111004372-002

Grund werde ich mich auf drei aus meiner Sicht sinnvolle Kategorien beschränken, deren Beschreibung für das Verständnis der in diesem Kapitel beschriebenen Phänomene hilfreich sein kann.

2.1.2 Prestigekartografie

Der Begriff Prestige führt eventuell an dieser Stelle in die Irre. Gemeint ist nicht, dass Kartografie Prestige an sich erzeugt, wohl aber durch den Besitz spezieller kartografischer Druckerzeugnisse eine eigene Form von persönlicher, gesellschaftlicher Reputation erzeugt werden kann. Dies geschieht vor allem durch den Erwerb von dafür geeigneten Publikationen, welche ich für das bessere Verständnis sowie unter Berücksichtigung der Bedeutung ihrer genuinen Produkteigenschaften als Prestigekartografie benenne.

Schon Pierre Bourdieu formulierte Anfang der 1980er Jahre die einhellige Meinung, dass die Auswahl einer Inneneinrichtung von der sozialen Herkunft der Bewohner der betreffenden Wohnung direkt abgeleitet werden kann und weniger auf ihr Bildungsniveau zurückzuführen ist.[31] Zugleich bildet die Wohnungseinrichtung, zu welchen ich ausdrücklich auch Buchregale inklusive Bücher und natürlich damit einhergehend auch Karten bzw. Atlanten zähle, nicht nur den sichtbar gewordenen Ausdruck der Persönlichkeit ihrer Bewohner ab, sondern trägt parallel im alltäglichen Nutzungsverhalten zur Bildung eines persönlichen Geschmacks eines jeden in ihr lebenden und die Wohnung gestaltenden Individuums bei. Das Gefühl, zu einer „höflicheren und gesitteteren" Welt dazu zu gehören, stellte sich in der Folge des alltäglichen Umgangs mit diesen stofflichen sowie geistigen Gütern im Bürgertum rasch ein, sodass das eigene Verhalten im persönlichen Habitus verhaftet bleibt.[32] Dabei objektivierten sich in den von mir beschriebenen Gegenständen immer auch die ökonomischen und kulturellen Zwänge der eigenen Klassen- bzw. Milieuzughörigkeit.[33] Stoffliche Güter können so zu symbolischen „Markenzeichen von Klasse" werden und aus

---

31 Pierre Bourdieu, *Die feinen Unterschiede. Kritik der gesellschaftlichen Urteilskraft*, 1. Auflage, Frankfurt am Main, 1982, 139. Neben der Arbeit Bourdieus formulierte bereits 1899 der US-amerikanische Ökonom Thorstein Veblen die Theorie eines prestigerzeugenden sowie zugleich prestigeerhaltenden Konsums anhand einer Studie über die Konsumgewohnheiten des zeitgenössischen US-amerikanischen Bürgertums. Als eine maßgebliche Erkenntnis seiner Forschungen kann in diesem Zusammenhang der nach ihm benannte Veblen-Effekt angesehen werde. Die von Veblen entwickelte Theorie erklärt dabei das Phänomen des Anstiegs des Konsums von einzelnen Verbrauchsgütern, trotz eines vorherigen Preisanstiegs derselben. Dabei kommt der Erklärung der prestigesteigernden Funktion der nun teureren Verbrauchsgüter für die Käufer eine entscheidenden Bedeutung zu. Siehe hierzu: Thorstein Veblen und Martha Banta, *The Theory of the Leisure Class*, Neuauflage, Oxford und New York, 2009.

32 Ebd., 137.

33 Ebd., 139.

diesem Grund ebenfalls Prestige erzeugen.[34] Vor allem im Deutschland des 19. Jahrhunderts verfestigte sich im Bürgertum die Ablehnung höfischer, oft als „seicht" wahrgenommener kultureller Praktiken, sodass man in der Aneignung und im Konsum einer Kultur der Ernsthaftigkeit, des Wahrhaften und Tatsächlichen eine willkommene Alternative zu finden glaubte.[35] Einhergehend mit der Aneignung dieser Kulturtechniken erhoffte das deutsche Bürgertum zunehmend durch die eigene Nähe zu den Helden der wissenschaftlichen Eroberung der Welt, ja gewissermaßen auch des ganzen Kosmos, und ihrer Schriften über die eigenen Taten und Erkenntnisse Prestige in der eigenen soziokulturellen Gruppe zu erlangen. Die äußere Präsentation ihrer kulturellen Errungenschaften, die als Insignien der eigenen sozialen Zugehörigkeit zu ihrer Klasse offengelegt wurden, diente sowohl als Selbstvergewisserung des eigenen Handelns sowie als Mittel der Distinktion gegenüber anderen soziokulturellen Gruppen.[36]

Eine dieser Errungenschaften waren besonders eindrucksvoll gestaltete und häufig sehr kostspielige Kartenpublikationen, wie beispielsweise spezielle Handatlanten. Der Begriff des (Hand)Atlas bezieht sich an dieser Stelle schlichtweg auf das Format der in einem Atlas zusammengeführten Karten. Als Gegenteil von Handatlanten wurden sehr große Atlanten, oft auch als Riesenatlanten bzw. sehr kleine, als Taschenatlanten verstandene Publikationen bezeichnet. Dabei muss allerdings beachtet werden, dass keine exakte Definition der Maße des angegeben Formates existiert. Deshalb ist es durchaus möglich, dass die Größe eines Atlas, welcher als Handatlas tituliert wurde, nicht immer die gleichen Abmessungen wie andere Handatlanten aufwies.

Wenn ich nun von Prestigekartografie als Produktkategorie spreche, dann fällt zunächst auf, dass die besonders eindrucksvolle Ausstattung der Veröffentlichungen sowie dann auch zuweilen ihr hoher Verkaufspreis als offensichtliches Kriterium der Beschreibung von kartografischen Publikationen als Prestigekartografie zu Grunde gelegt werden muss. In diesem Sinne eignete sich ein solch ausgestattetes Produkt besonders gut zur häuslichen Selbstrepräsentation des zahlungskräftigen, bürgerlichen Publikums in einem Jahrhundert, das oft auch als „wohnsüchtig" beschrieben wurde.[37] Der Schrank voller Bücher stand dabei im Zentrum der Inszenierung einer als bildungsbürgerlich empfundenen Selbstvergewisserung der eigenen Familie, welche ihr Wissen, vornehmlich das des männlichen Familienoberhauptes, aus Enzyklopädien und Atlanten bezog. Insofern symbolisierte der im Haushalt befindliche Atlas nicht nur die in die häusliche Umgebung importierte Vorstellung der Welt als geografisch,

34 Ebd., 120.

35 Ebd., 132.

36 In diesem Zusammenhang lehren uns verhaltenspsychologische Untersuchungen, dass innerhalb einer sozialen Gruppe der gleichen soziokultureller Lage die An- bzw. Aberkennung von Prestige erst die Zuordnung zu einer solchen Gruppe ermöglicht und sie somit als Gatekeeper fungiert. Siehe hierzu: Geoffrey Brennan und Philip Pettit, *The Economy of Esteem: An Essay on Civil and Political Society*, Oxford, 2004, 5.

37 Z. B. bei: Maren-Sophie Fünderich, *Wohnen im Kaiserreich. Einrichtungsstil und Möbeldesign im Kontext bürgerlicher Selbstrepräsentation*, Berlin und Boston, 2019, 53.

kultureller Raum, sondern besaß zugleich den Charakter eines Prestige erfüllenden Mediums in einer im bürgerlichen Wohnzimmer präsentierten sowie parallel eingeladenen Öffentlichkeit.[38]

Da das Verhältnis zwischen Kunst und Wissenschaft für das von mir beschriebene Bürgertum im 19. Jahrhundert vor allem durch das Selbststudium des ausgewählten Bildungsmediums gekennzeichnet war, wundert es kaum, dass der Anspruch an die konsumierten kartografischen Produkte durch ein hohes Maß an interner Ordnung und Struktur sowie zugleich von einer hohen Druckqualität gekennzeichnet war.[39] Deshalb war ihre Herstellung nicht nur teuer, sondern auch sehr zeitaufwendig. Aus diesem Grund ergibt sich für die Charakteristik von Prestigekartografie, dass Publikationen dieser Produktkategorie häufig durch sehr lange Veröffentlichungszeiträume gekennzeichnet waren. Dabei konnten zwischen den jeweiligen Lieferungen eines Atlas z. B. mehrere Jahre liegen. Hinzu kommt, dass in der Regel diese Publikationen dann auch als die bekanntesten Produkte der dazugehörigen Verlage betrachtet werden konnten und diese oft den Namen ihrer Autoren im Titel trugen. Die Autoren operierten im Namen des Verlages bzgl. dieser Praxis oft im Sinne einer Personenmarke, um ihre und die Arbeiten des Verlages öffentlichkeitswirksam am Markt für Druckerzeugnisse zu etablieren.[40]

Eines der prominentesten Beispiele zeitgenössischer Prestigekartografie stellt aus meiner Sicht der im Justus Perthes Verlag erschienene Handatlas von Adolf Stieler dar. Die erste Lieferungsausgabe dieses Atlas erschien ab 1817 bis 1823 zunächst mit 50 Kartenblättern, um von 1823 bis 1831 in einer zweiten Lieferungsausgabe auf 75 Blatt anzuwachsen.[41] In den folgenden Jahrzehnten erschienen insgesamt 11 weitere Auflagen, bis die *Internationalen Ausgabe* mit 114 Blatt, wovon allerdings nur 84 tatsächlich erschienen, im Jahr 1940 das Ende der Publikation besiegelte. Die Logik der Lieferung einzelner Kartenblätter, welche erst nach mehreren Jahren zu einem Atlas zusammengeführt wurden, ergibt sich zum einen aus der Tatsache, dass der Verlag dadurch den potentiellen Kunden an das Verlagshaus binden konnte, aber zum weit aus größeren Teil aus der von mir genannten Komplexität der Produktion einer derart umfangreichen Kartensammlung. Jedes Kartenblatt musste zunächst gezeichnet und anschließend durch den Kupfer-, später auch ggf. einen Stahlstich gedruckt werden. Sollten anschließend die einzelnen Kartenblätter koloriert werden, ergaben sich für die ange-

---

38 Ebd., 59.

39 Vgl.: Andreas Schulz, *Lebenswelt und Kultur des Bürgertums im 19. und 20. Jahrhundert*, Berlin u. a., 2014, 19.

40 Zur Einführung in das Konzept einer Personenmarke siehe: Hans H. Bauer, et al., *Personenmarken erfolgreich managen: ein markenpersönlichkeitsbasierter Steuerungsansatz, Institut für marktorientierte Unternehmensführung*, Universität Mannheim, 2010, 9–13, Onlineressource: https://madoc.bib.uni-mannheim.de/42388/1/M120.pdf (zuletzt aufgerufen am 10.3.2020).

41 Zur Chronologie der Lieferungsausgaben des Stielers Handatlas siehe: Jürgen Espenhorst, *Andree, Stieler, Meyer & Co. Handatlanten des deutschen Sprachraums (1800–1945) nebst Vorläufern und Abkömmlingen im In- und Ausland*, Schwerte, 1994, 63.

forderten Stückzahlen entsprechende Produktionszeiträume, welche sich in der Zeitspanne der Publikation von Lieferungsausgaben niederschlugen.

Diese Praxis hatte ihren Preis. Der Handatlas von Adolf Stieler wurde deshalb zunächst für einen Subskriptionspreis von acht Talern gelistet, allerdings schon ab der ersten vollständigen Ausgabe 1823 für über zwölf Taler zum Verkauf angeboten.[42] Außerdem erhöhte sich der Verkaufspreis durch die Zunahme an kolorierten Karten, sodass der Verlagskatalog des Perthes Verlages von 1880, in Abhängigkeit der Bindung, den Gesamtpreis des Atlas zwischen 51 und 59 Mark angab.[43] Damit wird deutlich, dass Handatlanten bereits durch ihren Verkaufspreis eine wohlüberlegte, langfristige Kaufentscheidung für ein derartiges Produkt erforderlich machten.

Wie die erworbenen Atlanten nach dem Kauf tatsächlich genutzt wurden, liegt weitgehend im Dunkeln. Es ist allerdings anzunehmen, dass aufgrund der oft großen Anzahl an Karten und wegen des vergleichsweise hohen Verkaufspreises, Handatlan-

---

42 Siehe: Handschrift zum Andenken an Bernhard Perthes vom 1.12.1857, zit. nach: Franz Köhler, *Gothaer Wege in Geographie und Kartographie*, Gotha, 1987, 81 sowie Adolf Stieler, *Hand-Atlas über alle Theile der Erde, nach dem neuesten Zustande, und über das Weltgebäude, nebst einem geographischen Texte. Plan und Ankündigung, Gotha, 1816*, gefunden in: Staatsbibliothek zu Berlin Kart B 950/1, 4.

43 Angeboten wurden unter anderem eine nicht gebundene Ausgabe für 51 Mark sowie eine hochwertig, gebundene Ausgabe in Halbjuchten (weiches Leder) für 59 Mark. Vgl.: Verlagskatalog des Justus Perthes Verlages Gotha, 1880, gefunden in: Forschungsbibliothek Erfurt/Gotha, SPA 4° 812. Aussagen zum Verhältnis der Teuerungsrate der gehandelten Handatlanten zu den Nominaleinkommen der Bevölkerung sind schwierig. Das liegt vor allem an der oft ungenauen Quellenbasis für Lohneinkommen vor 1871 im Deutschen Bund. Rainer Gömmel hat in seiner zum ersten Mal 1979 veröffentlichten Analyse der Nominal- sowie Realeinkommen der deutschen Bevölkerung eine dezidierte Aufstellung der Einkommensklassen vorgenommen. Gemessen an einem durchschnittlichen, jährlichen Lohneinkommen eines abhängig beschäftigten Arbeitnehmers im Jahr 1823 von ca. 95 preuß. Talern ergibt sich ein prozentuales Kosten-Einkommensverhältnis des *Stieler Handatlas* von 12,5 %. Die Steigerung des durchschnittlichen, jährlichen Nominallohnes in den folgenden Jahrzehnten führte zu einer deutlichen Reduktion der Maßzahl dieses Verhältnisses. So mussten im Jahr 1880, trotz einer Steigerung der Anschaffungskosten für ein Exemplar des genannten Atlas im Vergleich mit dem Ausgangsjahr 1823, nunmehr ca. 9 % des jährlich zur Verfügung stehenden Nominaleinkommens von 545 Mark aufgewandt werden, um ein vollständiges, einfach gebundenes Exemplar käuflich zu erwerben. Dennoch steht fest, dass auch im Deutschen Kaiserreich für Bezieher von Durchschnittseinkommen die Anschaffung eines *Stieler Handatlas* eine kostspielige Anschaffung darstellte. Siehe hierzu: Rainer Gömmel, *Realeinkommen in Deutschland. Ein internationaler Vergleich (1810–1914)*, Nürnberg, 1979. Hinsichtlich des Einkommens potentieller Kunden des Atlas finden sich Hinweise bei Felix Selgert. Dessen Untersuchung zu Nominaleinkommen badischer Beamter im 19. Jahrhundert ergab für die Gruppe der Rechtsassessoren als die am geringsten entlohnte Gruppe badischer Beamter im 19. Jahrhundert ein durchschnittliches Nominaleinkommen von 600 bis 800 Gulden jährlich. Gemessen an der Definition des Guldens als der 1,75-fache Teil eines preuß. Talers ergibt sich für das Jahr 1880 ein Kosten-Einkommensverhältnis des *Stieler Handatlas* von 2,6 % bis 3,5 %. Diese Rechnung offenbart zum einen ein, im Vergleich mit anderen Berufen, hohes Einkommensniveau badischer Beamter am Ende des 19. Jahrhunderts und die auch für diese Gruppe hohen, aber nicht unüberwindbaren Anschaffungskosten für ein einfaches Exemplar des *Stieler Handatlas*. Siehe hierzu: Felix Selgert, *Civil Servants' Living Standards in the Grand Duchy of Baden, 1780–1913*, in: Jahrbuch für Wirtschaftsgeschichte (54), Nr. 1, 2013, 156.

ten als Beispiele für Prestigekartografie im bürgerlichen Haushalt eine ähnliche Nutzung wie die eines mehrbändigen Lexikons erfahren haben. Für jene Produkte galt ebenso wie für bedeutende Handatlanten, dass sie für die Wissenschaft bzgl. der Abbildung des gegenwärtigen Wissensstandes referentiell waren, dennoch so gut wie nie komplett gelesen oder im Alltag benutzt wurden und damit einen vergleichsweise geringen Gebrauchswert aufwiesen.[44] Gleichzeitig wurden ebenfalls unterschiedliche Ausgaben eines Lexikons nach Kundenwunsch mit zum Teil hochwertigen Einbänden in mehreren Lieferungen ausgegeben, da durch besondere Ausstattungsdetails sowie die angebotenen Qualitäten die Bindung der Kunden an das Produkt und den Verlag gewährleistet werden konnte. Damit wurde darüber hinaus der Aufbau eines einheitlichen Markenimages oftmals dadurch vorangetrieben wurde.[45]

Die Gemeinsamkeiten bzgl. des Prestigegedankens von enzyklopädischen Lexika und Prestigekartografien in Form von Handatlanten liegt also auf der Hand. Dennoch galt sowohl für das eine, als auch für das andere Produkt, dass grundsätzlich nicht jeder potentielle Kunde in der Lage bzw. gewillt war, einen derart hohen Kaufpreis für eine solche Publikation zu zahlen. Dieser Umstand führte dazu, dass Verlage Ausgaben mit einer verringerten Kartenanzahl oder komplette Schulatlanten auf Basis der teureren Handatlanten veröffentlichten und deren verkaufte Auflagen die des ursprünglichen Handatlas oft um ein Vielfaches übertrafen.[46] Zugleich musste nicht jeder Handatlas ein Beispiel für Prestigekartografie sein. Außerdem konnte es in wenigen Fällen möglich sein, dass auch im 19. Jahrhundert besonders eindrucksvoll gestaltete Einzelkarten, deren tatsächlicher Gebrauchswert im eigentlichen Sinne nicht sofort auffällig erschien, in den Bereich der Prestigekartografie heute wie damals eingeordnet werden kann. Die erstmals 1863 im Perthes Verlag erschienene Verkehrskarte *Chart of the World* war ein solches Beispiel.[47] Trotz ihrer potentiellen Nutzung als Portolankarte zur Navigation auf See, mag ihr Verkaufspreis und ihre zum Teil besondere Ausstattung als hochwertige Wandkarte eine konkrete Nutzung verhindert haben, da sie z. B.

---

44 Zur Geschichte des Brockhaus Lexikons als Prestigeobjekt bürgerlicher Selbstvergewisserung des eigenen sozialen und akademischen Standes siehe: Thomas Keiderling, *„Wissen ist Gold". Zur Markenpolitik des Brockhaus-Lexikons*, in: Christof Windgätter (Hrsg.), *Maske und Kothurn. Verpackungen des Wissens. Materialität und Markenbildung in den Wissenschaften*, 58. Jg., Heft 2, Wien u. a., 2012, 83.

45 Ebd., 89 u. 93.

46 Dieser Befund traf vor allem auf die Herausgabe von *Stielers Schulatlas* und *Stielers Handatlas* aus dem Justus Perthes Verlag zu. Im untersuchten Zeitraum der Jahre 1854 bis 1868 setzte der Gothaer Verlag 227.000 Exemplare weniger vom Hand-, als vom Schulatlas ab, sodass der Anteil der abgesetzten Handatlanten, gemessen an der kumulierten Gesamtmenge aller im genannten Zeitraum verkauften Exemplare von *Stielers Schulatlas* und *Stielers Handatlas* nur 38 % betrug. Vgl.: Forschungsbibliothek Erfurt/Gotha, Auslieferungsbuch des Justus Perthes Verlages, 1854–1868, Eintragzungen zu *Stielers Schulatlas* und *Stielers Handatlas*.

47 Ich werde in Kapitel 2.3 genauer auf diese spezielle Karte eingehen.

durch diese Ausstattungsdetails weder beschriftbar war, noch exakte Messdaten wie Meerestiefen oder kartografische Abbildungen von Häfen enthielt.[48]

Wie dieses Beispiel zeigt, muss die konkrete Differenzierung zwischen Prestige- und Gebrauchskartografie im Einzelfall entschieden werden. Deshalb gilt, dass alle von mir genannten Charakteristika von Prestigekartografie nicht dogmatisch anzuwenden sind, sondern als Hilfe in der Strukturierung der auf dem Markt befindlichen Produkte dienen sollen

2.1.3 Gebrauchskartografie

Nachdem der Begriff der Prestigekartografie einer eingehenden Klärung bedurfte, ist dies auch für den Begriff der Gebrauchskartografie erforderlich. Die Nutzung bzw. der Gebrauch von Karten für einen bestimmten Zweck stellt zunächst den eigentlichen Grund der Herstellung jeder Art von kartografischen Produkten dar. Wie diese Nutzung schließlich konkret aussah, ist allerdings von Publikation zu Publikation verschieden. Wenn für Produkte der Kategorie Prestigekartografie die wirksame Zurschaustellung sowie das Erlangen gesellschaftlicher Reputation der Kunden im Vordergrund stand, so muss ein anderer Nutzen für Karten offensichtlich sein, welcher nicht hauptsächlich für die öffentlichkeitswirksame Präsentation der Zugehörigkeit zu einer sozialen Schicht und des eigenen Wissens erworben wurden.

Der Erwerb von Karten für einen speziellen Gebrauch war und ist daher immer zutiefst subjektiv und oft nur schwer rekonstruierbar. Dieser Umstand ermöglicht daher keine Klassifikation von Subkategorien in der Produktbeschreibung von Karten jenseits des Begriffes „Gebrauchskartografie", abseits der bereits von mir in Kapitel 2.1.1 festgestellten und hier ausdrücklich nicht berücksichtigten Unterscheidung zwischen thematischer und nicht-thematischer Kartografie. Grundsätzlich steht allerdings fest, dass mit Blick auf unterschiedliche Programme einschlägiger Verlage die deutliche Mehrzahl der kartografischen Publikationen sicherlich nicht zur Darstellung und Aneignung eines persönlichen Prestiges ihrer Nutzer geeignet erschienen.[49] Dies mag

48 Als Portolankarten bzw. Portolane gelten alle Seekarten mit begleitendem Text im Allgemeinen Sinn. Siehe: Catherine Hofman et al., *The golden age of maritime maps: when Europe discovered the world*, Ontario, 2013.

49 Der Verlagskatalog des Berliner Verlages Dietrich Reimer ermöglicht an dieser Stelle einen genauen Blick auf zahlreiche Kartenpublikationen im langen Zeitraum von 1845 bis 1886. Untersucht man alle Veröffentlichungen des Verlages während der erfassten 40 Jahre, so fällt auf, dass von 101 zufällig ausgesuchten Publikationen nur maximal 12 der Prestige-, 23 der Schul-, jedoch 66 der Gebrauchskartografie zugeordnet werden können. Dabei ist zu beachten, dass in dieser Erhebung Einzelkarten nur dann als eigenständige Publikation von mir gewertet wurden, wenn dies ausdrücklich angegeben war und keine der Karten Bestandteil einer anderen Publikation, wie die eines Atlas war. Hinzu kommt, dass es durchaus möglich sein konnte, dass bereits 1845 veröffentlichte Karten ihre Zugehörigkeit zu der ein oder anderen Produktkategorie auch nach über 40 Jahren nicht verändert hatten und in zum Teil neuer Auflage auch noch 1886 im Verlag erschienen. Siehe: Christoph von Wolzogen, *Verlags-Kata-*

vor allem der ökonomischen Notwendigkeit der Diversifikation des Produktportfolios der Verlage geschuldet sein, deren Existenz bei Weitem nicht nur von der Herausgabe einiger weniger, aufwendig und in der Produktion kapitalintensiv ausgestatteter Prestigeprodukte abhing.[50] Die meisten für den täglichen Gebrauch bestimmten Karten waren daher vor allem durch möglichst geringe Produktionskosten, bei gleichzeitig oftmals hohen Auflagen gekennzeichnet. Aus diesem Grund fallen zugleich die häufig fehlenden hochwertigen Ausstattungsdetails, gerade im Blick auf Veröffentlichungen aus der Kategorie Prestigekartografie ins Auge. Diese Charakteristika konnten auch für Handatlanten gelten. Insofern ist die Annahme, dass jene Atlanten immer der Kategorie Prestigekartografie zugeordnet werden müssen, schlichtweg nicht korrekt.

Ein besonders markantes Beispiel für einen solchen Verlag, welcher einem breiten Publikum durch die Herausgabe zahlreiche günstiger Atlanten, Karten und Lexika bekannt wurde, war das Bibliographische Institut von Joseph Meyer. Der Verleger gründete als Konkurrenz zu den in Gotha beheimateten Verlagen Justus Perthes und dem von Carl Wilhelm Ettinger 1826 ein eigenes Verlagshaus, mit welchem er allerdings schon 1828 in die Thüringer Kleinstadt Hildburghausen umzog. Dort sollte der Verlag fast 50 Jahre ansässig sein, um dann 1874 gänzlich nach Leipzig verlagert zu werden.[51] Neben dem bekannten Konversationslexikon, welches zwischen 1840 und 1855 als 52-bändige Ausgabe erschien, war der Verlag zu Beginn seiner Existenz auch für die ab 1830 eigens publizierten Atlanten bekannt. Dabei kam es dem Verleger auf eine kostengünstige Produktion der Karten an, sodass komplette Neuausgaben von Karten im Verlag sehr selten waren. Vielmehr nutze er eine weitere Eigenschaft von Gebrauchskartografie für die Herstellung seiner gebundenen Kartenwerke, nämlich die gezielte Verwendung älterer Karten in Kombination mit Karten anderer, thematisch ähnlicher, aber vormals eigenständig erschienener Publikationen, um daraus einen neuen Atlas

log von Dietrich Reimer 1845–1886 (Unveränderter Nachdruck des ersten erhaltenen Verlagskatalogs von Dietrich Reimer, Mai 1886), Berlin, 1995, 1–51.

50 Im Fall des Justus Perthes Verlages lässt sich die Zusammensetzung des Novitätenumsatzes besonders gut beispielhaft nachvollziehen. Die Auslieferungsbücher des Verlages verzeichneten so z. B. für das Jahr 1863 einen Gesamtumsatz alle Novitäten des laufenden Geschäftsjahres von über 51.300 Taler. Davon entfielen auf die Lieferungen 14 bis 25 der Neuauflage des Stielers-Handatlas gerade einmal etwas mehr als 3.800 Taler. Betrachtet man die in diesem Jahr erstmals publizierte Verkehrskarte *Chart of the World* ebenfalls als Prestigekartografie, so machte diese Produktgruppe nur ca. 10 % des Umsatzes aller Novitäten aus. Die Herausgabe des ebenfalls im Perthes Verlag erschienenen *Almanach de Gotha* sowie zahlreichen Begleitpublikationen machte im direkten Vergleich allerdings über 47 % des Novitätenumsatzes des Jahres 1863 aus. Dieses Beispiel macht daher besonders deutlich, dass zumindest für den Perthes Verlag die Herausgabe des Adelshandbuches und anderer kartografischer Produkte aus dem Bereich der Gebrauchskartografie von größerer ökonomischer Dringlichkeit waren, als die Publikationen der in der Herstellung sowie im Verlauf aufwendigeren Prestigekartografie. Auch mit Blick auf den Gesamtumsatz des Verlages bestätigt sich dieser Befund. Vgl.: Forschungsbibliothek Erfurt/Gotha, Auslieferungsbuch des Justus Perthes Verlages 1854–1869.

51 Jürgen Espenhorst, *Andree, Stieler, Meyer & Co. Handatlanten des deutschen Sprachraums (1800–1945) nebst Vorläufern und Abkömmlingen im In- und Ausland*, Schwerte, 1994, 161.

oder begleitende Kartenpublikationen für die in zahlreichen Lieferungen herausgegebenen Lexika veröffentlichen zu können. Diese Praxis war auch für Produkte der Prestigekartografie gebräuchlich, man denke nur an die weitere Verwendung der vormals in *Petermanns Geographischen Mitteilungen* im Perthes Verlag erschienenen und anschließend adaptierten, gleichen Karteninhalte in *Stielers Handatlas*. Dennoch trieb kaum ein Verleger diese Technik der Kopie und Adaption von Karten so weit wie Joseph Meyer für seine in großer Auflage erschienenen Karten und Atlanten.

Aufgrund der oftmals langen Lieferzeiten für einen so entstandenen vollständigen Atlas, konnten schließlich in der Regel nur Einzelauflagen der jeweiligen Publikation veröffentlicht werden. Besonders prominente Beispiele hierfür waren der erste im Verlag publizierte Schulatlas, welcher von 1830 bis 1832 in zunächst sechs Lieferungen mit 18 Karten erschien, aber schon ab 1830 bis 1838 in weiteren Lieferungen zum *Neusten Großen Schulatlas* mit 35 Karten erweitert wurde und dessen Metamorphose schließlich mit der Herausgabe des *Meyer's Universal-Atlas* sowie *Meyer's Zeitungsatlas für Krieg- und Frieden* enden sollte.[52] Schließlich sollte die Publikationspraxis der ständigen Verwendung bereits existenter Karten in neuen Verlagserscheinungen mit dem *Groschenatlas* in 180 Karten sowie dem von 1843 bis 1860 in 171 Lieferungen erschienenen *Großen Hand-Atlas über alle Theile der Erde* einen maximalen Höhepunkt erreichen. Die ersten 118 Kartenblätter des letztgenannten Atlas wurden von 1843 bis 1847 publiziert und kosteten mit fast 14 Talern zwar nominal genau so viel wie der gesamte *Stielers Handatlas* aus dem Perthes Verlag, allerdings konnte der Meyer Verlag aufgrund der Verwendung des Stahl-, im Gegensatz zum Kupferstich den Verkaufspreis von 13 Talern für lediglich 83 Karten im *Stieler* real unterbieten.[53]

Für Meyer bestand also die Kunst der Produktion von Atlanten für die breite Masse der an Karto- und Geografie interessierten Leser darin, eine ungeheure Fülle an neuen Publikationen zu veröffentlichen und dadurch eine entsprechende Bekanntheit zu erlangen. Die von mir benannte Praxis kann somit auch als die Art und Weise der Erstellung eines „wachsenden Atlas" bezeichnet werden.[54] Dabei kommt es, wie bereits erwähnt, immer darauf an, den jeweils aktuellen Kartenbestand zu einem neuen Atlas zu binden und dabei auf ältere Karten zusätzlich zurückgreifen zu können. Das Gegenteil eines so herausgegeben Atlas war die „aktualisierte Grundausgabe". Hierbei wird ein einmalig publizierter Atlas ständig durch neue oder verbesserte gleiche Kartenbilder ergänzt und dadurch eine Abbildung des aktuelle Wissensstandes gewährleistet. Diese Form der Kartenpublikation fand im Bereich der Gebrauchskartografie eher selten Anwendung, da eine derartige Publikation über einen langen Zeitraum Aufmerksamkeit, Material und damit zusätzliche Kosten beansprucht, was im Verkaufspreis in

52 Ebd., 162.
53 Ebd., 165.
54 Ebd., 163.

der Regel einen markanten Eindruck hinterlässt und somit mehrheitlich für Produkte der Prestigekartografie in Frage kam.

Ein sogenannter „Sammelatlas“ konnte wiederum sowohl für den täglichen Gebrauch, als auch im Sinne der Prestigekartografie Verwendung finden. Dabei erscheinen zahlreiche Kartenlieferungen in der Regel über mehrere Jahre, um am Ende einen gebundenen oder in losen Blättern publizierten Atlas zu ergeben. Diese Atlanten erschienen daher manchmal nur in einer Auflage, da die zeitlichen Abstände der Lieferungen weit auseinander liegen konnten und somit für Autoren und vor allem für Verlage große ökonomische Unsicherheiten boten. Die entsprechenden Verlage versuchten daher für Sammelatlanten frühzeitig Subskribenten zu finden, um eine langfristige Finanzierung der Projekte abzusichern. Damit schließlich die Kunden derartiger Atlanten auch zukünftig an das Projekt und somit an auch an den Verlag gebunden werden konnten, versuchten die Verlage mit der Form des „aktualisierten Atlas“ die Sammelatlanten, welche aus ihrer Sicht eine einträgliche Zukunft haben würden, durch die Lieferung von weiteren Supplementen auch nach der Herausgabe der letzten Lieferungsausgabe weiter aktualisieren zu können. Da dies nicht immer zum gewünschten finanziellen Erfolg führte, war es auch durchaus üblich, dass Verlage aus größeren Sammelatlanten neue, verkleinerte Atlanten auskoppelten. Im Fall des Meyer Verlages wurde so unter anderem der *Meyer's Auswanderungs-Atlas der westlichen Hemisphäre* mit 48 Karten in den Jahren 1849–1860 realisiert, welcher im Wesentlichen aus einer Zusammenstellung der Karten über die USA bestand, die zuvor im *Großen Hand-Atlas* im selbigen Verlag erschienen waren.[55]

Diese Karten fielen vor allem durch einen hohen Gebrauchswert auf, da sie für die Beantwortung konkreter (Fach)Fragen über die geografische sowie kulturelle Ausgestaltung der abgebildeten Räume projektiert wurden und somit zur Navigation im Raum dienlich erschienen. Die Idee der Karte für jedermann, die speziell geforderte Inhalte vermittelt und zugleich allgemein sowie günstig verfügbar sein sollte, korreliert gleichsam mit dem vermehrten Aufkommen der thematischen Kartografie, besonders am Ende des 19. und zu Beginn des 20 Jahrhunderts.[56] Dies äußerte sich unter anderem auch in der Publikation verschiedener monothematischer Karten zu aktuellen zeitgeschichtlichen Ereignissen wie Kriegen oder auch nach dem Abschluss von Friedensverträgen. Der Perthes Verlag veröffentlichte z. B. 1882 allein über 14.000 Exemplare der Karte *Aegypten und Suez Can.*, nachdem Großbritannien im Zuge der Niederschlagung der sogenannten Urabi-Bewegung Ägypten im selben Jahr militärisch besetzte.[57] Für Verleger und Autoren boten solche Veröffentlichungen, meistens in Form einfacher Übersichtskarten, kurzfristig steigende Gewinne bei einem vergleichs-

---

55 Ebd., 166.

56 Catherine Delano-Smith, *Milieus of Mobility. Itineraries, Route Maps, and Road Maps*, in: James R. Akerman (Hrsg.), *Cartographies of Travel and Navigation*, Chicago und London, 2006, 68.

57 Vgl.: Forschungsbibliothek Erfurt/Gotha, Sammlung Perthes, Auslieferungsbuch des Justus Perthes Verlages 1869–1894.

weise geringen Produktionsaufwand. Der Potsdamer Kartograf Heinrich Berghaus hielt daher aus gegebenem Anlass in einem Brief an den Verleger Wilhelm Perthes an diesem Vorgehen fest, denn:

> Kommt es zum Krieg, so steht unser Aller Wohlfahrt auf dem Spiele, obgleich dieser gewaltsame Zustand gerade für das Karten-Geschäft ein ersprießlicher ist, in so weit Karten vom Schauplatz der militair. Operationen in Betracht kommen. [...][58]

Da die zeitgeschichtlichen Ereignisse, auf die derartige Publikationen folgten, in der Regel nur eine vergleichsweise kurze öffentliche Aufmerksamkeit erregten, wurden von Seiten der Verlage Einzelkarten auch kaum in neueren Auflagen weiter veröffentlicht und liefen daher aus.[59]

Eine weitere wichtige Produktgruppe im Bereich der Gebrauchskartografie muss der Forschungskartografie eingeräumt werden. Unter diesen Begriff fallen alle Karten, welche direkt die kartografische Darstellung aktueller Forschung abbilden oder für die geografische Forschung angefertigt wurden. Dies konnten zum einen Karten in wissenschaftlichen Publikationen sein, zum anderen aber auch Karten, die speziell für Expeditionsreisen angefertigt wurden und daher ausdrücklich nicht als eigentliche Reisekarten für den aufkommenden Tourismus im 19. Jahrhundert verlegt worden waren.[60] Diese Karten wurden ähnlich wie Kriegskarten häufig neu produziert, erhielten kaum Fortsetzungen im Stile neuer Auflagen und sollten den aktuellen Stand des Wissens abbilden. Insofern eignete sich Forschungskartografie aufgrund des fehlenden enzyklopädischen Charakters, wie er zuweilen in Prestigekartografie gefunden werden kann, nicht um die Entwicklung des Wissensstandes über einen festgelegten Zeitraum abzubilden, sondern immer für eine Momentaufnahme, obwohl Forschungskarten,

58 Brief Heinrich Berghaus an Wilhelm Perthes vom 30.11.1850, in: Forschungsbibliothek Erfurt/Gotha, Nachlass Heinrich Berghaus, SPA ARCH MFV 19A/3, 598 f.

59 Eine prominente Ausnahme bildete die 1885 erstmals von Hermann Habenicht zum 100-jährigen Bestehen des Justus Perthes Verlages sowie parallel zum Ende der Berliner Kongo-Konferenz im selbigen Verlag veröffentlichte *Spezialkarte von Afrika* im Maßstab 1:4.000.000. Die aus insgesamt zehn Kartenblättern und einem fast 80-seitigem Begleitband bestehende Karte wurde bis 1892 in drei überarbeiteten Auflagen herausgegeben, sodass der Verlag insgesamt über 23.500 Exemplare absetzen konnte. Vgl.: Forschungsbibliothek Erfurt/Gotha, Sammlung Perthes, Auslieferungsbuch 1869–1894. Zur Karte selber siehe: Wulf Bodenstein, *Hermann Habenicht's Spezialkarte von Afrika – A Unique Cartographic Record of African Exploration 1885–1892*, in: Terrae Incognitae (44), Nr. 2, September 2012, 139–162.

60 Reisekarten für Touristen fallen auch unter die Kategorie der Gebrauchskartografie, da sie die Orientierung der Reisenden in fremden Räumen erleichtern sollten und daher einen tatsächlich und offensichtlichen Nutzen aufwiesen, für wissenschaftliche Expeditionen aufgrund der gewählten Maßstäbe und der abgebildeten Räume eher unbrauchbar waren. Ich werde in dieser Arbeit noch genauer auf Reisekarten und Reisehandbücher eingehen. Welche Konjunktur diese Literatur im 19. Jahrhundert erlebte, zeigt sich alleine darin, dass zwischen 1828 und 1900 Reisehandbücher über 120 Ziele aus dem bekannten Baedeker Verlag publiziert wurden. Für eine ausführliche Bibliographie der publizierten Bücher siehe: Alex W. Hinrichsen, *Baedeker's Reisehandbücher: 1832–1990*, 2. Auflage, Bevern, 1991.

wie bereits erwähnt, zum Teil in Prestigekartografie wiedergefunden werden konnten. Hinzu kommt, dass die vermittelten Karteninhalte oft nur einen Teil der für den kartierten Raum abrufbaren Informationen abbildeten, da diese aus anwendungsspezifischen Gründen dafür geeigneter als andere bewertet wurden. Aus diesem Grund lassen sich Karten der Rubrik Forschungskartografie nicht selten als begleitende kartografischen Aufnahmen in Zeitschriften wiederfinden, da die Praxis der periodischen Herausgabe einer Zeitschrift mit dem Anspruch korreliert, für die Wissenschaft hinsichtlich der Schaffung neuen Wissens zu arbeiten.

Zusammenfassend bot Gebrauchskartografie also nicht die Möglichkeit das eigene Sozialprestige zu demonstrieren, da weder der Autorenname als Markenzeichen eine gesteigerte Rolle in der äußeren Darstellung als Markenprodukt spielte, noch aufgrund des geringeren Verkaufspreises eine Abgrenzung im Erwerb zu anderen sozialen Gruppen möglich war.

2.1.4 Schulkartografie

Schulkarten erscheinen auf den ersten Blick als klassische Karten für den täglichen Gebrauch. Oft als günstige Massenware angeboten, erfüllen sie weder eine Prestigefunktion für ihren Besitzer, noch eignen sie sich gewissermaßen als dekoratives Element im Buchregal, vor allem dann nicht, wenn ihnen ein intensiver Gebrauch in Schule und Universität vorausgegangen war. Dennoch kann und sollte die Schulkartografie neben Prestige- und Gebrauchskartografie aus einem einfachen Grund als eigenständige Produktkategorie aufgefasst werden. Obwohl Schulkarten nämlich häufig das Ergebnis der Abkopplung bereits existenter Karten, zumeist aus Handatlanten waren, kann aufgrund ihrer didaktisch, inhaltlichen Konzeption sowie der oft hohen Auflagen und der damit verbundenen Konzentration der Aufmerksamkeit des Verlegers auf jene Publikationen, diese Produktkategorie als genuine Rubrik im Portfolio eines Verlages dargestellt werden.[61] Auch aus diesem Grund wurden, anders als zuweilen im großen Bereich der Gebrauchskartografie, einzelne Autoren vor allem für ihre Arbeit an schulkartografischen Projekten gewürdigt, was wiederum für Autoren und Verlegern eine gewisse Bekanntheit im Publikum, auch über den potentiellen Leserkreis in Schule und Universität hinaus ermöglichen konnte.[62] Daher war es keineswegs unge-

---

61 Im Fall des Westermann Verlages lässt sich aufgrund überlieferter Auslieferungsbücher die Anzahl der verkauften Exemplare einzelner Verlagsartikel besonders gut nachvollziehen. Im Fall des *Volksschulatlas* von Henry Lange lassen sich so Verkaufszahlen zwischen 1892 und 1905 von über 1,76 Millionen Exemplaren belegen. Damit wird, zumindest für den Braunschweiger Verlag sehr deutlich, dass Schulkartografie durchaus im Handel mit gedruckten Karten einen bedeutenden Stellenwert erringen konnte. Zu den Absatzzahlen siehe: Unternehmensarchiv Westermann Verlag, Verlagsauslieferungs-Journal 2/277, 274–278.

62 Zahlreiche Autoren der Schulkartografie arbeiteten darüber hinaus auch für andere geografisch, kartografische Projekte in Verlagen und darüber hinaus. So gilt z. B. Emil von Sydow nicht nur als

wöhnlich, dass aus dem Bereich der Schulkartografie insgesamt in der Öffentlichkeit bekanntere Verlagserzeugnisse abgesetzt werden konnten und im speziellen Fall ganze Verlage für Generationen von Schülern und Studenten mit einem eigenen Atlas oder einer Karte in Verbindung gebracht wurden.[63]

Als Schulkartografie im weitesten Sinne können alle für die Nutzung in Lehre und Ausbildung eingesetzten Karten verstanden werden. Diese Eingrenzung beinhaltet sowohl Atlanten, klassisch als Schulatlanten bezeichnet, sowie jede andere Einzelkarte, die zur Anschauung und Vermittlung von Lehr- und Lerninhalten dient. Darüber hinaus spielten ab dem 19. Jahrhundert Wandkarten als Teil der Ausgestaltung des Unterrichts an allgemeinbildenden und Fachschulen eine immer stärkere Rolle. Als eine solche Karte können wiederum alle großformatigen Karten zusammengefasst werden, welche mittels einer geeigneten Befestigung und auf einer Leinwand, oder einem anderen Trägermaterial, an einem dafür vorgesehenen Halter oder direkt an der Wand angebracht werden können.[64] Vor allem der Perthes Verlag begann ab der ersten Hälfte des 19. Jahrhunderts vermehrt auch Wandkarten zu vertreiben, deren Entwicklung eng mit der Ausbildung von jungen Männern in militärischen Kadettenanstalten verbunden war. Allein zwischen 1854 und 1894 lieferte der Gothaer Verlag über 104.000 Exemplare der Wandkarten und Wandatlanten Emil von Sydows aus.[65] Als Wandatlas bezeichnet man ferner eine Serie unterschiedlicher Wandkarten gleichen Layouts zu verschiedenen Themen und jeweils entsprechenden Lehrinhalten. Für Schulen und Universitäten eigneten sich diese Angebote besonders, da sie stets durch die Herausgabe in Einzellieferungen neue sowie aktuelle Wandkarten zur Verfügung stellten und zugleich durch die Anwendung in der Lehre ein großes Spektrum unterschiedlicher Anschauungsmaterialien für den Unterricht boten.[66]

Mitbegründer der modernen Schulkartografie in Deutschland, sondern auch als bekannter Kartografietheoretiker des 19. Jahrhunderts. Dabei fällt allerdings auf, dass die Zuordnung derartiger Labels, vor allem im Falle von Sydows, häufig selber einer stärkeren Historisierung bedarf, als bisweilen angenommen wurde. Siehe: Manuel Schramm, *Der „Sydow". Zur Geschichte eines Schulatlas im 19. Jahrhundert*, Archiv für Kulturgeschichte (97), Nr. 1, 2015, 153.

63 Ein besonders markantes Beispiel für die enge Verflechtung von Verlag und Karten für den Gebrauch in Schulen konnte man im 19. Jahrhundert in den Verlagshäusern Wagner und Debes sowie im Westermann Verlag beobachten. Im letzteren Fall schuf der Verlag mit der Herausgabe des *Diercke/Gaebler Schulatlas* ab den 1880er Jahren sogar eine bis heute existente Marke am Markt für Schulkartografie in Deutschland. Siehe: o. A., *Westermann. Profil eines Verlages. 1838–1963 Ein Jubiläumsbericht*, Braunschweig, 1963, 38 f.

64 Also mögliche Wandkartenformate gelten alle Kartengrößen zwischen einem und über drei Quadratmeter Projektionsfläche.

65 Vgl. Auflistung der Auslieferung Emil von Sydows Wandatlas in: Forschungsbibliothek Erfurt/Gotha, Sammlung Perthes, Auslieferungsbücher 1854–1869 und 1869–1894.

66 Für einen ersten Überblick zur Praxis der Nutzung von Schulwandkarten im 19. Jahrhundert siehe: Norman Henniges, *The Rolled World. German school wall maps and their publishers in the nineteenth and twentieth century*, in: IMCOS Journal (151), 2017, 45–53.

Um einen größeren Kundenkreis zu erreichen, versuchten einige Verleger ihre zunächst als Schulatlanten konzipierten Produkte als für die Allgemeinheit bestimmte Publikationen zu vertreiben. Ein prominentes Beispiel stellt in diesem Zusammenhang eine Veröffentlichung des Issleib und Rietzschel Verlages aus den 1860er Jahren dar. Im Jahr 1867 veröffentlichte der Geraer Lehrer Eduard Amthor zusammen mit Wilhelm Issleib den *Volks-Atlas über alle Theile der Erde für Schule und Haus* im oben genannten Verlag mit 24 farbigen Karten, damit „die Erdkunde wirklich Gemeingut des Volks werden [kann]“.[67] Denn für beide Autoren stand der Wert des Atlas von Anfang an fest, da „das schlichte Werk, das wir geschaffen, und mit dem wir in den häuslichen Kreisen, wie in der Schule [...] einem allgemein gefühlten Mangel abzuhelfen hoffen, der Gunst von Hoch und Niedrig, von Reich und Arm im Vaterlande empfohlen sein“.[68]

Um dieses Ziel zu erreichen, wurde nicht nur der Umfang der Publikation auf 24 Karten begrenzt, wovon der Fokus auf die physische Kartierung Europas, vor allem Deutschlands gelegt wurde, sondern der gesamte Atlas auf einfachem Papier, aber in hoher Qualität gedruckt. Hinzu kommt, dass alle Karten von Wilhelm Issleib entworfen, gezeichnet, im Verlag gestochen sowie gedruckt wurden. Dies sparte Kosten ein, sodass der Atlas für knapp über sieben Silbergroschen ausgepreist werden konnte. Andere Schulatlanten, wie die Exemplare von Emil von Sydow oder von Theodor von Liechtenstern und Henry Lange kosteten deutlich mehr.[69]

Um die Nutzung des Werkes auch im Haushalt, und bei Weitem nicht nur in dem der den Atlas bereits nutzenden Schüler zu forcieren, bemühte sich der Verlag im folgenden Jahr der Herausgabe des Atlas diesen mit einem Begleitheft zu vervollständigen. Die 1868 veröffentlichte *Volks-Geographie über alle Theile der Erde für Schule und Haus* ermöglichte das Nachschlagen lexikalischer Informationen über die im ein Jahr zuvor erschienenen Atlas abgebildeten Länder auf 152 Seiten für fünf Silbergroschen. Im Stil der Zeit sollte das Heft ein Leitfaden für „eine Geographie zur Belehrung und zum Nachschlagen für das Volk und zugleich als Lehrbuch für die Schulen“ sein und in diesem Sinne jedem potentiellen Nutzer schnell und zuverlässig die gewünschten Informationen liefern.[70]

Der Verleger vermochte also mit einem solchen Produkt weder ein Prestigeprodukt zu verkaufen, noch ein ausschließlich für die Schule nutzbares Kompendium aus Atlas und Länderlexikon zu schaffen. Insofern stellt diese Art von Publikation eine Mischform aus Schul- und klarer Gebrauchskartografie dar, welche durchaus typisch für Veröffentlichungen der Zeit war. Leider lassen sich die genauen Absatzzahlen des Verlages heute nicht mehr nachvollziehen, dennoch konnte der Verlag sein Schulkar-

---

67 Eduard Amthor und Wilhelm Issleib, *Volks-Atlas über alle Theile der Erde für Schule und Haus*, Vorwort, Gera, 1867.

68 Ebd.

69 Zu genauen Preisen siehe Kapitel 2.2 zu Marken und Verlagsimage im Kartenhandel.

70 Karl Theodor Liebe, *Volks-Geographie über alle Theile der Erde für Schule und Haus*, Vorrede, Gera, 1868.

tenprogramm bis Ende des 19. Jahrhunderts fortsetzen, wenn auch mit mäßigem Erfolg.[71]

Dieses Beispiel zeigt, dass eine Unterscheidung zwischen klassischer Schul- und Gebrauchskartografie nicht immer einfach ist. Dennoch lässt sich für das 19. Jahrhundert feststellen, dass auch die klare Positionierung einzelner Atlanten als Schulatlanten bzw. Karten für den Gebrauch in Schulen und Universitäten parallel mit der stetig stärker werdenden Ausdifferenzierung und Akademisierung der Geografie stattfand, weshalb Karten des „Sowohl als Auch" kaum mehr Beachtung fanden. Das hieß aber nicht, dass die Schulkartografie immer aus neuen und unveröffentlichten Karten bestand, sondern auch auf Kartenadaptionen zurückgriff und ihre Vermarktung als genuines Lehr- und Lernmittel allerdings in den Vordergrund rückte. Erst dieser Schritt ermöglicht die Einordnung der Schulkartografie als eigenständige Produktkategorie im Kartenhandel des 19. Jahrhunderts.

2.2 Marken und Verlagsimage im Kartenhandel

2.2.1 Vorbemerkungen

Unter Berücksichtigung der Präsenz einer Vielzahl unterschiedlicher Produkte auf einem deutschen Markt für Karten und Atlanten ist es kaum erstaunlich, dass Produzenten dieser speziellen Publikationen zwangsläufig ein geeignetes Umfeld für die Vermarktung ihrer Druckerzeugnisse schaffen mussten. Schließlich konnte es nicht zielführend sein, einem Schuldirektor Wandkarten mit den gleichen verkaufsfördernden Argumenten anzubieten wie einem zuständigem Ausbilder der preußischen Armee, welcher auch Wandkarten, allerdings anderen Inhaltes, für die Ausbildung des Offiziersnachwuchses in einer Militärakademie benötigte. Um diese Unterscheidung der verschiedenen Produkte eines Verlages wirkungsvoll sichtbar werden zu lassen ist eine geeignete und zielführende Form von Kommunikation zwischen Rezipienten und Produzenten dringend erforderlich. Eine solche Kommunikationsstrategie, welche zum einen den Verlag und zum anderen dessen Produkte als einzigartig und unverwechselbar charakterisiert sowie diese Kommunikation organisiert nennt man Marketing.[72]

---

71 So waren z. B. in den Jahren 1880 und 1890 insgesamt nur jeweils an drei Schulen in Preußen Schulatlanten von Issleib und Rietzschel im Einsatz. Siehe: Heinz Peter Brogiato, *„An dem Knochen wird von vielen genagt": Zur Entwicklung der geographischen Schulatlanten im 19. Jahrhundert*, in: Internationale Schulbuchforschung (19), Nr. 1, 1997, 54–55.

72 Die Kommunikation zwischen Systemen und ihrer Umwelt findet sich u. a. auch bei Niklas Luhmann. Für Luhmann selber bestand im Wirtschaftssystem die Kommunikation aus Zahlungen, welche er als selbstreferentiell beschrieb. Schließlich besteht die Kommunikation über eine Ware bzgl. des vom Unternehmer erhofften Absatzes zwischen ihm und den potentiellen Kunden auf einem Markt

Dass Kartenverleger im 19. Jahrhundert betriebswirtschaftliche Abläufe des Marketings nutzten um ihre Drucke überhaupt vertreiben zu können, ist nicht zuletzt dem Umstand der veränderten Konsumgewohnheiten des lesenden Publikums geschuldet gewesen. Insofern wird es mir gleich zu Beginn des folgenden Abschnittes darauf ankommen den Wandel im Konsum von Wissen an der Schwelle vom 18. zum 19. Jahrhundert zu charakterisieren, um anschließend den Befund der Notwendigkeit von einer Divergenz der unterschiedlichen Produktkategorien auf einem Markt für kartografische Druckerzeugnisse heraus zu erörtern. Dieser Analyseschritt ist umso wichtiger, weil bisher jener Wandel mehrfach konstatiert wurde, allerdings kaum die Folgen für die Zeitgenossen beschrieben wurden.[73]

Die Herstellung einer großen Stückzahl gedruckter Karten war für Kartenverleger bis zum Ende des 19. Jahrhunderts mit hohen technischen Hürden verbunden und somit oft kostenintensiv.[74] All dies traf in der ein oder anderen Form natürlich auch auf gedruckte Bücher zu, dennoch lässt sich der Wandel im Konsum von Wissen in den letzten 200 Jahren besonders eindrucksvoll an Karten beobachten, weil der Erwerb dieser im 19. Jahrhundert für breite Kreise der Bevölkerung erschwinglich wurde und dadurch schrittweise ihre Stellung als spärlich verfügbare Druckerzeugnisse verloren.

Um anschließend einen ganzheitlichen Blick über diesen Wandel zu erlangen, wird es auch notwendig sein, nicht nur den Konsumenten, sondern auch den Produzenten von Kartografie als Akteur in einem Veränderungsprozess sichtbar werden zu lassen. Vor allem Verleger konnten ökonomische Chancen für den erfolgreichen Vertrieb ihrer Produkte nur dann nutzen, wenn sie ab sofort erkennbar und unterscheidbar wurden. Wie diese Arbeit noch zeigen wird, war Spezialisierung und Akzentuierung des Produktportfolios für einen Verleger im 19. Jahrhundert eine überlebenswichtige Notwendigkeit. Daher stellt sich die Frage, um in den Termini des Marketings zu bleiben, wie es Verleger, deren Produkte und auch Kartografen im 19. Jahrhundert schafften als Marke wahrgenommen zu werden.

An dieser Stelle steht natürlich fest, dass für eine solche Untersuchung nicht auf Quellen des innerbetrieblichen Managements der beteiligten Unternehmen zurückgegriffen werden kann. Marketingabteilungen im eigentlichen Sinn zogen schließlich erst ab den 1960er Jahren in moderne Unternehmen ein.[75] Dennoch kann nicht abgestritten werden, dass auch Verleger des 19. Jahrhunderts im Sinne der Verkaufsförde-

---

aus der Absicht einer zukünftigen Zahlung. Vgl. Niklas Luhmann, *Soziale Systeme. Grundriß einer allgemeinen Theorie*, Frankfurt am Main, 1. Auflage, 1984, 30 ff. und bes. 625 f.

73 Zum historischen Wandel im Prozess der Erlangung von wissenschaftlicher Erkenntnis siehe: Charles Van Doren, *Geschichte des Wissens*, Basel u. a., 1996, hier: 275–358 sowie Jürgen August Alt, *Das Abenteuer der Erkenntnis: eine kleine Geschichte des Wissens*, München, 2002, hier: 152–180.

74 Vgl.: Mary Pedley, *The Commerce of Cartography. Making and Marketing Maps in Eighteenth-Century France and England*, Chicago und London, 2005, 35–72.

75 Vgl.: Hartmut Berghoff, *Marketing im 20. Jahrhundert. Absatzinstrument – Managementphilosophie – universelle Sozialtechnik*, in: Hartmut Berghoff (Hrsg.), *Marketinggeschichte. Die Genese einer modernen* Sozialtechnik, Frankfurt und New York, 2007, 17.

rung ihrer Produkte zu Maßnahmen griffen, die heute als Teil des sogenannten „Marketingmixes“ beschrieben werden. Ohne die Termini der modernen betriebswirtschaftlichen Forschung in ihrer expliziten Form auf die in der überlieferten Korrespondenz getätigten Äußerungen des strategischen Managements der Verlage direkt anzuwenden, werden diese allerdings die Analyse der Werbe- und Vertriebsmaßnahmen der von mir untersuchten zeitgenössischen Unternehmen mithilfe der Kategorisierung in Produkt-, Distributions-, Preis- sowie Kommunikationspolitik ermöglichen.[76]

Gleichzeitig steht fest, dass ein Bewusstsein für die Bildung einer Marke, sei es ein spezielles Produkt eines Verlages, der ganze Verlag als solcher oder einzelne Akteure, welche innerhalb und außerhalb für das Unternehmen tätig waren, immer auch in Abläufe unterschiedlicher Prozesse eingebunden ist. Außerdem galt ebenfalls für zeitgenössische Unternehmen, dass für die Bildung von Marken ein geschicktes Markenmanagement darüber hinaus mehr als dienlich war.

Daher werde ich im zweiten Abschnitt die Rolle von Markenidentitäten für einen Kartenverlag im 19. Jahrhundert erörtern und dabei versuchen, einen Zeitpunkt für bewusst oder unbewusst wahrgenommene Bedeutung von Marken im Absatz von kartografischen Druckerzeugnissen zu terminieren. Hierfür wird es einer Fokussierung auf konkrete Beispiele bedürfen, anhand dieser die Analyse der vier von mir genannten Aspekte des Marketings durchgeführt werden kann. Gerade im Bereich der Schulkartografie setzte schon früh ein eigenes Markenbewusstsein von Seiten der Verlage ein, sodass erfolgreiche kartografische Publikationen in diesem Segment schnell zu einer gezielten Außendarstellung der Verlage als Schulbuchproduzenten und damit einem festgelegtem Unternehmensimage führten. Deshalb eignen sich Verlage mit ihrem schulkartografischen Angebot besonders für eine Analyse der selbst gewählten Marketingmaßnahmen. Daher werde ich am Schluss meiner Ausführungen schließlich Strategien der Markendiversität sowie des Markenwandels erläutern und auch am Beispiel der Schulkartografie das Scheitern von Marken genauer untersuchen. Die Frage, ob Kartenverlage im 19. Jahrhundert eigene Strategien der Werbung nutzten und ob Karten selber zur Marke werden konnten, muss gleichzeitig an dieser Stelle offen diskutiert werden.

2.2.2 Der Konsum von Wissen

Wissen war bis weit ins 19. Jahrhundert keineswegs eine jederzeit abrufbare Ressource. Dennoch lässt sich feststellen, dass sich in keinem Jahrhundert davor das Wissen von der Welt derart umfangreich und beschleunigt verbreitet hat. Als Folge und zugleich auch als Auslöser dieser Expansion ist unter anderem die von vielen Autoren beschriebene Leserevolution zu nennen, in deren Folge 1870 bereits schätzungsweise

---

76 Siehe dazu: Regine Kalka und Andrea Mäßen, *Marketing*, 7. Auflage, Freiburg, 2018.

75 % der deutschen Bevölkerung Lesen und Schreiben konnten.[77] Dabei erschloss sich das Lesen als Kulturtechnik der Gesamtheit der Bevölkerung erst am Ende des 19. Jahrhunderts, zu Beginn verharrte es als ein Phänomen bürgerlicher Alltagskultur in Form des Konsums extensiver Lektüre. Und gerade in diesem Zusammenhang des Divergierens unterschiedlicher Kundengruppen mit ihren ganz genuinen Wünschen an Literatur offenbart sich der Anpassungsdruck jener Verlage, welche die Zeit zwischen 1800 und 1900 ökonomisch mit- und überlebt haben.

Auch technische Innovationen machten nicht minder einen Teil dieser geforderten Anpassung aus. Durch Innovationen in der Papierherstellung und der Drucktechnik im Zuge der Industrialisierung während der ersten Hälfte des 19. Jahrhunderts konnten Verleger nicht nur mehr, sondern auch häufiger nachdrucken. Dabei darf aber auch nicht übersehen werden, dass Techniken, welche die Frequenz neuer Drucke erhöhten, häufig auch neue Möglichkeiten des zu Druckenden schufen. Mit Lithografie, Stahlstich und Galvanoplastik standen erstmals Techniken zur Verfügung, die grafische Abbildungen in großer Stückzahl in hoher Qualität druckbar werden ließen.[78] Neben Kartenverlegern waren es vor allem die Zeitungsverlage, welche ohne diese neuen Techniken wohl kaum durch derart hohe Auflagen einen entstehenden Massenmarkt für Druckerzeugnisse jeder Art erreichen konnten.[79] Doch nicht nur Verleger profitierten von den neuen technischen Möglichkeiten, auch der Buchhandel expandierte in kaum gekannter Form. Dabei setzte sich Leipzig als Buchhandelszentrum

77 Einheitliche Zahlen zur Analphabetenquote für ganz Deutschland im 19. Jahrhundert sind auf Grund der Quellenlage lückenhaft. Geschätzt lässt sich dennoch der Anteil der Bevölkerung, welcher 1800 Lesen und Schreiben konnte, auf 25 % festsetzen, 1840 auf 40 % und schließlich 1870 auf ca. 75 %. Vgl.: Hans Christof Kraus, *Kultur, Bildung, Wissenschaft im 19. Jahrhundert*, Enzyklopädie Deutscher Geschichte, Band 82, München, 2008, 1.

78 Die Technik des Galvanisierens von Kupferplatten, auch Galvanoplastik genannt, ermöglichte ab Mitte des 19. Jahrhunderts kostengünstig Kupferplatten zu vervielfältigen und somit Neudrucke in rascher Abfolge auf den Markt zu bringen. Dabei unterscheidet man prinzipiell zwischen zwei Verfahrenstechniken. Bei der Hohlgalvanoplastik lagert sich Kupfer von außen an einem Positiv-, bzw. von innen an einem Negativmodell in einem galvanischen Bad ab. Um die fertige Plastik zu erhalten, muss nun entweder von außen oder von innen die Trägermasse (Modell) entfernt werden. Bei der Kerngalvanoplastik lagert sich Kupfer im galvanischen Bad an einem Positivmodell an. Nach erfolgter Galvanisierung verbleibt im Anschluss das Modell in der fertigen Plastik. Dadurch lassen sich grundsätzlich beliebig oft Kopien der eingesetzten Originale abbilden, vor allem wenn eine der Kopien selber zur Vorlage für neue Plastiken wird. Zum Einsatz der Technik in einem Kartenverlag siehe: Franz Köhler, *Gothaer Wege in Geographie und Kartographie*, Gotha, 1987, 83.

79 Als eine der populärsten Zeitschriften jener Jahre kann die erstmals 1853 in Leipzig erschienene *Gartenlaube- Illustrirtes Familienblatt* aus dem Verlag Ernst Keil angesehen werden. Ein Grund für den Erfolg der Zeitschrift in der gesamtdeutschen Leserschaft bestand auch darin, die abgedruckten Textpassagen mit eigenen Illustrationen zu versehen. Zur Geschichte der Publikation siehe: Kirsten Belgum, *Popularizing the nation. Audience, representation, and the production of identity in „Die Gartenlaube“ 1853–1900*, Lincoln und London, 1998.

immer mehr durch. Schon 1840 existierten in der Messestadt 113 Buchhandlungen, in Berlin lediglich 108 und in Wien sogar nur 52.[80]

Die Verdichtung der Produktion und des Handels mit gedruckten Büchern und zunehmend auch Karten schuf schließlich ein neues Bewusstsein Wissen zu konsumieren, denn es wurde nicht nur endgültig zu einer handelbaren Ware, sondern auch zu einem offensichtlich stets verfügbaren allgemeinen Gut. Die erwähnten Veränderungen im Partizipationsprozess von Marktteilnehmern auf einem gewandelten Buchmarkt lassen sich am besten am Beispiel von Buchhändlern beobachten, da jene von nun an dem Druck der Auswahlmöglichkeiten ihrer Kunden unterworfen waren. Der Konsum von Wissen wurde dadurch demokratisiert, aber gewissermaßen auch gleichzeitig erschwert, da von nun an Kunden und Händler jenem restriktivem Charakter von Freiheit unterworfen waren, welche eine größere Auswahl an potentiellen (Kauf) Entscheidungen mit sich bringt.[81] Jenen Befund nutzte der Gothaer Buchhändler und Verleger Carl Wilhelm Ettinger bereits während der Zeit des Übergangs vom 18. zum 19. Jahrhundert, um einer möglichen Konkurrenz in der Kleinstadt Gotha Herr zu werden. Er schrieb 1796 an den regierenden Herzog Ernst II. von Sachsen-Gotha-Altenburg, dass ein an Literatur interessierter Kunde keineswegs zwei gleichberechtigt agierende Buchhandlungen in einer Stadt gutheißen könne, da durch deren natürlich vorhandene Konkurrenz jeder pekuniäre Vorteil für Kunden und Händler beseitigt werden und die Qualität des lokalen Angebotes absinken würde:

> Durchlauchtigster Herzog, Gnädigster Herzog und Herr!
> [...] Für das hiesige Publikum entspringt aus der Anlegung einer neuen Buchhandlung neben der meinigen nicht allein kein Nutzen, sondern sogar ein Nachtheil. Kein Nutzen, denn durch die Concurrenz mehrerer Buchhändler in einem und demselben Orte und Lande, werden die Bücher nicht wohlfeiler, [...]. Dem Publikum sind zwey oder mehrere Buchhandlungen an Orten, wo diese neben einander nicht bestehen können, nachtheilig, weil es von einer soliden und vollständigen Sortimenthandlung zuverläßig besser bedient wird, als von zwey oder mehreren eingeschränkten und unvollständigen, die in beständiger Furcht sind, daß ihnen die auf der Messe eingekauften Bücher liegen bleiben, und also sich hüten werden, sich mit der nöthigen Anzahl von Exemplaren, deren Absatz ungewiß ist, zu versehen. [...] – geben mir die Hoffnung, daß Ew. Herzogl. Durchl. es nicht ungnädig aufnehmen werden, wenn ich die unterthänigste Bitte zu Dero

---

80 Vgl. Hans Christof Kraus, *Kultur, Bildung, Wissenschaft* [wie Anm. 77], 4.

81 Studien der Psychologen Sheena Iyengar und Mark Lepper aus dem Jahr 2000 bewiesen, dass Kaufentscheidungen häufiger getroffen werden, wenn Konsumenten aus einer geringeren Produktauswahl auswählen konnten, als zuvor angeboten worden war. Die Freiheit der Auswahl aus einer großen Produktpalette führe demnach im Moment der Kaufentscheidung zur Angst unter den Konsumenten eine falsche Wahl zu treffen und schließlich zum Abbruch des Kaufes. Siehe: Sheena S. Iyengar und Mark R. Lepper, *When Choice is Demotivating: Can One Desire Too Much of a Good Thing?*, in: Journal of Personality and Social Psychology (79), Nr. 6, 2000, 995–1006. Als „Paradox of Choice" fasste außerdem der US-amerikanische Autor Barry Schwartz jenen diskutierten repressiven Charakter von einem Zuviel an Wahlmöglichkeiten zusammen. Siehe: Barry Schwartz, *The paradox of choice: why more is less*, 2. Auflage, New York, 2009.

> Füßen niederlege, daß, [...] Höchst Dieselben ihm solche [*Betriebskonzession*] aus den von mir angeführten Gründen in dieser Maaße zu verweigern gnädigst geruhen möchte.
> Ich verehre lebenslang mit tiefster Ehrfurcht Ew. Herzogl. Durchl.
> Unterthänigster Carl Wilhelm Ettinger[82]

Im Falle Ettingers beschieden schließlich die Beamten das Problem des Verlegers, indem sie einen Einspruch nicht zuließen. Gleichzeitig verwiesen sie auf die allgemeine Niederlassungsfreiheit im Herzogtum und die grundsätzliche positive Auswirkung auf das Wirtschaftsleben durch eine gemäßigte Konkurrenzsituation auf dem Markt.[83] Man könnte auch sagen, dass Ettinger mit Ernst II. an einen aufgeklärten und an neuen Unternehmen in seinem Herrschaftsgebiet sehr interessierten Regenten geraten ist, sodass sein Einspruch gegen neue Verlage und Buchhändler zum Scheitern verurteilt sein musste.[84]

Dennoch zeigt dieser exemplarische und zugegebener Maßen prominente Fall auch Symptome eines generellen Umbruchs im Verlagswesen zu Beginn des 19. Jahrhunderts auf. Der Wissensdurst in Folge der Aufklärung trug außerdem ganz entscheidend zu einem Bedürfnis nach Literatur und der daraus erhofften Erkenntnis über die Welt bei. Diese Erkenntnis musste aber zunehmend öffentlichkeitswirksam verkauft werden, sodass ihre Präsentation wichtiger wurde. Christof Windgätter hat an dieser Stelle bereits darauf hingewiesen, dass ab Mitte des Jahrhunderts die Einbandgestaltung von Büchern eine zentrale Bedeutung für den Vertrieb jeglicher gebundener Druckerzeugnisse aufwies.[85] Erst diese Technik machte es möglich, dass ab sofort gedruckte Bücher ein immer gleiches Aussehen im Buchhandel aufwiesen und zugleich damit eine eigene Werbewirkung der Publikation unabhängig ihres Inhaltes erzielt werden konnte. Insofern trat gerade der Verkaufsraum des Buchhändlers und dessen werbewirksame Gestaltung als ein möglicher Ort für den Erwerb von Wissen im 19. Jahrhundert in den Vordergrund.[86]

Diese Versachlichung des Ortes und die gewissermaßen fehlende einzigartige Materialität des Produktes früherer Jahrhunderte, ausgelöst durch industrialisierte

---

82 Brief von Carl Wilhelm Ettinger an Herzog Ernst II. von Sachsen-Gotha-Altenburg vom 20.3.1796, in: Staatsarchiv Gotha, Geheime Kanzlei TT. IIa. Nr. 91, 1–7.

83 Vgl.: Aktennotiz mit dem Verweis auf Ettingers Brief an den Herzog vom 20.3.1796, in: Staatsarchiv Gotha, Geheime Kanzlei TT. IIa. Nr. 91, 9 f.

84 Zur Wirtschaftspolitik Ernst II. siehe: Christoph Köhler, *Die Wirtschafts-, Finanz- und Sozialpolitik Ernst II. von Sachsen-Gotha-*Altenburg, in: Christoph Köhler, Andreas Klinger, Werner Greiling, *Ernst II. von Sachsen-Gotha-Altenburg,* Köln u. a., 2005, 111–128.

85 Christof Windgätter, *Wissenschaft als Marke. Schaufenster, Buchgestaltung und die Psychoanalyse,* Berlin, 2016, 142.

86 Ebd., 154.

Druck- und Gestaltungstechniken, korrelierte mit der Sehnsucht nach wahren Fakten und neuem, vorzugsweise sensationellem Wissen.[87]

Karten konnten diesem Wunsch des Publikums in besonderer Weise gerecht werden. Zum einen zeigt eine Karte den Stand des vorhandenen Wissens über einen geografischen Raum. Zum anderen ist ihre Aktualität allerdings genau aus diesem Grund ständig von einem möglichen Verfall bedroht, da gerade im 19. Jahrhundert neue Erkenntnisse über geografische Räume zu einem sich ständig veränderten Stand des Wissens über den entsprechenden Untersuchungsgegenstand führten. Um diese „Unübersichtlichkeiten" von Karten der Dynamik der Veränderung des Standes geografischen Wissens anzupassen, waren also nicht nur vermehrt Supplemente zu den Karten nötig, sondern rasche Fortsetzungen sowie ganze Neuauflagen kartografischer Werke.[88]

Aus diesem Grund konnten Verlage jene Kunden dauerhaft an sich binden, welche an einer stetigen Aktualisierung ihrer bereits erworbenen Kartenprodukte interessiert waren. Betrachtet man beispielhaft den Justus Perthes Verlag, so ist der langjährige Erfolg des Verlagshauses gerade durch jene Kundenbindung an die etablierten Marken des Unternehmens zu erklären. Gleichzeitig erzeugte die Herausgabe einer geografischen Fachzeitschrift ab Mitte der 1850er Jahre nicht nur eine Steigerung der Ausgaben für aktuelle Karten über verschiedene Regionen der Erde, sondern auch das stetige Veralten der einstigen Prestigeliteratur in Form der bislang erworbenen und nur durch die Supplementkarten aus den Fachzeitschriften aktualisierten Atlanten.[89] Diese Publikationspraxis, welche auf die gestiegenen Bedürfnisse des lesenden und forschenden Publikums einging, sorgte zwar in erster Linie für eine „Entzauberung der Welt", dennoch blieb die naturwissenschaftliche Erforschung des Planeten immer auch mit einer speziellen kulturellen Mystifikation verbunden, welche im gleichen Zusammenhang mit wissenschaftlichen Erkenntnissen angeboten und verkauft wurde.[90]

Dieser Umstand zeigt sich im Fall der Reisekartografie besonders deutlich. Der folgende Kartenausschnitt wurde einer Karte über den Nordwesten des heutigen Äthiopiens entnommen, welcher in den Jahren 1852 bis 1853 von dem württembergischen Afrikaforscher Theodor von Heuglin in seiner Funktion als Sekretär des österreichischen Konsulats in Khartum zusammen mit seinem Dienstherren, dem Konsul von Österreich, Konstantin Reitz bereist worden war.[91] Nachdem Heuglin 1855 nach Europa zu-

87 Vgl.: Liliane Weissberg, *Das starre Subjekt, das bewegliche Auge. Zur Geburt des „realistischen" Blicks*, in: Lutz Danneberg und Friedrich Vollhardt (Hrsg.), *Wissen in Literatur im 19. Jahrhundert*, Tübingen, 2002, 128.

88 Vgl.: Kristina Kuhn und Wolfgang Struck, *Aus der Welt gefallen. Die Geographie der Verschollenen*, Paderborn, 2019, 20.

89 Gemeint ist an dieser Stelle die ab 1855 herausgegebene Zeitschrift *Petermanns Geographische Mitteilungen*, welche immer auch als Supplement zu *Stielers Handatlas* verstanden wurde. Siehe: Kristina Kuhn und Wolfgang Struck, *Aus der Welt gefallen* [wie Anm. 88], 22.

90 Ebd., 69.

91 Vgl.: Ernst Schütz, *Heuglin, Theodor von*, in: Neue Deutsche Biographie 9 (1972), 42 [Online-Version]; URL: https://www.deutsche-biographie.de/pnd116782226.html#ndbcontent (zuletzt aufgerufen am 20.1.2020).

rückkehrte, versuchte schließlich der Perthes Verlag dessen Wissen über Ostafrika zu veröffentlichen und für den Entdecker und den Verlag auch ökonomisch nutzbar zu machen. Die Veröffentlichung der *Reisen in Nord-Ost-Afrika* im Jahr 1857 markierte den Beginn einer längeren Zusammenarbeit zwischen Verlag und dem Autor sowie den Versuch, den Forscher Theodor von Heuglin mit potentiell interessierten Lesern bekannt zu machen.[92] Die Ergebnisse dieser frühen Zusammenarbeit bestanden nicht nur aus gedruckten Reisebeschreibungen in Buchform oder in der verlagseigenen Zeitschrift *Petermanns Geographische Mitteilungen*, sondern auch aus exklusiv publizierte Karten über Reiserouten des Forschungsreisenden Heuglin.

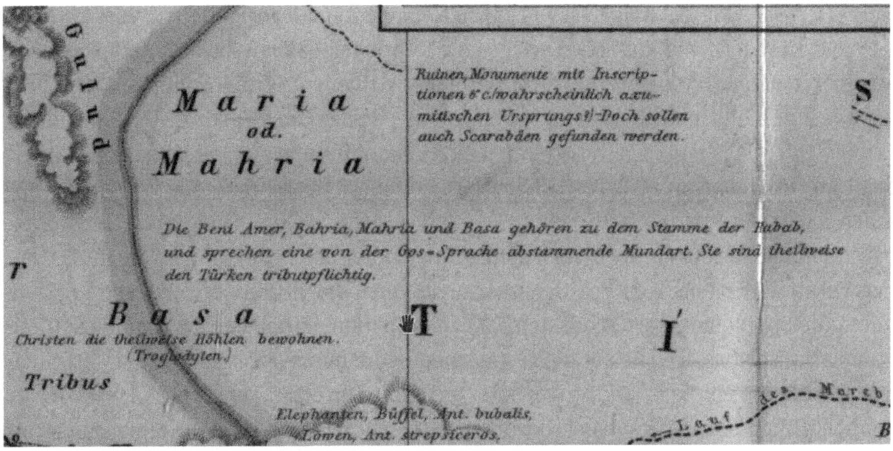

Abb. II. 1: Kartenausschnitt aus: Theodor von Heuglin, *Karte von Ost-Sennar, Taka und West-Abyssinien*, 1:2.000.000, Justus Perthes, Gotha, 1857.

Mit dem Verkauf dieser Karten konnte der Verlag zeitgleich zwei potentielle Käuferschichten erreichen und das eigene Image als zuverlässiger Händler von Wissen untermauern. Zum einen bestand eine kleine Gruppe aus an der Erforschung Afrikas interessierter Personen, welche in den 1850er Jahren jede aktuelle Information eines Reisenden vor Ort dankbar empfingen und auf der anderen Seite interessierte die Karte all jene, die an dem Sensationellen, der Mystik und dem Exotischen eines fremden Ortes interessiert waren. Der Konsum des Wissens der Karte war also nicht einem einheitlichen Zweck vorbehalten und muss damit als zutiefst subjektiv sowie inkohärent wahrgenommen werden. So konnte der Lauf des Mareb in der rechten unteren Ecke der Karte für einen Hydrologen von besonderer Bedeutung sein, jedoch vermochte die Information von den in der Region Basa in Höhlen lebenden Christen in der linken

92 Siehe: Theodor von Heuglin, *Reisen in Nord-Ost-Afrika. Tagebuch einer Reise von Chartum nach Abyssinien mit besonderer Rücksicht auf Zoologie und Geographie unternommen in dem Jahre 1852 bis 1853*, Gotha, 1857.

unteren Bildecke Leser diverser populärer Abenteuergeschichten faszinieren. Zugleich erhebt die Karte keinerlei Anspruch auf Vollständigkeit, sondern verharrt im Status des Möglichen und präsentiert dem Leser neben bereits gesichertem Wissen auch die eigenen Desiderate der kartografischen Erkenntnis über den abgebildeten Raum. Die obere Bildmitte verdeutlicht dies eindrucksvoll, da dem Verfasser unklar erschien, wem die gefundenen Inschriften in den entdeckten Ruinen und Monumenten zuzuordnen sind und ob das Gebiet als Maria oder Mahria zu bezeichnen ist.

Für den Verlag jedenfalls sollte Theodor von Heuglin in der näheren Zukunft noch von großer Bedeutung sein, wie eine weitere Kollaboration in den 1860er Jahren zeigt. Ausschlaggebend mag dafür die Exklusivität des angebotenen Wissens gewesen sein, welche zugleich den Perthes Verlag als zuverlässige Quelle von einzigartigen und neuen Erkenntnissen über einen entlegenen Kontinent ausweisen sollte.

2.2.3 Die Bedeutung von Marken im Kartenhandel am Beispiel der Schulkartografie

Wie man am soeben dargestellten Beispiel sehen kann, musste die Vermarktung kartografischen Wissens im 19. Jahrhundert auch auf nicht kohärente Inhalte eingehen können, welche kein gesichertes Wissens beinhalten und ggf. an Aktualität rasch eingebüßt haben. Gleichzeitig bestand für Verlage die Chance am Buchmarkt überdurchschnittlich erfolgreich zu partizipieren, wenn sie aufgrund ihrer eigenen Verfassung in der Lage waren alle möglichen heterogenen Käufererwartungen an Kartografie zu erfüllen, um damit selber ein Stück weit zur Marke zu werden.

Dass Verlage überhaupt eine eigene Markenwahrnehmung etablierten lag somit am Wandel des Marktgeschehens und dessen Verfassung. Auch für den Buchhandel galt, dass sich Verkäufermärkte im 19. Jahrhundert im Zuge der Industriellen Revolution zu Käufermärkten wandelten.[93] Damit verschwand im operativen Management die Vorstellung, dass Unternehmen lediglich als einer der wenigen Anbieter auf einem Markt mit großem Nachfrageüberhang Gewinne durch die ausschließliche Konzentration auf die Produktion der angebotenen Güter und weniger ihren Vertrieb erwirtschaften könnten. Die industrielle Massenproduktion von Büchern und zunehmend auch von Karten sorgte für ein immer vielschichtigeres Güterangebot am Buchmarkt, sodass nun der Anbieter einer drastisch angewachsenen Konkurrenzsituation auf dem Buchmarkt ausgesetzt war und um die Aufmerksamkeit der Kunden werben musste. Dieser Umstand sorgte schließlich für einen neuen unternehmerischen Impuls, der auch in Kartenverlagen die Frage nach einem erfolgreichen und an den avisierten Zielgruppen orientierten Vertrieb der eigenen Produkte stellte.

---

93 Alfred Kuß und Michael Kleinaltenkamp, *Marketing – Einführung – Grundlagen – Überblick – Beispiele*, 5. Auflage, Wiesbaden, 2011, 5 f.

Schaut man nun genauer hin, so erscheint die Notwendigkeit als Marke für einen Verlag bzw. dessen Produkte wahrgenommen zu werden zunächst allerdings widersinnig. Der Konsum von Wissen beinhaltet nämlich nicht den Verbrauch der konsumierten Ressource an sich, er kann sie sogar durch eine evtl. erfolgte Wiedergabe der konsumierten Erkenntnis in Form von Nacherzählungen oder didaktischer Wissensvermittlung vermehren.[94] Aus diesem Grund sollte also nicht die Vermarktung der zu verkaufenden Information allein im Vordergrund stehen, sondern immer auch die Bewerbung des Trägermediums den Fokus einer Marketingkampagne bilden, denn erst dadurch wird eine Information marktfähig. Hierbei können alle Medienunternehmen die besonderen Produkteigenschaften der angebotenen Medieninhalte nutzen. Sind diese einmal produziert, so ist eine Reproduktion in der Regel einfach umzusetzen und ein Konsum des gleichen Gutes ohne Qualitätseinbußen für jeden potentiellen Kunden denkbar, da diese nicht um endliche Ressourcen in der Her- sowie Bereitstellung von Wissen konkurrieren müssen.[95] Zugleich entscheidet die Ausgestaltung des Trägermediums aber auch über den Verkaufswert und den Erfolg des Vertriebs eines Informationsgutes. Der eigentliche Wert der gehandelten Informationen kann allerdings erst von einem Kunden nach der Nutzung dieser bemessen werden, sodass für eine positive Markenkommunikation bei Medienunternehmen die Bestätigung des in das Unternehmen gesetzte Vertrauen essentiell erscheint.[96] Sollte ein Medienunternehmen generell die Erwartungen an das Trägermedium, nicht aber an dessen Inhalte erfüllen, so könnte dessen Verkaufserfolg durch eine verminderte Reputation nachhaltig geschmälert werden.

Besonders die Schulkartografie war und ist anfällig für einen derartigen Reputationsverlust durch eine zu geringe Aktualität bzw. Qualität ihrer Produkte. Dies liegt zum einen in der pädagogischen Nutzung von Schulatlanten und Wandkarten begründet, welche gänzlich andere didaktische Ansprüche bzgl. zeitgemäßem Kartendesign und dargestellten Inhalten im Allgemeinen stellen, als z. B. Karten aus der Kategorie der Prestige- bzw. Forschungskartografie. Zum anderen beträgt die Nutzungsdauer eines Schulatlas in der Regel nur wenige Jahre, da Schüler den eigenen, käuflich erworbenen Atlas mehrheitlich nicht an ihre schulpflichtigen Kinder vererben, da die Inhalte des alten Atlas häufig nicht mit dem neuen Lehrplan der eigenen Kinder übereinstimmen. Gleichzeitig nutzen ausgeliehene Schulatlanten oft deutlich schneller ab, vor allem wenn sie von mehreren Schülern parallel genutzt werden. Hinzu kommt im Fall der deutschen Geschichte der schon früh einsetzende Bildungsföderalismus, welcher eine einheitliche Schulbuchgestaltung, auch für den Geografieunterricht, sehr erschwerte. Darüber hinaus entschieden Pädagogen nicht selten über die Anschaffung

---

94 Klaus Goldhammer, *Wissensgesellschaft und Informationsgüter aus ökonomischer Sicht*, in: Jeanette Hofmann (Hrsg.), *Wissen und Eigentum. Geschichte, Recht und Ökonomie stoffloser Güter*, Bonn, 2006, 81.

95 Ebd.: 85 f.

96 Ebd.: 95.

neuer Atlanten oder Wandkarten und veranlassten die Verlage zu raschen Neuauflagen bzw. aktualisierten Konzeptionen des vorhandenen schulkartografischen Verlagsportfolios, um die Inhalte der jeweils aktuellen Lehrpläne des noch recht jungen Schulfaches Geografie bzw. Erdkunde gezielt zu vermitteln.

Um Schulen als Kunden nicht zu verlieren, schufen Verlage bereits während der ersten Hälfte des 19. Jahrhunderts Verlagsprodukte im Bereich der Schulkartografie, welche zum Teil bis ins frühe 20. Jahrhundert in ständig gedruckten Neuauflagen vertrieben wurden. Der Perthes Verlag publizierte z. B. erstmals ab 1847 einen nach dem preußischen Offizier und Militärgeografen Emil von Sydow benannten Schulatlas mit 38 Karten, obwohl der Geografieunterricht flächendeckend an Schulen in Preußen erst ab 1872 als genuines Schulfach eingeführt wurde.[97] Nichtsdestotrotz vermittelten seit dem 18. Jahrhundert Schulen in Deutschland und darüber hinaus Grundlagenwissen über geografische Räume mithilfe von Karten, sodass ein schulkartografisches Verlagsprogramm konstante Absatzchancen für Verlage bot.

Um diese Chancen allerdings nutzen zu können, bedurfte es einer genauen Planung der einzuleitenden Werbe- sowie Vertriebsmaßnahmen. Denn die systematische Markterschließung konnte auch für Verlage mit einem schulkartografischen Produktportfolio nur mithilfe des planmäßigen Einsatzes von aufeinander abgestimmten Kommunikationsmaßnahmen erfolgreich im Sinne der Schaffung einer Kommunikationsbasis zwischen den am Markt beteiligten Unternehmen und den interessierten Kunden erfolgen.[98] Wie bereits zu Beginn formuliert, bedienten sich die Verlage dafür, ohne dies derart dezidiert zu benennen, vierer Instrumente.[99] Im Sinne der Produkt- und Distributionspolitik der einzuleitenden Vertriebsmaßnahmen stand zunächst die Klärung der Frage im Raum, welche Produkte an wen auf welchen Distributionswegen angeboten werden sollten. Im Anschluss erforderte der Fokus auf die Preis- sowie die

---

97 Die eigentliche Lehrbefähigung für das Schulfach Geografie wurde erst 1887 in Preußen eingeführt. Zuvor unterrichteten in der Regel Lehrer des Fachs Geschichte das Nebenfach Geografie an Grund- und weiterführenden Schulen. Vgl.: Heinz Peter Brogiato, *„An dem Knochen wird von vielen genagt". Zur Entwicklung der geographischen Schulatlanten im 19. Jahrhundert*, in: Internationale Schulbuchforschung (19), Nr. 1, 1997, 35–66, hier 52. Emil von Sydow (1812–1873) wurde in eine bekannte preußische Offiziersfamilie hinein geboren. Er arbeitete neben seiner Tätigkeit als Lehrer an der Divisionsschule des preußischen Heeres in Erfurt für den Gothaer Perthes Verlag und publizierte bereits ab 1838 erste Wandkarten für den Schulgebrauch. Von 1855 bis 1860 war er hauptberuflich für den Justus Perthes Verlag tätig, um ab 1860 dem Ruf Helmuth von Moltkes zu folgen und im Generalstab der preußischen Armee zuerst als Major und ab 1870 als Oberst zu dienen. Neben seinen schulkartografischen Arbeiten erlangten auch die von ihm entworfenen militärgeografischen Karten des Deutschen Krieges von 1866 sowie des Deutsch-Französischen Krieges in den Jahren 1870/71 große Beachtung. Siehe: Bernhard von Poten, *Sydow, Emil von*, in: Allgemeine Deutsche Biographie 37 (1894), 279–280 [Online-Version]; URL: https://www.deutsche-biographie.de/pnd118993992.html#adbcontent (zuletzt aufgerufen am 28.1.2020).

98 Bzgl. der Hauptaufgaben des Marketings siehe: Regine Kalka und Andrea Mäßen. *Marketing* [wie Anm. 76]: 6.

99 Ebd., 7.

Kommunikationspolitik die Klärung der Frage, zu welchen Preisen die ausgewählten Produkte mit welchen Kommunikationsmaßnahmen im Markt vertrieben werden sollten.

Dass dabei nicht immer trennscharf zwischen Konsum- und Dienstleistungsmarketing unterschieden werden konnte, liegt in der Konstitution der genuinen Produkteigenschaften von Schulkartografie begründet.[100] Zwar existierten mit den die Karten potentiell nutzenden Schülern eine große Zahl möglicher Kunden, die nicht direkt beim Verlag, sondern im Buchhandel oder über einen Vertreter der Schule und für den Verlag anonym die Produkte erwarben. Zugleich konsumierten die Kunden der Schulkarten aber eben nicht das bedruckte Papier der erworbenen Atlanten oder Wandkarten, sondern immer auch eine pädagogische Dienstleistung, die in der Vermittlung von Wissen aus der Nutzung der Karten im Unterricht begründet lag. Dieser Umstand kennzeichnet alle Bücher und Karten, da, wie ich zu Beginn dieses Kapitels ausführlich darlegte, das Medium im Kartenhandel nicht immer für den Erwerb des Produktes entscheidend gewesen war, sondern oft dessen Inhalte.

Dadurch entstand häufig eine direkte und intensive Beziehung zwischen den Verlagskunden und den zuvor erworbenen Produkten, was langfristig dazu führte, dass Autoren der verschiedenen Atlanten als Marke im Genre abstrahiert wurden und damit ein persönlicher Bezug zwischen dem für die Kartenblätter verantwortlichen Autor und dem Inhalt an sich entstand.

So sprach man lange nicht von Sydows-Schulatlas, sondern nur vom „Sydow".[101] Im Sinne einer erfolgreichen Kommunikationspolitik als Teil des Marketingmixes des Justus Perthes Verlages für die eigenen schulkartografischen Produkte konnte dies für den Verkauf der Atlanten sehr förderlich sein, da der Autorenname nicht nur den Wert eines Textes verraten, sondern zugleich auch Aufschluss über die Qualität der Publikation liefern kann.[102] Dabei agierte die Autorenmarke auch immer parallel als Orientierungshilfe in einem Prozess erschwerter Kaufentscheidungen aufgrund eines großen und möglicherweise unübersichtlichen Marktangebotes. Das schafft Vertrauen beim Leser, sodass schließlich auch der Name des Verlages mit einer eigenen positiven Bewertung assoziiert wird, da auf den Publikationen Verlags- und Autorenname prominent vermerkt wurden.[103] Gerade die sogenannte „osmotische Rezeption" der Autoren- bzw. Verlagsmarke, also die emotionale Bindung des Lesers an Autor und Verlag erschafft häufig sogar generationales Vertrauen, was langfristig zu positiven Kaufentscheidungen führen kann.[104]

---

100 Ebd., 8–10.

101 Manuel Schramm, *Der „Sydow". Zur Geschichte eines Schulatlas im 19. Jahrhundert*, in: Archiv für Kulturgeschichte (97), Nr. 1, 2015, 153–176, hier 153.

102 Vgl.: Thomas Wegmann, *Noch eine „Ausweitung der Markenzone"? Autorschaft und „branding" in der Literatur*, in: Christof Windgätter (Hrsg.), Verpackungen des Wissens. Materialität und Markenbildung in den Wissenschaften; Maske und Kothurn (58), Nr. 2, 2012, 20.

103 Ebd.: 23.

104 Ebd.: 24.

Für den Perthes Verlag bedeutete die frühe Positionierung als Fachverlag für alle Bereiche der kartografischen Produktion eine hohe Reputation aufgrund der erfolgreich vermittelten Beständigkeit und vom Publikum attestierten hohen Qualität der Produkte. Das galt auch für die Schulkartografie aus dem Verlag über mehrere Jahrzehnte ohne Einschränkungen. Insofern erhoffte sich der Verlag einen Vorsprung im Markt gegenüber der Konkurrenz, der durch Differenz und weniger durch Kostenführerschaft erreicht werden sollte. Der Kunde sollte eine enge Bindung an Autoren und ihre Verlagserzeugnisse aufbauen und durch die Gewissheit, immer die größtmögliche Qualität an entsprechenden Druckerzeugnissen geliefert zu bekommen, sich langfristig für den Justus Perthes und gegen andere deutsche Verlage entscheiden. Dieser Schritt erscheint als maßgebliche Idee der strategischen Marketingplanung des Justus Perthes Verlages auch sinnvoll gewählt worden zu sein, da der Verlag durch das Anstreben der Kostenführerschaft wohl kaum am Markt hätte erfolgreich partizipieren können, da andere Unternehmen, wie der Westermann Verlag, ihr Verlagsgeschäft noch deutlich stärker an dieser Strategie auszurichten begannen und somit stetig Marktsegmente besetzten.[105]

Personen hatten also für die Werbewirkung in Verlagen eine strategische Bedeutung inne. Emil von Sydow wurde z. B. für seine Arbeit auf dem Gebiet der Schulkartografie im Jahre 1903 rückblickend in der *Geographischen Zeitschrift* als „Altmeister" bezeichnet und zugleich seine Farbgebung für Tiefländer, Gebirge, Wasserflächen und das Gradnetz als „eines der vielen Verdienste um die Schulkartografie" hervorgehoben.[106] Dennoch soll dies nicht darüber hinwegtäuschen, dass Marken auch scheitern können. Gerade in der direkten Konkurrenzsituation mit Mitbewerbern lassen sich Markenbildungsprozesse besonders eindringlich beobachten und analysieren. Am deutlichsten kann dies im Fall der direkten Konkurrenz der Verlagshäuser Perthes und Westermann für den Kartenhandel im 19. Jahrhundert beobachtet werden.

Zunächst entwickelte sich das Verlagsprogramm beider Häuser sehr unterschiedlich. Der Verleger George Westermann konzentrierte sich seit der Verlagsgründung 1838 zunächst hauptsächlich auf Belletristik und Wörterbücher, um ab den frühen 1850er Jahren mit dem Atlas von Theodor von Liechtenstern und Henry Lange eine erste schulkartografische Publikation vorzulegen.[107] Dieser Atlas wurde in den folgen-

---

105 Zu den drei Bereichen des strategischen Marketings siehe: Regine Kalka und Andrea Mäßen, *Marketing* [wie Anm. 76], 60 f.

106 Heinrich Fischer, *Die Atlanten an den preußischen höheren Schulen*, in: Geographische Zeitschrift (9), Nr. 9, 1903, 524 f.

107 Theodor von Liechtenstern (1799–1848) erarbeitete zunächst im Berliner Verlag von Georg Andreas Reimer in den Jahren 1834–1838 einen *Schulatlas der Erd- und Staatenkunde*. Geprägt von seinen Kontakten zu den Geografen Carl Ritter und Alexander von Humboldt entschloss sich von Liechtenstern seinen ersten Atlas stark zu überarbeiten. Aus diesem Grund trat er 1845 mit der Idee eines neuen Atlas an die Verleger George Westermann und Eduard Vieweg heran, um diese mit dem zu erwartenden Gewinn durch den Verkauf der Kartenblätter an allen regulären und Militärschulen in Preußen für die Publikation zu begeistern. Allerdings konnte erst sechs Jahre nach von Liechtensterns frühem Tod im Jahr 1848 Henry Lange durch die Vermittlung Carl Ritters den Atlas im Westermann Verlag

den Jahren zu einem sehr gefragten Produkt des Braunschweiger Verlages, sodass Perthes für den Vertrieb des Sydow-Schulatlas erstmals eine ernstzunehmende Konkurrenz wahrnahm. Für Henry Lange, der nach dem Tod von Liechtensterns 1848 die Arbeit an dessen bereits veralteten Schulatlas für den Verleger Westermann übernahm, stand schon seit seiner frühen Zusammenarbeit mit dem Verlagshaus fest, dass in der Konzeption und Ausgestaltung des Atlas die größte Konkurrenz im Produkt des Perthes Verlages zu suchen sei:

> Als Liechtenstern diesen Atlas begann, war der Schul Atlas vom Herrn v. Sydow noch nicht herausgekommen. Dieser Atlas hat sich in kurzer Zeit sehr viele Freunde und Gönner erworben, so daß der Stieler wohl als ganz verdrengt [sic] zu betrachten ist, und diesem Atlas darf der unsrige nicht nachstehen. Ich glaube deshalb hauptsächlich in Ihrem Interesse zu handeln wenn ich Verbesserungs- Vorschläge mir zu machen erlaube.[108]

Dabei fallen aus Sicht der Produktgestaltung und des Marketings bei beiden Atlanten zunächst offensichtliche Ähnlichkeiten auf. Sowohl Emil von Sydow, als auch Theodor von Liechtenstern waren als Offiziere in der preußischen Armee tätig und beschäftigten sich schon vor der Bearbeitung von Karten für den Schulgebrauch vornehmlich mit Militärgeografie. Aus dieser Arbeit leiteten ferner beide Kartografen Grundsätze für die pädagogisch, didaktische Gestaltung von Landkarten für den Schulgebrauch ab. Außerdem orientierte sich Henry Lange für die eigentliche Erstausgabe des Liechtenstern/Lange Schulatlas in der didaktischen Ausgestaltung des Atlas direkt an den Arbeiten von Sydow, wie er in einem Brief an den Verleger George Westermann im Jahr 1850 festhielt:

> „Diese Art der Bezeichnung [*die Schraffur der Landflächen und die farbliche Gestaltung*] ist keine neue. Sie ist in dem Schul-Atlas von Herrn v. Sydow, der jetzt wohl ziemlich der verbreiteste ist, auch angewendet."[109]

Diese Ähnlichkeiten setzten sich außerdem auch in der konkreten Produktgestaltung durch. Die Kartenauswahl in der ersten Auflage des Liechtenstern/Lange Atlas bestand aus 29 Karten, wobei der Fokus auf den europäischen Kontinent lag und weniger auf außereuropäischen Regionen.[110] In Sydows-Schulatlas lässt sich wiederum eine ähnliche Gewichtung der Karten hinsichtlich der dargestellten geografischen Räume feststellen, allerdings lag in diesem Atlas der Fokus im Detail auf einer akzentuierteren

veröffentlichen. Vgl.: Verena Kleinschmidt, *Am Anfang war der „Liechtenstern/Lange". Aus der Frühgeschichte der Westermann-Kartographie*, in: Geographische Rundschau (56), Nr. 5, 2004, 1–12, hier 2.

108 Brief von Henry Lange an George Westermann vom 10.11.1850, in: Unternehmensarchiv Westermann Verlag, Nachlass Henry Lange, Mappe 1849–1851.

109 Brief von Henry Lange an George Westermann vom 18.9.1850, in: Unternehmensarchiv Westermann Verlag, Nachlass Henry Lange, Mappe 1849–1851.

110 Vgl.: Theodor von Liechtenstern und Henry Lange, *Schul-Atlas zum Unterrichte in der Erdkunde. Nach den neuesten wissenschaftlichen Forschungen in 29 Karten entworfen und bearbeitet von Th. Frhrn. v. Liechtenstern und H. Lange*, Braunschweig, 1. Auflage, 1853.

physischen Darstellung der Erdoberfläche und der Ozeane im Bezug auf Meeresströmungen und Wassertiefen.[111] Die Entscheidung, den Atlas dahingehend zu gestalten, mag sicherlich auch dem Umstand geschuldet gewesen sein, dass Emil von Sydow mit seiner Publikation nicht nur die Nutzung seines Werkes an Schulen berücksichtigt hatte, sondern ein breites Publikum möglicher Käufer avisierte und zugleich dabei großen Wert auf wissenschaftliche Genauigkeit legte, wie er im Vorwort seines Atlas bereits festhielt:

> Beim Entwurf des vorliegenden Schulatlas war ich bemüht, durch Vereinfachung des Stoffes, zweckmässige Einrichtung, correcte, anschauliche und geschmackvolle Ausführungsweise das Kartenbild in denjenigen Werth zu setzen, welcher ihm bei wissenschaftlicher Behandlung der Geographie gebührt. [...][112]

Für George Westermann stand wiederum von vornherein fest, dass sein Atlas nur ökonomischen Erfolg haben könne, wenn sich die Gestaltung der Kartenblätter sehr stark an den Bedürfnissen der Pädagogen in den Schulen orientieren würde:

> Ich meinestheils bin mit Ihrem Vorschlage der 21 Blätter ganz einverstanden, aber, wie gesagt, lassen Sie uns die Schule darum befragen. [...] Was helfen uns diese Blätter nach Liechtenstern, wenn sie positiv schlecht sind? Wir glauben im Interesse des Unternehmens dies Opfer nicht scheuen zu dürfen, u. wollen es auch nicht scheuen.[113]

Lediglich in der Preisgestaltung unterschieden sich beide Atlanten eklatant. Durch den preisgünstigen Stahlstich war es Westermann möglich den Kaufpreis des Liechtenstern/Lange Atlas auf zwölf Silbergroschen festzulegen, während Perthes 1,5 Taler als Verkaufspreis für Sydows Schulatlas im Buchhandel festsetzte. Hinsichtlich der Produkt-, als auch der Preispolitik versuchten beide Verlage also zunehmend eigene Akzente zu setzten und ihre Vertriebsmaßnahmen darauf einzustellen. Da George Westermann die Wettbewerbsfähigkeit seines schulkartografischen Verlagsprogramms erhalten wollte, schien es aus strategischer Sicht notwendig, auch für zukünftige Ausgaben an diesem Verkaufspreis festzuhalten und die Strategie der Kostenführerschaft im Markt für Schulkartografie beizubehalten. Diese Idee verfolgte der Justus Perthes Verlag zukünftig allerdings auch im Bezug zur Produktkommunikation, wie der Verlag selber in der verlagseigenen Zeitschrift *Petermanns Geographische Mitteilungen* unumwunden zugab:

> Trotz der dadurch entstandenen Erhöhung der Blätterzahl des Atlas auf 42 und der damit verbundenen bedeutend vermehrten Erzeugungskosten, hat die Verlagshandlung im Interesse der Schule den niedrigen Preisansatz der 1. Auflage beibehalten.[114]

---

111 Vgl.: Emil von Sydow, *E. von Sydow's Schul-Atlas in 36. Karten*, Gotha, 1847.

112 *Vorwort*, in: ebd.

113 Brief von George Westermann an Henry Lange vom 4.8.1850, in: Unternehmensarchiv Westermann Verlag, *Copirbuch für die Handlungs-Correspondenz von 1849 bis 1850*, 298.

114 Geographische Literatur, in: Petermanns Geographische Mitteilungen (1856), 164.

Gemessen an dem noch an späterer Stelle dokumentierten Verkaufserfolg der Schulkartografie des Westermann Verlages im Gegensatz zu den Produkten von Justus Perthes, stellt sich zwangsläufig die Frage, ob dieser Schritt im Sinne einer erfolgreichen Kommunikationspolitik betrachtet werden kann.

Mit den beiden Atlanten schärften allerdings der Westermann und zunächst vor allem der Justus Perthes Verlag in der direkten Auseinandersetzung um potentielle Käufer an Schulen und darüber hinaus ihr Profil als zuverlässiger Herausgeber hochwertiger Schulatlanten. Um dieses Profil erfolgreich kommunizieren zu können, war es bei beiden Verlagen und ihren Produkten notwendig, ihre Markenstrategie im Sinne einer zielgerichteten Kommunikationspolitik als Teil des Marketingmixes ihrer Produkte in die äußere Darstellung als Fachverlag zu implementieren und dies mit entsprechenden Informationen zum Produktdesign zu untermauern.[115]

Die kartografischen Fachverlage im 19. Jahrhundert nutzten als ein geeignetes Medium für jene äußere Darstellung verstärkt die Begleitbände der publizierten Atlanten. Dieses Vorgehen zielte immer im Wesentlichen auf die Strategie der Hilfe zur Selbsthilfe in der Benutzung des Atlas ab und erschuf damit unbemerkt eine sogenannte „brand identity", welche die zu generierende Marke des Schulatlas mit der Idee einer eigenen Persönlichkeit verknüpfte.[116] Dabei agierte die Marke als Absender und zugleich auch als Adresse von Kommunikation zwischen dem Kunden des Produktes, im Fall der Schulatlanten der Pädagogen und der Schüler, und sicherte dem Käufer zugleich eine fortschreitende Hilfe in Form der Erklärung der Benutzung des Atlas zu. Genau diese Mechanismen der Markenkommunikation erzeugten das Gefühl der Verlässlichkeit und des Vertrauens und waren somit sinnstiftend für jedes zukünftige Markenbewusstsein innerhalb des Publikums.

Sowohl im Liechtenstern/Lange Atlas, als auch in Sydows Schulatlas wurden aus diesem Grund im Begleitband die Eigenschaften der Übersichtlichkeit und der Genauigkeit betont, um es Schülern und vor allem Lehrern zu erleichtern geografische Räume visuell erfassen zu können. Hierfür sei es nötig, „das unmittelbare Gedächtnismaterial möglichst zu beschränken, damit die freie Entwickelung [sic] der geistigen Kraft nicht erdrückt werde".[117]

Im ersteren Atlas verwiesen die Autoren außerdem auf die Methodik Alexander von Humboldts, in der Vermittlung geografischen Wissens, dass nämlich „nur leer scheinende Karten [...] sich in das Gedächtnis ein[prägen]."[118] Dies kann wiederum als zusätzlicher Mechanismus zur Förderung von Vertrauen verstanden werden, schließ-

---

115 Zur Theorie des erfolgreichen Markenbrandings siehe: Stefanie Rathje, *An glatten Oberflächen bleibt nichts haften! – Brand Cohesion als Ansatz der Markenbildung im Kulturbereich*, in: Steffen Höhne und Ralph Philipp Ziegler (Hrsg.), *Kulturbranding II. Konzepte und Perspektiven der Markenbildung im Kulturbereich*, Leipzig, 2009, 41–45.

116 Ebd., 49.

117 Emil von Sydow, *E. von Sydow's Schul-Atlas* [wie Anm. 111], Vorwort.

118 Theodor von Liechtenstern und Henry Lange, *Schul-Atlas zum Unterrichte in der Erdkunde* [wie Anm. 110], Prospectus.

lich stand Theodor von Liechtenstern in der Bearbeitung seiner Karten in engem Kontakt mit Alexander von Humboldt und konnte damit einen Bürgen für die Qualität der Arbeit vorstellen.[119]

Zunächst sah es also danach aus, dass der Perthes Verlag mit Emil von Sydow und wenige Jahre später der Braunschweiger Westermann Verlag mit Henry Lange nicht nur zwei fähige Kartografen verpflichten konnten, sondern mit dem Fokus auf die Publikation von Karten für die Verwendung in der Schule sowie dem damit verbundenem Versprechen der didaktischen Aufbereitung des Kartenbildes, zwei gleichberechtigt bestehende Unternehmungen am Markt für Kartografie in Deutschland etablieren würden. Rückblickend ist bis in die 1870er Jahre an dieser Feststellung auch keine Neubewertung nötig. Dies änderte sich allerdings mit der bereits beschriebenen grundlegenden Neuausrichtung des Schulfaches Geografie im Zuge der Gründung des Deutschen Kaiserreichs sowie den nunmehr unterschiedlich bewerteten Markenpersönlichkeiten beider Verlagshäuser.

Vor allem der Perthes Verlag vernachlässigte die Weiterentwicklung seiner Schulatlanten zunehmend seit August Petermann ab 1855 als Mitarbeiter in den Verlag eintrat. Jener konzentrierte sich seit seiner Beschäftigung im Gothaer Verlag verstärkt auf die Publikation von Prestige- bzw. Forschungskartografie, was die Frage des Marketings, wer mit welchen Produkten erreicht werden sollte zugunsten der Forschungskartografie und zu Lasten der Schulkartografie beantwortete.

Dennoch konnte sich *Sydows Schulatlas*, anders als der ebenfalls im Perthes Verlag erschienene *Stielers Schulatlas* bis Ende des 19. Jahrhunderts als marktfähiges Produkt an Schulen im deutschsprachigen Raum behaupten. Gleichwohl begann sich ab den 1880er Jahren der Markt für Schulkartografie in Deutschland zunehmend zu diversifizieren, was starke Buchmarken für ein erfolgreiches ökonomisches Bestehen am Markt in den folgenden Jahren unumgänglich machte. Die Strategie der Besetzung einer Nische, um unternehmerischen Erfolg mit den angebotenen Produkten zu generieren, taugte spätestens nun als Idee der strategischen Marketingplanung nicht mehr. Schließlich entwickelten sich pädagogische Methodiken weiter. Die Präferenz, diese im Unterricht einzusetzen, nahm innerhalb der Lehrerschaft zu, sodass zu Beginn des 20. Jahrhunderts Atlanten wie der von Emil von Sydow nur noch geringen Anklang fanden, da deren pädagogische Konzepte als überholt gegolten haben und somit ein Marktvorsprung durch qualitative Differenz ohne eine Neubearbeitung der Atlanten unmöglich wurde.

Die preußische Schulverwaltung registrierte im Jahr 1880 an allen allgemeinen und weiterführenden Schulen nur in Preußen 16 unterschiedlich eingesetzte Schulatlanten, wobei an 47,9 % aller Schulen entweder *Sydows* oder *Stielers Schulatlas* Verwendung fand.[120] Auch der Westermann Verlag konnte an 26,4 % der Schulen seine Verlagsprodukte aus dem Sortiment der Schulkartografie vertreiben, sodass der

119 Verena Kleinschmidt, *Am Anfang war der „Liechtenstern/Lange"* [wie Anm. 109], 1.
120 Vgl.: Heinz Peter Brogiato, *„An dem Knochen wird von vielen genagt"* [wie Anm. 97], 54.

Braunschweiger und der Gothaer Verlag mit zusammen über 74 % Anteil am Vertrieb aller Schulatlanten in Preußen eine den Markt beherrschende Stellung einnahmen. Dabei zeigte sich, dass nicht zwangsläufig, aber durchaus oft der jeweilige Verkaufspreis als ein Argument für oder gegen die Entscheidung des käuflichen Erwerbs des ein oder des anderen Atlas angenommen wurde. Der Perthes Verlag preiste z. B. *Sydows Schulatlas* mit 4,2 Mark und *Stielers Schulatlas* mit 4 Mark aus, was beide Atlanten zu preisintensiven Publikationen machte.[121] Auch der Westermann Verlag publizierte für 7,2 Mark einen verhältnismäßig teuren Liechtenstern/Lange Schulatlas, welcher dennoch an 35 von 280 Schulen zum Einsatz kam. *Debes Kleiner Schulatlas* aus dem Leipziger Verlag Debes und Wagner wurde lediglich an 15 Schulen im Jahr 1880 eingesetzt, obwohl er mit 60 Pfennig pro Exemplar das günstigste Produkt war.

Ursächlich für diesen Widerspruch war die Konstitution einer genuinen Markenessenz. Das bedeutet, dass zeitlose Grundwerte für die eine Marke steht bis in die 1870er Jahre entscheidend für den Erwerb von Schulbuchliteratur waren. Klassiker wie „der Sydow" konnten in einem verhältnismäßig überschaubaren Angebot ähnlicher Produkte durch ihre jahrelange Präsenz sowie die Prominenz ihrer Herausgeber nebeneinander bestehen, wobei der Perthes Verlag die Hoheit über die getätigten Verkäufe an Schulen lange inne hatte. Allerdings können Marken ihre Essenz bzw. ihre Kernidentität auch aufs Spiel setzen oder sie sogar verlieren. Dies geschieht vor allem dann, wenn die Aura des Produktes, also die Abgrenzung vom Konkurrenten durch eine genuine Inszenierung, nicht eindeutig ist und gleichzeitig der Wert der Marke nicht mehr als der gewohnte wahrgenommen wird.[122] Versteht man somit ein Schulbuch hypothetisch, weniger als sachliche Ware, sondern als Dienstleistung, nämlich als den Verkauf von Wissen, so kann sich bei gleicher Qualität des angebotenen Wissens ein Kunde nur an der stofflichen Beschaffenheit des Trägermediums orientieren und abwägen, ob ihm ein höherer Preis für eine bessere Druckqualität wert ist. Dabei kommt es natürlich auch darauf an, welches Image und damit welches Maß an Vertrauen ein neues Produkt und damit auch eine ggf. neue Marke positiv vermitteln können.

Im Fall der Schulbücher orientierten sich durch die Einführung des Schulfaches Geografie Schulen in Deutschland schließlich ab den 1880er Jahren wesentlich stärker am Verkaufspreis, als am Image der Publikationen. Darauf mussten Verlage mit der Gestaltung ihrer Vertriebs- und Werbemaßnahmen reagieren, da nun die jahrzehntelange Markentreue der Kunden keine Rolle bei einer Kaufentscheidung mehr spielte. Zum einen traten vermehrt Verlage mit Schulatlanten neu auf dem Markt auf, zum anderen erschufen diese außerdem ein neues, für sie gewinnbringendes Vertrauen in die eigenen Publikationen, sodass, natürlich auch bedingt durch die Arbeit einer neuen Generation von Pädagogen an den Schulen, althergebrachte Atlanten allmählich durch

---

121 Ebd.

122 Kai-Uwe Hellmann, *Kultur als Marke. Perspektiven und Probleme*, in: Steffen Höhne und Ralph Philipp Ziegler (Hrsg.), *Kulturbranding II. Konzepte und Perspektiven der Markenbildung im Kulturbereich*, Leipzig, 2009, 33.

zeitgemäßere ersetzt wurden. In diesem Prozess der Erneuerung und Diversifikation des Marktes hatten Verlage wie Debes und Wagner, aber auch der Westermann Verlag durch langjährig gepflegte Verlagsprogramme der Schulkartografie einen deutlichen Vorteil gegenüber etablierten Verlagen wie dem von Justus Perthes, dessen Verdienste für die Entwicklung eines deutschen Marktes für Schulkartografie gewürdigt wurden, welcher aber daraus aber keine erfolgreiche Monetarisierung der eigenen Produkte am Ende des 19. Jahrhunderts erzielen konnte. Dem Verlag half an dieser Stelle auch der späte Versuch der Neukonzeption seiner wichtigsten Schulatlanten nicht, wie ein weiterer Kommentar von Heinrich Fischer aus dem Jahr 1903 verrät:

> Der alte Sydow enthielt nur ganz untergeordnete Kärtchen von Paris und London [...]. Schon Wagners Neuschöpfung bringt ungefähr 20, wird aber weit vom großen Debes und noch weiter vom Diercke-Gaebler überboten, [...]. Vielleicht wird die Beliebtheit des großen Debes und des Diercke-Gaebler z. Tl. aus dem Vorhandensein dieser Kärtchen zu erklären sein.[123]

Der Wandel in der Rezeption und Nutzung etablierter Atlanten wird besonders durch eine weitere Zählung aller Schulatlanten im Königreich Preußen im Jahr 1890 offensichtlich. Dabei fällt auf, dass nunmehr 30 unterschiedliche Atlanten aus verschiedenen Verlagen an den Schulen Verwendung fanden. Darunter waren lediglich elf Schulatlanten, deren Erstauflage vor 1871 veröffentlicht wurden.[124] Dieses Indiz verdeutlicht eindrucksvoll die von mir beschriebene Dynamik der Entwicklung und des Vertriebs neuer Schulkartografie seit den frühen 1870er Jahren im deutschsprachigen Raum. Dass der Verkaufspreis stärker als ein den Erwerb entscheidendes Argument in den Vordergrund trat, lässt sich ebenfalls gut an dieser Erhebung ablesen: der Schulatlas für die mittleren Unterrichtsstufen von Wagner und Debes wurde insgesamt an 138 von nunmehr 607 Bildungseinrichtungen in Preußen eingesetzt. Jener Atlas wurde mit 1,75 Mark wesentlich günstiger offeriert, als der deutlich seltener verwandte und auch teurere *Sydow Schulatlas*, der nach wie vor mit 4,6 Mark pro Exemplar ausgepreist wurde und nur noch an 73 statt vormals 90 Schulen zum Einsatz kam. Trotz der stetig gewachsenen Konkurrenz schaffte es allerdings der Westermann Verlag den Anteil seiner eingesetzten Schulatlanten an jeglichen Bildungseinrichtungen in Preußen zwischen 1880 und 1890 von 26,4 % auf 28,7 % zu erhöhen, wohingegen der Anteil des Einsatzes der vom Perthes Verlag herausgegebenen Atlanten an preußischen Schulen von 47,9 auf 19,3 % sank.

---

123 Heinrich Fischer, *Die Atlanten an den preußischen höheren Schulen* [wie Anm. 106], 526. – Nach Emil von Sydows Tod 1873 erfolgte erst 1888 durch Hermann Wagner, einem an der Universität Göttingen lehrenden Professors für Geografie, die vollständige Umgestaltung von *Sydows Schulatlas*. Vgl.: Hermann Wagner, *Sydow-Wagners Methodischer Schulatlas*, Gotha, 1888.

124 Vgl.: Heinz Peter Brogiato, *„An dem Knochen wird von vielen genagt"* [wie Anm. 97], 54.

2.2.4 Markendiversität

Wie am Beispiel der Schulkartografie deutlich wurde, waren Kartenverlage im 19. Jahrhundert durchaus auf die gezielte Vermarktung ihrer Produkte aufgrund der unterschiedlichen Beteiligung verschiedener Mitbewerber am Markt angewiesen. Dem Perthes Verlag gelang es immer schwerer als Marke für Schulbücher in Deutschland wahrgenommen zu werden, sodass der Verleger verstärkt seine Reputation als Fachverlag für Schulkartografie im Ausland nutzbar zu machen versuchte.

Ein sehr prominentes Beispiel für diese Strategie kann in der Publikation von verschiedenen Ausgaben des zeitgenössisch bekannten Schulatlas von Adolf Stieler beobachtet werden. Zunächst vier Jahre nach der Veröffentlichung der Erstausgabe des *Hand-Atlas über alle Theile der Erde und über das Weltgebäude* erschien im Jahr 1821 ebenfalls im Perthes Verlag *Kleiner Schulatlas über alle Theile der Erde nach dem neuesten Zustande.* Dieser Schulatlas konnte zunächst durch seine Praktikabilität und innovative Gestaltung sowie durch den guten Ruf des Autors Adolf Stieler die potentiellen Kunden überzeugen. Doch spätestens ab den 1850er Jahren wird ein internationaler Vertrieb für den ökonomischen Erfolg der Marke obligatorisch.

Wie die folgenden Abbildungen zeigen, vermarktete der Verlag zwischen 1854 und 1868 bereits drei nicht deutschsprachige Ausgaben erschienen. Darunter mit dem *Atlas-Scolastico* eine Ausgabe speziell für Schulen in Italien, mit dem *Skol-Atlas* eine für den schwedischen Markt sowie mit dem *Atlas général* eine Ausgabe für französische Kunden. Seit den 1870er Jahren wurden außerdem neue Ausgaben für Österreich

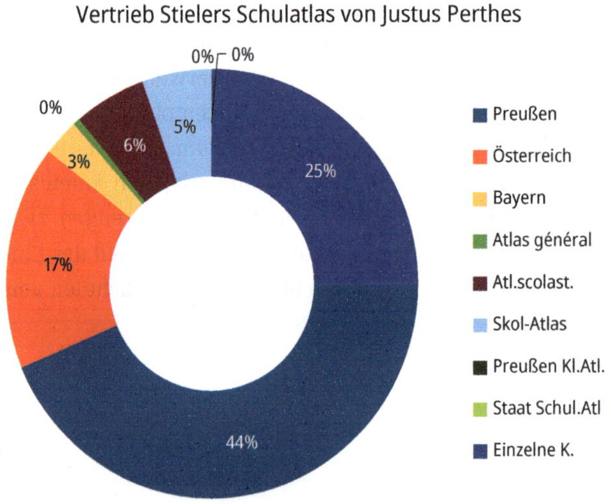

Abb. II. 2: Prozentualer Anteil unterschiedlicher Ausgaben von *Stielers Schulatlas* am Gesamtvertrieb desselben in Deutschland und im Ausland, 1854–1868. (Eigene Darstellung)

sowie Ungarn herausgegeben. Einen ähnliche Vertriebsstruktur wies in jenen Jahren auch die Herausgabe von *Sydows Schulatlas* auf, welcher ab den 1850er Jahren sowohl in russischer, als auch schwedischer Sprache erschien.[125]

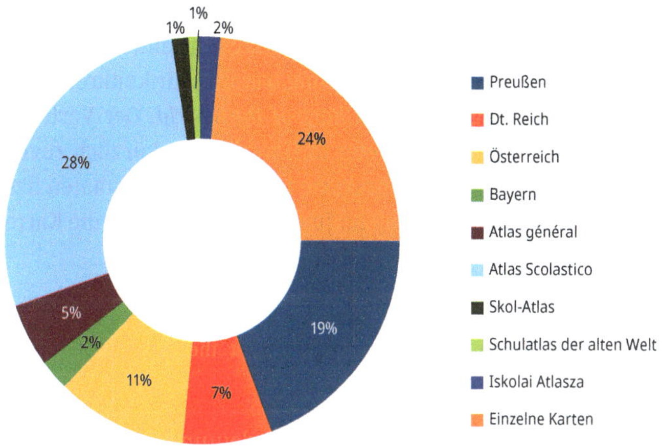

Abb. II. 3: Prozentualer Anteil unterschiedlicher Ausgaben von *Stielers Schulatlas* am Gesamtvertrieb desselben in Deutschland und im Ausland, 1869–1894. (Eigene Darstellung)

Auf Buchmärkten außerhalb Deutschlands konnte der Perthes Verlag sich vor allem durch seine Fähigkeit profilieren, rasch fremdsprachige Editionen der eigenen Publikationen, zumeist in der Landessprache zu vertreiben. Das galt besonders für die Schulatlanten. Eine 1872 in *Petermanns Geographischen Mitteilungen* veröffentlichte Statistik beweist, dass der Verlag ein Jahr zuvor mehrheitlich Schulkartografie durch die deutsche Buchhandlung Ahrens im japanischen Edo, dem späteren Tokio vertreiben konnte. Unter den 362 verkauften Kartenwerken befanden sich 125 Ausgaben der erstmals 1863 veröffentlichten Verkehrskarte *Chart of the World* sowie 123 Schulatlanten und 114 Handatlanten.[126] Neben den Atlanten des Perthes Verlages vertrieb die genannte Buchhandlung mit dem Liechtenstern/Lange Schulatlas und *Langes Volksschulatlas* auch Konkurrenzprodukte, wobei der Buchhändler seinen Bedarf an Karten deutschen Ursprungs anhand der Anzahl der Schüler der deutschen Schule in Edo langfristig festsetzte. In dieser Planung spielten die Produkte des Perthes Verlages jedenfalls eine entscheidende Rolle. Dass Schul- und Gebrauchskartografie hauptsächlich gehandelt wurde und weniger Prestigekartografie abgesetzt werden konnte, lag zum einen an dem Bedarf der japanischen Kunden an brauchbaren Karten für den Außenhandel sowie für die schulische, als auch universitäre Bildung, zum anderen aber

125 Manuel Schramm, *Der „Sydow“* [wie Anm. 101], 168.
126 o. A., *Was Japan für Deutsche Bücher braucht*, in: Petermanns Geographische Mitteilungen (1872), 229.

auch am Vertrauen in den Perthes Verlag, welchem die Distribution derartiger Karten besonders zugetraut wurde.[127] Dabei ist es in der Regel unerheblich, ob einzelnen Produkten oder dem Verlag an sich ein gesteigertes Vertrauen zugesprochen wurde, vielmehr nutzten Kartenverlage wie der von Justus Perthes sogenannte Spill-Over Effekte für den Vertrieb ihrer Produkte im Aus- und Inland. Dabei wirkt das Image einzelner Produkte auch positiv hinsichtlich des Vertriebs anderer angebotener Waren oder Dienstleistungen eines Unternehmens.[128] Dass der Gothaer Verlag mit seinem positiven Renommee auch im Ausland werbewirksam in Erscheinung trat und für konkrete Karten warb, zeigt der Verkauf der bereits genannten *Chart of the World*. Der Verleger konnte nämlich über den preußischen Konsul Schaefer in Hawaii seine kürzlich zuvor in englischer Sprache in Gotha erschienene Verkehrskarte in den Anrainerstaaten des Pazifiks verkaufen, nachdem eine regionale Zeitung im Juni 1868 positiv über die Karte berichtet hatte:

> The Editors of this Chart, Hermann Berghaus & Justus Perthes are men eminent in Europe for their geographical knowledge, and their names are a guarantee for the correctness of this work.[129]

Das Beispiel verdeutlicht außerdem exemplarisch, dass die Bedeutung und Wahrnehmung einer Marke durchlässig für unterschiedliche Interpretationen sowie zugleich mehrdimensional sein kann.[130] Neben den Produkten eines Unternehmens, können auch dessen Mitarbeiter oder andere Organisationen als Marke verstanden werden. Im Fall der Kartenverlage des 19. Jahrhunderts galt dies besonders für deren Mitarbeiter, da ihre besonderen fachlichen Fähigkeiten in der Gestaltung und Konzeption von Landkarten unabhängig vom eigentlichen Verlagsgeschäft im Publikum Beachtung fanden. Aus diesem Grund zielte die Bewerbung der *Chart of the World* in der *Hawaiian Gazette* auch konkret auf die Attribute der Bekanntheit und der Reputation des Kartografen sowie des Herausgebers der Karte in Europa ab. Diese Vorgehensweise versuchte gezielt Vertrauen in der Fremde zu generieren, was durch die allgemeine Benennung des Ursprungs der Karte und ihrer Schöpfer in Europa untermauert wurde. Gleichzeitig gibt es keine Indizien dafür, dass der Verlag selber einen für ihn derartig positiv konnotierten Text in einer weit entfernt publizierten Zeitung veröffentlichte, um den Absatz seines für den internationalen Markt bestimmten Karte zu forcieren. Das lässt wiederum die Schlussfolgerung zu, dass jene Praktiken der Wer-

---

127 Zur Meiii-Restauration und die Folgen für die Volkswirtschaft und das Bildungswesen in Japan siehe: Akira Iriye, *Japan's drive to great-power status*, in: Marius B. Jansen (Hrsg.), *The Emergence of Meiji Japan*, Cambridge u. a., 1995, 268–330.

128 Vgl.: Jörg Hoepfner, *Product Publicity, Produkt-PR und Marken-PR als Form der Public Relations für Produkt und Dienstleistungsmarken*, in: Nina Janich (Hrsg.), *Marke und Gesellschaft. Markenkommunikation im Spannungsfeld von Werbung und Public Relations*, Wiesbaden, 2009, 59.

129 Bericht über die *Chart of the World* in *Hawaiian Gazette* vom 10.6.1868, gefunden in: Forschungsbibliothek Erfurt/Gotha, SPA ARCH FFA Chart of the World, Mappe 2.

130 Siehe: Jörg Hoepfner, *Product Publicity* [wie Anm. 128], 58.

bung, wie sie von mir beschrieben wurden, durchaus nicht nur von Verlagen oder Buchhändlern in Deutschland, sondern auch darüber hinaus Anwendung fanden. Es gilt als gesichert anzunehmen, dass die Autoren des kurzen Textausschnittes alles instinktiv verfassten und weniger konkret als große Kampagne hinsichtlich der beabsichtigten Werbewirkung gestalten.

2.2.5 Markenwandel

Die hier dargestellten Beispiele des Vertriebs von Karten im Ausland verdeutlichen eindringlich die Methodik und Notwendigkeit eines genuinen Markenkerns hinsichtlich des kommunizierten Vertrauens innerhalb der avisierten Zielgruppe. Für den Vertrieb von Landkarten galt außerdem umso mehr der Grundsatz, dass egal welcher Absatzmarkt bedient werden sollte, die Kommunikation des Markenauftritts nicht nur einheitlich gestaltet werden, sondern zugleich die dem Publikum offerierte Marke medienfähig sein sollte.[131] Dies wurde umso wichtiger, je genauer und gezielter die potentielle Zielgruppe über das Produkt informiert werden sollte. Vor allem im Landkartenhandel mit einer stetig wachsenden Zahl an Verlagen und steigenden Anforderungen möglicher Kunden war die gezielte Kommunikation über die Vorteile und den Nutzen einer Karte, deren Erwerb häufig mit hohen Anschaffungskosten verbunden war, von besonderer Wichtigkeit. Darüber hinaus gilt selbstverständlich, dass eine derartige Kommunikation durch Innovationen im Kartenbild oder die Auswahl der projektierten Orte deutlich erleichtert werden konnte, da die inhaltlichen Argumente für den Vorteil im Erwerb der innovativeren Karte auf der Hand lagen. Blieben fortwährend Innovationen in der Gestaltung der verkauften Karten aus, dann begann die Ausstrahlung und der Inhalt der Marke allmählich zu erodieren. Sollten es Unternehmen dann nicht schaffen durch Nachfolgemarken, andere Markenprodukte oder Spill-Over Effekte weiterhin als vertrauensvoll und zuverlässig wahrgenommen zu werden, droht ihnen ein langfristiges Verschwinden vom Markt.

Für George Westermann stand kurz vor seinem Tod 1879 fest, dass eine mögliche Umarbeitung des sehr erfolgreich eingeführten *Liechtenstern/Lange Schulatlas* nur schwer möglich war, da unter anderem Henry Lange für eine umfassende Veränderung seines über 20 Jahre alten Atlas nicht mehr zur Verfügung stand und darüber hinaus die Druckplatten aufgrund ihrer jahrelangen Benutzung kostspielig neu erstellt hätten werden mussten.[132] Dieser Befund veranlasste den Verleger in einem Brief an seinen Sohn Friedrich, welcher als designierter Nachfolger in der Leitung des Verlages präsentiert wurde, für einen gänzlich neuen Atlas zu plädieren. Jener sollte „für Haus und Familie besonders geeignet sein“, außerdem „fürs Leben genüg[en] und billig“, da-

131 Vgl.: Jörg Hoepfner, *Product Publicity* [wie Anm. 128], 62 f.

132 Jürgen Espenhorst und Erhard Kümpel, *Diercke – ein Atlas für Generationen. Hintergründe, Geschichte und bibliographische Daten bis 1955*, Schwerte, 1999, 25 f.

mit er „jedem zu kaufen möglich war“.[133] Um diesen ambitionierten Plan umzusetzen, konnte Westermann auf die Unterstützung des 1842 in Kyritz geborenen Lehrers Carl Diercke zählen. Diercke wurde als Stadtschullehrer 1873 nach Stade versetzt, wo er bis 1885 als Direktor am dortigen Lehrerseminar nicht nur Pädagogen ausbildete, sondern auch im Auftrag des preußischen Kultusministeriums Schulatlanten hinsichtlich der Empfehlung zur Verwendung in Schulen in ganz Preußen prüfte.[134] Henry Lange und auch George Westermann hatten somit bereits lange vor der Erstausgabe des neuen Schulatlas von Carl Diercke Kontakt zu einem fähigen und innerhalb der preußischen Schuladministration gut vernetzten Lehrer und Geografen, dessen Empfehlungen amtlich beglaubigte Relevanz besaßen. Henry Lange empfahl außerdem ganz offen die Zusammenarbeit mit Diercke, wie aus einem Brief an Westermann aus dem Jahr 1875 hervorgeht:

> Ich habe, als ich vor 25 Jahren die Redaction und Bearbeitung des Liechtenstern/Lange übernahm, um mich tüchtig für eine Arbeit für die Schule zu machen, in verschiedenen Klassen und Schulen dem geograph. Unterricht beigewohnt. Bei einer solchen Gelegenheit machte ich die Erfahrung, daß viele Kinder lange Zeit brauchten um sich von einer Projection in die andere hinein zu denken. [...] Ich habe alle Achtung vor dem Herren Lehrer, aber ich habe auch die Erfahrung gemacht, daß die Wünsche und Ansichten derselben sehr, sehr weit auseinandergehen. Eine neuerliche Besprechung mit H. Director Diercke wird für unser neues Unternehmen sehr nützlich sein.[135]

Für Henry Lange jedenfalls sollte mit der Ablehnung der Erarbeitung neuer Kartenblätter für einen neuen Atlas auch der Kontakt mit dem Westermann Verlag enden. Der Verleger hingegen wünschte sich bzgl. der Zeichnung und des Stichs eine engere Zusammenarbeit mit dem Leipziger Geografen und Kupferstecher Eduard Gaebler.

---

133 Zit. nach ders., 26.

134 Carl Diercke (1842–1913) wurde ferner zu einer zentralen Figur in der Gestaltung pädagogischer Inhalte im preußischen Unterrichtswesen. Als Seminardirektor 1885 nach Osnabrück versetzt, sollte er rasch zum Regierungs- und Schulrat aufsteigen, um 1904 bis zu seinem Ruhestand im Jahr 1908 als Geheimer Regierungsrat über viele Jahre eine maßgebliche Person in der Neugestaltung zeitgemäßer Schulatlanten zu sein. Der Erfolg der Karten von Carl Diercke bestand hauptsächlich darin, dass er die Bedürfnisse von Lehrern und ihren Schülern im Fach Geografie genau analysierte und konkrete Ideen zur Befriedigung dieser in die von ihm gestalteten Karten einzupflegen begann. Neben der Umsetzung eines neuen Formates der Atlanten, das es jedem Schüler ermöglichte den Atlas in der eigenen Schultasche sicher zu verstauen, schuf er mit einer gezielten Farbgebung für Gebirge, Tiefebenen und Meere kein neues, aber ein besonders anschauliches Farbkolorit der Karten in dem nach ihm benannten Atlas. Außerdem legte er schon zu Beginn seiner Zusammenarbeit mit Westermann und Gaebler den Fokus der Kartenauswahl auf thematische und weniger auf politische Karten, was einer Neuerung der Atlasgestaltung gleichkam. Dadurch wurden neue Unterrichtsmethoden etabliert, die sich vom stoischen Auswendiglernen politischer Grenzen oder in den Karten abgebildeter Landmarken vergangener Jahrzehnte unterschieden. Vgl.: Jürgen Espenhorst und Erhard Kümpel, *Diercke – ein Atlas für Generationen* [wie Anm. 132], 27.

135 Brief von Henry Lange an George Westermann vom 14.7.1874, in: Unternehmensarchiv Westermann Verlag, Nachlass Henry Lange, Mappe 1874–1878.

Dieser arbeitete bereits seit 1867 erstmals mit dem Westermann Verlag an einer Neuauflage des *Liechternstern/Lange Schulatlas* sowie der Herausgabe des *Volksschulatlasses* von Henry Lange.[136] Außerdem gründete George Westermann 1873 mithilfe Eduard Gaeblers eine Geographische-Anstalt mit eigener Druckerei in Leipzig, welche die zukünftigen Drucke für den Braunschweiger Verlag erledigen sollte. Insofern vereinte der Verleger die Erstellung des Kartenbildes durch einen fähigen Zeichner in Person von Eduard Gaebler sowie die Herstellung der Druckplatten und den Druck an einem Produktionsstandort. Obwohl das Angestelltenverhältnis Gaeblers nur bis in die frühen 1880er Jahre andauern sollte, konnte der Verleger durch die Erteilung des Auftrags zur Atlaskonzeption und des Drucks an ein Unternehmen, getreu des Prinzips „Alles aus einem Guss", Synergieeffekte in der Herstellung des neuen Schulatlas für die geplante Erstveröffentlichung nutzen.[137]

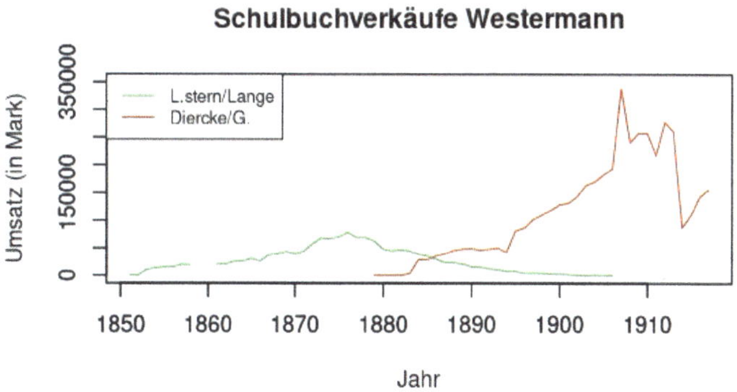

Abb. II. 4: Gesamtumsatz der Verkäufe des *Liechtenstern/Lange Schulatlas* sowie des Atlasses von Diercke/Gaebler für höhere Lehranstalten, 1851–1917. (Eigene Darstellung)

Dennoch bestach der neue Diercke/Gaebler Schulatlas zunächst durch hohe Produktionskosten. Wie dem Bilanzbuch des Westermann Verlages entnommen werden kann, musste der Verlag zwischen dem Beginn der Erarbeitung des neuen Atlas im Jahr 1879 bis zur Erstausgabe des *Schulatlas über alle Teile der Erde – Zum geographischen Unterricht in höheren Lehranstalten von C. Diercke und E. Gaebler* im Jahr 1883 einen betriebswirtschaftlichen Verlust des Projektes von über 85.000 Mark verkraften.[138] Erst

136 Petra Gäbler, *Eduard Gaebler (1842–1911), der Verleger und seine Atlanten*, in: Cartographica Helvetica (37), 2008, 3–20, besonders 8–13.

137 Dass die Zusammenarbeit zwischen Westermann und Gaebler für beide Seiten von großem Erfolg gekennzeichnet war, zeigt die Dauer ihres Bestehens. Erst 1894 mit der Herausgabe der 31. Auflage sollte diese enden. Zu diesem Zeitpunkt verlagerte der Westermann Verlag die gesamte Produktion des Atlas von Leipzig nach Braunschweig, was schließlich durch die Anschaffung einer neuen Schnellpresse ermöglicht wurde. Siehe: Jürgen Espenhorst und Erhard Kümpel, *Diercke – ein Atlas für Generationen* [wie Anm. 132], 30.

138 Bilanz des Diercke und Gaebler Schulatlas III, in: Unternehmensarchiv Westermann Verlag, Bilanzbuch 2/279, 1838–1920, 319.

1884 konnte der Verlag mit einer Auflage von 12750 neuen Exemplaren erstmals einen Gewinn von über 8.500 Mark, bei einem Umsatz von über 28.500 Mark verbuchen.

Abb. II. 5: *Süd-Amerika (physikalisch)* in der 19. Auflage der *Diercke/Gaebler Atlas* von 1891 im Maßstab 1:20.000.000. Vgl.: Carl Diercke und Eduard Gaebler, *Schulatlas über alle Teile der Erde – Zum geographischen Unterricht in höheren Lehranstalten*, 19. Auflage, Braunschweig, 1891, 22.

In den folgenden Jahren konnte der Umsatz und auch der Gewinn des Projektes deutlich gesteigert werden. Wie aus Abbildung II. 4 ersichtlich wird, lag der Umsatz vor dem Ersten Weltkrieg pro Jahr zeitweise bei annähernd 350.000 Mark. Wegen des stetig gesteigerten Absatzes konnte somit der Verlag bis Ende des Krieges einen Gewinn aus dem Vertrieb des Atlas von Carl Diercke für höhere Lehranstalten und des seit 1886 erschienen, verkleinerten Atlas für die Mittelstufe von 1,44 Mio. Mark erzielen.[139]

Spätestens um das Jahr 1900 war der *Diercke-Atlas* also zu einer fest im Markt etablierten Marke geworden. Das schaffte er neben der beschriebenen Ausdauer des Verlegers vor allem durch die neuartige Kartengestaltung.

Die Erstausgabe enthielt neben 54 Hauptkarten, nämlich auch 138 Nebenkarten, welche die eigentliche Hauptkarte thematisch ergänzten.[140] Gleichzeitig gaben die Autoren die bisher gewohnte Überlagerung einer politischen und physikalischen Darstellung geografischer Räume zugunsten der rein physikalischen oder politischen Darstellung auf. Wie in Abbildung II. 5 anhand eines Kartenbildes der 19. Auflage von 1891 deutlich wird, sollte diese Darstellungsform nicht nur die genaue Vorstellung der Beschaffenheit der Erdoberfläche des kartierten Raumes ermöglichen, sondern durch die Gestaltung thematisch passender Nebenkarten den Lerneffekt des Schülers durch das simultane Betrachten der Haupt- und Nebenkarten weiter erhöhen. Jener Effekt wurde außerdem durch die innovative und einprägsame Farbgestaltung der Höhenstufen und Gewässerflächen weiter verstärkt. Hinzu kam, dass der Atlas ab 1895 mit einem, bezogen auf die Erstausgabe, verkleinertem Format herausgegeben wurde, was die Praktikabilität der Nutzung in der Schule deutlich erhöhte, da von nun der Transport und die Arbeit mit einem rechteckigen, anstatt mit einem quadratischen Atlas leichter fiel.[141]

Insofern kann man zusammenfassend feststellen, dass der Westermann Verlag mit dem *Diercke/Gaebler Atlas* ein unverwechselbares Produkt am Markt für Kartografie etabliert hatte, dessen zahlreiche Alleinstellungsmerkmale ihn trotz des verhältnismäßig hohen Verkaufspreises von deutlich über fünf Mark für die Ausgabe der höheren Lehranstalten zu einem ökonomischen Erfolg für den Verlag werden ließen. Dieser Befund wird auch durch die zeitgenössische, fachliche Kritik am Atlas untermauert, die der Trennung von physikalischen und politischen Karten allerdings zunächst eher skeptisch gegenüberstand:

> Jeder der genannten Atlanten hat ja seine individuellen Vorzüge; mir persönlich will es scheinen, als ob der Diercke-Gaebler der beste wäre. [...] Die einzelnen Blätter zeichnen sich durch ein gut gewähltes Format aus; der mit Recht gerügte Fehler, dass die politischen Karten ohne Andeutung des Terrains sind, wird, wie ich aus einem von der Verlagshandlung freundlichst übersandten Probeplatte des neuen Stichs ersehen habe, in der demnächst erscheinenden Auflage verbessert sein.[142]

139 Ebd., 319 sowie 322 f.

140 Vgl.: Jürgen Espenhorst und Erhard Kümpel, *Diercke – ein Atlas für Generationen* [wie Anm. 132], 32.

141 Ebd.

142 Boettcher, *Die Methode des geographischen Unterrichts*, in: Verhandlungen der Direktoren-Versammlungen in den Provinzen des Königreichs Preussen seit dem Jahre 1879, 24. Band, 11. Direktoren Versammlung der Provinzen Ost- und Westpreussen, Berlin, 1886, 429.

Die hier angedeutete rege Kommunikation zwischen denen, die eine Anschaffung von Schulatlanten für den täglichen Gebrauch empfehlen und denen, die diese Schulatlanten konzipieren, erzeugte das Gefühl von Zuverlässigkeit und Praxisnähe, was jeden Vertrieb von Gebrauchs- und Schulkartografie erleichtern sollte. Für den Westermann Verlag kam es beim Vertrieb seiner Schulatlanten allerdings immer darauf an, dass die kommunizierte Identität auch zur wahrgenommen ihrer Marken wurde. Diese Praxis wurde umso wichtiger, je größer sich die erfahrene Konkurrenz für den Verleger äußerte. Der gescheiterte Verkauf des *Liechtenstern/Lange-Atlas* in Österreich zeugt z. B. von dieser Bedeutung:

> Mein bei dem Ministerium gestellten Antrag zur Appelation in den Oesterreichischen Schulen fand bereitwilligste Folge und ich glaubte, nachdem ich zugleich einige hundert Freiexemplare für oesterr. Schullehrer Preis gab, und der oesterr. Buchhandel sorgfältig u. zu mehreren Malen [einwirkte], daß das Werkchen in den dortigen Schulen zugelassen und empfohlen sei [...] doch zu einiger Hoffnung auf Erfolg berechtigt zu seyn. Dieser ist nun bis heute in mir ganz [rätselhafter] Weise so vollständig ausgeblieben. [...] Gerade eben diese unglaubliche Erfolglosigkeit führt mich zu der Vermuthung, daß es doch ganz besondere Gründe geben muss, die sie herausgeführt haben, obwohl ich sie nicht erkennen kann. [...] Natürlich treten mir nun die Zweifel u. Befürchtungen nahe, daß das Bedürfnis in Oesterr. Schulen doch wohl ein anderes ist, als es der Lange'sche Atlas befriedigt. – [...]
> [...], denn Sydow u. Stieler beherrschen doch den Schulbüchermarkt u. haben ihre großen Mängel [...] Was ist am Lange'schen Atlas verfehlt? [...] Ich bin bei den bisherigen Enttäuschungen noch nicht der Meinung, alle Hoffnung aufzugeben, so lange mir nicht die Hindernisse klar geworden sind, die der Einführung entgegen stehen müssen, u. so lange ich nicht erkenne, daß sie zu überwinden sind.[143]

In diesem Fall konnte der Verlag jedenfalls nicht einen eigenen, erfolgreichen Markenauftritt auf einem neuen Markt aufgrund einer zu großen Konkurrenz etablieren. Der Erfolg von Konkurrenzmarken basiert nämlich neben dem Vermögen die potentiellen Kunden von der Einzigartigkeit des angebotenen Produktes dauerhaft zu überzeugen, auch auf der Fähigkeit diese Überzeugung durch eine nicht verwässerte und authentische Markenidentität zu behaupten. Dabei wird der Erfolg im Marketing der Kartografie des 19. Jahrhunderts weniger an der Nichteinhaltung von Qualitätsversprechen bemessen, da Karten evtl. als Kunstartefakte betrachtet werden.[144] Für den erfolgreichen Absatz von Karten im 19. Jahrhundert kam es vielmehr auf die Einhaltung von konkreten Qualitätsversprechen und eine ansprechende Preisgestaltung an, wie die von mir hier dargestellten Beispiele deutlich zeigen.

Dieser Befund verdeutlicht außerdem den endgültigen Wandel der Kartografie zu einer wissenschaftlich fundierten Fachdisziplin, welcher spätestens ab Mitte des 19. Jahrhunderts das Fach in Deutschland und darüber hinaus charakterisieren sollte.

---

143 Brief von George Westermann an Klun vom 17.5.1864, in: Unternehmensarchiv Westermann Verlag, *Copirbuch für die Handlungs-Correspondenz von 1862 bis 1864*, 322.

144 Siehe: Stefanie Rathje, *An glatten Oberflächen bleibt nichts haften!* [wie Anm. 115], 39.

Deshalb lässt sich aus diesem Grund auch eine direkte Auswirkung auf die Art und Weise des Vertriebs von Karten und die am Markt kommunizierten Inhalte von Kartografie nachweisen.

2.2.6 Fazit

Nachdem der Konsum von Literatur seit Mitte des 19. Jahrhunderts ein Massenphänomen wurde und Lesen Einzug in die Alltagskultur fand, wurde Wissen stärker als zuvor zu einer handelbaren Ware. Verlage konkurrierten mit immer neuen Publikationen nicht nur verstärkt um neue Leser, sondern passten ihr Verlagsportfolio gezielt an die Bedürfnisse verschiedener Käuferschichten an.

Diese Veränderungen spürten auch die Verleger von Karten. Ihre Produkte schufen und reproduzierten neues sowie tradiertes Wissen, dessen Verkaufserfolg an dem ihm beigemessenen Wert und von der stofflichen Beschaffenheit des Trägermediums, also dem Druck, abhing. Dabei ermöglichten neue Drucktechnologien hohe Auflagen verschiedener Kartenwerke bei stetig steigender Druckqualität, sodass Kartenverleger im Bezug auf den zukünftigen Absatz ihrer speziellen Drucke der Notwendigkeit einer einheitlichen und vertrauensvollen Präsentation ihres Unternehmens und ihrer Veröffentlichungen am Markt unterworfen waren.

Wie am Beispiel der Schulkartografie deutlich wurde, konnten Verlage ihre Kartenwerke durch das Versprechen, Kartografie nach höchsten wissenschaftlichen Ansprüchen zu veröffentlichen, als Marke positionieren und bei Einhaltung dieses Versprechens den Absatz der entsprechenden Karten auch über Jahrzehnte hinweg garantieren. Hierbei zählte im Prozess des Erwerbs von Landarten die Gewissheit für den Kunden, dass durch den Kauf eines Markenproduktes, im Unterschied zu anderen verfügbaren sowie evtl. qualitativ gleichwertigen Produkten, die Wahrscheinlichkeit ein hochwertiges Produkt zu erwerben am größten ist. Diese Tatsache beschränkt sich natürlich nicht nur auf den Kauf von Karten, sondern kann so auf alle Konsumgüter und Dienstleistungen, sofern sie als Markenartikel wahrgenommen werden, auch beobachtet werden. Dennoch verschob sich beim Kauf von Karten die Erwartungshaltung der Käufer maßgeblich von dem Wunsch nach bildhaft, ästhetischer Kartografie hin zur akademisch einwandfreien Abbildung zuvor kartierter und wissenschaftlich beschriebener Räume jeglicher Art.

Insofern waren teilweise Kartenverlage und ihre Produkte selber zu Marken geworden, was deren Bestehen am Markt über Jahrzehnte sichern sollte. Die Beispiele Westermann und Perthes verdeutlichen außerdem, dass andere Verlage die zuvor unantastbaren Markenidentitäten des einen mit neuen und innovativen Produkten, die selber zur Marke wurden, herausforderten und ggf. alte Marken damit ersetzten. Für Verlage wie den Perthes Verlag, welche durch einen geänderten Markenkern einige Bereiche des Verlagsprogramms verwässerten und keinen Erfolg mehr damit am heimischen Buchmarkt fanden, blieb als Folge nur der Verkauf ihrer Waren im Ausland.

Daraus ergab sich die Konsequenz, dass die eigenen Publikationen für fremdländische Käufer konsumierbar gemacht werden mussten, was zum einen durch die Übersetzung in andere Sprachen umgesetzt wurde und zum anderen durch das im Ausland weiterhin verkaufsfördernde positive Unternehmensimage erleichtert werden konnte.

Genau dieser Umstand beweist jedoch, dass trotz der fehlenden bewussten Einführung von gezielten Marketingmaßnahmen, Kartenverlage und ihre Produkte zu eigenen, teilweise bis heute existenten Marken im Bewusstsein des lesenden Publikums wurden. Kartenverlage nutzten also durchaus auch im 19. Jahrhundert, ohne explizit dies zu benennen, Methoden und Strategien des Marketings, um am Markt erfolgreich bestehen zu können.

2.3 Kundenorientierte Kartengestaltung und Kartenvertrieb am Beispiel der *Chart of the World*, 1863–1924

2.3.1 Vorbemerkungen

Die Karte *Chart of the World* von Hermann Berghaus zählt vielleicht zu den eindrucksvollsten Kartenwerken des Gothaer Verlagshauses von Justus Perthes.[145] Die erstmals 1863 veröffentlichte großformatige Karte zeigt besonders eindringlich die Zunahme des globalen Weltverkehres und der Überseetelegrafie während der zweiten Hälfte des 19. Jahrhunderts. In diesem Zusammenhang steht die Karte beispielhaft für ein hohes Maß an Komplexität in der thematischen Kartografie des 19. Jahrhunderts in Deutschland. Außerdem verdeutlicht sie auf eine bemerkenswerte Weise die verkehrs- und informationstechnologischen Tendenzen der ersten Welle der modernen Globalisierung.

Dadurch, dass im Nachlass des Perthes Verlages darüber hinaus ein umfänglicher Quellenbestand zur Karte vorhanden ist, lässt sich außerdem die Vertriebsgeschichte einer Landkarte im 19. Jahrhundert genau nachverfolgen. Diese Idee soll im folgenden Beitrag genauer vorgestellt werden.

Vielfach wurde in den letzten 25 Jahren der Versuch unternommen Karten und ihre Entstehung zu beschreiben. Inhalt, Ort und Zeitpunkt des Entstehens standen dabei im Vordergrund und ermöglichten die Geschichte der Kartografie innerhalb der Geschichtswissenschaften zu lokalisieren und einen Brückenkopf zur Globalgeschichte, zu den Subaltern Studies oder zur Kolonialgeschichte aufzubauen.[146] Bisher wurde eher der Ansatz vernachlässigt, Karten nicht nur als Kulturobjekte, sondern sie auch

---

145 Eine umfangreiche Studie zum Inhalt und zur Entstehungsgeschichte der Karte legte vor kurzem Iris Schröder vor: Iris Schröder, *Eine Weltkarte aus der Provinz: Die Gothaer Chart of the World und die Karriere eines globalen Bestsellers*, in: Historische Anthropologie (25), Nr. 3, 2017, 353–376.

146 Wie man mit Karten Globalgeschichte schreiben kann siehe: Vadim Oswalt, *Weltkarten – Weltbilder: Zehn Schlüsseldokumente der Globalgeschichte*, Stuttgart, 2015.

als Güter bzw. als Waren zu betrachten. Dabei spielt die zeitliche Lokalisierung der Untersuchung natürlich eine immanente Rolle. Betrachtet man frühneuzeitliche Kartenprojekte, wie etwa die Arbeiten Gerhard Mercators, spielt der kommerzielle Nutzen einer Karte eine eher untergeordnete Rolle. Allerdings wandelte sich der Charakter der Kartenproduktion und ihr Vertrieb im Laufe der Zeit dramatisch. Eine der wenigen Studien zur Kartenproduktion vor der „Kartografischen Revolution" des 19. Jahrhunderts[147] lieferte 2005 Mary Pedley mit ihrer Monografie *The Commerce of Cartography*.[148] Pedley ist es darin gelungen alle Akteure im Herstellungsprozess von Karten, Atlanten und Globen in Frankreich und England des 18. Jahrhunderts vorzustellen und ihr Wirken chronologisch detailliert darzulegen. Dabei ging es der Autorin weniger um den Versuch den Markt oder ein einzelnes kartografisches Produkt zu betrachten, sondern vielmehr die Räume und die Beweggründe des Handelns von Verlegern, Buchhändlern, Kupferstechern und Kartografen im Ländervergleich zu untersuchen. Dennoch bleibt zu konstatieren, dass die wenigsten derartigen Forschungen bisher versucht haben, einzelne Karten hinsichtlich ihrer Marketing- und Vertriebsgeschichte zu untersuchen.[149] Beweggründe dafür könnten natürlich in einer gewissen Exotik der Disziplin liegen oder weil klassische wirtschaftshistorische Fragestellungen eher die Makro- und in der Regel nicht die Mikroperspektive einnehmen.[150] Ein weiterer fundamentaler Grund für das schlichte Fehlen von Marketinggeschichte(n) zu Karten, Atlanten und Globen ist die oft nicht bekannte oder rudimentäre Quellenlage. Weil im Falle der *Chart of the World* ein umfassender Nachlass mit evidenten Quellen im Verlagsarchiv des ehemaligen Perthes Verlages vorhanden ist, lässt sich eine solche Untersuchung überhaupt erst realisieren. In diesem Zusammenhang wird es mich weniger interessieren, welcher Kupferstecher den Stich der ersten Auflagen der Chart angefertigt hatte oder von welchem Händler der Verleger das Papier für die Kartendrucke erwor-

---

147 Der Begriff der „Kartografische Revolution" wird häufig auch im Zusammenhang mit der Entwicklung der Kartografie vom Mittelalter hin zur Frühen Neuzeit gebraucht. Siehe dazu: David Buisseret, *The Cartographic Revolution. Mapmaking in Western Europe, 1400–1800*, Oxford, 2003. Dabei zeichnet sich der Begriff für die Entwicklung der Kartografie im 19. Jahrhundert vor allem durch die Entwicklung der thematischen Kartografie sowie die industrielle Fertigung von Karten aus. Siehe dazu auch Roger Kain (Hrsg.), *The History of Cartography* (5): *Cartography in the Nineteenth Century* (in Bearbeitung), unter: https://geography.wisc.edu/histcart/volume-5-cartography-in-the-nineteenth-century/ (zuletzt aufgerufen am 17.04.2020).

148 Mary Pedley, *The Commerce of Cartograpy. Making and Marketing Maps in Eighteenth Century France and England*, Chicago und London, 2005.

149 Als einen Einstieg in die Thematik siehe: Heinz Peter Brogiato, „Baedeker" und „Stieler". *Die Rolle des Verlagswesens zwischen Popularisierung und Professionalisierung der Geographie im 19. Jahrhundert*, in: Monika Estermann, und Ute Schneider (Hrsg.), *Wissenschaftsverlage zwischen Professionalisierung und Popularisierung*, Wolfenbütteler Schriften zur Geschichte des Buchwesens, 41; Wiesbaden, 2007, 77–114 und Wulf Bodenstein, *Hermann Habenicht's Spezialkarte von Afrika. A Unique Cartographic Record of African Exploration 1885–1892*, in: Terrae Incognitae (44), Nr. 12, 2012, 139–162.

150 Ein neueres Beispiel für eine produktgeschichtliche Forschung unter Verwendung der Mikroperspektive wurde 2010 von Anne Sudrow vorgelegt: Anne Sudrow, *Der Schuh im Nationalsozialismus. Eine Produktgeschichte im deutsch-britisch-amerikanischen Vergleich*, München, 2010.

ben hat. Ich werde auch nicht die Koloristinnen in den Blick nehmen, die in großem Maßstab Kartenwerke, zumindest im Perthes Verlag, noch bis zum Ende des 19. Jahrhunderts per Hand farbig gestaltet haben.[151]

Im Mittelpunkt dieses Beitrages stehen deshalb Aspekte der Verortung der Chart im deutschen, aber auch im internationalen Markt für Kartografika in der zweiten Hälfte des 19. Jahrhunderts und der von Anfang an gezielt ausgelegten Konzeption einer Karte für eine internationale Käuferschicht. Denn gerade die Antwort auf die Frage was einen deutschen Verleger dazu bewogen hatte eine derartig erfolgreiche Karte weltweit zu publizieren, offenbart nicht nur einiges über die Fähigkeit des Verlegers globale Märkte aus Deutschland heraus zu analysieren, sondern zugleich den Blick auf die Rezeption von Globalisierung im 19. Jahrhundert in Deutschland zu werfen.

Zunächst möchte ich mich der scheinbar trivialen Frage widmen, wer die Karte in Aufrag gegeben hat und warum. Dabei gilt es die Planung des Verlegers Perthes herauszuarbeiten und genauer zu hinterfragen, welche Absichten und Ziele der Verlag mit der Publikation einer solchen großformatigen, thematischen Weltverkehrskarte verfolgte.

Im Anschluss werde ich die Frage klären, wie die Karte vertrieben wurde. Das ist insofern spannend, weil die Antwort auf diese Frage Rückschlüsse auf die Konstitution und Struktur des deutschen und globalen Marktes für Karten dieser Art zulassen könnte. Gleichzeitig ermöglicht der genaue Blick auf die Vertriebskanäle des Perthes Verlages den Verlag als Akteur im deutschen und weltweiten Kartenhandel zu positionieren.

Darauf aufbauend werde ich mich im dritten Schritt mit dem Einfluss der Käufer auf die Gestaltung der Chart beschäftigen. Hierbei kommt es auf die Sprache und die dezidierte Gestaltung der Karte an. Gerade die Produktion einer derartigen Weltkarte war mit einem gewissen unternehmerischen Risiko verbunden und auch Perthes war sich durchaus dieser Tatsache bewusst. Gerade deshalb scheint es umso interessanter zu sein, wie es den Autoren der Karte und dem Verlag gelungen ist, eine Karte zu publizieren, die zu einem der bekanntesten Verlagsprodukte wurde. Lag dies am Inhalt der Karte, an dem Vertrieb oder am Wunsch der Kunden, eine solche Karte zu erwerben? Die Beantwortung dieser Fragen ermöglicht dann natürlich unweigerlich auch Erkenntnisse bzgl. des Blicks der Zeitgenossen auf eine sich globalisierende Welt und verdeutlicht zugleich den Wunsch, die Erde im Sinne der sich veränderten Kommunikations- und Verkehrswege akzentuierter, aber auch innovativer visualisiert wahrzunehmen.

Im Verlauf des Beitrages werde ich außerdem die Geschichte der Karte quantitativ untersuchen. Dieser Aspekt wirtschaftshistorischer Methodik wurde in den meisten kartografie- und verlagshistorischen Untersuchungen oft ausgelassen. Ein positives

---

151 Siehe dazu: Nils Güttler, *Unsichtbare Hände: die Koloristinnen des Perthes Verlages und die Verwissenschaftlichung der Kartographie im 19. Jahrhundert*, in: Archiv für Geschichte des Buchwesens (63), 2013, 133–153.

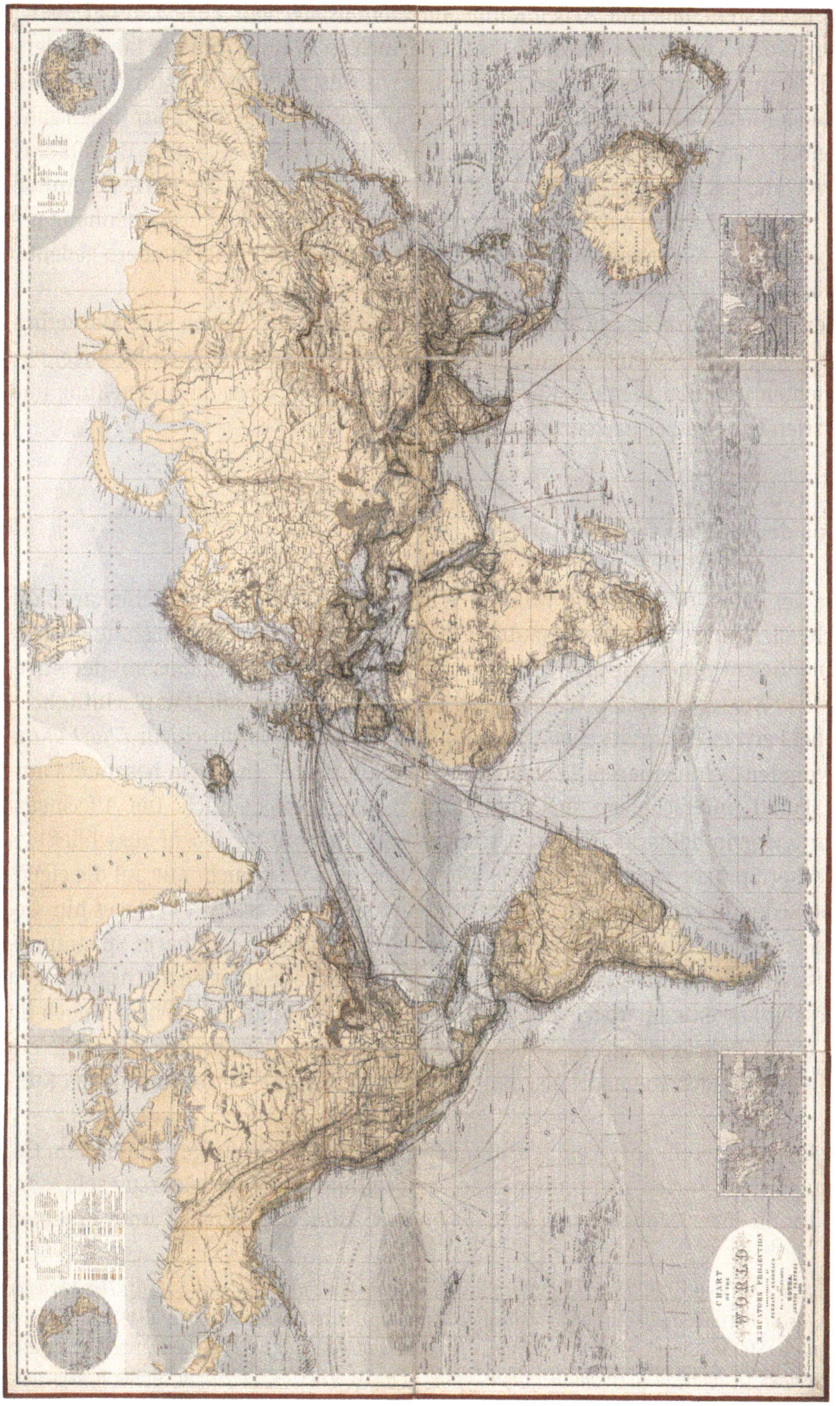

Abb. II. 6: Hermann Berghaus, *Chart of the World on Mercators Projection*, 1. Auflage, Gotha, 1863.

Gegenbeispiel stellt dabei die Arbeit Katharina Middells aus dem Jahre 2002 dar, in der die Autorin den Verlag von Friedrich Justin Bertuch in Weimar um die Jahrhundertwende 1800 untersuchte, der neben zahlreicher wissenschaftlicher Lektüre und Belletristik, auch Kartografika veröffentlicht hatte.[152] Gerade im Falle der Chart liegen zahlreiche, noch vom Verlag selbst verfasste und überlieferte Statistiken zu Umsatz und Absatz vor und lassen daher genaue Rückschlüsse auf den Erfolg der Karte zu. Außerdem werde ich der Frage nachgehen, wie diese Daten sinnvoll im Zusammenhang mit dem Konzept der Verräumlichung von Globalisierung im 19. Jahrhundert gedeutet werden können.

Jeden der drei Arbeitsschritte werte ich daher als einen Versuch eine Marketing- und Vertriebsgeschichte einer Karte zu schreiben, die sich zum Ziel setzt Produzenten, Konsumenten und den Weg der Karte von der Konzeption, über die Herstellung und den Vertrieb zum Nutzer nachzuzeichnen.

2.3.2 Von der Idee zur fertigen Karte

Im Falle der *Chart of the World* war der Wunsch nach einer Weltverkehrskarte, die auf nachvollziehbare und überschaubare Weise „der modernen Zeit Rechnung" trägt ein Kernanliegen von Autor und Verleger.[153] Bereits 1859 hatte Berghaus mit der *Allgemeinen Welt-Karte* schon eine Weltkarte in Mercatorprojektion mit Dampfschifffahrtsrouten bei Perthes herausgegeben. Diese Karte war aber im Vergleich zur *Chart of the World* von deutlich kleinerem Format und nicht koloriert.[154] In einem besonders auffälligen Punkt unterscheiden sich beide Karten außerdem deutlich: Die *Allgemeine Welt-Karte* war in deutscher Sprache, während die *Chart of the World* ausschließlich in englischer Sprache vertrieben wurde. Dieser Umstand weist nicht nur auf die eigentümliche Bedeutung der Karte im Sortiment eines deutschsprachigen Verlages hin. Gerade die zeitgenössische Rezeption dieser Tatsache eröffnet ein sichtbares Spannungsfeld zwischen unternehmerischer Weitsicht, die der Verkauf einer englischsprachigen Weltverkehrskarte in einer sich globalisierende Welt vermuten lässt. Wie ich noch im Verlauf dieses Beitrages zeigen werde, war die Frage nach der Sprache der Karte ein beständig währendes Thema in Diskussionen zwischen dem Verleger und seinen Kunden.

Die Chart war Teil einer Zeit bedeutender globaler Veränderungen. Unter dem Gesichtspunkt, dass Karten nicht allein eine Neuordnung der Welt widerspiegeln, sondern aktiv an ihrer Modellierung Anteil nehmen, kann der Versuch unternommen

---

152 Katharina Middell, *„Die Bertuchs müssen doch in dieser Welt überall Glück haben": Der Verleger Friedrich Justin Bertuch und sein Landes-Industrie-Comptoir um 1800*, Leipzig, 2002, 194–223.

153 Zit. nach: Steffen Siegel, und Petra Weigel, *Der „Mercatorgeist" des 19. Jahrhunderts. Anschauungen der globalen Ordnung in Hermann Berghaus' Chart of the World (1863–1924)*, in: Stefan Brakensiek, und Ute Schneider (Hrsg.), *Gerhard Mercator. Wissenschaft und Wissenstransfer*, Darmstadt, 2015, 201.

154 Die erste Ausgabe der *Chart of the World* hatte eine Größe von 90cm × 140cm.

werden, durch die Geschichte einer Weltverkehrskarte als verkäufliches Gut auch Globalisierungstendenzen besser zu verstehen.[155]

Die Karte selbst verfolgte als oberste Ziele Vollständigkeit und Nüchternheit. Dazu trug auch die Kolorierung bei. Denn gerade dadurch wurde die Karte mit zusätzlicher Information aufgeladen, ohne unübersichtlich zu werden.[156]

Um Übersichtlichkeit und ein größtmögliches Maß an Information zu gewährleisten, erkennt man in der ersten Auflage der Karte von 1863 zunächst deutlich zahlreiche Dampfschifffahrtsrouten. Diesen Routen ist gemein, dass sie der Kartograf mit der Länge in Seemeilen, der Dauer der Überfahrt und der Häufigkeit planmäßiger Verbindungen auf dieser Strecke zwischen den angegebenen Häfen versehen hat.[157] Außerdem werden Telegrafenleitungen an Land und die bis dato einzige überseeische Telegraphenleitung von Großbritannien in die USA, die 1858 verlegt wurde, aber nie in Betrieb genommen wurde, dargestellt. Darüber hinaus fanden größere bedeutende Häfen, Meeresströmungen, Segelschifffahrtsrouten und die Packeisgrenze an Nord- und Südpol Eingang in das Kartenwerk. Zwei kleinere Nebenkarten geben zusätzlich noch Aufschluss über den Erdmagnetismus und die allgemeinen Windrichtungen über Land und See. Staaten und ihre kolonialen Besitzungen wurden entsprechend farbig koloriert dargestellt. Dabei fällt besonders auf, dass der Autor der Karte, vermutlich aus Gründen der Einfachheit und um maximale Übersichtlichkeit, vor allem im Kartenbild, aber auch in der Legende, zu gewährleisten, Staaten in nationalen Grenzen dargestellt hat. Besonders im Fall des Deutschen Bundes erkennt der Betrachter sehr deutlich ein im Grunde nicht existentes Staatsgebiet eines einheitlichen deutschen Staates, in das mit blauen Linien der Staat Preußen eingezeichnet worden war. Aus den Quellen geht jedenfalls nichts hervor, was die genaue Ursache dieser Auffälligkeit darstellt. Vermutlich entschloss man sich aus Gründen der Übersichtlichkeit und Einfachheit zu einer derartigen Darstellung. Im Grunde lag evtl. auch darin der Erfolg der Karte, da sie einheitliche Zollgebiete (wie den Deutschen Zollverein) farbig darstellte. Eine Tatsache, die dem ein oder anderen Kaufmann möglicherweise wichtiger war, als die korrekte Darstellung politischer Grenzen.

Durch die rasche Abfolge von 16 Auflagen zwischen 1863 und 1924 war das Design der Karte starken Veränderungen unterworfen. Die 12. Auflage von 1897 unterschied sich mitunter am deutlichsten von der ersten, die 34 Jahre zuvor erschienenen war. So wurde die 1897er Ausgabe erstmals nicht von Berghaus selber gestaltet, da dieser bereits 1890 starb. Die Neugestaltung der Chart wurde stattdessen von Hermann Habenicht und Bruno Domann durchgeführt, was der neue Titel *Chart of the World on Mercators Projection. Entirely reconstructed by Hermann Habenicht (for the sea) and Bruno*

155 Steffen Siegel und Petra Weigel, *Der „Mercatorgeist" des 19. Jahrhunderts* [wie Anm. 153], 201.
156 Ebd., 205.
157 Zur Karte von 1863, siehe Hermann Berghaus, *Chart of the World*, 1. Auflage, Gotha, 1863, gefunden in: Forschungsbibliothek Erfurt/Gotha, Sammlung Perthes Archiv SPK-10-VI-D-04.

Domann (for the land) verrät.[158] Diese Karte enthielt zahlreiche zusätzliche neue Informationen, die so nicht in der 1863er Ausgabe abgedruckt wurden. So kamen nun Karavanenstraßen in Afrika hinzu, sowohl britische und deutsche Konsulate in Handelshäfen außerhalb Europas, als auch dort ggf. ansässige Kohlestationen und Depots mit Versorgungsgütern, wie Kleidung oder Nahrungsmitteln im Südpazifik bzw. im Indischen Ozean. Darüber hinaus bot die Karte noch Informationen über Handelshäfen, die Europäern in China, Japan und Korea offen standen. Außerdem wurden die Grenzen des jährlichen Monsun in Südasien verzeichnet. Zahleiche kleinere Karten zeigten auch hier die Erdmagnetlinien oder das globale Windsystem. Der augenfälligste Unterschied offenbart sich allerdings in dem Fehlen der überseeischen Telegrafenleitungen, die in der 12. Auflage in eine kleinere Weltkarte ausgelagert wurden. Dies ist mutmaßlich dem Umstand geschuldet, dass die Autoren mit dem Problem der schieren Masse an Dampfschifffahrtsrouten und Telegrafenleitungen konfrontiert waren und es ihnen wohl kaum möglich war, beide Verkehrsrouten gleichberechtigt in ein Kartenbild zu zeichnen. Diese Tatsache lässt natürlich auch Rückschlüsse über die massive Ausweitung der globalen Telekommunikation in der zweiten Hälfte des 19. Jahrhunderts zu. Die Nebenkarte mit dem Titel *The World on Lambert's Polar Projection* macht in diesem Zusammenhang gewissermaßen das „Zusammenwachsen" der Welt ebenso eindrücklich deutlich, da diese Karte dem Betrachter die Möglichkeiten aufzeigt, wie es gelingen könnte, mit Eisenbahn und Dampfschiff einmal den Planeten zu umrunden. Gleichzeitig lässt auch die 12. Ausgabe erkennen, welcher koloniale Besitz zu welchem Nationalstaat gehört, da die Karte umfassend koloriert wurde und somit diese Informationen farbig zur Verfügung stellte.

Ein besonders auffälliger Unterschied in den beiden Kartenbildern zeigt sich in der Positionierung der Kontinente. So fällt der Blick des Betrachters in der ersten Ausgabe zunächst auf Europa und Afrika in der Mitte des Kartenblattes, während er in der 12. Auflage Nord- und Südamerika zentriert in der Karte betrachten kann. Diese Auffälligkeit ist jedoch kein Spezifikum der 12. Auflage, sondern bereits im Kartenbild seit 1871/72 anzutreffen. Wie ich im Folgenden noch zeigen werde, ist auch dies nicht als zufällig zu bewerten, sondern stellt eine Auseinandersetzung mit den Kunden der Karte dar, die dem Verlag aufzeigten, dass es nicht nur im Sinne der modernen Kartografie einer Weltverkehrskarte notwendig sei Nordamerika, und besonders die USA, in das Zentrum des Betrachters zu setzen, sondern gerade im Hinblick auf den Absatz in den USA auch dringend zu empfehlen.

Im Grunde bestand die große Leistung Hermann Berghaus darin, dass er eine Karte erschuf, die nicht nur den Anspruch vertrat die Gesamtheit der Kommunikation der Welt in einer Karte zu vereinen, sondern darüber hinaus die topographischen Eigenschaften des Planeten mit thematischen Darstellungen zu kombinieren und dies als

158 Bruno Domann und Hermann Habenicht, *Chart of the World*; 12. Auflage, Gotha, 1897, gefunden in: Forschungsbibliothek Erfurt/Gotha, Sammlung Perthes Archiv SPK-10-VI-D-03.

Wandkarte zu veröffentlichen.[159] Dadurch ermöglicht die Karte die Zentren und Peripherien des globalen Informations- und Warenaustausches im 19. Jahrhundert zu lokalisieren, auch wenn es schwer fällt eine genaue Route exakt zu verfolgen.[160] Welchen genauen Sinn die Karte aus Sicht des Kartografen bereit hielt, lässt sich gut in dem Kartenkommentar zur 9. Auflage von 1880 sehen, als Berghaus schrieb:

> Die Ausbreitung des Weltverkehres durch die grossartige Entwicklung der modernen Verkehrsanstalten gab Veranlassung, die Verkehrsrichtungen zu raschem Ueberblick und Vergleich durch ein Kartenbild zu veranschaulichen, so weit dies durch die Mittel der Zeichnung eben möglich ist. Die Karte sollte demnach eine Reisekarte im weitesten Sinne sein.[161]

Die Bezeichnung der Chart als „Reisekarte" lässt den Rückschluss zu, dass sich Kartograf und Verleger darauf einigten, nicht nur eine Weltkarte zu erschaffen, die reinen ästhetischen Zwecken genügen sollte, sondern sie für einen alltäglichen Einsatz zu konzipieren und tatsächlich den Nutzern Informationen auf der Karte bereitzustellen, die wiederum als Arbeits- und Planungsgrundlage dienen könnten. Nun stellt sich allerdings die Frage, welche Gruppe von Personen der Verlag in Betracht zog, die diese sehr speziellen Informationen benötigten. Eine mögliche Antwort lieferte Berghaus im selbigen Kommentar, als er erklärte:

> Jede Ausgabe folgt einem oder mehreren wichtigen Ereignissen im Bereich des Verkehrswesens auf dem Fusse. Die ersten beiden, schnell hinter einander erschienenen Auflagen zeigten die Verdoppelung der Seewege nach Ostindien und Südamerika in Folge des Aufschwungs der Französischen Postschifffahrt, die dritte fiel zusammen mit der Vollendung des zweiten und dritten Transatlantischen Telegraphen-Kabels und der Eröffnung der ersten Dampfschiffslinie durch die Südsee von Panama nach Neu-Seeland, [...].[162]

Dieser Kommentar verdeutlicht anschaulich, dass es der „Reisekarte" vor allem darauf ankam, durch ihre Aktualität zu glänzen („mehreren wichtigen Ereignissen im Bereich des Verkehrswesens auf dem Fusse") und Informationen bereitzustellen, die tatsächlich Reisenden von Nutzen sein konnten, wie etwa die Darstellung von Dampfschifffahrtsrouten. Zugleich stand der Kartograf vor dem Problem, die sich immer schneller ändernden Aktualitäten des Weltverkehres und der globalen Informationswege in Einklang mit der neusten Auflage zu bringen.

Welche Wirkung das Kartenbild auf die Betrachter hatte, zeigt sich besonders gut in Kommentaren zur Karte, so wie in einem Bericht der Hawaiian Gazette vom 10.6.1868, der den Verkauf der Karte in Hawaii anzeigte und die Qualität der Karte lobte:

---

159 Steffen Siegel und Petra Weigel, *Der „Mercatorgeist" des 19. Jahrhunderts* [wie Anm. 153], 211.
160 Ebd., 214.
161 Hermann Berghaus, *Bemerkungen zur Chart of the World zur 9.* Auflage, Gotha, 1880, 2.
162 Ebd., 30.

> The Prussian Consul, F. A. Schaefer, Esq., has sent to the Board of Education a Map of the World on Mercator's projection, which has lately been issued from the press in Germany. In his letter sent with the map, he says: 'This Chart surpasses everything in that line in accuracy and fullness of detail, and, for this reason, is emenently adapted for school and private purposes. The Editors of this Chart, Hermann Berghaus & Justus Perthes are men eminent in Europe for their geographical knowledge, and their names are a guarantee for the correctness of this work.' [...] For variety of geographical information it exceeds any chart that has fallen under our notice, and we hear that some have already ordered copies through Mr. Schaefer. The chart is published at Gotha.[163]

Wie aus der Quelle ersichtlich wird, gingen Verhandlungen zwischen dem Preußischen Konsul F. A. Schaefer in Hawaii und dem Justus Perthes Verlag dem Beitrag in der Hawaiian Gazette voraus. Außerdem verkaufte Perthes bereits zwei Exemplare der Karte an das Bildungsministerium in Honolulu im Jahr 1866, sodass die Karte Bekanntheit in Hawaii erlangt haben könnte.[164] Indem Schaefers Brief in dem Zeitungsbeitrag abgedruckt wurde, lässt sich dieser, wie bereits in Kapitel 2.2 erörtert, natürlich zu Werbezwecken verwenden und die Karte durch ihren propagierten Nutzen für Schule und private Käufer eindrücklich bewerben. Außerdem fällt auf, dass ein staatlicher Vertreter als Werbeträger für die Karte im Ausland fungierte. Dies war keinesfalls durchgehend gängige Praxis im Auslandsvertrieb der Karte, dennoch konnte der Verleger so zusätzlichen Gewinn des Vertriebs vor Ort sicher stellen und parallel dazu die Reputation des Vertreters nutzen. Wie ein später noch zu besprechender Fall zeigt, war gerade das Risiko des Auslandsvertriebs der Karte für den Verlag nicht zu unterschätzen.

Was den Wert der Karte für die Kunden betraf, muss festgestellt werden, dass die Karte nicht nur allein einen Gebrauchsnutzen, sondern auch einen Visualisierungsnutzen gesellschaftlicher und wirtschaftlicher Veränderung inne hatte und sich für beiderseitige Zwecke gleichermaßen zu eignen schien. An dieser Stelle ist es sicherlich notwendig darauf hinzuweisen, dass der Gebrauchsnutzen auch für den Zeitgenossen immer einen Visualisierungsnutzen darstellte. Denn dies war schließlich der Grund, warum Karten vertrieben und gekauft wurden, da die Visualisierung eines geografischen Raumes zur Orientierung in eben diesem dienlich erschien. Die Verlagsankündigung in der 1861er Ausgabe von *Petermanns Geographischen Mitteilungen* gab hierzu etwas Aufschluss, als dort zu lesen war, dass „eine fühlbare Lücke oder ein dringendes, längst gefülltes Bedürfnis" der Kunden von Justus Perthes gestillt werden sollte.[165]

Deutlicher richtete sich ein Kartenkommentar zur 12. Auflage im Jahre 1897 an die interessierten Leser und potentiellen Käufer der Karte. So war in der *Geographischen Zeitschrift* zu lesen, dass die Neubearbeitung der Karte eine „wissenschaftliche und technische Meisterleistung" sei und die Karte den „Bedürfnissen des Seefahrers und

163 Zeitungsausschnitt aus der Hawaiian Gazette vom 10.6.1868 über die Chart of the World, in: Forschungsbibliothek Erfurt/Gotha, SPA ARCH FFA Chart of the World, Mappe 2.

164 Siehe: Brief des Education Office in Honolulu an den Justus Perthes Verlag vom 11.6.1866, in: Forschungsbibliothek Erfurt/Gotha, SPA ARCH FFA Chart of the World, Mappe 2.

165 Literaturhinweis zu Neuerscheinungen auf dem internationalen Kartenmarkt; In: PGM (1861): 402.

Kaufmanns" dienen soll.[166] Der Kommentator störte sich allerdings an der Sprache der Karte, denn obwohl Englisch aus seiner Sicht die „Sprache des Weltverkehrs" ist, sei es doch schade, dass eine derart „herausragende deutsche Leistung" in englischer Sprache erschien.[167] Die Kritik der Sprache lässt sich vielfach in anderen Quellen nachweisen. Gleichzeitig muss konstatiert werden, dass im Verlauf der zweiten Hälfte des 19. Jahrhunderts ein sich ausbreitender Nationalismus in Europa und ebenso in Deutschland stärker zunahm und gerade das Beharren auf Deutsch als Publikations- und Wissenschaftssprache im Lauf des 19. Jahrhunderts merklich wahrgenommen werden kann.[168] Die gesellschaftlichen und politischen Auseinandersetzungen spielten und spielen natürlich immer eine Rolle in der Kartografie, denn wie ich bereits ausgeführt habe, spiegeln Karten nicht nur die Wirklichkeit wider, sondern partizipieren eben auch an ihrer Darstellung und Entwicklung maßgeblich.

Zusammenfassend lässt sich sagen, dass der Perthes Verlag mit der *Chart of the World* ein überlegendes Konkurrenzprodukt auf dem Weltmarkt für thematische Wandkarten etablieren wollte, welches stets aktualisiert werden sollte und neben der physischen Darstellung der Erde Verkehrsrouten und das globale Telegraphennetz in die Karte integrierte. Diese nicht gänzlich neue, aber doch in gewisser Weise einzigartige Darstellung der Erde sollte vor allem Reisende und Kaufleute ansprechen und ihnen die Navigation, aber auch die geschäftlichen Planungen erleichtern. Insofern stellt sich die Frage, ob der Verlag sein Ziel, diese Gruppe anzusprechen, auch erfüllt hat.

2.3.3 Werbung und Vertrieb

Um dies zu klären, muss zunächst untersucht werden, wie potentielle Kunden angesprochen werden sollten. Eine bis heute gängige Methode ist das Verteilen von Rezensionsexemplaren, die dann im günstigsten Fall in einschlägigen Fachblättern rezensiert werden. Diese Maßnahme der Verbreitung der Karte lässt sich auch im hiesigen Fall gut beobachten. So offenbart die vorliegende Liste in Abbildung II. 7 aus dem Nachlass der Chart im Perthes Archiv die rege Verbreitung der Karte an die unterschiedlichsten Zeitungsredaktionen in ganz Europa. An eine in der Abbildung nicht aufgeführte Fachzeitschrift, dem *Export (Organ des Zentralvereins für Handelsgeographie und Förderung Deutscher Interessen im Ausland)* sandte Perthes 1880 ebenfalls die Bitte zur Besprechung der Karte. Die Antwort ist erhalten geblieben:

---

166 A. Hettner, Besprechung der Chart of the World, in: Geographische Zeitschrift (3), Nr. 10; 1897, 594–595.

167 Ebd.

168 Die Entwicklung des Nationalstaates und dessen Auswirkungen auf Karten wurde 2011 von Sylvia Schraut untersucht: Sylvia Schraut, *Kartierte Nationalgeschichte: Geschichtsatlanten im internationalen Vergleich. 1860–1960*, Frankfurt a. M., 2011.

> […]. Geschah dies zwar vorwiegend im Interesse der ca. 2.000 Mitglieder des ‚Centralvereins für Handelsgeographie und Förderung Deutscher Interessen im Auslande', dessen Organ der Export ist, so wird jedoch auch Ihr Verlag einen nennenswerthen Nutzen daran haben. Es erscheint uns daher die Bitte nicht unberechtigt, uns noch nachträglich das betreffende Recentionsexemplar […] zusenden zu wollen.[169]

Es verwundert in diesem Zusammenhang nicht, dass in der Liste der Zeitungen, an die die Karte 1863/64 als Rezensionsexemplar geschickt wurde, gleich drei Redaktionen in Hamburg ansässig waren. Gerade dort erhoffte man sich erhöhten Absatz durch die lokalen Kaufleute und Reedereien.

Adressaten der Rezensionsexemplare der Chart of the World

Bremen	Weserzeitung
Hamburg	Hamb. Nachrichten; Hamb. Correspondent; Hamb. Börsenhalle
Lübeck	Eisenbahnzeitung
Berlin	Vossische Zeitung
Magdeburg	Magdeburgische Zeitung
Frankfurt M	Frankfurter Zeitung (Journal der Neue freie Presse)
Köln	Köln. Zeitung
Hannover	Hannoversch. Courier
Kiel	Kieler Zeitung
Stettin	Ostsee Zeitung
Danzig	Danziger Zeitung
Königsberg PR	Königsberger Hartungsche Zeitung
Breslau	Schlesische Zeitung
Stuttgart	Schwäbisch.Heran.
München	Neueste Nachrichten
Augsburg	Allgemeine Zeitung
Nürnberg	Korrespondent von und für Deutschland
Prag	Bohemia
Wien	Neue freie Presse
Budapest	Österreicher Loyd
Bern	Der Bund
Genf	Journal de Genéve
Antwerpen	Het Handelsblad
Amsterdam	Algemeen Handelsblad
Rotterdam	Nieuve Rotterdamische Courant
Brüssel	L'Indêpendence Belge
London	
Kopenhagen	Berlingske Tidende
Stockholm	Aftonbladet
Christiania	Aftenbladet
Reval	Reval'sche Zeitung
Riga	Rigaische Zeitung
Helsingfon	Helsingfon Tiding
Odessa	Odessaer Zeitung
St. Petersburg	St. Petersburger Zeitung

Abb. II. 7: Liste mit Redaktionen an die verschiedene Ausgaben der Chart of the World in den Jahren 1863–1864 als Ansichtsexemplare geschickt wurden. (Eigene Darstellung)

169 Brief der Redaktion des *Export* an den Justus Perthes Verlag vom 06.11.1880, in: Forschungsbibliothek Erfurt/Gotha, SPA ARCH FFA Chart of the World, Mappe 1.

Dass der Verlag aber gleich zu Beginn der Veröffentlichung der Karte auf eine globale Käuferschaft setze, zeigt nicht nur die Publikation in englischer Sprache, sondern auch der forcierte Absatz in Übersee. In einem 1868 nicht abgeschickten Briefschema an Buchhändler in Bombay, welches wiederum als Vorlage für tatsächlich versandte Verlagsankündigungen an britisch/indische Buchhändler in Indien diente, zeigt sich die geschäftliche Praxis der Verlagsauslieferung in diese Region:

> I do not doubt that you can carry on great business with this chart, which has been sent in large quantitys to London, New York, Washington, Auckland, Sydney, etc. The selling price of one copy in separate sheets, in german money, 4 prussian thaler. If you join the amount to your commission I can furnish you of this map in a zinc box franco Bombay 50, respectively 100 copies in 8 separate sheets for £ 22, respectively £ 39. [...] (You are at the charge of the taxes) (für Amerika). If you did not consent to bear alone the risk, you could perhaps associate yourselves with your colleagues in ... for the purpose of ordering 50, respectively 100 copies of the Chart of the World.[170]

Der Verlag hatte also das Interesse seine Karten mit Rabatte der Spannbreite 25 % bis 34 % in Indien zu verkaufen.[171] Allerdings wurden unterschiedlichen Abnehmern verschiedene Rabatte gewährt, abhängig von dem jeweiligen Absatzmarkt und den Risiken des Vertriebs. So offerierte der Verleger dem Mercantile Magazin in Großbritannien 1871 durchaus Rabatte von bis zu 50 % bei Abnahme von 100 Karten, anstatt 34 % wie im vorher beschriebenen Fall des Vertriebs in Indien.[172] Der Vorteil des Verkaufs der Karte im Ausland war eindeutig: Auf der einen Seite war es eine bewusste betriebswirtschaftliche Entscheidung gewesen, eine Karte zu veröffentlichen, die nicht nur eine reine deutsche Käuferschaft bediente, sondern eine globale, was wiederum den ohnehin schon existierenden Kreis derer erweiterte, die den Perthes Verlag kannten. Dabei diente die Chart zusätzlich als Mittel, um internationale Bekanntheit zu erlangen und somit unabhängiger vom Absatz der eigenen Verlagsprodukte auf einem rein deutschsprachigen Markt zu werden. Auf der anderen Seite scheint es schwer gewesen zu sein, den Erfolg auf außereuropäischen Absatzmärkten für diese Kartenprodukt einzuschätzen, weshalb man den dortigen Buchhändlern gleich anbot, durch einen Rabatt angeregt, gemeinsam die Karte zu vertreiben. Die geringe Zahl gehandelter Karten von 50 bzw. 100 Stück waren aber für eine Karte dieses Formats und Preises, vier Taler seit 1863 im Buchhandel, durchaus nichts Ungewöhnliches. Tatsächlich scheint es so, dass der Verlag gleich zu Beginn der Veröffentlichung der Karte im Ausland einen nen-

170 Briefschema an Buchhändler in Bombay des Justus Perthes Verlages (nicht verschickt) vom 21.2.1868, in: Forschungsbibliothek Erfurt/Gotha, SPA ARCH FFA Chart of the World, Mappe 1.

171 Unter der Berücksichtigung, dass 1 Britisches Pfund Sterling im Verhältnis 1:6,81 zum Preußischen Vereinstaler stand, ergibt sich ein Rabatt von ca. 25 % bei einer Bestellung von 50 Karten und 34 % bei einer Bestellung von 100 Karten unter der Bedingung, dass der Einzelkartenpreis in der Buchhandlung 4 Taler betrug.

172 Antwortschreiben des Perthes Verlages an das Mercantile Magazin in London vom 22.9.1871, in: Forschungsbibliothek Erfurt/Gotha, SPA ARCH FFA Chart of the World, Mappe 2.

nenswerten Absatz generieren konnte und das allem Anschein nach in der anvisierten Käufergruppe der Kaufleute und Unternehmer.

In einem Werbeschreiben der Bädeker'schen Buch- und Kunsthandlung in Elberfeld vom September 1864 wird deutlich warum:

> Obgleich dieselbe von Justus Perthes in englischer Sprache publiciert wurde, um sie namentlich den seefahrenden Nationen zugänglich zu machen, hat sie dadurch an Werth für Deutschland nichts eingebüsst. [...] Drei Auflagen, welche binnen Jahresfrist von der Karte nöthig wurden, bezeugen, welche Anerkennung sich dieselbe allenthalben erworben hat. In Großbritannien, Scandinavien, Russland, Belgien, Holland, Italien hat das deutsche Product Eingang gefunden und aus den deutschen Hafenstädten sowie der Schweiz, hat sie die schlechten englischen und amerikanischen Fabrikate schnell verdrängt. Damit Sie sich durch eigene Anschauung von dem praktischen Nutzen, den diese Karte namentlich für jedes kaufmännische Comptoir gewährt, überzeugen können, werden wir uns erlauben Ihnen ein Exemplar in den nächsten Tagen vorlegen zu lassen, [...].[173]

Der Verkauf der Karte außerhalb Deutschlands war also durchaus ein verkaufsförderndes Element bzw. diente die Aussage der Internationalität der Karte als Strategie, um den Absatz möglicherweise ebenfalls im Inland anzuregen. Interessant an dieser Werbeaussage ist, dass hier ein Verweis auf die potentielle Kundschaft gegeben wird, da hier von „kaufmännischen Comptoiren" die Rede ist und die Karte auch in Hafenstädten Eingang gefunden zu haben scheint. Diese Aussagen decken sich zugleich mit dem im vorigen Abschnitt vermuteten möglichen Kundenkreis, die der Verlag für die Chart avisiert hatte.

Besonders konkurrierende Karten aus den USA oder aus Großbritannien werden gerne in solchen Werbebeilagen in Deutschland verunglimpft, was als reiner Werbezweck zu verstehen ist, aber auch den Zeitgeist entsprochen haben könnte. Diese Art der Bewertung findet sich vor allem im letzten Drittel des 19. Jahrhunderts in deutschen Kommentaren zur Karte wieder. In einer Kartenbesprechung der Berliner Gesellschaft für Erdkunde zur 10. Auflage aus dem Jahr 1882 ist eine solche Notiz erhalten geblieben:

> Wir sagen hier mit Absicht ‚Weltkarte', um damit einer echt deutschen Geistes-und Handarbeit (als Kartenwerk) den richtigen deutschen Namen zu geben, umsomehr da die Engländer kein derartiges Werk besitzen. Der englische Name ist zwar, wie es in einer Ankündigung dieser Karte von Seiten der Verlagshandlung heisst, ebenso wie die ganze, in englischer Sprache abgefasste Nomenclatur, im Interesse aller seefahrenden Nationen auch in dieser neuesten Auflage beibehalten worden. Es wäre aber doch, dünkt uns, endlich einmal zu wünschen, uns in einem solchen echt deutschen Original-Werk auch von der fremdländischen Sprache zu emancipiren, [...]. Dies wird vielleicht noch lange ein frommer Wunsch bleiben, aber immerhin musste er einmal ausgesprochen werden! [...] Dieser kurze Ueberblick über das auf dieser Karte zur Anschauung gebrachte reiche Material, welches den heutigen Standpunkt des Weltverkehres zu Lande und zur

173 Werbeschreiben der Bädeker'schen Buch- und Kunsthandlung in Elberfeld vom September 1864 für die *Chart of the World* für Kunden der eigenen Verlagshandlung, in: Forschungsbibliothek Erfurt/ Gotha, SPA ARCH FFA Chart of the World, Mappe 1.

> See dem Beschauer klar und übersichtlich vor's Auge führt, möge genügen, um diese auch in technischer Beziehung musterhaft ausgeführte Karte unseren Lesern auf das wärmste zu empfehlen.[174]

Dass nicht alle Kommentatoren dieser Meinung waren, zeigt sich gerade in außerhalb Deutschlands abgefassten Rezensionen, obwohl einige der Kommentatoren keine genuinen Muttersprachler aus Großbritannien, den USA oder einem anderen englischsprachigem Land waren. In einer erhaltenen Kartenkritik aus Italien wird dies z. B. deutlich. Der italienische Geograf Gaetano Branca rezensierte die Karte in der Zeitung *La Perseveranza du Milano* vom 19. April 1867 mit folgenden Worten:

> [...], una quarta edizione di questa bellissima carta, [...]. Sebbene questo lavoro amirabile, dal lato tecnico non meno che sotto l'aspetto scientifico, esca da uno stabilimento tedesco, è in inglese, perchè questo lingua, omai universale della navigazione, sembrò più opportuna a facilitare lo spaccio di un lavoro essenzialmente cosmopolita.[175]

Der Autor hob also die Wichtigkeit einer Karte hervor, die in Englisch verfasst wurde, eben weil sie somit dem universellen Anspruch einer Karte zur Navigation Rechnung trägt und einem globalen Publikum zugänglich gemacht werden konnte.

Die Kritik, dass keine deutschsprachige Ausgabe der Karte veröffentlicht wurde und man somit kein ausschließlich deutsches Publikum ansprechen wollte, wird wiederholt angemerkt. Doch der Verleger hatte von Anfang an ein breites Publikum und ein globales Vertriebsnetz vor Augen, sodass die geäußerte Kritik keinesfalls ein Umdenken bewirkte. Gleich zu Beginn des Erscheinens der Chart äußerte sich die Geschäftsführung des Justus Perthes Verlages in einem Brief an die Winter'sche Sortimentsbuchhandlung in Heidelberg 1864 dazu:

> Danach faßte ich die Seestädte, und zwar nicht allein die deutschen und englischen, ins Auge. Ich hatte erfahren, daß in den meisten fast nur schlechte amerikanische und englische Weltkarten in Gebrauch waren. Berghaus Chart of the World ist vornehmlich eine Seeverkehrskarte und als solche, so erschien es mir, in englischer Sprache den seefahrenden Nationen zugänglicher als in deutscher. Meine Berechnung hat sich auch als richtig erwiesen. In den deutschen Seestädten hat Berghaus' Chart die englischen und amerikanischen Karten aus dem Feld geschlagen; [...]. [...], ob sie [gemeint sind deutschen Kritiker] nicht Grund haben sich zu freuen, daß eine deutsche Karte von der Welt, [...], jetzt eine solche Anerkennung in der ganzen Welt findet. Eine englische Firma verhält sich zuerst sehr spröde gegen die Karte, als aber eine zweite plötzlich für gut fand, über

174 Aus den Verhandlungen der Gesellschaft für Erdkunde zu Berlin 1883, No. 1, in: Forschungsbibliothek Erfurt/Gotha, SPA ARCH FFA Chart of the World, Mappe 1.

175 Rezension von Gaetano Branca in *La Perseveranza di Milano* vom 19.4.1867, in: Forschungsbibliothek Erfurt/Gotha, SPA ARCH FFA Chart of the World, Mappe 2. [Übersetzung: „[...], eine vierte Ausgabe dieser hervorragenden Karte, [...]. Obwohl dieses bewundernswerte Werk aus technischer Sicht nicht weniger als aus wissenschaftlicher Sicht aus einer deutschen Fabrik stammt, ist es in englischer Sprache verfasst, da diese Sprache, die heute universell für die Navigation ist, angemessener erschien, um den Verkauf eines im Wesentlichen kosmopolitischen Werks zu erleichtern."]

> 200 Exemplare zu bestellen, findet sich der Widerstand gebrochen und ich bedauere ganz und gar nicht die Karte in englischer Sprache gebracht zu haben; [...].[176]

Diese Taktik offenbart auch die Wahrnehmung der Verlagsleitung. So erübrigte sich für ihn wohl die Herstellung und der Vertrieb einer für deutsche Kaufleute und Seefahrer zugeschnittenen Weltverkehrskarte, da aufgrund der politischen und territorialen Situation Deutschlands, vornehmlich des Deutschen Bundes und Preußens Anfang der 1860er Jahre, sich nicht die Aussicht auf einen geeigneten Absatz ergeben hatte, so wie er ihn in Großbritannien und in Übersee, besonders in den USA erwartete. Dass es Ressentiments gegenüber der Chart in Großbritannien gab, vernahm der Verleger demnach schon, allerdings ließ sich die Karte tatsächlich im Vereinigten Königreich sehr gut absetzen.

Es spielte im Bestreben die Karte weltweit zu vertreiben und damit auf die englische Sprache als Kartensprache zu setzen keine Rolle in welches Land Lieferungen versandt wurden. Auch war man im Gothaer Verlag noch nicht bereit Experimente auf eigene Kosten zu unternehmen, um z. B. etwaige Wünsche aus anderen Staaten zu befriedigen. So forderte der Buchhändler Edmund Kunth aus Moskau am 28.7.1863 von Perthes die Konditionen ein, unter welchen der Verlag bereit sei, eine russischsprachige Ausgabe zu veröffentlichen. Die Antwort des Verlags lautete drei Wochen später:

> Auf Ihre geehrte Anfrage vom 28 July a. C. erwidere ich ergebenst, daß ich die Platten der Chart of the World für eine russische Ausgabe nicht benutzen kann. [...] Ich muß also, falls Sie eine russische Ausgabe zu haben wünschen, die ganze Karte umlithographien lassen. [...] Ich biete Ihnen daher 2.000 Exemplare für Thalr. 4.000 netto baar franco Gotha unter der Bedingung an, daß Sie mir die russische Übersetzung und die Revision der Karte unentgeltlich besorgen und mir eine Anzahlung von 1.000 Thlr. bei Einsendung Ihrer Bestellung machen. Mich kosten 2.000 Exemplare der Chart of the World incl. aller Correcturen beim Stich dieselbe Summe.[177]

Der Buchhändler sollte also selber für die Übersetzung und den Druck der Karte aufkommen. Perthes war ausschließlich bereit, ihm die dafür notwendige Lizenz zu verkaufen. Diese Vorgehensweise war durchaus üblich im 19. Jahrhundert, muss man sich doch vor Augen führen, dass es ein hoher und kostspieliger Aufwand war, die Kupferplatten einer acht-blättrigen Karte umzustechen und dann gegebenenfalls 2.000 Karten zu drucken.[178] Diese Mühen mochte der deutsche Buchhändler in Moskau nicht eingehen, jedenfalls ist eine russischsprachige Ausgabe der Karte nie erschienen.

---

176 Brief der Verlagsleitung des Justus Perthes Verlages an die Winter'sche Sortimentbuchhandlung in Heidelberg vom 15.4.1864, in: Forschungsbibliothek Erfurt/Gotha, SPA ARCH FFA Chart of the World, Mappe 5.

177 Brief der Verlagsleitung des Justus Perthes Verlages an die Buchhandlung Edmund Kunth in Moskau vom 20.8.1863, in: Forschungsbibliothek Erfurt/Gotha, SPA ARCH FFA Chart of the World, Mappe 5.

178 Der Verlag produzierte und verkaufte zwischen 1863 und 1877 über 29.000 Exemplare der Chart. Die Produktionskosten beliefen sich auf ca. 58.503 Taler und der Umsatz auf ca. 86.926 Taler, sodass der Verlag einen Gewinn von ca. 28.415 Talern erwirtschaftete. Vgl.: Aufstellung der Produktionskosten,

Ein weiterer potentieller Abnehmer der Karte waren Ministerien und Ämter. Dies hatte für einen kartografischen Verlag des 19. Jahrhunderts mit einem derartigem Portfolio zwei Gründe. Zunächst garantierte ein sich konstituierendes Gebilde von unterschiedlichen Nationalstaaten in Europa eine ständig wachsende Nachfrage nach Karten und Atlanten. Zum einen war dies dadurch bedingt, dass die sich bildenden Nationen ein intrinsisches Interesse kartografisch erfasst zu werden aufwiesen und zum anderen zum Teil global ausgeweitete territoriale Expansionen vorantrieben, die erst durch Karten möglich gemacht werden konnten.[179] Von diesem Markt konnte ein sich derart international ausgerichteter Verlag mit einem Produkt wie der Chart nicht zurückziehen.

Der zweite gewichtige Grund für die Suche nach Kunden der öffentlichen Hand ergibt sich auch aus pragmatischen Gründen: Jedes Ministerium oder jede Behörde kann immer auch als eine guter Werbeträger für den Verlag fungieren. So zeigt eine von Perthes selber gestaltete Werbebeilage, vermutlich aus den 1860er Jahren, dass die jeweiligen Marineminister in Schweden, Belgien, Spanien, Italien, Portugal und Frankreich die Karte rezensiert und für ausgezeichnet befunden haben. Gleichzeitig lobte Perthes in der gleichen Werbung sein Kartenwerk mit Äußerungen Lt. Edward Sabines, dem damaligen Präsident der Royal Society in London, oder Charles H. Davis, dem ranghöchsten Admiral der U. S. Navy in den 1860er Jahren.[180] Die genannte Werbung beschränkte sich aber keinesfalls nur auf Werbebeilagen in Büchern, Zeitschriften oder Zeitungen, Perthes warb sehr direkt mit konkreten Ansprachen an verschiedene Buchhändler mit den ausgesuchten positiven Rezensionen der Karte. Im Brief an den Buchhändler Louis Fontaine jr. in Boulogne-sur-mer bei Calais in Frankreich vom 15.2.1867 wurde dies deutlich:

> [...], erlaube ich mir Ihre gütige Vermittlung in Anspruch zu nehmen. Welche Buchhandlung dort, oder welche andere Agentur können Sie mir als solid und thüchtig bezeichnen, sodass ich mich in ein Geschäft mit ihr einlassen kann? [...] In Großbritannien ist sie vollständig eingebürgert und auf der Marine der Vereinigten Staaten von Nordamerika wird sie jetzt officiell eingeführt – gewiss ein schönes Zeugnis für das Werk deutschen Fleißes.[181]

Die Werbebotschaft ist eindeutig: Die Karte ist von solcher Qualität und Wichtigkeit, dass sogar die Marine in den USA die Chart als offizielle Seeverkehrskarte eingeführt

---

Umsatz und Gewinn 1863–1877, in: Forschungsbibliothek Erfurt/Gotha, SPA ARCH FFA Chart of the World, Mappe 1.

179 In England und Schottland begann man bereits seit Ende des 18. Jahrhunderts mit einer offiziellen Landvermessung, die später unter der Bezeichnung Ordnance Survey bekannt wurde. Vgl.: Mary Pedley, *The Commerce of* Cartograpy [wie Anm. 148], 83.

180 Verlagswerbung mit Äußerungen verschiedener Militärs und hoher Verwaltungsbeamter (undatiert), in: Forschungsbibliothek Erfurt/Gotha, SPA ARCH FFA Chart of the World, Mappe 2.

181 Brief der Verlagsleitung des Justus Perthes Verlages an Louis Fontaine jr. Vom 15.2.1867, in: Forschungsbibliothek Erfurt/Gotha, SPA ARCH FFA Chart of the World, Mappe 2.

hatte. Wie hoch der tatsächliche Einfluss auf das Geschäft am Ende war, ist leider nicht überliefert. Dennoch blieb die USA ein wichtiger Absatzmarkt.

Der Verlag musste sich diese Werbebotschaften nicht ausdenken. In einem Antwortschreiben vom 08.3.1867 des österreichischen Geheimrats und Admirals von Wüllendorf an den Verlag offenbart dieser ihm, dass dem Wunsch des Verlegers nach einer Empfehlung zur Anschaffung der Karte gerne entsprochen wird:

> Was Ihren Wunsch anbelangt, der Berghaus'schen Weltkarte Absatz bei der österreichischen Marine zu verschaffen und diese ausgezeichnete Leistung den k. k. Seeoffizieren zum Ankaufe zu empfehlen, so habe ich mich in Ihrem Interesse an das k. k. Kriegsministerium schriftlich gewendet und soeben die Antwort erhalten, daß das Erscheinen der erwähnten Karte den Marine-Offizieren bekannt gegeben und die Anschaffung derselben anempfohlen worden ist.[182]

Dieses Dokument zeigt auch, dass sich der Verleger selten direkt an die obersten Gremien in einer derartigen Behörde gewandt hatte, wohl aber an Personenkreisen, die diesen Gremien unterstanden haben und dann durch beharrliches Einwirken auf diese, möglicherweise eine für den Verlag positive Entscheidung bzgl. der Anschaffung der Chart herbeiführen konnten. Diese Taktik galt allerdings nicht für alle ausländischen Behörden und Ministerien. Gerade in Großbritannien gestaltete sich ein Absatz besonders schwierig und aufwendig. Ein Grund für diesen Zustand war, dass die British Navy durch ihr eigenes Hydrographic Office alle notwendigen Karten selber herzustellen vermochte und man somit nur bedingt auf den Import jeglicher Seekarten angewiesen war. Das gleiche galt für das Topographical Office im Kriegsministerium.[183] Die Buchhandlung Dulau und Co in London machte den Verleger auf diesen Umstand in einem Brief vom 23.3.1867 aufmerksam:

> Es scheint uns sehr zweifelhaft, ob [...] Berghaus Chart bei der Englischen Marine durchzuführen ist, weil dieselbe selber alle Karten macht, welche gebraucht werden und von deren viele im Handel weder bekannt, noch zu haben sind. Aus Ihren Briefen sehen wir, daß Sie schon an die betreffenden Behörden Ex. gesandt haben, welche den Zweck wird erzielen, wenn überhaupt die Karte wird zweckmäßig befunden. [...] Wenn Sie zu den Kosten gehen wollen, so wäre das beste Mittel den Verkauf der Karte zu befördern durch einige Anzeigen in Mercantil Mag., Nautical Mag., Shipping Gazette wodurch auch eher eine Kritik ist zu erwarten. Bei den Anzeigen müssten Sie angeben, wo in London die Karte ist zu haben.[184]

---

182 Brief des Freiherrn von Wüllendorf an die Verlagsleitung des Justus Perthes Verlages vom 08.3.1867, in: Forschungsbibliothek Erfurt/Gotha, SPA ARCH FFA Chart of the World, Mappe 2.

183 Zur Beziehung zwischen der Royal Navy und dem Hydrographic Departement in Großbritannien siehe: Julia Angster, *Erdbeeren und Piraten. Die Royal Navy und die Ordnung der Welt 1770–1860*, Göttingen, 2012.

184 Brief von Dulau und Co an die Verlagsleitung des Justus Perthes Verlages vom 23.3.1867, in: Forschungsbibliothek Erfurt/Gotha, SPA ARCH FFA Chart of the World, Mappe 3.

Die bloße Spekulation über die Beförderung des Absatzes durch weitere Werbeanzeigen in Fachzeitschriften war dem Verleger allerdings zu wenig:

> Habe ich nicht die sichere Aussicht, daß es etwas nutzt, so mag ich Exemplare der Chart, die so brillant geht, nicht mehr vergeuden. [...] und Colonel James ist der einzige, der sich bedankt hat und die Karte ‚very valuable' bezeichnet hat und sagt ‚I shall not fail to speak of it'.[185]

Tatsächlich ist nichts darüber bekannt, ob die britische Marine jemals die Karte in großen Stückzahlen erworben hat. Dass die Karte gänzlich nicht bekannt war, gilt allerdings als unrealistisch.

Zusammenfassend lässt sich also sagen, dass es nicht die englische Sprache war, die Käufer der *Chart of the World* vom Kauf abschreckten, sondern gerade der globale Charakter der Karte ihren internationalen Vertrieb möglich machte und organisierte. Dennoch versuchte man die Karte auch in Deutschland abzusetzen. Dies geschah zum einen durch die bewusste Streuung einzelner Rezensions- und Ansichtsexemplaren der Karte in Deutschland, Europa und in Übersee, zum anderen durch gezielte Werbung in der eigenen Zeitschrift *Petermanns Geographischer Mitteilungen*, aber auch in anderen Fachpublikationen. Nicht zuletzt spielte aber auch die reine mündliche Verbreitung der Existenz der Karte eine maßgebliche Rolle im Verbreitungsprozess, denn der Perthes Verlag war mittlerweile weltweit bekannt für seine einzelnen Produkte, zumal eine Weltverkehrskarte diesen Ausmaßes doch etwas Neues in der zweiten Hälfte des 19. Jahrhunderts war. Nicht umsonst schrieb der US-amerikanische Admiral C. H. Davis am 03.5.1867 an Perthes:

> Your Establishment, which, under its illustrious founder, confessed emerient and lasting benefits on Germany, has now become one of the principal scientific & literary Institutions of the World.[186]

Wie bereits bemerkt, verfehlte die gezielte Werbung des Verlages seine Wirkung nicht. Die Marine in den USA, Preußen und Österreich/Ungarn erwarb die Karte im Verlauf der 1860er Jahre und darüber hinaus konnte sich die Chart als eine nützliche Hilfe auch unter Kaufleuten rasch etablieren.

Sicher ist nicht, ob Perthes die Chart tatsächlich an die britische Marine verkaufen konnte, allerdings sollte dies den Absatz der ersten Auflagen der Karte in Großbritannien nicht trüben. So stand doch Großbritannien an erster Stelle, wie folgende Abbildung zeigt:

185 Brief von der Verlagsleitung des Justus Perthes Verlages an Dulau und Co vom 22.3.1867, in: Forschungsbibliothek Erfurt/Gotha, SPA ARCH FFA Chart of the World, Mappe 3.

186 Brief von C. H.Davis an die Verlagsleitung des Justus Perthes Verlages vom 03.5.1867, in: Forschungsbibliothek Erfurt/Gotha, SPA ARCH FFA Chart of the World, Mappe 4.

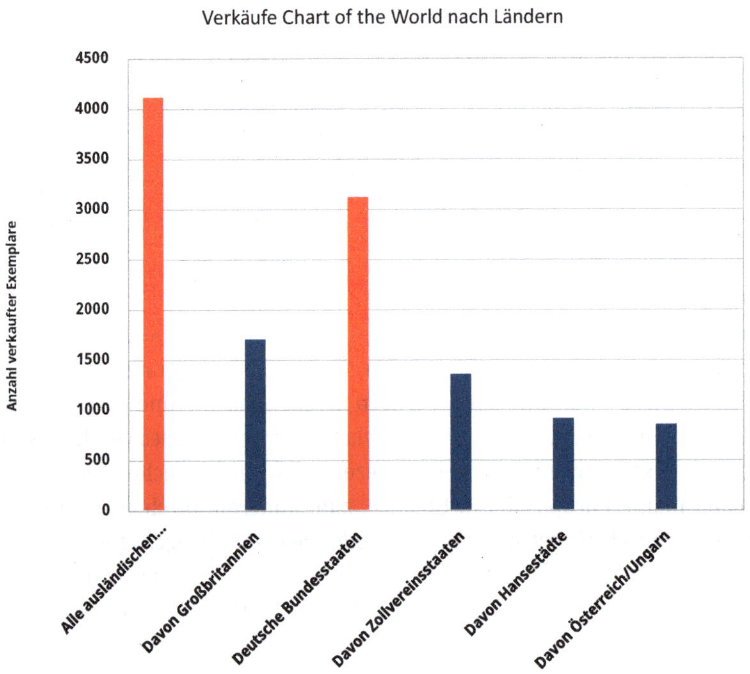

Abb. II. 8: Verkäufe der Chart of the World sortiert nach Gesamtzahl der abgesetzten Exemplare und Land. (Eigene Darstellung)

Wie Abbildung II. 8 verdeutlicht, war gerade Großbritannien ein Land, in welchem der Absatz der ersten Auflagen der Chart besonders forciert werden konnte. Dies scheint zunächst verwunderlich für ein deutsches Kartenprodukt zu sein. Dennoch darf nicht vergessen werden, dass der Perthes Verlag relativ bekannt und geschätzt in Großbritannien war und die Karte schließlich auch auf Englisch erschien. Die Bekanntheit des Verlages war auch der Übersiedlung August Petermanns 1854 von London nach Gotha geschuldet, weshalb der Verlag verstärkt zu großen und bekannten Kartenverlegern in England und Schottland Kontakte knüpfen konnte.[187]

Der sehr hohe Absatz in Hamburg ist ein weiteres Indiz für die von mir vermutete und vom Verlag avisierte Käuferklientel der Kaufleute und Kontorbesitzer. Daher mag es tatsächlich stimmen, dass sich die Chart als Verkehrskarte besonders an Orten mit einer hohen Hafendichte und einer dadurch breit gestreuten Anzahl an Kaufleuten etablieren konnte. Dies bestätigt auch eine Liste mit den Namen von Buchhändlern in verschieden Städten aus dem Jahr 1868.

187 August Petermann (1822–1878) lebte von 1845 bis 1854 in Edinburgh und London und siedelte 1854 nach Gotha auf Einladung des Perthes Verlages um. 1855 erschien die erste Ausgabe von *Petermanns Geographischen Mitteilungen* bei Justus Perthes in Gotha. Siehe dazu auch: Philipp Felsch, *Wie August Petermann den Nordpol erfand*, München, 2010. Auf die genannte Zeitschrift werde ich in Kapitel 3.2.3 genauer eingehen.

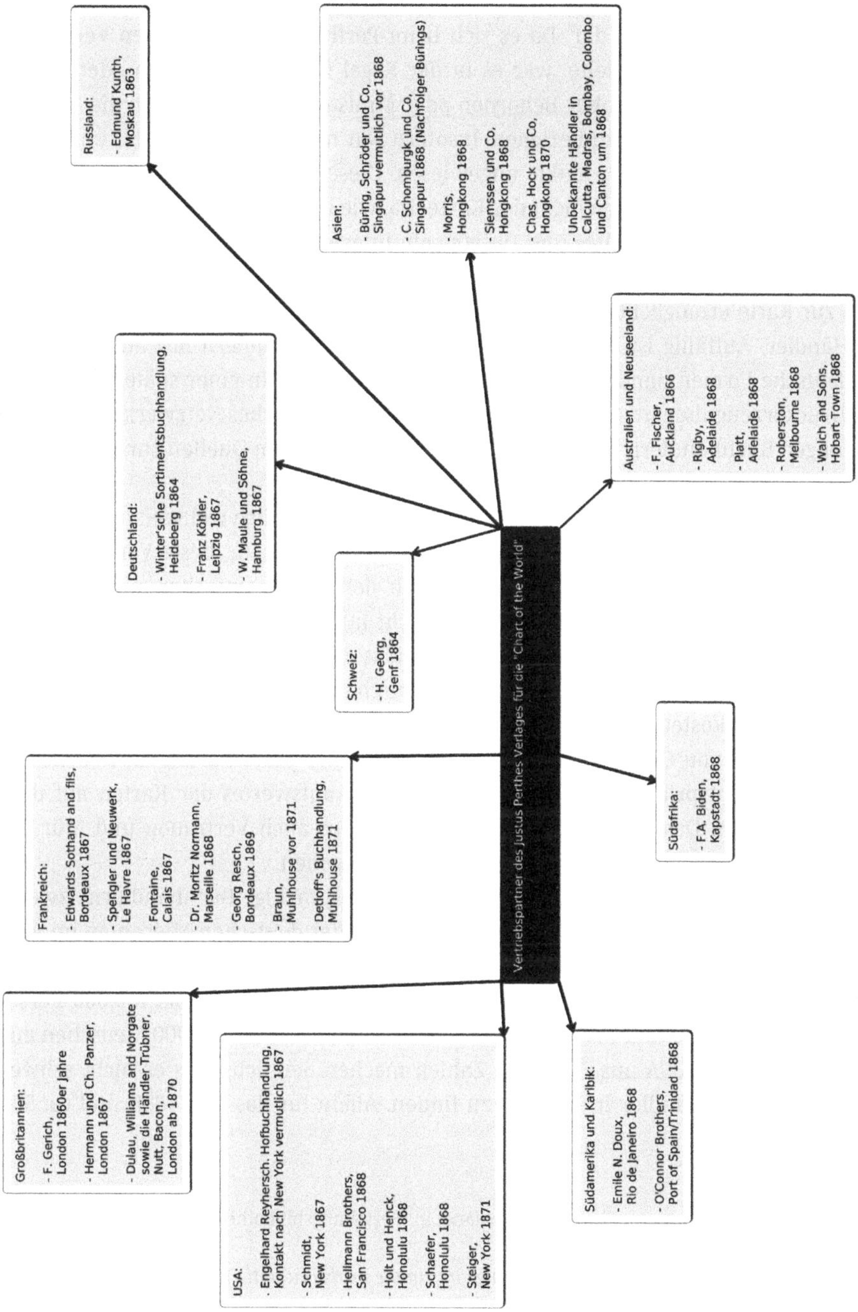

Abb. II. 9: Nachgewiesene Geschäftskontakte, welche im 19. Jahrhundert in direktem oder indirektem Kontakt zum Perthes Verlag im Zusammenhang mit der Chart of the World standen. Die angegebenen Jahreszahlen beziehen sich auf das Jahr des ersten Kontaktes mit dem Perthes Verlag. (Eigene Darstellung)

Eine markante Besonderheit stellt die tatsächliche Käuferschicht der Karte auch aus einem anderen Grund dar. Da es sich beim Perthes Verlag um einen Verlag mit Verlagsbuchhandlung handelte, war es in der Regel für Privatpersonen oder Gesellschaften, mit Ausnahme großer Behörden oder Ministerien nicht möglich die Verlagsprodukte direkt aus Gotha zu beziehen. Insofern war man auf Buchhändler und deren Bestellungen der eigenen Produkte angewiesen. Diese Händler zählten dann tatsächlich zur eigentlichen Käuferschicht der Karte. Da, wie bereits erwähnt, die *Chart of the World* aufgrund ihres Inhaltes und Designs ein internationales Publikum ansprechen sollte, waren auch Kontakte zu Buchhändlern im Ausland nötig. Der Nachlass des Verlages zur Karte ermöglicht allerdings auch Einsichten in die Namen und die Herkunft der Händler. Auffällig ist dabei, dass es sich bei diesen Händlern fast ausschließlich um deutsche Firmen handelte, die entweder in erster oder in einer späteren Generation Druckerzeugnisse im Ausland vertrieben haben. Ein solches Netzwerk zu deutschstämmigen Buchhändlern lässt sich nahezu lückenlos aus den Quellen zur *Chart of the World* nachweisen.

Abbildung II. 9 zeigt, dass deutsche Buchhändler tatsächlich weltweit agierten und der Verlag mit ihnen in regem Kontakt stand. Eine Erklärung für dieses Verhalten lässt sich nur schwer ableiten. Vermutlich war es für den Verlag einfacher mit Deutschen im Ausland zu korrespondieren, weil diese nicht nur den deutschen Markt kannten, sondern auch den ihres Ziellandes. Dies war nicht unbedeutsam, da es zwar lukrativ war, Karten ins Ausland zu verkaufen, aber durchaus nicht jede Transaktion erfolgreich verlief. So kostete es den Verlag in den 1860er Jahren z. B. 63 Taler um 100 Exemplare der Chart von Gotha nach Sydney inklusive einer Versicherung zu schicken.[188] Dieser Betrag entsprach ca. 16 % des gesamten Verkaufswertes der Karten auf dem deutschen Markt. Das Beispiel zeigt, dass es durchaus auch Vertrauen und Mut des Verlegers benötigte, eine solche Unternehmung einzugehen.

Eine andere mögliche Erklärung für das deutschsprachige Buchhändlernetzwerk, mit welchem Perthes kooperierte, war die hohe Zahl der deutschen Migranten im Ausland. So betrug die Zahl der deutschsprachigen Auswanderer zwischen 1680 und 1780 in die britischen Kolonien in Nordamerika schätzungsweise mehr als 100.000 Personen.[189] Zwischen 1850 und 1855 wanderten dann schon mehr als 720.000 Menschen aus Deutschland in die USA aus.[190] Diesen Zahlen machen deutlich, dass es nicht schwer fiel deutsche Buchhändler in Übersee zu finden. Allein für das Jahr 1888 sind ca. 500

188 Frachtraten für Kartensendungen ins Ausland, in: Forschungsbibliothek Erfurt/Gotha, SPA ARCH FFA Chart of the World, Mappe 1.

189 Rosalind J. Beiler, *German-Speaking Immigrants in the British Atlantic World, 1680–1730*, in: OAH Magazine of History (18), Nr. 3, April 2004, 19.

190 Genaue Zahlen lassen sich auf der Webseite der „Forschungsstelle Deutsche Auswanderer in den USA" der Universität Oldenburg im Artikel Antonius Holtmanns, *Amerika-Auswanderung im Kontext einer (gescheiterten) Revolution: 1848/1849* nachlesen unter: www.nausa.uni-oldenburg.de/1848/1848holtdt.html (zuletzt aufgerufen am 21.04.2020).

deutschstämmige Buchhändler im Ausland bekannt, davon über 200 in den USA.[191] Darüber hinaus besteht auch die Möglichkeit, dass der Verleger schon vor der Auswanderung der benannten Händler Geschäftsbeziehungen zu ihnen unterhielt, was wiederum den Kontakt und den Zugang zu einem ausländischen Absatzmarkt für den Verleger um ein Vielfaches erleichterte. Ein Fall einer gescheiterten Zusammenarbeit ist aus Neuseeland überliefert. Dort erklärte der Arzt Dr. med. F. Fischer in einem Brief an Perthes vom 12.9.1866, dass die Chart sich gut verkaufen ließ, er aber erst wenige Atlanten absetzen konnte:

> Leider ist in Folge eines plötzlichen politischen Regierungswechsels und Unterdrückung des Govemement Emigration Planes, die Waiketo mit 20.000 militärischen Settlern zu bevölkern und die Aufgabe der Confination der Mani Ländereien, [ist] meine Spekulation mit dem Atlas fehlgeschlagen. [...] Hinsichts Berghaus Weltkarte habe ich Ihnen mit Vergnügen die Mittheilung zu machen, daß in einer Woche sich alle Exemplare verkauften, ich hätte bereits neue Bestellungen gemacht, um welche sich meine Rechnung meiner Speculation echt liquidirt haben.[192]

Die finanzielle Lage Fischers gestaltete sich allerdings weiterhin sehr schwierig. Perthes sandte ihm weitere 100 Exemplare der Chart im Februar 1867 zu, erhielt jedoch keine Zahlung von Fischer für die versandten Karten.[193] Dieser Zustand musste den Verleger verunsichern, sodass er Informationen über Fischer von dritter Seite einholte. An diesem Punkt offenbarte sich das globale Händlernetz deutschsprachiger Buchhändler, welches auch Perthes zu nutzen vermochte. Perthes schrieb dem deutschstämmigen Buchhändler F. Gerich in London, einem Freund Fischers, am 16.6.1868 mit der Bitte um Informationen über das Leben Fischers in Neuseeland an. Dieser antwortete schon drei Tage später recht umfangreich:

> Der letzte Brief, den ich von ihm habe, ist datirt April 3. Danach ging es ihm sehr schlecht; er hatte bis dahin alles Verwerthbare, selbst Möbel, Pferde & Wagen verkauft, [...]. Was er jetzt noch hat, schreibt er, sei Land, & dafür wolle in Auckland jetzt niemand Etwas geben; [...] Ich fürchte es bleibt Ihnen, wie mir, nichts Anderes übrig, als seiner Bitte um Rufschuld Gehör zu geben.[194]

Den Rat, einen Teil der Schulden Fischer zu erlassen, musste auch Perthes am Ende akzeptieren. Nach weiteren drei Monaten bot er Fischer einen Rabatt an:

> Ihre Schuld beträgt noch immer über 1.000 Thlr. [...]. Daß Sie die 100 Berghaus Chart of the World voll bezahlen, sehe ich als eine Ehrensache für Sie an. Im Übrigen will ich Ihnen ein Arrangement anbieten, damit Sie – der Sie sich jedenfalls verspeculirt haben- auch meine guten Willen sehen, Sie Ihrer Schuld gegen mich ledig zu machen. Ihre Schuld betrug nach meinem Briefe vom 18.

191 Reinhard Wittmann. *Geschichte des deutschen Buchhandels*, 4. Auflage, München, 2019, 260.
192 Brief Dr. med. F. Fischers an die Verlagsleitung des Justus Perthes Verlages vom 12.9.1866, in: Forschungsbibliothek Erfurt/Gotha, SPA ARCH FFA Chart of the World, Mappe 5.
193 Brief der Verlagsleitung des Justus Perthes Verlages an Dr. med. F. Fischer vom 08.10.1867, in: Forschungsbibliothek Erfurt/Gotha, SPA ARCH FFA Chart of the World, Mappe 5.
194 Brief von F. Gerich an die Verlagsleitung des Justus Perthes Verlages vom 19.6.1868, in: Forschungsbibliothek Erfurt/Gotha, SPA ARCH FFA Chart of the World, Mappe 5.

> Feb a. C. 1182.16 Thlr.; davon fallen auf die 100 Exemplare Chart of the World 340 Thlr., bleiben noch 842.16 Thlr. Für diesen Betrag will ich mich mit 421 Thlr. 8 Sgr. zufrieden geben, wenn Sie mir letztere Summe binnen 6 Monaten von heut übermachen.[195]

Dennoch sollten vier weitere Jahre vergehen, bis sich der Verlag ein letztes Mal an Fischer in Neuseeland wandte, weiterhin ohne Erfolg.[196]

Dieses Beispiel erhellt nicht nur den Blick auf ein global agierendes Netzwerk deutschstämmiger Buchhändler und Verleger, sondern auch welche Konditionen ausgehandelt werden konnten, sollte der Verkauf der Chart im Ausland wenig erfolgreich sein. Diese Rückschläge musste der Verleger wohl akzeptieren. Dennoch steht fest, dass trotz eines beschriebenen Verlustes von 100 Karten im Jahr 1868, der Verkauf der Karte ein großer Erfolg war.

So konnten allein in den ersten zehn Jahren nach Veröffentlichung der 1. Auflage im Jahr 1863 über 23.000 Exemplare abgesetzt werden.[197] Der Verlag generierte durch diesen Verkauf einen Gesamterlös von über 71.000 Talern.[198] Gleichzeitig übertraf die Anzahl der verkauften Exemplare späterer Auflagen nie das Maß der ersten. Abbildung II. 10 zeigt, dass der Absatz kontinuierlich seit 1868 mit jeder Neuauflage zurückging und lediglich die 12. Auflage 1897 wieder die Verkäufe beleben konnte. Ein Grund für diese Entwicklung könnte in der Tatsache begründet sein, dass die rasche Abfolge neuerer Auflagen (in der Regel alle ein bis zwei Jahre) zwar den Informationsgehalt und die Aktualität der Karte gewährleistet hatten, allerdings aufgrund des hohen Anschaffungspreises von vier Talern eine häufigere Neuanschaffung unattraktiv werden ließ.

Außerdem blieb der Perthes Verlag nicht der einzige Verlag auf dem Gebiet der Herstellung und des Vertriebs von Weltverkehrskarten. Diese Konkurrenz offenbart sich auch in der Kartensammlung des Perthes Archivs. So lassen sich dort auch Zeugnisse der Arbeitsgrundlagen der Kartografen im Verlag finden. Ein Beispiel hierfür war das Auftreten von anderen thematischen Weltkarten. So wurde von einem unbekannten Verlag 1886 eine Übersichtskarte der Telegraphenleitungen herausgegeben, die interessanterweise in der Kartensammlung den handschriftlichen Vermerk „Berghaus 14.10.86“ trägt, also vermutlich von Hermann Berghaus persönlich für die tägliche Arbeit genutzt worden war.[199] Aber auch Behörden, Postämter oder Ministerium

---

195 Brief der Verlagsleitung des Justus Perthes Verlages an Dr. med. F. Fischer vom 29.9.1868, in: Forschungsbibliothek Erfurt/Gotha, SPA ARCH FFA Chart of the World, Mappe 5.

196 Vgl.: Brief der Verlagsleitung des Justus Perthes Verlages an Dr. med. F. Fischer vom 27.7.1872, in: Forschungsbibliothek Erfurt/Gotha, SPA ARCH FFA Chart of the World, Mappe 5.

197 Vgl.: Forschungsbibliothek Erfurt/Gotha, Übersicht über die Verlagsauslieferungen des Justus Perthes Verlages der Jahre 1854–1868 und 1865–1894.

198 Vgl.: Umsatz- und Verkaufsstatistik 1863–1877, in: Forschungsbibliothek Erfurt/Gotha, SPA ARCH FFA Chart of the World, Mappe 1.

199 *Übersichts-Karte der internationalen Telegraphen-Verbindungen, 1886*, ohne Ort und Autor, in: Forschungsbibliothek Erfurt/Gotha, Kartensammlung SPK-10-IV.D C-17.

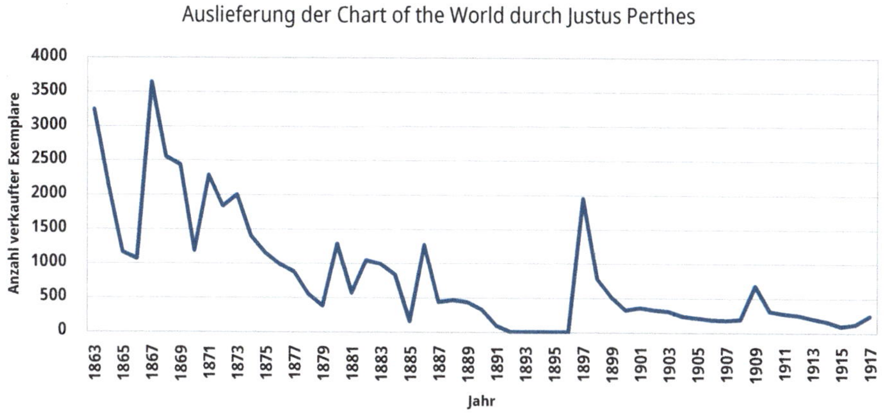

Abb. II. 10: Auslieferung der Chart of the World 1863–1917. (Eigene Darstellung)

entwickelten zunehmend am Ende des 19. Jahrhunderts eigene Karten. So veröffentlichte das Reichspostamt 1883 eine Weltkarte mit Dampfschifffahrtsrouten unter Berücksichtigung der Interessen deutscher Kartennutzer.[200] Auch englischsprachige Weltverkehrskarten fanden zunehmend den Zugang zum internationalen Kartenmarkt, auch in Deutschland. Die britischen Verleger Mac Lure und Mac Donald veröffentlichten 1873 in London eine Karte, die die Lage der bereits verlegten und noch geplanten Unterseekabel im globalen Maßstab auswies.[201] Diese Liste mit neuen Weltkarten, die die Telegraphie oder den Schiffsverkehr im 19. Jahrhundert thematisch darstellten, ließe sich beliebig seit den 1870er Jahren erweitern. Grundsätzlich hatte die *Chart of the World* nie etwas an ihrer Aktualität und Übersichtlichkeit eingebüßt, doch verlor sie in einigen Kontoren bald ihre Funktion als Informationsquelle, da andere Verleger gleichwertige und oft günstigere Produkte seit Einführung der Lithografie und neuere Drucktechniken anboten. Ein Beispiel hierfür waren die Karten des Hydrographic Departements in Großbritannien, die zum Teil schon für zwei bis vier Shilling im Buchhandel offeriert wurden.[202] Der Verleger war also ab den 1870er Jahren verstärkt gezwungen sich mit Konkurrenzprodukten auseinander zu setzen und vermochte mit einem unverändert hohen Preis die Karte immer schwerer absetzen. Dabei erschwerte der internationale Vertrieb der Karte den Verkauf zunehmend.

---

200 *Uebersicht der überseeischen Dampfschifffahrtslinien im Weltpostverkehr unter Berücksichtigung der Postverbindungen nach den aussereuropäischen Deutschen Consulatsorten, 1883*, Berlin, Kursbureau des Deutschen Reichs-Postamts, in: Forschungsbibliothek Erfurt/Gotha, Kartensammlung SPK-10-IV.D C-16.

201 William Abbott, *Map of the World. Shewing the Submarine Cables Already Laid & Those Projected, 1873*, in: Forschungsbibliothek Erfurt/Gotha, Kartensammlung SPK-10-IV.D C-16.

202 So kostete z. B. die *Coal and Telegraph Chart* des Hydrographic Departements im Jahr 1905 zwei Shilling. Vgl.: *Coal and Telegraph Chart*, Hydrographic Department, 1905, in: Forschungsbibliothek Erfurt/Gotha, Kartensammlung SPK-10-IV.D C-10.

Denn durch die Globalisierung des Welthandels ab Mitte des 19. Jahrhunderts mussten auch deutsche Kartenverleger hinsichtlich des Auslandsvertriebs ihrer Produkte mit weltweit agierenden Verlagen aus Übersee konkurrieren.[203] Alle genannten Gründe mögen auch zusammengewirkt haben, sodass die Anzahl der verkauften Exemplare kontinuierlich seit den ersten Auflagen zurückging.

2.3.4 Kundenwünsche

Gerade im Hinblick auf die für den Verlag ungünstige Entwicklung des Absatzes scheint es ebenfalls nicht verwunderlich, dass sich der Vertrieb zunehmend auf das Ausland konzentrierte. Dabei konnten konkrete Kundenwünsche zu einer Änderung im Kartenbild führen. Dieses Beispiel ist für die 6. Auflage der Chart aus dem Jahr 1871/72 dokumentiert. Der größte Wandel im Kartenbild erfolgte dadurch, dass nun erstmals Nord- und Südamerika in den Mittelpunkt der Karte gesetzt worden waren. Wie dem Briefwechsel zwischen Perthes und dem Buchhändler Schmidt in New York zu entnehmen ist, spielten die Wünsche der US-amerikanischen Kunden und die Möglichkeit mehr Karten in den USA abzusetzen bei dieser grundlegenden Veränderung eine entscheidende Rolle. Schmidt schrieb am 02.3.1869 an Perthes, dass er in Verhandlungen mit dem Chicagoer Buchhändler und Verleger Rufus Blanchard stehe und dieser durch Schmidt Interesse zeigt, die Karte in den USA zu vertreiben:

> Ich habe eine Bestellung auf 500 Expl. der neuen Auflage von Berghaus chart of the world [sic] unter der Bedingung, daß diese Ex. mit der Firma ‚Rufus Blanchard 146. Lake Str, Chicago' gedruckt werden. Die Bestellung ist mir [...] durch ein bedeutendes Chicagoer Druckhaus eingesandt worden, welches von mir etwa 50 Ex. der früheren Auflage bezogen und das Interesse an der Verbreitung der Karten hat, der Welt zu zeigen, daß Amerika und unter den Städten vor allen Chicago der Central Punkt des Gesamtverkehrs der Erde in der nächsten Zeit werden wird. Zu diesem Zweck haben die Herren die von mir besprochenen Karten auch so aufziehen lassen, daß Amerika mit dem großen Ocean die Mitte der Karte darstellt.[204]

Diesem Brief lag wiederum eine konkrete Liste mit den Wünschen des Händlers aus Chicago bei. So bestand er darauf, dass die USA in die Mitte der Karte gestellt werden sollten: „Transform the sheets so that America will come in the Centre and have the wide Margin on the left hand of Asia sheet."

203 Zur Einführung in die Geschichte der Globalisierung im 19. Jahrhundert siehe: O'Rourke, Kevin und Williamson, Jeffrey. *Globalization and History. The Evolution of a Nineteenth-Century Atlantic Economy*. Cambridge, 1999.

204 Brief von Schmidt an die Verlagsleitung des Justus Perthes Verlages vom 02.3.1869, in: Forschungsbibliothek Erfurt/Gotha, SPA ARCH FFA Chart of the World, Mappe 3.

Außerdem wollte er als Herausgeber der Karte kenntlich gemacht werden: „Put the following imprint as publisher instead of the one it now Rufus Blanchard No 146 Lake Street Chicago."[205]

Obwohl ein solcher Schritt das Umstechen der Kupferplatten für den Kartendruck notwendig und unausweichlich gemacht hatte, ging Perthes auf die Änderungsvorschläge ein. Allerdings weigerte er sich, dass der Name des Perthes Verlages in der US-amerikanischen Fassung verschwindet:

> Ich bin bereit Ihnen die Chart of the World in der gewünschten Umstellung zu liefern. Zu 60 Tagen lässt sich das aber nicht machen. Soviel Zeit erfordert wahrscheinlich die Herstellung der neuen Platten [...]. Meine Bedingungen also sind:
> 1. Die Chart wird in der Eintheilung, wie auch Anlage hergestellt.
> 2. Meine Firma wird nicht entfernt, die Firma Rufus Blanchard aber groß hinzugefügt.
> 3. Termin der Absendung der Karten von hier, October d. J., oder spätestens, Novb d. J.
> 4. Sie zahlen mir auf den Betrag der für Blanchard herzustellenden 500 Ex. Chart of the World die Hälfte mit Thlr. 500 am 1 July d. J. an. Die zweite Hälfte zahlen Sie spätestens Ende December an.
> 5. Ich liefere Ihnen auch die 500 Exemplare Chart of the World in losen Blättern; 25 Exemplare in gleicher Gestalt unentgeltlich.
> 6. Die Lieferung versteht sich franco Gotha.
>
> Sie haben Zeit, bei Herrn Blanchard anzufragen, ob er die 500 Chart zu Ende dieses Jahres gebrauchen kann und ob ihm, meine und seine Firma auf der Karte zu haben, gefällt. Daran, daß die meinige bleibt, gehe ich unter keinen Umständen ab. [...] Ich mache Sie darauf aufmerksam, daß die Eintheilung auf Anlage die beste ist. [...] und ich liefere die schon billige Karte zum bei weitem größten Theil mit 50 %.[206]

Sicher ist natürlich nicht, ob nicht bereits vor der Anfrage der Händler Schmidt und Blanchard mit einer Revision der Karte für die 6. Auflage begonnen wurde. Allerdings zeigt ein Brief an den deutschstämmigen Buchhändler E. Steiger vom 29.8.1871, dass die Neuordnung des Kartenbildes tatsächlich nicht nur durch die Idee ein neues Bild aufgrund der subjektiv wahrgenommenen Veränderungen der Prioritäten im Weltverkehr zu erstellen entstand, sondern sowohl durch Analysen der neuen Marktstruktur, als auch die der Kundenwünsche vor Ort umgesetzt wurde. Perthes jedenfalls hegte große Hoffnungen in die Neugestaltung:

> Mit der 6ten Auflage von Berghaus Chart of the World muß sich in den Vereinigten Staaten ein größeres Geschäft machen lassen, als es bisher bei den früheren Auflagen stattgefunden hat. Das Bureau of Navigation in Washington hat wieder 50 Exemplare bestellt, zwei oder drei dutzend Exemplare sind wieder nach New York gegangen das ist alles! Die Karte ist so schön und enthält

---

205 Liste mit Änderungsvorschlägen der *Chart of the World* an Perthes durch Rufus Blanchard aus Chicago vom 02.3.1869, in: Forschungsbibliothek Erfurt/Gotha, SPA ARCH FFA Chart of the World, Mappe 3.

206 Brief von der Verlagsleitung des Justus Perthes Verlages an Schmidt vom 16.3.1869, in: Forschungsbibliothek Erfurt/Gotha, SPA ARCH FFA Chart of the World, Mappe 3.

> mehr als in einem dickleibigen Buch dem Publicum gesagt werden kann. Nehmen Sie doch mal die Sache in die Hand. Vor 1 ½ Jahren schrieb man aus Chicago: Kommt Amerika in die Mitte der Karten – Chicago ist der Mittelpunkt, um den sich die Welt dreht – so könnten vielleicht 500 Exemplare nach Chicago geliefert werden. Nun steht Amerika in der Mitte, was für die Karte einen großen Vortheil hat, aber von Chicago ist noch kein Exemplar bestellt worden. Anfang May wurde die 6te Auflage veröffentlicht. Bei Ihren Verbindungen sollten Sie einen großen Absatz der Chart bewerkstelligen können, [...].[207]

Tatsächlich konnte sich der Umsatz der 6. Auflage stabilisieren und erreichte 1871 und 1872 eine Höhe von ca. 13.000 Talern.[208]

Dieses Beispiel illustriert, welche Anstrengungen unternommen wurden, um die Karte erfolgreich zu vertreiben. Gleichzeitig offenbart sich dadurch der Einblick in die Art und Weise der Kartengestaltung. Es ist keinesfalls anzunehmen, dass ein Kartograf alleine dafür verantwortlich gewesen war, welchen inhaltlichen Veränderungen ein kartografisches Produkt unterworfen sein konnte oder sollte. Der Verleger hatte zuweilen andere Interessen als ein Kartograf. Allerdings war es möglich, dass sich beide schließlich auf einen Kompromiss einigen konnten. Die Analyse zeigt, dass die empfundene historische Realität des Weltverkehres Anfang der 1870er Jahre eine Neuordnung der Karte mit Nord- und Südamerika im Zentrum der Welt notwendig gemacht hatte. Gleichzeitig erschafft die Karte ein Bild des Weltverkehrs, der in der genannten Zeit um Nord- und Südamerika zu kreisen begann. Der andere, bisher wenig beachtete Aspekt muss aber auch heißen, dass es eine unternehmerische Entscheidung war, die Umgestaltung in dieser Form vorzunehmen. Beide Gründe für die Veränderungen im Kartenbild müssen insofern gemeinsam betrachtet werden. Der Autor selber beschrieb im Kartenkommentar zur 8. Auflage von 1876 die Verschiebung aus seiner Sicht:

> Anfänglich nach Ost- und Westlänge abgetheilt [,] wurden auf den Wunsch Amerikanischer Besteller die Sectionen dieser Karte später derart umgestellt, dass die Küsten, an denen sich östlicher und westlicher Verkehr zur Zeit begegnen [...], zu beiden Seiten an den Rahmen gerückt sind, wodurch zugleich die Weltmeere, besonders die Südsee, mehr in Zusammenhang kommen.[209]

Dieser Kommentar beschreibt gleichzeitig seine Agenda: Eine Weltkarte zu erschaffen, die übersichtlich und aktuell bleibt und ein internationales Publikum erreichen kann.

---

207 Brief der Verlagsleitung des Justus Perthes Verlages an E. Steiger in New York vom 29.8.1871, in: Forschungsbibliothek Erfurt/Gotha, SPA ARCH FFA Chart of the World, Mappe 2.

208 Vgl.: Umsatz- und Verkaufsstatistik 1863–1877 der *Chart of the World*, in: *Forschungsbibliothek Erfurt/Gotha*, SPA ARCH FFA Chart of the World, Mappe 1.

209 Zit. nach: Steffen Siegel und Petra Weigel, *Der „Mercatorgeist" des 19. Jahrhunderts* [wie Anm. 153], 221.

2.3.5 Fazit

Zu Beginn meiner Ausführungen hatte ich darauf hingewiesen, dass Karten selber Anteil an der Modellierung der Wirklichkeit nehmen. Für die Globalisierung im 19. Jahrhundert zeigt sich, dass Karten, wie die *Chart of the World*, den Blick auf jene globalen Entwicklungen des Weltverkehrs und der Massenkommunikation ermöglichen, welche die zweite Hälfte des 19. Jahrhunderts maßgeblich prägten.

Zum einen stellt sich die untersuchte Weltkarte von Hermann Berghaus als ein großformatiges Beispiel der Visualisierung globaler Veränderung dar, zum anderen manifestiert sie die internationale Ausrichtung des Perthes Verlages. Ihre häufigen Neuauflagen stehen damit beispielhaft für die sich rasch veränderten globalen Verkehrs- und Kommunikationswege seit den 1860er Jahren. Dabei erkannte der Verleger den Bedarf einer solchen Karte, als er 1863 die erste Auflage der Chart veröffentlicht hatte. Wie die Auslieferungszahlen allerdings auch zeigen, konnten Autor und Verleger nie wieder an die ökonomischen Erfolge der ersten Auflagen anknüpfen. Mangelnde Bereitschaft kostengünstiger zu produzieren spielte für diese Entwicklung ebenso eine Rolle wie die wachsende Konkurrenz im In- und Ausland. Gleichzeitig hielt die Karte Einzug in Marineministerien und wurde rasch weltweit unter Kaufleuten verbreitet. Dies beweist, dass eine gezielte Produktgestaltung durchaus mit einem für den Verlag erfolgreichen Absatz in Einklang gebracht werden konnte. Denn in erster Linie sollte die Karte als Planungs- und Informationsinstrument fungieren. Dabei führte die Publikation der Karte zu einer „Bewusstseinsbildung einer neuen globalen Ordnung“.[210] Dies, zusammen mit ihrer Übersichtlichkeit, machte den Erfolg der Karte maßgeblich aus.

Darüber hinaus stellt sich die Frage, ob es überhaupt sinnvoll ist, die Marketing- und Vertriebsgeschichte einer Karte zu schreiben. Dazu ist zu bemerken, dass die Beschäftigung mit dem Kartenbild alleine maßgebliche Fragen im Zusammenhang mit der Wirkung von Karten nicht beantworten kann. Die 6. Auflage der *Chart of the World* ist hierfür ein gutes Beispiel. Die Betrachtung des Kartenbildes im Vergleich zur 5. Auflage offenbart als gravierenden Unterschied das Verschwinden von Europa als früheren Bildmitte. Stattdessen wurden Nord- und Südamerika in den Mittelpunkt der Karte gerückt. Diese Entscheidung beruhte einerseits auf dem subjektiven Wandel in der Wahrnehmung der Prioritäten des Weltverkehrs und der prophezeiten Nützlichkeit der visuellen Darstellung, andererseits aber auch auf ganz konkrete betriebswirtschaftliche Entscheidungen des Verlegers, die dazu dienen sollten, den Absatz in den USA zu verstärken. Der bloße Blick auf das Kartenbild würde hier nur eine mögliche Ursache zweifelsfrei erkennen, die ökonomischen Zwänge des Verlags blieben jedoch unberücksichtigt. So zeigt das Beispiel der *Chart of the World* eindrücklich, dass Kartenbilder in nicht unerheblichem Maße von den Ideen und Entscheidungen der Verleger hinsichtlich ihrer Visionen für einen kartografischen Fachverlag geprägt wurden.

210 Ebd. 225.

2.4 Aus der Welt ins Buchregal – Betriebswirtschaftliche Organisation kartografischen Wissens am Beispiel der *Deutschen Expedition in Ostafrika, 1861–1862*

2.4.1 Vorbemerkungen

Sehnsuchtsort, Hoffnungsort und Forschungsgegenstand – es mangelt nicht an Begriffen für eine Beschreibung des afrikanischen Kontinents aus Sicht der Europäer im 19. Jahrhundert. Afrika war nicht nur eine große Unbekannte für deutsche, britische oder französische Gelehrte, sondern zugleich immer mit der Vorstellung von endloser Natur, reichen Rohstoffvorkommen und der Möglichkeit durch neue Entdeckungen in einem unbekannten Land wissenschaftlichen Ruhm zu erlangen verbunden.

Zahlreiche Expeditionen auf dem afrikanischen Kontinent im 19. Jahrhundert wurden von Europäern durchgeführt. Da die Küsten verhältnismäßig gut erkundet waren, erhoffte man sich durch die Erforschung der Geografie und Ethnografie entlegender Gebiete neue Erkenntnisse, die in irgendeiner Weise machtpolitisch und ökonomisch nutzbar sein konnten. Ulrike Kirchberger konstatierte, dass speziell für die britische Überseeexpansion die Erschließung und Erforschung außereuropäischer Kontinente zwingend nötig gewesen war.[211] Jede dieser Expeditionen brachte neue Wissensbestände hervor, deren Vermarktung in Form von Karten, Verlagen und den Abenteurern außerdem willkommene Einnahmequellen boten. Im vorliegenden Abschnitt werde ich deshalb ganz grundsätzlich den Weg des Wissens von der Entstehung bis zur ökonomischen Aufbereitung nachzeichnen.

Unter den zahlreichen Abenteurern und Entdeckern in britischen Diensten befanden sich im 19. Jahrhundert auch einige Deutsche, deren Mitarbeit die Bemühungen der britischen Außenpolitik unterstützen sollte. Die Vorteile für beide Seiten lagen auf der Hand: Zum einen garantierten die Briten durch ihr feinmaschiges Netz an überseeischen Besitzungen eine funktionsfähige Verkehrsinfrastruktur ab der Mitte des. 19. Jahrhunderts für Forscher des europäischen Kontinents, die in dieser Form das spätere Deutsche Reich erst zum Ende des Jahrhunderts vorweisen konnte. Zum anderen fungierten britische Konsulate und Handelsstützpunkte im außereuropäischen Ausland immer auch als Vermittler zwischen Reisenden und den ansässigen Einheimischen und halfen dadurch Kommunikationsprobleme frühzeitig zu lösen. Gleichzeitig ermöglichten die großzügigen wissenschaftlichen Sammlungen der Briten vereinfachte Vorbereitungen einer Forschungsreise durch die Fülle ihrer Informationen.[212] Auf der anderen Seite genoss man in Großbritannien gerne die Expertise deutscher Wis-

---

211 Ulrike Kirchberger, *Deutsche Naturwissenschaftler im britischen Empire. Die Erforschung der außereuropäischen Welt im Spannungsfeld zwischen deutschem und britischem Imperialismus*, in: Historische Zeitschrift (271), Nr. 3, Dezember 2000, 621.

212 Ebd., 624 f.

senschaftler und beschäftigte sie mit Vorliebe in britischen Institutionen, die dann häufig der Ausdehnung und Verwaltung des eigenen Empires dienten.[213]

Eine besondere Zusammenarbeit zwischen deutschen Geografen und britischen Institutionen stellte die Expedition von James Richardson, Heinrich Barth und Adolf Overweg von 1849 bis 1855 nach Zentralafrika dar. Zu Beginn meiner Ausführungen werde ich daher zunächst kurz auf diese Expedition eingehen, um anschließend zu erläutern, welche Rolle Heinrich Barth und August Petermann in einer zweiten, späteren Expedition nach Afrika zu Beginn der 1860er Jahre spielten und welche Rolle dabei die erste Expedition der 1850er Jahre inne hatte.

Der Verlauf der *Deutschen Expedition in Ostafrika* von 1861 bis 1862 ist nicht nur durch zeitgenössisch publizierte sowie archivalische Quellen sehr gut nachzuvollziehen, sondern ermöglicht den genauen Blick auf die betriebswirtschaftliche Organisation kartografischen Wissens im 19. Jahrhundert. In diesem Zusammenhang wird es ebenfalls nötig sein, die Frage der Nachverfolgung der Wege des ökonomisch nutzbaren Wissens über entlegene, weitgehend unbekannte geografische Räume nachzuzeichnen und zu erklären, wie dieses Wissen schließlich in einem Verlag in Deutschland ankam, um anschließend in Form von Karten verkauft werden zu können.

Die Quellenlage lässt es außerdem zu, einen dezidierten Einblick in die Ausgaben- und Einnahmenseite der Finanzierungsbilanz einer deutschen Expedition nach Afrika zu Beginn der zweiten Hälfte des 19. Jahrhunderts zu erhalten und damit nicht nur die Finanzierungsmöglichkeiten genauer zu beschreiben, sondern auch über die Analyse der Ausgabenseite die Prämissen der Expeditionsteilnehmer hinsichtlich ihrer vermeintlichen und tatsächlichen Bedürfnisse zu erfahren.

Da die gesamte Expedition über Spenden finanziert wurde, wird es mir außerdem darauf ankommen, die Geldsammlungen im Vorfeld der Reise nach Afrika hinsichtlich den Kriterien einer erfolgreichen Spendenkampagne zu untersuchen. Dabei ist es außerdem möglich, die Personen der Spender genauer zu beleuchten, weil die Veröffentlichung der insgesamt zwölf Spendenquittungen für die Expedition eine sehr detaillierte Betrachtung der Geldgeber zulässt und ihre geografische Verbreitung auch Aufschluss über den Erfolg der eigenen Werbung des extra für die Geldsammlung gegründeten Expeditionskomitees ermöglicht.

Zusammenfassend lässt sich so die dezidierte Organisation einer wissenschaftlichen Expedition aus Deutschland in außereuropäischen Regionen am Beispiel einer Forschungsreise nach Afrika nachzeichnen. Dadurch können nicht nur Antworten auf Fragen der Gründe für derartige Unternehmungen besser gefunden werden, sondern zugleich die bisher vernachlässigte Komponente der Schaffung von Wissen im Entstehungs- und Vermarktungsprozess von Landkarten verortet werden. Dies erscheint mir umso wichtiger, als dass, wie dieser Text noch zeigen wird, das Sammeln jeglicher spezifischer Informationen über fremde und fremd empfundene Gebiete außerhalb der

213 Ebd., 626.

vertrauten Umgebung für die Beurteilung der Qualität einer Landkarte im 19. Jahrhundert auf dem Buchmarkt essentiell erschien.

2.4.2 Richardson, Barth und Overweg

Zwei Deutsche, zum einen der 1821 in Hamburg geborene Heinrich Barth und zum anderen der 1822 ebenfalls in Hamburg geborene Adolf Overweg, begleiteten den Missionar James Richardson im Jahr 1849 auf einer Erkundungsexpedition in den Norden und Westen Afrikas.[214] Deren Geschichte ist für den folgenden Text von besonderer Relevanz, stellt sie doch den Beginn einer langen Reihe von zufälligen Entwicklungen dar, die am Ende zu der von mir hier beschriebenen Expedition Theodor von Heuglins führten.

Die Briten erhofften sich nicht nur neue wissenschaftliche Erkenntnisse über die Regionen westlich des Nils, sondern auch Berichte und Kontakte bezüglich einer möglichen ökonomischen und kolonial-politischen Verbindung in diese Gebiete. Über den heiklen Auftrag an die Expeditionsteilnehmer kam es unter den Mitgliedern der 1830 in London gegründeten Royal Geographical Society (RGS) zum Streit über die Besetzung eines, aus ihrer Sicht, besonders wichtigen Forschungsvorhabens mit deutschen Wissenschaftlern. Die britischen Mitglieder der RGS schöpften den Verdacht, dass sie nach dem preußischen Botschafter Christian Karl Josias von Bunsen in Tripolis und dem Kartografen August Petermann in London, weit später und erst an zweiter Stelle an die gewünschten Informationen gelangen könnten und damit der britischen Wirtschaft und den britischen Kolonialunternehmungen einen empfindlichen Schaden zugefügt werden würde. Diese Anschuldigungen stellten sich, vor allem nach dem energischen Insistieren Petermanns, als haltlos heraus.[215] Wohl auch, weil die deutschen Staaten zu Beginn der 1850er Jahre weder die ökonomischen, noch die personellen Ressourcen vorweisen konnten und aus diesem Grund wenig Interesse an kolonialen Abenteuern hatten. Die Expedition von Richardson, Barth und Overweg verlief zunächst erfolgreich, doch bereits 1851 verstarb James Richardson in der Nähe des Tschadsees. Im selben Jahr verstarb auch Adolf Overweg, sodass in London eine Expedition zur Suche nach dem letzten Überlebenden Heinrich Barth und zur Unterstützung der britischen Expedition organisiert wurde. Diese Rettungsmission sollte der gerade erst 23-jährige Eduard Vogel aus Leipzig im Jahr 1853 anführen, der seit 1851 als Astronom an der Bishop's Sternwarte in London beschäftigt war.[216] Eduard Vogel war einer dieser abenteuerlustigen und zugleich geförderten deutschen Wissenschaftler

214 Vgl.: Heinrich Barth, *Reisen und Entdeckungen in Nord- und Central-Afrika in den Jahren 1849–1855: Tagebuch seiner im Auftrag der Britischen Regierung unternommenen Reise*, Band. 1, Gotha, 1857.

215 Kirchberger, *Deutsche Naturwissenschaftler* [wie Anm. 211], 647.

216 Jörg Adalberger, *Eduard Vogel and Eduard Robert Flegel: The Experiences of Two Nineteenth-Century German Explorers in Africa*, in: History in Africa (27), 2000, 5.

während der zweiten Hälfte des 19. Jahrhunderts, die die Karrieremöglichkeiten und Forschungsumgebungen in Großbritannien sehr zu schätzen wussten.

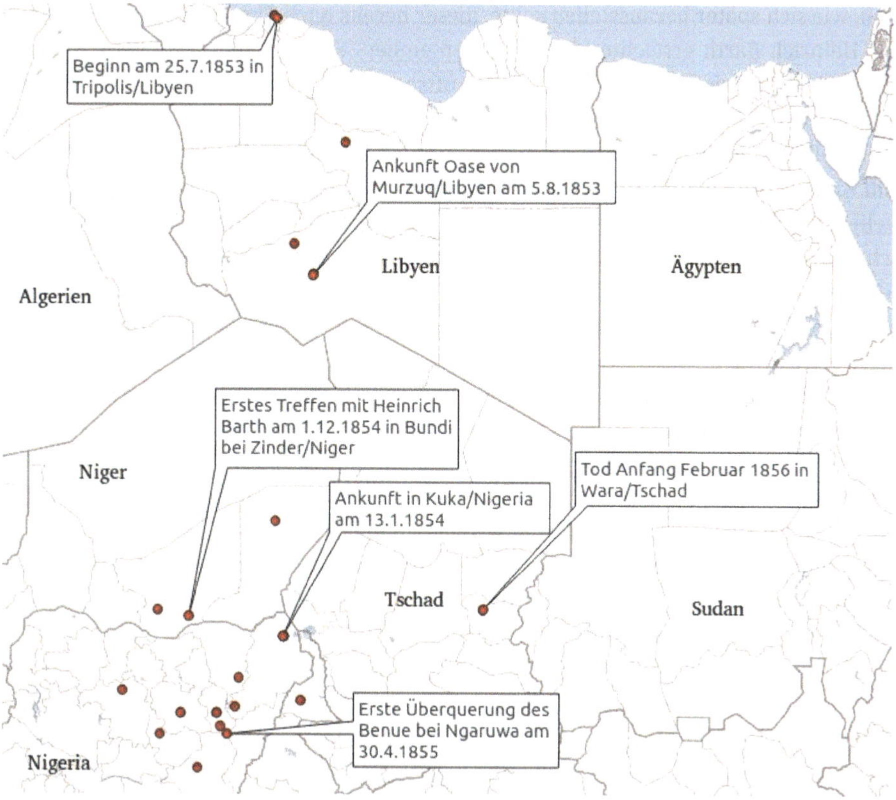

Abb. II. 11: Eigene Darstellung der verifizierbaren Reisedestinationen Eduard Vogels zwischen 1853 und 1856 in Nordafrika (heutige Staatenkarte).

Darüber hinaus wird Vogel gleichzeitig eine unbedarfte Art zugeschrieben, die ihn als unerschrockenen jungen Mann perfekt für eine solche Expedition erscheinen ließ: „Vogel had no preferences for a specific region and he could just as easily have traveled to the North or the South Pole.“[217]

Er begab sich, nachdem August Petermann und der preußische Botschafter von Bunsen in London mit der RGS verhandelt hatten, am 19. Februar 1853 mit zwei Soldaten des Royal Engineer Corps auf den Weg nach Tripolis und kam dort am 07. März an.[218]

217 Ebd.
218 Ebd., 5 f.

Am 25. Juli reiste er weiter nach Murzuq, wo er am 05. August auch ankam. Nach der Durchquerung der Sahara in Südlybien kam er schließlich am 13.1.1854 in Kukawa unweit des Tschadsees an und verpasste ein Zusammentreffen mit Heinrich Barth, weil, wie sich später herausstellen sollte, dieser bereits nach Timbuktu abgereist war.

Heinrich Barth erreichte bereits im September 1853 Timbuktu und verfasste aus der Stadt erste Briefe an seine britischen Auftraggeber, die den Zustand der Stadt und Informationen über die Bevölkerung sowie die politisch/religiösen Machtverhältnisse innerhalb der Stadtgesellschaft enthielten. Der als aufgeklärt charakterisierte Scheich Sidi Ahmad al-Baqqai ließ ein Rechtsgutachten, eine sogenannte Fatwa über Barth erstellen, welche Barth friedliche Absichten bescheinigte und ihn unter den persönlichen Schutz al-Baqqais stellte. Für Barth bedeutete diese enge persönliche Beziehung zum religiösen Oberhaupt der Stadt nicht nur Schutz, sondern auch die Möglichkeit historische Dokumente der Stadtgeschichte einsehen und studieren zu können. Dennoch hinderte die Fatwa nichts an der zuweilen desaströsen Sicherheitslage, da die lokalen Herrscher, die Fulbe, seine Ausweisung aus der Stadt verlangten und der Schutz für das Leben von Barth nur durch Angehörige der Tuareg gewährleistet werden konnte, die den Scheich al-Baqqai als ihr Oberhaupt anerkannten. Zu Beginn des Jahres 1854 entschied sich Barth endgültig Timbuktu zu verlassen und weiter nach Osten zu reisen.[219] Westlich des Tschadsees traf er schließlich am 01.12.1854 in der Nähe des Dorfes Bundi auf Eduard Vogel. Nach einer kurzen Unterredung entschieden sich beide Männer nicht gemeinsam zu reisen, da ihnen unterschiedliche Reiserouten sicherer erschienen.

Vogel brach nun nach Zinder im heutigen Niger auf. Am 29.12.1854 trafen beide Forscher erneut aufeinander und verbrachten einige Zeit bis zum 20.1.1855 gemeinsam in Kukawa. Nachdem Vogel am 30.4.1855 als einer der ersten Europäer den Benue überquerte, verblieb er einige Zeit in diesem, für die europäischen Zeitgenossen mehrheitlich unbekanntem Gebiet und kehrte Ende September wieder nach Kukawa zurück. Sein nächstes Ziel sollte die Region Wadai sein, allerdings riss der briefliche Kontakt von Petermann, Barth u. a. an Vogel zum Jahresende 1855 ab. Man geht heute davon aus, dass er tatsächlich die Hauptstadt des Sultanats Wadai erreichte, jedoch im Frühjahr 1856 dort auf Befehl des Sultans ermordet wurde.[220] Ein Großteil seiner Forschungsergebnisse ging auf dem Weg nach Europa verloren oder verblieb in der Region Wadai, sodass nur wenige Briefe und persönliche sowie wissenschaftliche Dokumente über die Reisen Eduard Vogels erhalten sind.

Das Schicksal Eduard Vogels und das ungewisse Ende seiner Reise nach Afrika sollten August Petermann sowie Heinrich Barth noch lange beschäftigen. Aus der Melange eines eventuell vorhandenen Schuldbewusstseins bzgl. des Verschwindens Eduard Vogels und der Idee, eine erneute Forschungsexpedition nach Afrika zu organisieren er-

219 Zum Aufenthalt Barths in Timbuktu, besonders zur Bedeutung der erwähnten Fatwa siehe: Boahen, Albert Adu. *Britain, the Sahara and the Western Sudan.* Oxford, 1964, 194–251 f.
220 Ebd., 8, 10 f. und 25.

wuchs die Begeisterung eine ebensolche Unternehmung zu starten. Die Bemühungen und die Durchführung der später als *Expedition nach Inner-Afrika* bekannt gewordenen Reise um Theodor von Heuglin soll nun auf den folgenden Seiten skizziert werden.[221]

2.4.3 Vorbereitungen, Spenden und Ablauf

Um die Bedeutung einer Expedition in die Region des Tschadsees und Wadai zu verstehen, sollte man zunächst einen Blick auf die Rolle Nord- und Mittelafrikas für die Europäer, besonders für die Briten, werfen. Denn aus wirtschaftlicher und kolonialpolitischer Hinsicht wurde Afrika ab der Mitte des 19. Jahrhunderts zunehmend für Europäer interessanter.

Die Briten waren es, die so z. B. in den 1850er Jahren verstärkt in Westafrika mit Palmöl handelten und diesen Handel bis zur Mitte der 1860er Jahre weiter intensivierten.[222] Aber auch langjährige Handelsrouten im Transsahara-Handel spielten aus ökonomischer und politischer Hinsicht eine zunehmende Rolle. Ein eindrucksvolles Beispiel für den innerafrikanischen Warenverkehr wurde durch Paul E. Lovejoy für den Sklaven-[223] und für den Elfenbeinhandel ab der Mitte des 19. Jahrhunderts von Marion Johnson untersucht.[224] Diese Forschungen litten allerdings unter massiven Quellenproblemen, da sie häufig nur Schilderungen von Reisenden, wie eben Eduard Vogel, ihrer Arbeit zu Grunde legten und die Quellenlage den Blick auf die indigenen Einwohner der dargestellten Räume kaum zuließ. Nichtsdestotrotz zeigt sich durch die vorhandenen Zahlen, bei aller Kritik an ihrem Unvermögen genauer und akzentuierter den Handel zwischen Afrikanern und Europäern genuin aus Sicht der Afrikaner zu beschreiben, doch die Bedeutung der Region für Kolonialpolitiker, Händler und Entdecker. Hinzu kommt eine spezielle Entwicklung in der Geografie jener Jahre, die dadurch gekennzeichnet gewesen war, allmählich alle leeren Flecken auf der Weltkarte mit Inhalten zu füllen. In Deutschland mischte sich dieser Wunsch mit der Idee eine nationale, bewusst als deutsch titulierte Afrikaforschung zu betreiben. Hierbei ging es den meisten Geografen, Kartografen oder anderen Naturwissenschaftlern zunächst weniger um die Eroberung Afrikas, als vielmehr um den unbedingten Willen eine wahre Erkenntnis über bislang unbekannte Gebiete zu erlangen. Theodor von Heuglin war

---

221 Vgl.: Petermanns Geographische Mitteilungen (1860), 358–362.

222 Lynn Martin, *From Sail to Steam: The Impact of the Steamship Services on the British Palm Oil Trade with West Africa, 1850–1890*, in: The Journal of African History (30), Nr. 2, 1989, 233.

223 Vgl.: Paul E. Lovejoy, *Commercial Sectores in the Economy of the Nineteenth-Century Central Sudan: The Trans-Saharan Trade and the Desert-Side Salt Trade*, in: African Economic History (13), 1984, 85–116.

224 Vgl.: Marion Johnson, *By Ship or by Camel: The Struggle for the Cameroons Ivory Trade in the Nineteenth Century*, in: The Journal of African History (19), Nr. 4, 1978,, 539–549.

solch ein Forscher, wie Robert Joost Willink in seinem Werk *The Fateful Journey* treffend beschrieb.[225]

Heuglin, 1824 in Hirschlanden bei Ditzingen in Württemberg geboren, ließ sich zunächst am Polytechnikum in Stuttgart und Königsbronn im Bergbau ausbilden, bevor er von 1846 bis 1848 in der Fürstenbergischen Amalienhütte tätig war. Im Jahr 1850 reiste er nach Wien und unternahm von dort ausgehend seine erste Afrikareise nach Ägypten, um mit Alfred Brehm zur Sinai-Halbinsel und nach Nubien zu reisen. Von 1852 bis 1853 unternahm er im Auftrag des österreichischen Konsulats in Khartum eine erste Reise nach Abessinien und wurde nach dem Tod des österreichischen Konsuls Konstantin Reitz als dessen Nachfolger ernannt. Nachdem er 1855 kurz wieder nach Wien zurückkehrte, bereiste er zwischen 1857 und 1858 im Auftrag des Erzherzogs Ferdinand von Österreich die Westküste des Roten Meeres. Nach der Afrikaexpedition von 1861 bis 1864 wohnte er bis 1870 in Württemberg, um sowohl seine Sammlungen zu ordnen, als auch seinen Dienst als inzwischen geadelter Hofrat wahrnehmen zu können. Zwischen 1870 und 1871 erforschte er schließlich das Nordpolarmeer, besuchte Spitzbergen und die Insel Nowaja Semlja und begab sich 1875 noch einmal an die Westküste des Roten Meeres, bevor er 1876 in Stuttgart starb.[226]

Der reiche Erfahrungsschatz der Region und ihrer Ethnien sowie seine Kenntnis des Arabischen machten ihn aus Sicht Petermanns und Barths zu einem idealen Anführer der Expedition nach Ostafrika. Die innere Unruhe Heuglins, die sich daraus ergab, nun endlich wieder unbekannte Gebiete bereisen zu wollen, wird in einem Brief an August Petermann vom 16.8.1859 deutlich, als er Petermann anfragte, ob nicht eine mögliche Expedition nach Japan kurz vor ihrem Aufbruch stünde:

> Ist Ihnen nichts Näheres über die projectirte Expedition Seite Preußens und des Zollvereins nach Japan bekannt: ich hätte unter Umständen Lust sie als Zoologe mit zu machen u. an wen müßte ich mich im Fall wenden? Zugleich könnte ich ohne Anstände alle physikal. u. astronom. Beobachtungen machen. […] Sie würden mich sehr verbinden, wenn Sie die Güte hätten, mir nähere Daten zu geben, namentlich über die Zeit der Reise u. Aufenthalt in Japan selbst.[227]

Bald darauf sollte allerdings Afrika wieder verstärkt in seinem und Petermanns Interesse liegen. Vermutlich hatte Petermann mit Heinrich Barth und in letzter Absprache auch mit Heuglin die Idee eine Expedition nach Afrika bzgl. der Suche nach Eduard Vogel und der Erforschung des Sultanats Wadai auszurüsten. Konnte man so doch wissenschaftliche Forschung mit einem hohen moralischen Ziel recht einfach verbinden. Auf der anderen Seiten schien die Möglichkeit eine eigene Expedition, unabhängig von

---

225 Robert Joost Willink, *The Fateful Journey. The Expedition of Alexine Tinne and Theodor von Heuglin in Sudan 1863–1864*, Amsterdam, 2011, 24.

226 Ernst Schütz, *Heuglin, Theodor von*, in: Neue Deutsche Biographie 9, 42, 1972 [Online-Version]; URL: https://www.deutsche-biographie.de/pnd116782226.html#ndbcontent (zuletzt abgerufen am 29.04.2020).

227 Brief von Theodor von Heuglin an August Petermann vom 16.8.1859, in: Forschungsbibliothek Erfurt/Gotha, Nachlass Theodor von Heuglin, SPA ARCH PGM 62/1, 66–67.

den Briten, in Afrika durchzuführen wohl zu verlockend.[228] Dennoch äußerte sich Heuglin kritisch über eine evtl. Ausrüstung einer Reise nach Ostafrika. So schrieb er am 29.5.1860 an Petermann: „Was halten Sie von dem Unternehmen zur Verfolgung der Route Vogels, ich meinerseits glaube nicht an zu große Begeisterung Seitens des deutschen Michels.“[229]

Kurz darauf sollten die Vorbereitungen für ein solches „Unternehmen“ allerdings konkreter werden. Heuglin muss auch mit Heinrich Barth in dieser Zeit in brieflichem Kontakt gestanden haben, wie ein Brief von Heuglin an Petermann vom 7.8.1860 beweist.[230] Heuglin beschreibt darin, dass es noch 1860 möglich wäre, eine Expedition auszurüsten und nach Afrika aufzubrechen. Er benötige nur eine klare Zusage für die eventuelle Vorbereitung. Diese sollte er auch bald bekommen, da sich vermutlich Ende August bzw. Anfang September 1860 ein Komitee zur Durchführung der Expedition bildete. Der Entschluss zu einer Expedition zur Rettung Vogels muss allerdings bereits im Frühjahr 1860 gefallen sein, wie ein Brief Heuglins an Petermann vom 25.3.1860 beweist:

> Gestern erhielt ich noch Ihre gütige Rekommendation [...] betreffs meines Entschlußes an die Expedition zur Aufklärung des Schicksal Vogels. Ich konnte Ule nicht unbedingt zusagen, dies kann erst in einigen Wochen entschieden werden, sobald ich endlich mit der österr. Regierung in's Reine gekommen bin, was demnächst geschehen wird, da Erzherzog Ferdinand Max dieser Tage in Triest eintreffen wird, u. von ihm vorzüglich Alles abhängt.[231]

Die Unterstützung durch Monarchen oder anderer Regierungen bildete einen Grundpfeiler in der Finanzierung der Expedition. So entfielen auf die Gesamtsumme aller Spenden von 21.761 preuß. Talern über 36 % auf Spenden von regierenden Monarchen oder anderer Regierungen.[232] Die Spendenhöhe belief sich dabei im Durchschnitt auf ca. 218 Taler pro Monarch bzw. Regierung, bei einem Median der 36 eingegangen Spenden dieser Gruppe in Höhe von 100 Talern. Wie die folgende Abbildung II. 12 gut zeigt, variieren die Spendensummen allerdings ganz massiv von 20 Talern bis über 1330 Taler. Die Schweizer Bundesregierung sollte mit 1333 Talern als bedeutsamster konstitu-

228 Zur Beziehung August Petermanns zu Großbritannien siehe: Philipp Felsch, *Wie August Petermann den Nordpol erfand*, München, 2010.
229 Brief von Theodor von Heuglin an August Petermann vom 29.5.1860, in: Forschungsbibliothek Erfurt/Gotha, Nachlass Theodor von Heuglin, SPA ARCH PGM 62/1, 85.
230 Brief von Theodor von Heuglin an August Petermann vom 07.8.1860, in: Forschungsbibliothek Erfurt/Gotha, Nachlass Theodor von Heuglin, SPA ARCH PGM 62/1, 92.
231 Brief von Theodor von Heuglin an August Petermann vom 25.3.1860, in: Forschungsbibliothek Erfurt/Gotha, Nachlass Theodor von Heuglin, SPA ARCH PGM 62/1, 80.
232 Siehe Quittungen über gezeichnete Beiträge für Th. Heuglins Expedition nach Inner-Afrika 1–9, in: Forschungsbibliothek Erfurt/Gotha, Nachlass Theodor von Heuglin, SPA ARCH PGM 62/5, 993, 994, 997, 999, 1006, 1009, 1012, 1013 und Quittungen über gezeichnete Beiträge für Th. Heuglins Expedition nach Inner-Afrika 10–11, in: SPB 4°4010.56 sowie Quittungen über gezeichnete Beiträge für Th. Heuglins Expedition nach Inner-Afrika 12, in: Forschungsbibliothek Erfurt/Gotha, Nachlass Theodor von Heuglin, SPA ARCH PGM 62/14, 2385.

tioneller Spender die Gruppe weit anführen.[233] Diese Besonderheit ist mit großer Wahrscheinlichkeit der Tatsache geschuldet gewesen, dass einer der Teilnehmer der Expedition der 1832 in Olten geborene Werner Munzinger war, der wiederum vor 1860 durch seine Expeditionen im Dienste eines französischen Handelshauses in Ostafrika die Aufmerksamkeit der Schweizer Regierung erlangte und das Gebiet sehr genau in seinem Werk *Ueber die Sitten und das Recht der Bogos* im Jahre 1859 beschrieb.[234]

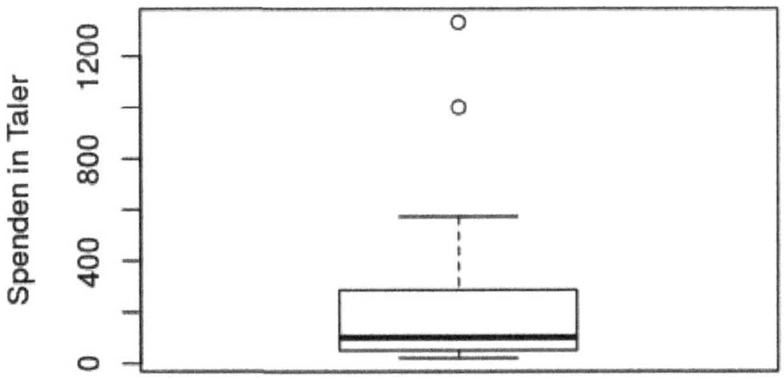

Abb. II. 12: Boxplot-Diagramm der Spenden von Monarchen und Regierungen für die Expedition Theodor Heuglins nach Afrika 1860–1863. (Eigene Darstellung)[235]

Aufgrund dieser großen Unterstützung muss sich Munzinger auch verpflichtet gefühlt haben nicht nur in seinem Namen, sondern ebenso im Interesse der Schweiz an der Expedition teilzunehmen. Er verfasste einen Artikel mit dem Titel *Werner Munzinger's Bericht über seine u-. Th. Kinzelbach's Reise nach El Obed, 1862* welcher 1863 in *Petermanns Geographischen Mitteilungen* veröffentlicht wurde und deutlich Bezug auf die projektierte nationale Bedeutung der Expedition nach Afrika nahm. In diesem Text heißt es:

> Ich glaube nämlich, dass die Erforschung fremder Welttheile unserem Interesse nicht so fern stehe, wie man es bei der Binnenlage zuerst meinen könnte. Ich möchte wünschen, [...], dass noch mancher Schweizer in seinem Namen und im Namen der Wissenschaft es seinem Vaterlande danken muss, wenn er neue Länder zu entdecken das Glück hat oder in alten Ländern neue Menschen. Vielleicht wird er dem Vaterlande die Schuld zurückbezahlen können, indem er ihm neue Handelswege eröffnet. [...] Wir sind kein seefahrendes Volk, aber ein seehandelndes Volk; wenn wir doch vom Meer abgeschlossen sind, haben wir doch unser gutes Theil an dem überseeischen Handel.[236]

233 Siehe: Sechste Quittung über Belege für Th. v. Heuglin's Expedition nach Inner-Afrika, in: Forschungsbibliothek Erfurt/Gotha, Nachlass Theodor von Heuglin, SPA ARCH PGM 62/5, 997.

234 Vgl.: Werner Munzinger, *Ueber die Sitten und das Recht der Bogos. Mit einer Karte der nördlichen Grenzländer Abyssiniens und einem Vorwort von J. M. Ziegler*, Winterthur, 1859.

235 Gut erkennbar ist in diesem Zusammenhang der große Abstand zwischen einzelnen Spenden. Diese Grafik zeigt, dass der Median der Verteilung bei 100 Talern lag sowie 75 % der Spenden in einem Korridor zwischen 50 und ca. 285 Talern verortet werden können.

236 Werner Munzinger, *Werner Munzinger's Bericht über seine u-. Th. Kinzelbach's Reise nach El Obed, 1862*, in: Petermanns Geographischen Mitteilungen (1863), 183.

Der Dreiklang aus wissenschaftlicher Neugierde, nationalem Pathos und ökonomischen Interessen diente als Rechtfertigung für die Spendensammlung und als Blaupause für in diesem Zusammenhang veröffentliche Schriftstücke. So finden sich ähnliche Argumentationsmuster zur Rechtfertigung und Begründung der Reisen nach Afrika auch bei Theodor von Heuglin, als er in seinem 1857 bei Justus Perthes in Gotha erschienenen Werk *Reisen in Nord-Ost-Afrika. Tagebuch einer Reise von Chartum nach Abyssienien, mit besonderer Rücksicht auf Zoologie und Geographie* schrieb:

> Schon seit Errichtung eines k. k. österreichischen Konsulats in Ost-Sudan hatte dessen erster Vorstand, Dr. Reitz, sich bemüht, Verbindungen mit den Nachbarländern, Darfur, Abyssinien etc., anzuknüpfen, die nicht nur für die Ausbreitung unseres Handels, sondern auch für die Erweiterung unserer Kenntnisse in Geographie, Naturgeschichte etc. noch glänzende Resultate erwarten lassen.[237]

Die Gründe für Heuglin, Petermann, Barth oder Munzinger an der Durchführung einer Expedition nach Afrika zwecks der Suche nach Eduard Vogel festzuhalten, mussten sich also nicht zwangsläufig von denen der Geldgeber unterscheiden.

Als Präsident des Komitees wurde Herzog Ernst II. von Sachsen-Coburg und Gotha, als Schatzmeister Adolf Müller und Rudolf Besser in ihrer Funktion als die Geschäftsführer des Justus Perthes Verlages und als Sekretär August Petermann bestimmt. Weitere Mitglieder im 22-köpfigen Vorstand waren neben Heinrich Barth und Freiherrn von Cotta auch der Schriftsteller Gustav Freytag, ein Vertreter der Familie Rothschild aus Frankfurt am Main, der Sachsen-Coburg und Gothaische Staatsminister Camillo Freiherr von Seebach und der Berliner Verleger Heinrich Kiepert.[238] Somit waren Akademiker, Staatsbeamte, Schriftsteller, Bankiers und Verleger unter den Mitgliedern des Komitees vertreten, wobei im weiteren Verlauf der Expedition die ersteren zunehmend dominant in den Direktiven an die Expeditionsteilnehmer agieren sollten. Gleichzeitig spielte gerade im Zusammenhang mit der Präsidentschaft Ernst II. die Idee einer explizit als deutsch empfundenen Expedition nach Afrika eine große Rolle, da der Herzog während seiner Regentschaft die Vorstellung der Bildung eines deutschen Nationalstaates nie aufgegeben hatte. Ferner galt er sogar als der lauteste Befürworter dieser Idee innerhalb der Gruppe der deutschen Bundesfürsten in der zweiten Hälfte des 19. Jahrhunderts.[239]

Somit kann seine Ernennung als Präsident des Expeditionskomitees natürlich auch als werbestrategisches Mittel betrachtet werden, dessen Wirkung sich noch deutlicher durch einen bei Justus Perthes am 10.8.1860 veröffentlichten Aufruf verstärkte. Hier hatte vermutlich Petermann als Autor den Versuch unternommen, die Öffentlich-

---

237 Theodor von Heuglin, *Reisen in Nord-Ost-Afrika. Tagebuch einer Reise von Chartum nach Abyssienien mit besonderer Rücksicht auf Zoologie und Geographie,* Gotha, 1857, 3.

238 Vgl.: o. A., *Th. v. Heuglin's Expedition nach Inner-Afrika, zur Aufhellung der Schicksale Dr. Eduard Vogel's und zur Vollendung seines Forschungswerkes,* in: Forschungsbibliothek Erfurt/Gotha, SPB 4° 4010.56, 19.

239 Vgl.: Friedrich Knorr, *Ernst II.*, in: Neue Deutsche Biographie 4, 1959, 621 f.

keit mit Argumenten der nationalen Ehre, des Mitgefühls für Eduard Vogel und der wirtschaftlichen Vorteile einer solchen Expedition für die Vermehrung des Wissens über den afrikanischen Kontinent zu überzeugen. Zu Beginn der *Anregungen zu Th. v. Heuglin's Expedition* wird dem Leser offenbart, dass „mit warmer Theilnahme [...] die Deutschen das Schicksal Dr. Eduard Vogel's beklagt [haben], des jugendlichen Reisenden, welcher im Dienste der Wissenschaft fern im unbekannten Innern Afrika's verscholl. [...]". Außerdem würden „Wissenschaft und deutsche Ehre fordern, seine werthvollen Aufzeichnungen – wo möglich – zu retten, und jedenfalls das grosse Unternehmen, [...], zu Ende zu führen."[240]

Im Verlauf der „Anregungen" wird dem Leser Theodor von Heuglin als ein verlässlicher und kompetenter Anführer präsentiert sowie das Leben und die Reise Eduard Vogels kurz skizziert. Dabei fällt jedoch auf, dass der Text die Möglichkeit des Auffindens von Vogel als nicht unwahrscheinlich darstellt, denn „es ist allerdings nicht das erste Mal, dass Reisende mehrere Jahre verschollen waren und dennoch wieder auftauchten: Dr. Barth wurde zwei Jahre für todt gehalten, [...] A. v. Humboldt's Begleiter musste eine Gefangenschaft von 8 Jahren erleiden, [...]. Wenn man indess auch als ganz bestimmt annimmt, dass Vogel nicht mehr am Leben sei, so ist doch über seine Schicksale vom Januar 1856 bis zu seinem muthmasslichen Tode gar nichts Sicheres bekannt."[241]

Hinsichtlich der medialen Präsentation von Spendenaufrufen gab es in den vergangenen Jahren zahlreiche Forschungen. So konnten Philip H. Brown und Jessica H. Minty im Jahr 2008 in ihrem Aufsatz *Media Coverage and Charitable Giving after the 2004 Tsunami* recht eindrucksvoll aufzeigen, dass es einen positiven linearen Zusammenhang zwischen der Bereitschaft eine Spende für ein moralisch und ethisch als wertvoll zu erachtendes Ziel zu entrichten und der Häufigkeit des Aufrufes für eine solche Spende in unterschiedlichen Medien gibt.[242]

Deborah A. Small und Nicole M. Verrochi wiesen im Jahr 2009 in ihrem Artikel *The Face of Need: Facial Emotion Expression on Charity Advertisements* zusätzlich darauf hin, dass nicht nur die Häufigkeit des Spendenaufrufes und die Spendenbereitschaft positiv korreliert sind, sondern auch, dass die Art und Weise eines solchen Aufrufes eine entscheidende Rolle bzgl. der Bereitschaft zur Spende und der Spendenhöhe spielt.[243] Die Resultate der Studie offenbaren, dass aus Werbung für Spenden, die zu Empathie beim Empfänger aufruft, messbar eine höhere Spendenbereitschaft resultiert. Dabei wird allerdings das Gegenteil erzeugt, sollte die Lage als zu aussichtslos dargestellt und die Empfänger der Spenden als wenig glaubwürdig bzw. zu verletzlich

---

240 o. A., *Th. v. Heuglin's Expedition nach Inner-Afrika*, in: Forschungsbibliothek Erfurt/Gotha, SPB 4° 4010.56, 19/3.

241 Ebd., 5 f.

242 Philip H. Brown und Jessica H. Minty, *Media Coverage and Charitable Giving after the 2004 Tsunami*, in: Southern Economic Journal (75), Nr. 1, 2008, 9–25.

243 Deborah A. Small und Nicole M. Verrochi, *The Face of Need: Facial Emotion Expression on Charity Advertisements*, in: Journal of Marketing Research (46), Nr. 6, 2009, 777–787.

erachtet werden. Obwohl diese Studien mit zeitgenössischen Datensätzen durchgeführt wurden, zeigen sich doch ähnliche Erkenntnismuster in der Spendensammlung zur Expedition Theodor von Heuglins nach Afrika. Zum einen das Bild Eduard Vogels als unbekümmerten Forscher in der Wildnis Afrikas, dessen Schicksal aus Mitgefühl geklärt werden muss und zugleich dessen Forschungen als so unentbehrlich dargestellt werden, dass eine Rettung dieser gleichzeitig höchste Priorität haben sollte. Das andere Erzählmuster des Spendenausrufes bildet dann die Reminiszenz an eine projektierte deutsche Nation, deren Existenz doch dadurch bewiesen werden könne, wenn man nur in der Lage wäre aus allen Regionen Deutschlands die finanziellen Mittel aufzutreiben, um eine solche Expedition, die dann auch mit dem Adjektiv „deutsch" im Titel versehen werden solle zu ermöglichen. Zu guter Letzt eröffnet man dem Leser die Einrichtung eines Komitees, welches die Expedition überwachen und organisieren soll. Damit wird gleichzeitig versucht ein Gefühl von Sicherheit und Rechtmäßigkeit der Spenden für ein solches Unternehmen zu erzeugen. Insofern kann davon ausgegangen werden, dass die Formulierung und die Bekanntmachung der Expeditionsidee an die interessierte Öffentlichkeit nach einem vorher genau überlegten und gezielten Muster erfolgt sein muss.

Durch die Aufstellung eines Komitees und die vertragliche Regelung aller Aufgaben und Funktionen der Expedition wurde also nicht nur nach außen, sondern auch nach innen Sicherheit und Vertrauen erzeugt. August Petermann und die anderen Mitglieder des Komitees wollten sich mit dem Expeditionsvertrag vom 15.12.1860 somit nicht nur gegen zahlreiche Gefahren und Eventualitäten absichern, denn es darf auch nicht vergessen werden, dass eine Expeditionsreise nach Afrika während der Mitte des 19. Jahrhunderts mit zahlreichen Risiken verbunden war. Dem Publikum sollte zudem zusätzlich die Seriosiät des Unternehmens garantiert werden. Hierzu wurden in einem 15 Paragraphen umfassenden Vertrag unteranderem die Mitglieder der Expedition benannt: Theodor von Heuglin als deren Leiter sowie der 1832 geborene Hermann Steudner, außerdem der 38-jährige Gottlob Theodor Kinzelbach und der bereits erwähnte Werner Munzinger.[244] Ferner kamen im Verlauf der Expedition der 37-jährige Martin Ludwig Hansal und der auf eigene Kosten angereiste Hermann Schubert hinzu. Des weiteren wurden zunächst für die gesamte Expedition 15.000 preuß. Taler gewährt, sodass eine Erhöhung des Etats nur bei weiteren Sammlungen genehmigt werden könne. Diese Summe sollte sich allerdings im Verlauf der Expedition als zu gering erweisen. Die Reiseroute wurde ebenso penibel festgelegt: Zunächst sollte Heuglin nach Konstantinopel abreisen und im Januar 1861 in Kairo Kinzelbach und Steudner treffen. Dort sei Heuglin dann verpflichtet, eine Inventarliste mit allen Ausrüstungsgegenständen an das Komitee zu versenden, sodass diese über Kosten und Material der Expedition ständig informiert wären. Von Kairo sollte es dann nach Suez und mit einem noch zu organisierenden Dampfschiff weiter nach Sawakin bzw. Massaua am Roten Meer gehen,

244 Vertrag der Heuglin-Expedition vom 15.12.1860, in: Forschungsbibliothek Erfurt/Gotha, SPB 4° 4010.56, 20.

um von dort auf dem Landweg nach Khartum zu gelangen. Die dann zu erwartende Regenzeit sollte im südlicher gelegenen Abessinien verbracht werden, um danach von Khartum aus in das Sultanat Wadai vorzudringen und nach Eduard Vogel zu suchen, seine Aufzeichnungen lokalisieren und das Gebiet zwischen dem Nil und dem Tschadsee vermessen sowie wissenschaftlich zu beschreiben. Neben der Verpflichtung, regelmäßig Berichte an das Komitee nach Gotha zu schicken, verbliebe das „literarische Eigenthumsrecht" zur weiteren Verwertung und Publikation der eigenen, persönlichen Aufzeichnungen bei jedem Teilnehmer der Expedition und soll nicht an einen bestimmten Verlag oder das Komitee übergehen.[245]

2.4.4 Organisation

Der Aufbau des Komitees, die Struktur des Expeditionsvertrages sowie dessen Inhalt weisen nicht nur auf eine präzise Organisation des Unternehmens hin, sondern erinnern in der Art und Weise ihrer Präsenz an den Aufbau einer modernen Nichtregierungsorganisation, kurz NGO genannt. Moderne NGOs sind vor allem dadurch gekennzeichnet, dass sie als private verwaltete Organisationen in erster Linie durch zivilgesellschaftliches und nicht durch staatliche Initiativen zustande gekommen sind.[246] In ihrem Handeln verfolgen sie primär immaterielle Ziele. Somit sind NGOs keine profitorientierten Organisationen. Das in erster Linie durch Spendensammlungen eingenommene Kapital dient ausschließlich zur Erfüllung der selbst gewählten Ziele und darf daher nicht als Gewinn an die Angehörigen der Organisation anteilig ausgeschüttet werden.

Im Unterschied zu anderen Non-Profit Organisationen, wie z. B. politischen Parteien, betreiben NGOs keine unmittelbare Klientelpolitik für eine bestimmte Bevölkerungsgruppe, sondern arbeiten ausschließlich für das Allgemeinwohl, erkennen dabei gesetzliche Regelungen an und agieren gewaltfrei. Dabei ist es allerdings nicht selten, dass auch Fachleute als fest angestellte Mitarbeiter oder bezahlte Berater für die Erfüllung der Ziele der Organisation tätig werden und mit ihrem eingebrachten fachlichen Know-how die Arbeit weitgehend professionalisieren.[247]

Interessenkonflikte lassen sich jedoch auch in der Arbeit von NGOs nicht immer vermeiden, vor allem dann nicht, wenn staatliche Gelder oder Spenden von Akteuren mit konkreten werbewirksamen Absichten eingenommen werden. NGOs sind zwar an keine Weisungen ihrer Spender gebunden, können aber dazu neigen besonders wohlwollend auf die Forderungen der Geldgeber in ihrer Arbeit und innerhalb der eigenen

---

245 Vgl.: § 13 des Expeditionsvertrages vom 15.12.1860, in: Forschungsbibliothek Erfurt/Gotha, SPB 4° 4010.56, 20.

246 Christiane Frantz und Kerstin Martens, *Nichtregierungsorganisationen (NGOs)*, 1. Auflage, Wiesbaden, 2006, 24.

247 Ebd., 26.

Kommunikation einzugehen. Denn gerade die mediale Resonanz der eigenen Arbeit ist essentiell für das Erreichen der Ziele einer NGO.[248]

Um dies zu gewährleisten spielt nicht nur Vertrauen der Zivilgesellschaft in die Arbeit einer NGO eine entscheidende Rolle, sondern auch die erwähnte Professionalisierung der gesamten Organisationsstruktur. Deshalb verfügen NGOs über ein Mindestmaß an Organisation, was sich durch die Festlegung eines Hauptsitzes, einem festen Mitarbeiterstab und einer offiziell verankerten Satzung ausdrückt, die die Ziele und die Arbeitsmethodiken der Organisation festschreibt.[249]

Diese genannten Eigenschaften lassen sich auch in ähnlicher Weise für die Expedition Theodor von Heuglins nach Afrika nachweisen. So bildete das Komitee gewissermaßen den Vorstand, dessen Weisungsbefugnis auf die Ebene der Expeditionsteilnehmer ausgeweitet wurde. Dass dies natürlich zu Spannungen zwischen beiden Ebenen führen konnte, werde ich an einer späteren Stelle noch genauer darlegen. Das Komitee betrachtete sich außerdem in seiner Gesamtheit nicht für etwaige Verfehlungen der Expeditionsteilnehmer verantwortlich. Gleichzeitig bestand das gesamte Vermögen der Expedition von über 20.000 Talern nicht aus dem Vermögen der Mitglieder des Komitees, sondern wurde vor allem durch Spenden staatlicher und privater Geldgeber generiert. Die Spender erhielten nun die Sicherheit, auch mit Namen, Wohnort und Spendensumme in *Petermanns Geographischen Mitteilungen* öffentlich genannt zu werden.

Jene Listen wurden dann in zwölf Quittungen zwischen 1860 und 1863 vom Justus Perthes Verlag veröffentlicht. Insofern konnte das Komitee durch die Benennung der Spender und des Zwischenstandes der Spendensammlung jeden kurzfristigen Erfolg der Sammlung öffentlich kommunizieren, was in der jeweiligen Situation zum einen die Zuversicht der Mitglieder des Komitees stärkte und zum anderen noch unentschlossenen Spendern unmissverständlich aufzeigte, dass jeder Einzelspender einen wertvollen Beitrag zur Genese des gemeinsamen Ziels leisten kann.[250] Da außerdem auch prominente Mitglieder des Komitees zu den Spendern zählten, wie die Geschäftsführer des Justus Perthes Verlags oder die Regierungsmitglieder des Herzogtums Sachsen-Coburg und Gotha, erfüllte das Komitee eine der wichtigsten Aufgaben in der erfolgreichen Vermittlung des Spendenaufrufes, nämlich dem Aufbau von Authentizität durch Glaubwürdigkeit.[251]

Und dies war für eine Spendensammlung für die Ausrüstung einer Expeditionsreise auch nötig. Zum einen waren Forschungsreisen kein neues Phänomen des 19. Jahrhunderts und zum anderen bedurfte es einer gut vermittelten Begründung, warum die

248 Daniel Schwenger, *Organisation internationaler Nichtregierungsorganisationen. Aufbau und Koordination von NGOs im System der Vereinten Nationen*, Wiesbaden, 2013, 71.

249 Christiane Frantz und Kerstin Martens, *Nichtregierungsorganisationen (NGOs)* [wie Anm. 246], 29.

250 Michael J. Worth, *Fundraising. Principles and Practice*, Los Angeles u. a., 2016., 129.

251 Ebd., 132.

geplante Reise nicht nur nötig, sondern auch neue wissenschaftliche Erkenntnisse über die zu bereisende Region liefern könne.

Bereits Jahrhunderte zuvor unternahmen ernannte oder selbsternannte Entdecker Fahrten in Gebiete, welche auf zeitgenössischen Karten in der Regel nicht verzeichnet waren und sich deshalb wissenshistorisch selbst legitimierten.[252] Doch im 19. Jahrhundert änderte sich nicht nur die Kartografie nachhaltig, sondern auch die Art und Weise des Reisens. Zunehmend traten private Akteure als Reisende und Entdecker in den Mittelpunkt, die wiederum durch eigene finanzielle Möglichkeiten oder unterschiedliche Verpflichtungen die Reise, ihre Organisation und Durchführung anders als die Entdecker zuvor begriffen.[253] Dieser Wandel mochte zusammen mit der Brisanz der immensen Kosten einer Expedition nach Afrika in den 1860er Jahren die Notwendigkeit ergeben haben, eine derart genaue und ökonomisierte Organisation einzuführen. Forschungen zu zeitgenössischen NGOs zeigen nämlich ein ähnliches Bild. Nicht die Spendensammlung an sich erfüllte die Ziele der Organisation, sondern die zielgerichtete Verwendung der eingenommenen Mittel führte im Anschluss zum Erfolg. Doch dafür war die bereits erwähnte professionelle Organisationsstruktur der NGO zwingend erforderlich.

Im Fall der Expedition versuchte August Petermann mit Heuglin ebenfalls über die Höhe der tatsächlich benötigten Mindestsumme an Kapital zu verhandeln. Petermann hielt in einem Brief vom 22.9.1860 an Heuglin fest, dass „je umfangreicher jedoch die Expedition sein kann, desto besser und desto lieber würde es auch dem Comité sein. Der Umfang wird von den zusammen kommenden Mitteln abhängen, da man aber noch ganz im Ungewissen sein muß, wie hoch sich die zusammenkommende Summe belaufen wird, und da andererseits die Zeit für die Abreise drängt, so scheint dem Comité am [praktischsten] die Ausrüstung der Expedition vorläufig auf ein möglichst Mind.Maaß zu beschränken. Bei einem Kostenanschlag der Expedition wie Sie ursprünglich vorbereitet, hatten Sie selbst eine Summe von 4.000 Thaler als Minimum und 8.000 Thaler als Maximum angegeben."[254]

Für Heuglin schien es dennoch unmöglich zu sein, eine genaue Summe zu nennen, die zwingend für die Durchführung der Expedition nötig sei. In der Antwort auf Petermanns Brief vom 22.9.1860 schrieb Heuglin am 26. September, dass eine Expedition dieses Umfanges und der geplanten Länge wohl mindestens 6.600 preuß. Taler kosten

252 Vgl.: Ute Schneider, *Die Macht der Karten. Eine Geschichte der Kartographie vom Mittelalter bis heute*, 4. Auflage, Darmstadt, 2018.

253 Zur Geschichte des privaten Reisens bzw. der Reisehandbücher siehe: Rudy Koshaer, *„What Ought to Be Seen": Tourists Guidebooks and National Identities in Modern Germany and Europe*, in: Journal of Contemporary History (33), Nr. 3, 1998, 323–340.

254 Brief von August Petermann an Theodor von Heuglin vom 22.9.1860, in: Forschungsbibliothek Erfurt/Gotha, Nachlass Theodor von Heuglin, SPA ARCH PGM 62/1, 104–105.

würde.[255] Er teilte die Ausgaben in sieben Gruppen auf und benannte für jede der Gruppen die erforderliche Summe:

Tab. II. 1: Von Theodor von Heuglin am 26.9.1860 aufgestellter Kostenvoranschlag zur Finanzierung der Expedition nach Ostafrika zur Suche nach Eduard Vogel. (Eigene Darstellung)

1. Ausrüstung: für Geschenke, Bücher, einige Instrumente, einige neue Waffen, Glasperlen, Munition, etc.	Minimum 800 Thaler
2. Reise von *2 europ. Mitgliedern* von Deutschland nach Alexandria neben deren vollständ. Equipirung auf 3 Jahre	600
3. Reise nach Chartum mit (3–4) Eingeborenen Dienern u. einem in Egypten zu engagirenden Europäer [...]	1.000
4. Für i. Monat Aufenthalt in Egypten (Cairo u. Alexandria) [...]	500
5. Anschaffung von 10 Reit- u. Lastkamelen	300
6. Unterhalt der Expedition auf 1 ½ Jahr [...] nebst Löhne für Dienerschaft, Kamelführer u. Fütterung	2.000
7. Unvorhergesehene Auslagen [...]	800
	Thaler 6.600

Selbst Heuglin schien die Summe von 6.600 preuß. Talern bald als zu gering vorzukommen. Wie der Nachlass Heuglins zeigt, wollten sich die Akteure nicht allein auf die Spendenbereitschaft ihrer Zeitgenossen verlassen, sondern weitere Felder der Akquise von frischem Kapital in Betracht ziehen. Eine Idee war der Verkauf von erlegten Tieren, die während der Reise präpariert und konserviert werden sollten, um dann als Ausstellungsstücke nach Europa verschifft zu werden. Heuglin schrieb an Petermann am 15.10.1860, dass er der Idee sehr wohlwollend gegenüberstünde und sich Verkäufer rasch finden ließen:

> Verkauft können namentlich große u. werthvolle Bälge von bekannten Säugetieren werden als Elephant, Büffel, Rhinoceros, Hippopotamus, Cameloperdaris etc. deren Einsammlung während des Aufenthalts in Ost-Sudan gehörig sollte betrieben werden: das macht Éclat u. bringt ziemlich viel Geld ein [...]. Hyrtl in Wien hat mir für Scelette von Elephant (das Elfenbein besonders auf 400 fl. Conv. berechnet) Rhinoceros, Büffel, Hippopot. 500 fl. Conv. Menge geboten. [...].[256]

Dennoch solle die wissenschaftliche Untersuchung der erlegten Tiere in den Händen Heuglins bleiben und der Verkauf nur nach seiner erteilten Erlaubnis erfolgen. Ein Wunsch, dem Petermann und das Komitee schließlich auch nachgegeben haben. Dass

255 Brief von Theodor von Heuglin an August Petermann vom 26.9.1860, in: Forschungsbibliothek Erfurt/Gotha, Nachlass Theodor von Heuglin, SPA ARCH PGM 62/1, 107.

256 Brief von Theodor von Heuglin an August Petermann vom 15.10.1860, in: Forschungsbibliothek Erfurt/Gotha, Nachlass Theodor von Heuglin, SPA ARCH PGM 62/1, 117–118.

der Erfolg der Suche nach Vogel durch solche Aktivitäten gefährdet sei, schlossen per Vertrag alle Beteiligten aus.

Dieses Beispiel offenbart die Vielschichtigkeit der Interessen an den Resultaten einer Reise nach Afrika an sich sowie die Heterogenität der Anforderungen an die Expeditionsteilnehmer. Eine Eigenschaft, die auch in NGOs wiederum zu finden ist. Auch hier erlaubt die Konstitution einer solchen Organisation die Ausdehnung unterschiedlicher Aktivitäten auf spezielle Tätigkeitsfelder unter Einbeziehung aller Akteure, ohne dabei die eigentlichen Ziele zu gefährden. So können z. B. NGOs deren Ziel der Umweltschutz ist, sowohl für Tierrechte, als auch für die Nutzung regenerativer Energien eintreten. Darüber hinaus ermöglicht eine solche arbeitsteilige Organisation die Ressource Wissen effizienter zu nutzen und aus der Kooperation der einzelnen beteiligten Akteure untereinander besondere Synergien für die gesamte NGO zu generieren.[257]

Dass die Theorie der Synergiefindung in NGOs möglicherweise nicht auf alle historischen Fallbeispiele zutrifft und erst recht nicht in allen Bereichen in dem von mir untersuchten Fall einer Forschungsexpedition, sollte kaum wundern. So führten eben jene ganz verschiedene Wünsche und Ideen zu Streit und Uneinigkeit unter den Expeditionsteilnehmern. Die Fragestellung was und vor allem wie es erforscht werden sollte ließ schließlich den geplanten Ablauf der Expedition scheitern. Gerade für die zukünftigen Sammlungsaufrufe kann sich eine gestörte interne Kommunikation der Mitglieder einer gemeinnützigen Organisation negativ auswirken, wie man anderer Stelle der Spendensammlung noch beobachten kann.[258]

Um einem negativen Image zu Beginn jedoch energisch entgegenzuwirken und ggf. eine eigene Marke erfolgreich am Markt für Spenden zu etablieren, erschufen schließlich Mitarbeiter des Justus Perthes Verlages ein Bild der Expeditionsteilnehmer in der Öffentlichkeit, das diese als kundige Wissenschaftler auf der Suche nach Erkenntnis und nach ihrem Freund darstellte. Diese Aussage ist als zielgenaues Marketing zu verstehen, denn die Verbreitung der Idee, eine Expedition unter Anteilnahme einer großen Bevölkerungsschicht zu organisieren, wurde medial aufbereitet und publik gemacht, um weitere Spenden einzuwerben. Der im Justus Perthes Verlag tätige redaktionelle Mitarbeiter Ernst Behm schrieb am 24.10.1860 mit der Bitte um eine Fotografie an Heuglin:

---

257 Christiane Frantz und Kerstin Martens, *Nichtregierungsorganisationen (NGOs)* [wie Anm. 246], 66. Im Fall von gemeinnützigen Organisationen spricht man ebenfalls von unterschiedlichen Interessengruppen. Zum einen bestehen diese aus den aktiven Spendern, welche sich aus den Mitgliedern des Komitees und aktiven Spendern größerer Geldsummen zusammensetzen sowie aus latenten Spendern, also solchen potentiellen Spendern, die zwar Interesse an den Zielen der Organisation zeigen, aber bisher keine Spende geleistet haben. Darüber hinaus besteht eine dritte Gruppe aus Spendern mit einem geringen Interesse, die kaum bis geringes Interesse an den Zielen der Organisation zeigen. Siehe: Michael J. Worth, *Fundraising*, [wie Anm. 250], 135.

258 Ebd., 124.

> Professor Brockhaus in Leipzig, [...], schrieb mir vor einigen Tagen:
> ,.... Sehr wünschenswerth wäre mir eine Skizze über Leben und Reisen des Herrn von Heuglin, der jetzt die Expedition zur Aufsuchung Vogels unternimmt. Ein solcher Artikel würde zu Popularisirung dieses Unternehmens beitragen und gewiß sind Sie im Stande, die biographischen Notizen zu erlangen, da ja Dr. Petermann mit Herrn von Heuglin in näherer Beziehung zu stehen scheint. Der Artikel dürfte sich jedoch nicht zu sehr in die Reise vertiefen und müsste die Form einer Lebensskizze haben.'
> [...] Ich fühle recht gut das Unangenehme, sich so dem Publikum zur Schau stellen zu lassen, aber ich denke auf der anderen Seite doch, daß gerade biographische Notizen wirksamer zur Belebung des Interesses für die gute Sache sein mögen, als wissenschaftliche, die von dem großen Publikum außer Acht gelassen werden, auch fürchte ich, daß bei der allgemeinen Theilnahme für die Expedition Unberufenen die Neugierde des Publikums zu befriedigen führen werde, während wir hier den Artikel mit aller möglichen Rücksicht auf Ihre Wünsche einrichten könnten und würden. [...][259]

Diese Melange solle es nun nicht nur nicht unmöglich machen Eduard Vogels Schicksal zu klären, sondern die aktuellsten wissenschaftlichen Erkenntnisse der Region Nord-Ostafrikas parallel dazu liefern. Dass diese Präpositionen erfolgreich erläutert wurden, zeigen die Quittungen der Spendensammlungen deutlich.

Bleibt die Frage bestehen, welche Aussagen über die Spender getroffen werden können. Grundsätzllich lassen sich zwei Gruppen unterschieden: die konstitutionellen Spender, in Form von staatlichen Institutionen wie Monarchen oder Regierungen, und die Privatspender. Deren Beiträge wurden zu Beginn der Sammlung ab Sommer 1860 zunächst vermehrt als Einzelspenden aufgeführt, schließlich aber in Sammlungsspenden zusammengefasst. Hierzu gründeten sich aufgrund der einfacheren Organisation der Sammlungen in verschiedenen deutschen Städten Sammlungskomitees. Oft übernahmen begeisterte und engagierte Spender selber die Sammlungen vor Ort. Diese wurden dann zum Teil in den örtlichen Zeitungen veröffentlicht, wie z. B. am 8.11.1860 im Grünberger Wochenblatt durch einen ortsansässigen Apotheker:

> Von dem in Gotha zusammen getretenen Comité ist mir die ehrenvolle Aufforderung zu Theil geworden, durch Verbreitung der überwiesenen Schriftstücke und durch Sammlung von Beiträgen dem Unternehmen Beistand zu verleihen. [...], und daher sei hier der Wunsch ausgesprochen, daß auch Grünberg sich an einem Unternehmen betheilige, welches ebenso der Humanität im edelsten Sinne, sowie der Wissenschaft zu dienen, den Zweck hat.[260]

Einzelne Sammlungen waren dabei durchaus erfolgreich. So konnten, wie im Falle der Sammlung in Köln, bis zu 800 preuß. Taler eingesammelt werden. Betrachtet man jedoch alle Einzelspenden, also die von Privatpersonen und den Sammlungen der örtlichen Komitees zusammen, so zeigt sich, dass die Höhe der Spenden sehr stark hetero-

259 Brief von Ernst Behm an Theodor von Heuglin vom 24.10.1860, in: Forschungsbibliothek Erfurt/Gotha, Nachlass Theodor von Heuglin, SPA ARCH PGM 62/1, 124 f.

260 Weimann, *Aufforderung zu Beiträgen behufs Unterstützung einer Expedition zur Aufhellung der Schicksale des Reisenden Eduard Vogel im Innern Afrika's*, in: Grünberger Wochenblatt 36 (08.11.1860), Nr. 90, o. S. (gefunden in: Forschungsbibliothek Erfurt/Gotha, SPA ARCH PGM 136/11, 93.).

gen war. Die Beträge der 535 Einzelspenden beliefen sich von wenigen Silbergroschen bis auf die besagten 812 preuß. Taler bei einer durchschnittlichen Spendenhöhe von 28 Talern und einem Median von 5 Talern. Betrachtet man nur die Beträge der 151 eingegangenen Sammlungsspenden, so ergibt sich ein durchschnittlicher Spendenwert pro Sammlung von 58 Talern bei einem Median von 26 Talern. Außerdem waren nicht alle Einzelspenden auch Spenden von Privatpersonen, sondern wurden in vielen Fällen von Vereinen oder wissenschaftlichen Vereinigungen bzw. Organisationen geleistet, wie z. B. von der Carl Ritter Stiftung in Berlin, die in zwei Einzelspenden 700 preuß. Taler zur Verfügung gestellt hatte.[261] Insgesamt lässt sich allerdings feststellen, dass 20 % aller privaten und institutionellen Spenden über 84 % der Gesamtsumme der geleisteten Spenden umfassten. Diese Tatsache unterstreicht den beispielhaften Charakter der Spendensammlung hinsichtlich der Verteilung von finanziellen Zuwendungen für gemeinnützige Organisationen.[262]

Philologen spendeten genauso wie Geografen oder die Deutsche Morgenländische Gesellschaft für die Erforschung Afrikas, aber eben auch für die Idee einer gemeinsamen Suche nach Eduard Vogel, verbunden mit der als moralisch empfundenen Verpflichtung, das unglückliche Schicksal eines verschollenen jungen deutschen Mannes in Afrika aufzuklären. In diesem Zusammenhang kann der Sinn der Sammlung als deutlicher Erfolg für die gesamte Organisation betrachtet werden, da Menschen eher auf Basis einer eigenen persönlichen, zum Teil auch emotionalen Beziehung zu dem Grund der Geldsammlung ihre Entscheidung für eine Spende abhängig machen, als von der finanziellen Notlage konkreter sozialer Institutionen.[263] Hinzu kommt, dass die Bereitschaft für eine Spende wächst, wenn die Investition in eine gemeinnützige Organisation ein höheres Ziel verfolgt, das für die Spender wiederum auch begreifbar kommuniziert wird, wie z. B. die Rettung von Menschenleben oder ein positiver Einfluss auf eine lokale bzw. überregionale Gemeinschaft.

Bemerkenswert ist daher die Regionalität der Spendeneingänge. Diese verteilten sich über den gesamten Deutschen Bund und auch über angrenzende Gebiete, wie beispielsweise Eingänge aus der Stadt Mailand oder dem Königreich Ungarn belegen. Betrachtet man, wie in der folgenden Karte geschehen, nur die einzelnen Orte der Spendeneingänge, so ergibt sich eine leichte Häufung in den Thüringer Staaten und im Königreich Sachsen. Passenderweise war das Komitee in Gotha verortet und Eduard Vogel lebte zwischenzeitlich in Sachsen. Gleichzeitig sagt die Grafik nichts über die Höhe der Spendensumme aus. Gerade zu Beginn konnte Petermann von zahlreichen Einzelspendern kleinere Beträge sammeln, die dann jedoch in der Karte als ein Punkt

261 Spenden am 20.12.1860 (Vgl., SPA ARCH PGM 62/5, 1006) und am 01.06.1863 (Vgl., Forschungsbibliothek Erfurt/Gotha, SPA ARCH PGM 62/14, 2385).

262 Durchnschnittlich entfallen auf 10 % bis 20 % aller Spenden für gemeinnützige Organisationen 80 % bis 90 % der gesamten Spendensumme, die zur Finanzierung der Organisation benötigt wird. Siehe: Stanley Weinstein und Pamela Barden, *The Complete Guide to Fundraising Management*, 4. Auflage, Hoboken, 2017, 5.

263 Ebd., 1.

vermerkt wurden. Die Karte der Orte, in denen die Spendensumme über 45 preuß. Taler lag, sollte hier etwas aussagekräftiger erscheinen. Die Auswertung des Datensatzes aller Einzelspenden inklusive der Sammlungsspenden ergab, dass nur 25 % der Spenden dieser Kohorte über 45 preuß. Taler lagen. Daher habe ich diese Grenze gewählt, um Orte mit besonders großer Spendenbereitschaft zu lokalisieren. Diese Spenden bezeichne ich im weiteren Verlauf meiner Ausführungen als wertvolle Spenden. Wie aus der Grafik erkennbar wird, sind diese Orte gleich über den mittel- und westdeutschen Raum verteilt. Gerade Orte im Rheinland wiesen eine hohe Spendenbereitschaft auf, was durchaus mit der Herkunft des in Krefeld geborenen Eduard Vogels zusammenhängen kann. Auffällig an dieser Karte ist die Abstinenz von Orten in Süd- und Norddeutschland. Daher bleibt die Frage offen, ob man bzgl. der Herkunft der hohen Spendensummen von einer gesamtdeutschen Sammlung sprechen kann.

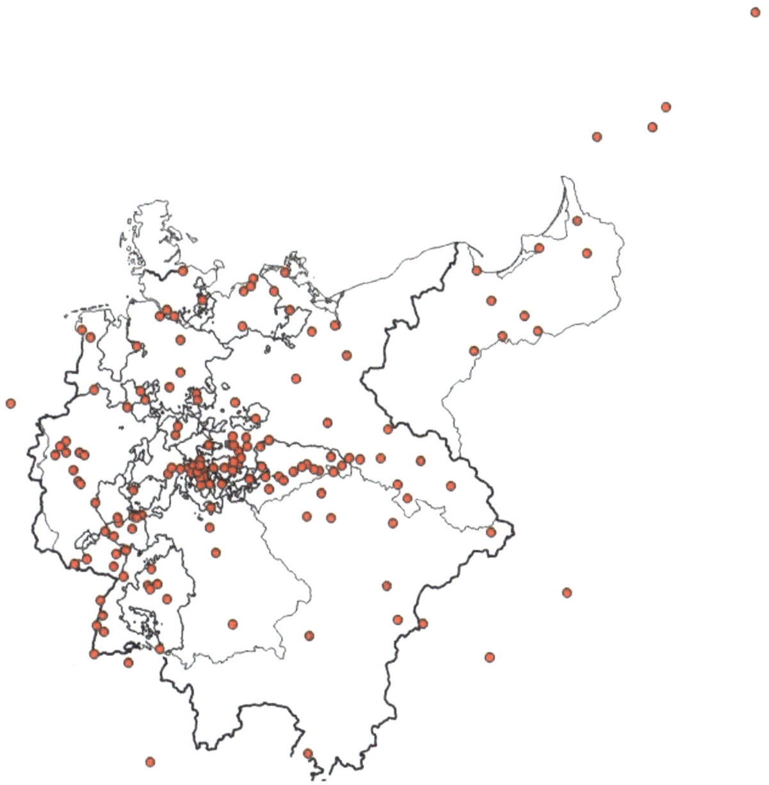

Abb. II. 13: Karte aller Spendenorte der Einzelspenden und Spendensammlungen (ohne konstitutionelle Spenden) für die Expedition Theodor von Heuglins nach Afrika 1860–1863 im Deutschen Bund und den angrenzenden Gebieten. (Eigene Darstellung)

Dennoch vermochte es das Komitee die Notwendigkeit jeder Spende für das Gelingen der Expedition erfolgreich zu kommunizieren, wie die Verortung von Spenden auch in entlegenen Regionen beweist. Da Menschen eher in Relation zu ihrem eigenen Einkommen die Spendenhöhe festlegen, sollte für eine erfolgreiche Spendenkampagne jede Einzelspende als signifikanter Beitrag für das Gelingen der gesamten Organisation kommuniziert werden.[264] Dieser Umstand ist im Falle der Spendensammlung für die Afrikaexpedition durchaus nachzuweisen, da die Veröffentlichung jedes Einzelspenders mit einer gebührenden Sorgfalt in *Petermanns Geographischen Mitteilungen* gewürdigt wurde, sodass heute eine Aufstellung der Herkunft der Spender erst ermöglicht wird.

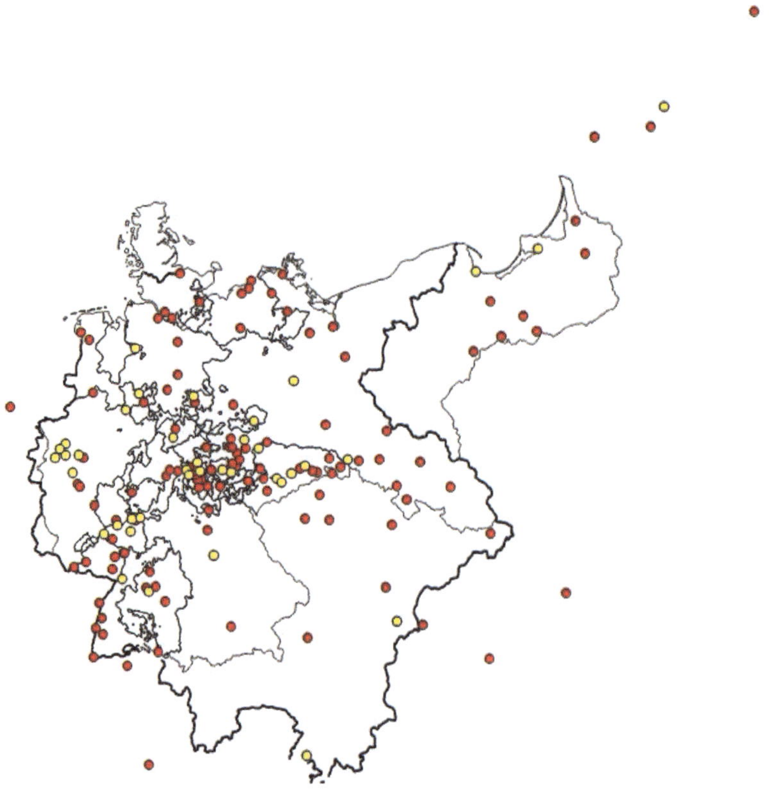

Abb. II. 14: Karte der Orte aus denen wertvolle Spenden für die Expedition Theodor von Heuglins entrichtet wurden (gelbe Punkte) und alle übrigen Spendenorte der nicht konstitutionellen Einzelspenden (rote Punkte) im Deutschen Bund und den angrenzenden Gebieten 1860–1863. (Eigene Darstellung)

264 Ebd., 3.

Darüber hinaus ergaben sich konkret im vorliegenden Fall unter Umständen auch Schwierigkeiten Gelder für eine Expedition in Süd- und Norddeutschland zu finden, da der Dualismus zwischen Preußen und Österreich/Ungarn eine Hilfsleistung für den jeweils als Unterstützer des Einen oder des Anderen empfundenen Forschers erschweren konnte. Gebiete, die sich in dieser Zeit gegen die Führung Preußens im Deutschen Bund aussprachen und auf eine verstärkte Eigenständigkeit verwiesen, reagierten weniger auf gesamtdeutsche Fragen, als möglicherweise die Bewohner anderer Mitgliedsstaaten des Bundes.[265]

Außerdem schien die Werbung für das Unternehmen in den in der Abbildung II. 15 abgebildeten Gebieten die gesamte Wirksamkeit zu entfalten, da das Kommitee den Grund für die Sammlung kontinuierlich sowie detailliert öffentlich protokolliert hatte und damit die als Orientierungsfunktion benannte Aufgabe im strategischen Fundraising voll und ganz erfüllte.[266] Hinzu kommt, dass in den Regionen mit einer großen Spendenbereitschaft die Kooperation zwischen der Komiteeleitung und den die Sammlung organisierenden Akteuren vor Ort besser als in Gebieten mit geringerer Spendenbereitschaft funktioniert hatte. Dies konnte an besonders umtriebigen Spendensammlern liegen oder am gezielten Einsatz prominenter Unterstützer, wie der Schriftstellerin Elise Polko, der Schwester Eduard Vogels in seiner Heimatstadt Krefeld.[267]

Als schließlich Theodor von Heuglin während des Verlaufs der Expedition von der Leitung dieser entbunden worden war, kam es für das Komitee zu einer Krise hinsichtlich der weiteren Spendensammlung. Was war geschehen? Im Laufe der Reise verursachten Kompetenz- und Führungsstreitigkeiten unter den Expeditionsteilnehmern einen zunehmenden Vertrauensverlust auf Seiten des Komitees bzgl. der Leitung der Forschergruppe durch Heuglin. Die Expedition trennte sich fortan: Theodor Kinzelbach und Werner Munzinger reisten alleine in Richtung des Sultanats Wadai weiter, während Heuglin und Hermann Steudner weiter aus Abessinien kommend nach Kordofan im Sudan vordrungen. August Petermann schrieb am 24.11.1861 in seiner Rolle als Sekretär des Komitees an das Komiteemitglied Camillo Freiherr von Seebach:

> Das Komité kann, nach der bisherigen Führung der Expedition, nicht wohl anders annehmen, als daß dieselbe die ihr gestellte Aufgabe [...] vollständig aus den Augen verloren hat, und anstatt dessen sich einer gänzlich ungebundenen Bereisung gewisser Gegenden von Ostafrika hingiebt. [...] Leider hat Herr v. Heuglin in so maßloser Weise das Vertrauen des Komité's mißbraucht, daß erst sein Versprechen allein, nach Wara zu gehen, das Komité ihm dennoch in bisheriger Weise

265 Zur Nationalstaatsbildung während der gescheiterten Revolution 1848/49 in Deutschland siehe: Mark Hewitson, „The Old Forms are Breaking Up, ... Our New Germany is Rebuilding Itself". Constitutionalism, Nationalism and the Creation of a German Polity during the Revolutions of 1848–49, in: The English Historical Review (125), Nr. 516, 2010, 1173–1214 und zur Vorstellung einer nicht existenten deutschen Nation siehe Abigail Green, *Representing Germany? The Zollverein at the World Exhibitions, 1851–1862*, in: The Journal of Modern History (75), Nr. 4, 2003, 836–863.

266 Vgl.: Christian Gahrmann, *Strategisches Fundraising*, Wiesbaden, 2012, 135.

267 Siehe: Dritte Quittung über Beiträge für Th. v. Heuglin's Expedition nach Inner-Afrika, in: Forschungsbibliothek Erfurt/Gotha, SPA ARCH PGM 62/5, 1009.

> keine weiteren Geldsendungen machen kann, da es sich der Gefahr aussetzen würde, dieselbe in bisheriger Weise verwendet zu sehen. [...][268]

Nur vier Wochen nach diesem Brief sollte das Komitee Theodor von Heuglin die Leitung der Expedition endgültig entziehen. Heinrich Barth kommentierte daraufhin in der Allgemeinen Preußischen Zeitung vom 6.2.1862 die Entscheidung des Komitees wohlwollend:

> Uns aber und, wie wir bestimmt wissen, einem großen Theil des an der Sache betheiligenden Publikums ist es unbegreiflich, wie man sich einbilden kann, daß eine allseitige wissenschaftliche Erforschung mit dem Nil westwärts aufhöre, als wäre nicht in jenem, noch von keinem Europäer betretenen Gegenden in allen Zweigen des Wissens unendlich mehr zu leisten, als in Abyssinien, das schon von einer so zahlreichen Menge von Reisenden in verschiedensten Richtungen besucht und erforscht worden ist.[269]

Im Zusammenhang mit der Absetzung Heuglins als Leiter der Expedition gab es allerdings auch negative Stimmen. Der Organisator der Sammlung in Mainz bemerkte in einem Brief an August Petermann vom 15.8.1862 selbstkritisch:

> Als dritten Beitrag für die Heuglin'sche Reise nach Inner-Afrika erhalten Sie einliegend 61 fl. Die Beiträge wären sicher besser geflossen, wäre der unglückselige Beschluß über Heuglin's Absetzung als Chef der Expedition nicht erfolgt. Müssen denn die Deutschen in allen Dingen uneinig sein? Sollen 6–7 Naturforscher eines wahrscheinlich Todten wegen ohne wissenschaftlichen Zweck Leben oder wenigstens Gesundheit opfern? Die Auffindung Vogel's konnte nur als Schiboleth zu einer deutschen Expedition nach Inner-Afrika dienen. Entschuldigen Sie, gefälligst diese Abschweifung und empfinden Sie freundlich die Versicherung vollkommener Hochachtung von Ihrem ergebenen Dr. Feist, Med.Rath.[270]

Das drohende Scheitern der konkreten Umsetzung des Expeditionsvertrages wurde somit öffentlich diskutiert und durch die Benennung Kinzelbachs und Munzingers eine für das Publikum akzeptable Lösung hinsichtlich der nun vakanten Leitung der Expedition gefunden. Gerade aus Effizienzgründen schien dies besonders nützlich zu sein, da die zugesprochene Glaubwürdigkeit ein hohes Gut in der Kommunikation der Spendenaufrufe darstellt und die im Sinne der Mission einer Spendenorganisation gestellten Ziele der Sammlung so konkret wie möglich erreicht werden sollten.[271] Trotz dieser Maßnahmen konnten allerdings die Mitglieder des Komitees und der lokalen Sammlungsgruppen ab Ende 1861 nicht mehr an die erzielten Summen früherer Spendensammlungen anknüpfen, was unter Umständen auch an der Absetzung Heuglins als

268 Brief von August Petermann an Camillo von Seebach vom 24.11.1861, in: Forschungsbibliothek Erfurt/Gotha, Nachlass Theodor von Heuglin, SPA ARCH PGM 62/2, 231 f.

269 Kommentar Heinrich Barths in der Allgemeinen Preußischen Zeitung vom 06.2.1862 (gefunden in: Forschungsbibliothek Erfurt/Gotha, Nachlass Theodor von Heuglin, SPA ARCH PGM 62/8, 1428).

270 Brief Dr. Feist an August Petermann vom 15.8.1862, in: Forschungsbibliothek Erfurt/Gotha, Nachlass Theodor von Heuglin, SPA ARCH PGM 136/4, 57b.

271 Christian Gahrmann, *Strategisches Fundraising,* [wie Anm. 266], 135.

Expeditionsleiter gelegen haben kann. Hinzu kommt, dass die Festlegung des Spendenziels von 20.000 preuß. Talern bereits am Ende des Jahres 1861 fast erreicht war, sodass die Motivation weiterhin zu spenden in der Öffentlichkeit spürbar abnahm, da die konkreten Projektziele erreicht zu sein schienen.

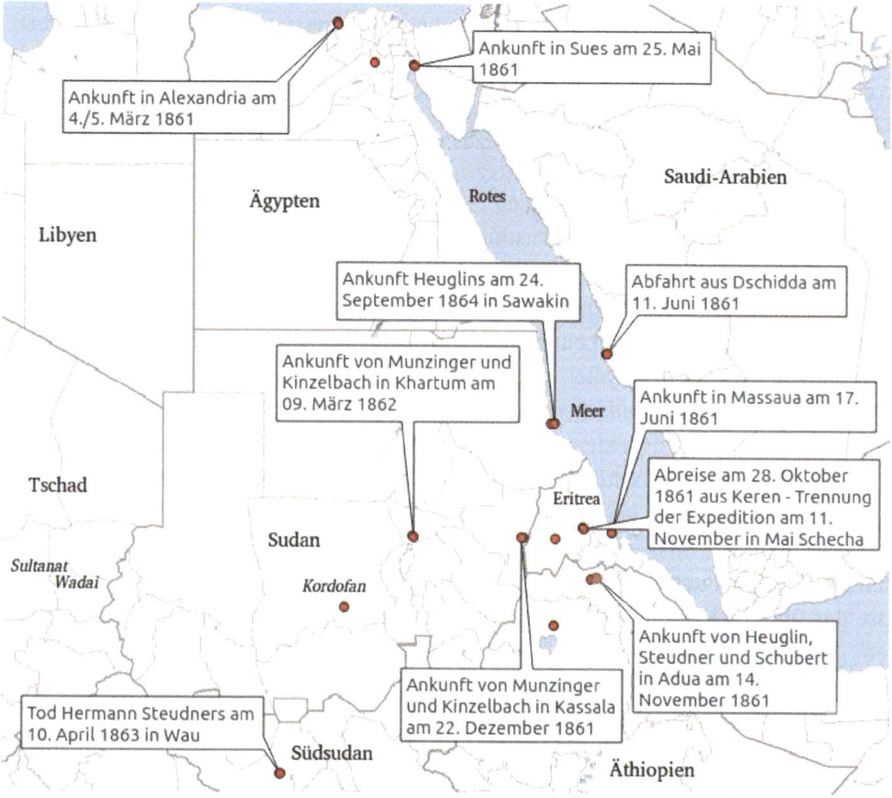

Abb. II. 15: Eigene Darstellung der verifizierbaren Reisedestinationen Theodor von Heuglins, Hermann Steudners, Theodor Kinzelbachs und Werner Munzingers in Ostafrika, 1861–1864 (heutige Staatenkarte).

2.4.5 Verwertbares Wissen

Neben der Suche nach Eduard Vogel sollte die Expedition auch wissenschaftliche Erkenntnisse über die bereisten afrikanischen Regionen liefern. Aus diesem Grund veröffentlichte August Petermann im Januar 1861, also kurz vor dem Start der Expedition, eine Schrift mit dem Titel *Ratschläge und Fragen an die Mitglieder von Th. v. Heuglin's Expedition nach Inner-Afrika.*[272] Darin lassen sich Briefe von anderen Wissenschaftlern

272 Ratschläge und Fragen an die Mitglieder von Th. v. Heuglin's Expedition nach Inner-Afrika (Januar 1861), in: Forschungsbibliothek Erfurt/Gotha, SPA 4°809.

finden, die konkrete Fragen und Anregungen an die Expeditionsteilnehmer äußern. So wollte z. B. ein Prof. Ehrenberg aus Berlin wissen:

> 1) Giebt es im centralen Afrika (Darfur u. s. w.) einen dem Monsun oder Passatwind vergleichbaren regelmässigen Wind? [...] 7) Von allen Quellen, Bächen und Flüssen, welche einen Namen haben, ist eine Schlick- oder Schlammprobe wünschenswerth [...] Besonders auch aus Oasen-Quellen ist es interessant. Man formt die Masse in 1 bis 2 Zoll grosse, platte Kuchen, lässt sie ausser der Sonne tocknen und verwahrt sie in festem glatten Briefpapier, wohl etiquettiert. [...] 10) In Abessinien giebt es, wie in Guinea u. s. w., Erde essende Menschen. Wo Erdarten gegessen werden (ausser Steinsalz und Natron), sind Proben und Lagerungsverhältnisse zu beachten. 11) Viele Völker bemalen sich. Alle solche Schminken und Erdfarben sind sammelnswerth. [...][273]

Die hier sogleich benannte Möglichkeit der Konservierung der in diesem Fall zu sammelnden Erdproben beweist die Ernsthaftigkeit der Erwartungen eines Teils der interessierten Öffentlichkeit an die Expedition und ihrer Ergebnisse, da nicht nur Proben gesammelt, sondern auch wissenschaftlich verwertbar zusammengetragen werden sollten. Dass Heuglin auch auf einige Fragen antwortete, lässt sich anhand der Auswertung der zur Expedition parallel stattgefundenen Publikation der Expeditionsergebnisse in *Petermanns Geographischen Mitteilungen* beweisen. So leitete Heuglin einen der in der Zeitschrift abgedruckten Brief aus Afrika vom Dezember 1861 mit der Bemerkung ein: „Unter den ‚Ratschlägen und Fragen' für unsere Expedition befinden sich auf Seite 9 einige Punkte, die ich von hier aus zu beantworten im Stande bin."[274]

Insgesamt lässt sich sagen, dass die begleitende Publikation der Forschungsergebnisse, die in Form von Briefen zu Petermann nach Gotha geschickt wurden, das Interesse der Öffentlichkeit an der Expedition konstant aufrecht erhielt. Allein in den Jahren 1861 bis 1864 konnte der Justus Perthes Verlag über 18.000 Exemplare der Erstauflagen der Ergänzungshefte zu *Petermanns Geographischen Mitteilungen* im Themengebiet der Kartografie von Afrika und 2831 Exemplare der Erstauflage des Ergänzungsheftes zur Expedition Heuglins absetzen.[275] Die professionelle Veröffentlichung von wissenschaftlichen Publikationsergebnissen im Verlauf der Expedition stellte nicht nur eine große Herausforderung für die Reisenden vor Ort, sondern auch für die Organisatoren in Deutschland dar. Dennoch entsprach diese Praxis gleichzeitig auch dem Zeitgeist der damaligen Forschungspraxis. Was die Verwendung und damit die Zirkulation des so entstandenen Wissensbestandes im Verlag betraf, werde ich in Kapitel 3.2.3 genauer untersuchen.

Ich hatte an anderer Stelle bereits betont, dass Expeditionen nach Afrika ab der Mitte des 19. Jahrhunderts zwar zunehmend privat geplant, ausgerüstet und durchge-

---

273 Ebd., 22.

274 o. A., *Mittheilungen des Herrn Th. v. Heuglin aus Adoa in Abessinien, Dezember 1861*, in: Petermanns Geographischen Mitteilungen (1863), 334.

275 Vgl.: Forschungsbibliothek Erfurt/Gotha, Sammlung Perthes, Übersicht der Verlags-Auslieferungen des Justus Perthes Verlages, 1854–1868, Stichwort „Ergänzungshefte Petermanns Geographischen Mitteilungen 6, 7, 8, 10, 11, 13".

führt wurden, die wachsende Institutionalisierung und Verwissenschaftlichtung des Fachgebietes der Geo- und damit auch der Kartografie die Reisenden allerdings verstärkt zu disziplinierterem und standartisierterem Arbeiten zwang. Ein Kennzeichen dieses Prozesses waren die von der RGS erstmals 1854 vorgestellten *Hints for Travellers.*[276] Die darin empfohlenen Methoden der Feldforschung für Expeditionsreisende, z. B. in der Berechnung des Standortes oder der Bestimmung des Luftdruckes vor Ort, sollten die Ergebnisse und Aufzeichnungen einer Forschungsreise verwertbar machen, damit diese z. B. als „useful geography" gelten konnten.[277] Die in jenen Jahren stetig wachsende Menge der geographischen Informationen und Erkenntnisse sollte durch die *Hints* katalogisiert und die als wahr postulierten Fakten in den Kanon des wissenschaftlichen Diskurses aufgenommen werden.[278] Mit der Veröffentlichung der *Hints* begann, zumindest in Großbritannien, eine Vielzahl unterschiedlicher Akteure vergleichbare Ratgeber und Handbücher zu veröffentlichen, wie z. B. das Hydrographic Office oder die Ethnological Society.[279]

Auch in Deutschland wurde dieser Wandel in der Ausgestaltung der wissenschaftlichen Forschung wahrgenommen. August Petermann selbst war schließlich Fellow der Royal Geographical Society of London und kannte die hohen Ansprüche britischer Intellektueller gegenüber jeden neuen wissenschaftlichen Postulaten. Wollte man also in Großbritannien und damit mehr oder weniger auch international Aufmerksamkeit unter Geografen im 19. Jahrhundert erhalten, so musste man zwangsläufig die neuen Regeln der geografischen Feldforschung befolgen. Die Unterscheidung zwischen wahrem Wissen und unwissenschaftlichen Beobachtungen etablierte ganz unausweichlich einen gesetzten Rahmen für die Verortung von neuen, verwertbaren wissenschaftlichen Erkenntnissen. Hegemoniale Praktiken der Verwertung von Forschungsergebnissen differenzierten deshalb ganz deutlich wertlose von wertvollen Entdeckungen. Ganz besonders indigenes Wissen wurde für nicht verwertbar gehalten, da es in der Regel im Kontext der europäischen Erforschung Afrikas als nicht idiomisiert und damit unbrauchbar angesehen wurde.[280]

Auch Heuglin und Petermann bewerteten indigene Kartografie als zu unbedeutsam für eine eigene Publikation. Heuglin schrieb in einem 1862 in *Petermanns Geographischen Mitteilungen* veröffentlichen Brief vom Dezember 1861 an den Chefredakteur:

---

276 Henry Raper und Robert FitzRoy, *Hints to Travellers*, in: The Journal of the Royal Geographical Society of London (24), 1854, 328–358.

277 Ebd., 328.

278 Felix Driver, *Scientific Exploration and the Construction of Geographical Knowledge: Hints to Travellers*, in: Finisterra (33), Nr. 65, 1998, 25.

279 Ebd.

280 Siehe: Clive Barnett, *Impure and Worldly Geography. The Africanist Discourse of the Royal Geographical Society, 1831–73*, in: Transactions of the Institute of British Geographers (23), Nr. 2, 1998, 239–251 sowie Adam Jones und Isabel Voigt, *„Just a First Sketchy Makeshift". German Travellers and Their Cartographic Encounters in Africa, 1850–1914*, in: History in Africa (39), 2012, 9–39.

> Eine in Goes verfasste, von dem eingebornen Geistlichen Melka Sadek in Adoa mir mitgetheilte Chronik enthält eine Abessinische Karte, [...]. So wenig geographischen Wert dieses alte Aktenstück bietet, so ist es schon wegen der Orthographie der Eigennamen und der eigenthümlichen Auffassung nicht ganz ohne Interesse.[281]

Petermann kommentierte in der Zeitschrift darunter:

> Die rundliche Zeichnung ist nicht ganz so gross, wie eine Seite dieser Zeitschrift; die nachfolgende erschöpfende Beschreibung macht, wie wir glauben, die Reproduktion dieses primitiven, höchst einfachen Kartenwerkes überflüssig.[282]

Insofern stellt die Unterscheidung zwischen wertlosen und wertvollem Wissen auch eine Unterscheidung zwischen ökonomisch nutzbaren, weil des Abdruckes in einer Zeitschrift würdig befunden und nicht würdig ausgewiesenen wissenschaftlichen Erkenntnissen dar. Gleichzeitig konnte das Expeditionskomitee dadurch das Versprechen gegenüber den Spendern halten, nämlich als gesichert empfundene Forschungsergebnisse der Öffentlichkeit zur Verfügung zu stellen.

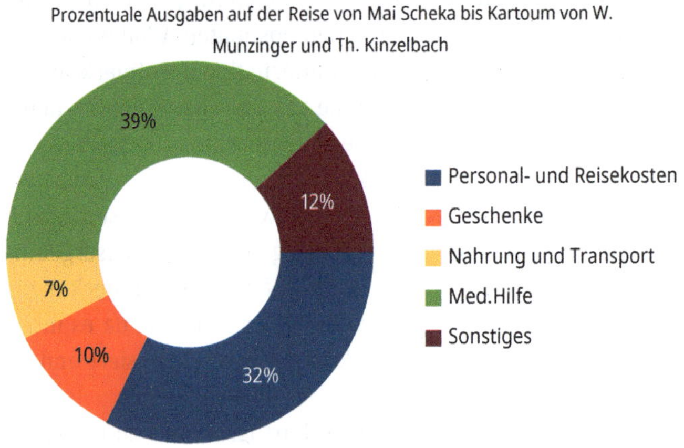

Abb. II. 16: Prozentuale Verteilung der Ausgaben Werner Munzingers und Theodor Kinzelbachs vom 12.11.1861 bis 10.03.1862 während der Heuglin Expedition. (Eigene Darstellung)

Die Art und Weise der Ausgestaltung dieser Ergebnisse konnte, ähnlich wie Heuglin es in seinem Brief beschreibt, oft nicht in vollem Maße von den Europäern allein erledigt werden, sodass sie dann zwangsläufig indigene Hilfe in Anspruch nehmen mussten. Dabei wurde diese Hilfe selten geleugnet, allerdings auch in der Regel nicht genauer

281 Theodor von Heuglin, *Mittheilung des Herrn Th. v. Heuglin aus Adoa in Abessinien, Dezember 1861*, in: Petermanns Geographischen Mitteilungen (1862), 335.

282 Kommentar August Petermann unter Heuglins Artikel, in: Petermanns Geographischen Mitteilungen (1863), 335.

beschrieben und vereinzelt in Rechnungsbüchern der dazugehörigen Expeditionsreisen festgehalten.[283] Einen Hinweis auf die Bedeutung indigener Helfer für die Organisation und Umsetzung der Expedition vor Ort liefern die Rechnungen Kinzelbachs und Munzingers, die sie an das Komitee geschickt haben und somit ihren Eingang in das Archivgut fanden.

Aus diesen Rechnungen wird ersichtlich, dass die Personal- und Reisekosten sowie die Transportkosten von Material und Ausrüstungsgegenständen in der ersten Rechnung ca. 40 % aller Kosten vor Ort ausmachten. Dabei fielen Ausgaben für Träger oder die Miete von Lasttieren wie z. B. Kamelen gleichermaßen als Reisekosten an. Die Organisation dieser für die Reise zwingend notwendigen Ausgaben erfolgte vor Ort und wurde selten bis nie aus Europa zu Beginn geplant.

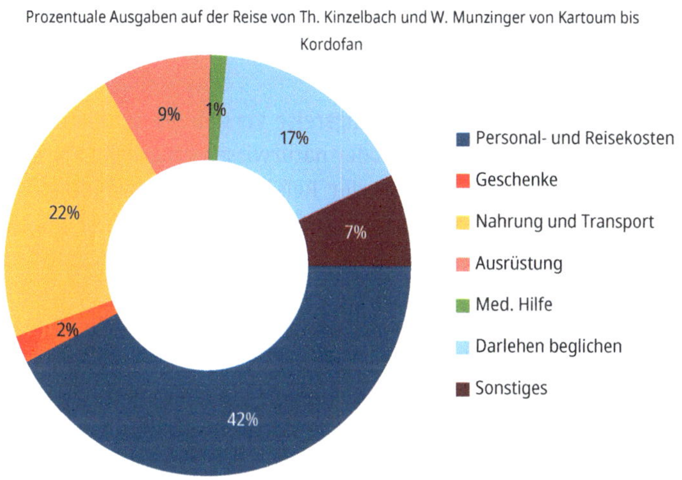

Abb. II. 17: Prozentuale Verteilung der Ausgaben der Reise Werner Munzingers und Theodor Kinzelbachs im Frühjahr 1862 im Sudan während der Heuglin Expedition. (Eigene Darstellung)

Auch die zweite Rechnung der Reise im Sudan ergab Ausgaben für Reise und Transport von über 60 % der Gesamtkosten. Der größte Anteil entfiel auch hier auf die Miete von Lasttieren und das Anwerben von Trägern und Helfern. Es scheint daher wenig glaubhaft, dass die ortsansässigen Helfer keine Auskünfte über örtliche geo- und ethnographische Besonderheiten im Gespräch mit ihren europäischen Auftraggebern erteilt haben. Dennoch bleiben die Aussagen über dieses Wissen bis heute gänzlich unbekannt oder in der zeitgenössischen europäischen Reiseliteratur versteckt als Zeichen, Namen oder Bedeutungen. Für das Gothaer Komitee jedenfalls markierte die Expedition die Gewissheit, dass Vogel nicht mehr am Leben war. Tragischerweise sind aus

283 Vgl.: Kathrin Fritsch, *„You have everything confused and mixed up ...!“ Georg Schweinfurth, Knowledge and Cartography of Africa in the 19th Century*, in: History in Africa (36), 2009, 87–101.

diesem Grund die Aufzeichnungen Vogels verschollen, sodass neben wenigen Karten die wissenschaftlichen Erkenntnisse der *Deutschen Expedition nach Ost-Afrika* hinter den Erwartungen zurückblieben.

2.4.6 Fazit

Das vorliegende Fallbeispiel zeigt, dass eine Forschungsexpedition im 19. Jahrhundert nicht planlos oder chaotisch vorbereitet und durchgeführt, sondern gezielt und nach einem festen Regel- und Aufgabenplan umgesetzt wurde.

Theodor von Heuglin und August Petermann verstanden es ein breites Publikum und sogar regierende Monarchen in einer Zeit des weitgehend kollektiven kolonialen Desinteresses im Deutschen Bund für ein Forschungsvorhaben in Ostafrika zu gewinnen, welches zugleich moralische mit humanistischen sowie wissenschaftlichen Zielen verband.

Die Expedition muss als bürgerliche Entdeckungsreise verstanden und beschrieben werden. Bürger und akademische, politische oder naturwissenschaftliche Vereine, finanzierten schließlich den Großteil der Kosten der Reise. Sammlungskomitees ermöglichten die gezielte Anwerbung von Spenden und mit Herzog Ernst II. von Sachsen-Coburg und Gotha konnte nicht nur ein lokaler, sondern ein überregionaler Werber für Spenden gewonnen werden, der durch liberale Ideen und dem Wunsch nach einer behutsamen Reform des Deutschen Bundes gerade im bildungsbürgerlichen Milieu große Sympathien zu erwecken vermochte.[284] Damit wurde die Mission der Spendenkampagne erfolgreich unterstrichen. Denn es ging den handelnden Akteuren nicht nur um die Suche nach einem vermissten deutschen Forscher, sondern immer auch darum, der Öffentlichkeit beweisen zu können, dass die Organisation und die Durchführung einer über lokale Grenzen hinaus beworbenen wissenschaftlichen Entdeckungsreise möglich sei.

Die immensen Kosten von über 20.000 preuß. Taler für eine Expedition über mehrere Jahre nach Afrika stellten das Vorhaben vor große Schwierigkeiten. So blieb es nahezu unausweichlich, dass nicht nur die Geldsammlung, sondern auch die Durchführung der Expedition keiner Einzelperson, sondern, ähnlich hinsichtlich der Gründung von sehr kapitalintensiven Unternehmungen als NGO, einem Kollektiv überlassen wurde. Dabei kam es vor allem darauf an, jede Einzelspende als wichtigen Beitrag zum Erreichen des Missionsziels darzustellen und dies durch die öffentliche Benennung der Spender zu dokumentieren.

Die Mitgliederstruktur des 1860 in Gotha gegründeten Komitees deckte umso mehr ein breites Spektrum akademischer und ökonomischer Interessenlagen ab und verstand somit die Ernsthaftigkeit der Spendenkampagne glaubwürdig zu kommunizieren. Darüber hinaus kann aber auch die Herkunft und die an das Unternehmen gerich-

284 Friedrich Knorr, *Ernst II.*, [wie Anm. 239], 621 f.

teten Forderungen der konstitutionellen, als auch der privaten Spender als ein Kaleidoskop unterschiedlichster Motivationen verstanden werden.

So ist trotz dessen, dass kein Teilnehmer je das Gebiet im ehemaligen Sultanat Wadei erreichte, die abschließende Bewertung des Missionserfolgs der Expedition schwierig. Verortet man Erfolg im Sinne der Publikation zeitgenössischer Karten neuerer Information über Ostafrika, so stellte sich dieser mit der Afrikakartografie aus dem Hause Justus Perthes zweifelsfrei ein.[285]

Dennoch verdeutlicht die von mir beschriebene Expedition auch, wie Spendenkampagnen im 19. Jahrhundert nach heutigen Maßstäben des strategischen Fundraisings erfolgreich umgesetzt werden konnten. Dieser Erfolg lag hauptsächlich in der zielgerichteten Kommunikation zwischen den Organisatoren der Sammlung und den potentiellen Spendern begründet, welche über die strategischen Planungen der Reise stets informiert wurden. Darüber hinaus konnte das Komitee auch nur dann erfolgreich sein, wenn es die selbst gewählten Ziele nicht nur operationalisierte, sondern dann auch gewissenhaft ausführte, wie sich in der Erstellung eines Vertrages zur Einberufung eines Sammlungskomitees und in der Festlegung der Expeditionsziele eindrucksvoll zeigt. Dies wiederum erzeugte eine nachhaltige Glaubwürdigkeit, die in der Werbung um neue Spenden besonders wirkungsvoll eingesetzt wurde, wie die Zahlungen der regional agierenden Sammlungsgruppen bewiesen.

Gleichzeitig stellt die *Deutsche Expedition in Ostafrika* auch ein gutes Beispiel für die erfolgreiche ökonomische Verwertung neuen kartografischen Wissens dar. Für einzelne Verlage war es aufgrund des sehr hohen finanziellen sowie organisatorischen Aufwands nahezu unmöglich eine Expeditionsreise zu organisieren. Aus diesem Grund reagierten Kartenverlage, deren Marktposition auch dadurch gestärkt werden konnte, indem sie möglichst exklusives Wissen publizierten, sehr wohlwollend auf eine vertragliche Beteiligung an staatlichen bzw. halbstaatlichen Reisen in entlegene Gebiete der Erde, um anschließend das so erworbene Wissen gewinnbringend zu veröffentlichen. Dieses Wissen war nämlich selten und damit kostbar. Dabei waren Verlage, deren Produkte wissenschaftlichen Qualitätsansprüchen genügen sollten, allerdings immer auch auf die zeitgenössische Definition von wahrem Wissen angewiesen. Aus diesem Grund erfolgte die Selektion von nützlichen aus unnützlichen Erkenntnissen schon während der eigentliche Entdeckungsreise vor Ort, damit die akademische und die ökonomische Verwertung dieser Wissensbestände in den Verlagen einfacher ablaufen konnte. Die so hergestellten Karten lassen also oft nur einen gefilterten Blick des eigentlichen Erkenntnisweges zu, da sie lediglich das Resultat des verarbeiteten und für publikationswürdig empfundenen Wissens darstellen. Insofern kann die Produktion von Karten auch als ein Prozess des Abwägens, des Prüfens und des Ausprobierens im Kontext zeitgenössischer Leser- und damit Käufererwartungen verstanden werden.

---

285 Vgl.: Bruno Schelhaas, *Das „Wiederkehren des Fragezeichens in der Karte". Gothaer Kartenproduktion im 19. Jahrhundert*, in: Geographische Zeitschrift (97), Nr. 4, 2009, 227–242.

3 Kartografen und Verleger als maßgebliche Akteure eines Marktes für Kartografie

3.1 Humankapital im Kartenverlag – Zur Genese des Kartografen als Mitarbeiter

3.1.1 Vorbemerkungen

Das Konzept des Begriffes Humankapital kann vielfältig interpretiert werden. Oftmals konkurrieren entsprechende Definitionen der selben Begrifflichkeit, doch in den meisten Fällen wird unter Humankapital eine unteilbare und intangible Ressource jedes Individuums aus ökonomischer Sicht innerhalb der entsprechenden Fachliteratur begriffen.[286] Dabei umfassen jene Ressourcen alle individuellen Fähigkeiten und Qualifikationen eines Arbeitnehmers, welche zur produktiven Einsetzung der eigenen Arbeitskraft dienlich sind. Darüber hinaus kann, aufbauend auf dieser Definition des Begriffes Humankapital, eben auch in solches investiert werden, wenn nämlich Maßnahmen ergriffen werden, die zur Auffrischung oder Schaffung und damit zu einer Steigerung des Humankapitalbesitzes des Individuums führen. Die für den Arbeitnehmer und Arbeitgeber gleichermaßen positive Folge einer solchen Investition ist schließlich die Steigerung der allgemeinen und spezifischen Arbeitsproduktivität des Arbeitnehmers.

Ein ähnliches Konzept beschreibt der Begriff des intellektuellen Kapitals.[287] Dabei wird von der Existenz immaterieller Ressourcen in einem Unternehmen ausgegangen, welche vor allem aus dem sog. „erfolgskritischem Wissen" bestehen und zwingend für die Wettbewerbsfähigkeit des Unternehmens nötig sind.[288] Dies können z. B. Innovationen, spezielle Prozessabläufe, Ideen oder Dienstleistungen sein. Dabei werden diese Ressourcen zum einem vom Unternehmen selbst bewahrt sowie weiter entwickelt, zum anderen sind sie Teil des spezifischen Humankapitals der einzelnen Arbeitnehmer. Insofern besteht zwischen den Begrifflichkeiten Humankapital auf der einen und intellektuellem Kapital auf der anderen Seite eine enge Verflechtung. Als Analysekriterien eignen sich beide Konzepte außerdem hervorragend, um auf die Bedeutung von Mitarbeitern und ihren Fähigkeiten im Unternehmen hinzuweisen und diese Bedeutung zu erörtern. Gleichzeitig können dadurch Strukturen in der Beschäftigung von Arbeitnehmern benannt werden, die unter Umständen zu einem Vorsprung oder

---

286 Petra Moog, *Humankapital des Gründers und Erfolg der Unternehmensgründung*, Wiesbaden, 2004, 44 f.

287 Leif Edvinsson und Gisela Brünig, *Aktivposten Wissenskapital. Unsichtbare Werte bilanzierbar machen*, Wiesbaden, 2000, 134.

288 Ebd.

https://doi.org/10.1515/9783111004372-003

Rückstand des zu untersuchenden Unternehmens oder einer ganzen Branche auf einem nationalen Markt im internationalen Vergleich geführt haben.

Gerade für die Erforschung von Kartenverlagen im 19. Jahrhundert, und im konkretem Fall für den im Folgenden noch viel zitierten Perthes Verlag, ist eine solche Untersuchung im Hinblick auf die Entwicklung eines professionalisierten Marktes für Landkarten und Atlanten von großem Nutzen, da gerade Verlage wie der von Justus Perthes ab der Mitte des 19. Jahrhunderts verstärkt neue Mitarbeiter unter der Prämisse neuer Beschäftigungsmodelle eingestellt haben.

Während der Untersuchung dieses Umstandes fällt rasch auf, dass es nicht nur alleine dem Verlagsgründer Justus Perthes gelungen war hochqualifizierte und auch talentierte Zeichner für den Beruf des Kartografen gewinnen zu können. Gerade auch durch die Ausstrahlung prominenter Mitarbeiter auf interessierte junge Kartografen und durch die aktive Anwerbung von qualifiziertem Personal wurde die interne Mitarbeiterwerbung charakterisiert. Waren es zu Beginn der Ausrichtung des Verlagsgeschäftes auf Kartografie nur wenige, meistens als Honorarkräfte beschäftigte Kartografen im Unternehmen tätig, wuchs deren Anzahl im Laufe des 19. Jahrhunderts von sechs fest angestellten Kartografen in den späten 1850er auf 17 in den 1890er Jahren rapide an. Der sich dadurch erhöhte Humankapitalbestand des Unternehmens sollte sich natürlich auch auf die Konkurrenzfähigkeit des Unternehmens auf dem deutschen und auf internationalen Märkten positiv auswirken. Insofern möchte ich dem folgenden Abschnitt die Rolle des Berufs Kartograf für die Produktion von Karten untersuchen und damit einhergehend auch die veränderten Notwendigkeiten der Mitarbeiterwerbung und -führung analysieren. Warum dies für die Entwicklung eines professionalisierten und standardisierten Umgangs mit Kartografie auf einem Markt für Landkarten in Deutschland im 19. Jahrhunderts prägend war, soll der folgende Abschnitt ebenfalls klären.

Dass die Anwerbung von kompetentem Fachpersonal eine entscheidende Rolle für den wirtschaftlichen Erfolg eines Unternehmens spielt, ist weitgehend unstrittig.[289] Dennoch spielte dieser Aspekt in der historischen Betrachtung von Unternehmungen und speziell Verlagen bisher eine eher untergeordnete Rolle.[290] In der Regel sind es die Verlagsgründer, ihre Nachfolger bzw. im Unternehmen eingesetzte Geschäftsführer, die für die Forschung von Interesse sind, weniger die Angestellten oder mit dem Verlag

289 Zur gesteigerten Produktivität in Unternehmen durch einen erhöhten Humankapitaleinsatz vgl.: Sandra E. Black und Lisa M. Lynch, *Human-Capital Investments and Productivity*, in: The American Economic Review (86), Nr. 2, Mai 1996, 263–267. Zu der positiven Korrelation zwischen der Steigerung des Humankapitalbestandes von Unternehmensgründern und unternehmerischem Erfolg siehe: Petra Moog, *Human Capital and its Influence on Entrepreneurial Success*, in: Historical Social Research / Historische Sozialforschung (27), Nr. 4 (102), 2002, 157–180.

290 Ein bekanntes Beispiel für die Geschichte des Justus Perthes Verlages stellt in diesem Zusammenhang die Arbeit von Nils Güttler zu den Koloristinnen des Perthes Verlages dar. Vgl.: Nils Güttler, *Unsichtbare Hände: die Koloristinnen des Perthes Verlags und die Verwissenschaftlichung der Kartographie im 19. Jahrhundert*, in: Archiv für Geschichte des Buchwesens (68), 2013, 133–153.

kooperierende Unternehmen und ihre Mitarbeiter. Doch gerade im Verlagswesen, speziell in Fachverlagen für geografische Publikationen, spielten diese Kooperationen eine besondere Rolle, sind doch protoindustrielle Drucktechniken nur durch eine große Anzahl unterschiedlich vorgebildeter und geschulter Mitarbeiter auszuführen. Man denke in diesem Zusammenhang nur an Techniken wie den Kupferstich oder die spätere Lithografie, welche nur durch Personen mit eigens dafür vorgesehener Berufsausbildung umgesetzt werden konnten.

Besonders im 19. Jahrhundert etablierten sich gänzlich neue Beschäftigungsformen und erlebten etablierte Berufe im Druckerhandwerk ihre Blütezeit, um rasch danach durch die immer umfänglicher voranschreitende Industrialisierung auch wieder zu verschwinden. Beispielhaft waren in diesem Zusammenhang Berufe wie der des Kupferstechers oder der Koloristin. Um diese Veränderungen zu untersuchen, bedarf es einer großen Quellenbasis, welche idealerweise das gesamte 19. Jahrhundert umfasst. Da das für die Archivbestände des Justus Perthes Verlages zutrifft, eignet sich dieses Beispiel auch besonders gut für eine derartige Untersuchung. Ich möchte daher auf den kommenden Seiten nicht nur den Wandel in den Beschäftigtenverhältnissen des Verlages beleuchten, sondern die These untersuchen, dass ein festes Netzwerk an angestellten und schnell verfügbaren, hochqualifizierten Mitarbeitern von existentieller Bedeutung für das Bestehen im Buchmarkt ab der Mitte des 19. Jahrhunderts für einen Fachverlag für Geografie war. Dabei spielten in einer sich verstärkenden Konkurrenzsituation geeignete Werbemaßnahmen um potentielle Bewerber eine ebenso große Rolle für den Aufbau eines solchen Netzwerks, als auch Anreize in Form von Löhnen, um ein solches Netzwerk für den Verlag dauerhaft nutzbar zu machen. Außerdem werde ich versuchen, die These zu diskutieren, dass jene notwendigen Werbemittel erst im Laufe des 19. Jahrhunderts überhaupt an Bedeutung für Verlage gewonnen haben.

Im ersten Teil des folgenden Abschnittes werde ich zunächst die Bedeutung freier Mitarbeiter für den Perthes Verlag in der ersten Hälfte des Jahrhunderts untersuchen, um dann in einem nächsten Schritt die Entwicklung zur neuen Berufsbezeichnung des Kartografen zu beleuchten. Durch die Entwicklung des Justus Perthes Verlages von einem kleinen Fachverlag zu einer für die Marktpositionierung und Selbstdarstellung völlig neu und zugleich als besonders bedeutsam wahrgenommen Betriebsverfassung als „Geografische Anstalt“ sollte sich unter anderem die Bedeutung und vertragliche Bindung von festen Mitarbeitern an das Unternehmen drastisch verändern. Dieser Wandel in der Beschäftigung und Bedeutung der Mitarbeiter für den Verlag führt im Anschluss zu meinem dritten Aspekt, nämlich der Untersuchung eines konstatierten Mitarbeiternetzwerkes und dessen Bedeutung für die Konkurrenzfähigkeit des Verlages. In diesem Zusammenhang werde ich außerdem den Begriff der Generation im Bezug zur gleichzeitigen Ausbildung einer Gruppe junger Kartografen im Verlag ab der Mitte des 19. Jahrhunderts diskutieren. Dabei wird es mir zusätzlich darauf ankommen, das Zentrum und mögliche Knoten des von mir beschriebenen Netzwerkes ausfindig zu machen und es in die betriebliche Geschichte des Verlages einzuordnen. Diese Methodik erscheint mir umso nützlicher, als dass dadurch die Gründe für eine jahrzehntelange Dominanz des Verlages im deutschsprachigen Markt für Kartografie erklärt werden könnten. Dass, wie bereits erwähnt, neben der Prominenz der Verlagsprodukte, auch konkrete Anreize wie Löhne eine zentrale Rolle für die Entwicklung der Mitarbeiterzahlen spielten, wird in allen drei Aspekten des vorliegenden Textes eingehend besprochen werden.

3.1.2 Von der Honorarkraft zum Mitarbeiter

Für den Buchhandel des 18. Jahrhunderts war es generell nicht üblich die Trennung in Verlag, Sortimentshandlung und Druckerei zu vollführen.[291] Auch der bereits 1785 gegründete Justus Perthes Verlag bildete hier keine Ausnahme. Da die komplette Ausrichtung auf geografische Literatur und Landkarten in den ersten 30 Jahren des Bestehens des Verlages keine allzu große Rolle spielte, wundert es kaum, dass der Verlag in nur sehr geringem Maße in diesen Jahren in Kontakt mit Kupferstechern oder gar Kartografen stand. Erst nach den Napoleonischen Kriegen konzentrierte sich der Verleger Justus Perthes auf sein erstes großes bekanntes Kartenprojekt: den 1816 erstmals publizierten Handatlas des Gothaer Hofbeamten Adolf Stieler. Dass Stieler neben seinem eigentlichen Beruf als Beamter am Hof des Gothaer Herzogs überhaupt Karten zeichnen und verlegen lassen konnte war der besonderen Personalpolitik des Herzogs August von Sachsen-Gotha-Altenburg zu verdanken. Bereits unter seinem Vater, dem Herzog Ernst II., blühte das kleine Herzogtum zu einem Zentrum für Naturwissenschaften und Kunst auf.[292] Adolf Stieler war zunächst froh, seine Karten im Landes-Industrie-Comptoir Friedrich Justin Bertuchs in Weimar und später bei Justus Perthes veröffentlichen lassen zu können. Dass Perthes mutig genug gewesen war Stieler die Möglichkeit der Publikation eines ganzen Atlas zu unterbreiten, muss letztendlich Stieler dazu veranlasst haben, die ersten Lieferungen des nach ihm benannten Handatlas in Gotha herausgeben zu lassen. Es darf ebenfalls nicht außer Acht gelassen werden, dass Kartografen wie Stieler in jenen frühen Jahren des Bestehens der später als so bedeutsam bewerteten Kartenverlage aus bildungspolitischen und idealistischen Gesichtspunkten heraus ihre Karten veröffentlichten. Insofern kann eine gewisse Teleologie in der Herausgabe solcher Kartenwerke durchaus unterstellt werden. Stieler beschrieb die Notwendigkeit und Art und Weise der Veröffentlichung seines Atlas mit den Worten, dass er „[...] etwas dem Plane nach beschränktes eben in der Ausführung

291 Vgl.: Reinhard Wittmann, *Geschichte des deutschen Buchhandels*, 4. Auflage, München, 2019, 218.
292 Zum Wirken der Ernestiner in den Thüringer Herzogtümern siehe: Siegrid Westphal, et al. (Hrsg.), *Die Welt der Ernestiner: ein Lesebuch*, Köln, u. a., 2016.

ausgezeichnetes [sic], zu liefern […]" bereit sei.[293] Den explizit dargelegten Bildungscharakter der Publikation benannte er außerdem:

> […] Es ist Rücksicht darauf zu nehmen, daß der Atlas und Text auch zum Schul-Gebrauch sich anempfehle. Daher auch [der] äußerst wohlfeiler Preis. […][294]

In diesem Zusammenhang bleibt die Frage nach dem ökonomischen Nutzen der Herausgabe des Handatlas für den Autor zu beantworten. Denn zwischen dem gewünschten Bildungscharakter der Publikation und der finanziellen Notwendigkeit das eigene Überleben durch die Herausgabe etwaiger Atlanten zu sichern, bestand in jenen Jahren keinesfalls ein konkreter Zusammenhang. Naturwissenschaftler und Geografen wie Stieler waren am Ende des 18. und zu Beginn des 19. Jahrhunderts in erster Linie Hofbeamte oder in anderer Art und Weise im Staatsdienst beschäftigt, deren Tätigkeit z. B. als Minister ihren Lebensunterhalt ermöglichen sollte.[295] Gerade die ökonomische Unabhängigkeit dieser Autoren beantwortet die Frage nach der Konsequenz in der Herausgabe ähnlicher Atlanten wie dem des Handatlas und den damit keinesfalls verbundenen hohen finanziellen Zuwendungen des Verlages. Im Fall von Adolf Stieler bestand der Autor sogar auf einer Nichtbeteiligung am Umsatz und nur einer Auszahlung eines Honorars im Fall des Gewinns aus dem Verkauf des Atlanten für den Verlag, um damit einen für den Leser günstigen Preis zu erzielen:

> […] Deshalb kann der Preis so gemacht werden, daß kein ähnliches Unternehmen daneben bestehen wird; etwa daß bei 1.000 Expl. erst die Kosten des Stichs, Papiers etc. gedeckt sind und mit dem folgenden Tausend erst Gewinn für Buchhändler u. Zeichner anfängt.[296]

Diesem Kalkül folgend war für den Autor also die Bildung seiner Leser und der tatsächlichen Nutzer des Atlas wichtiger, als der eigene finanzielle Vorteil aus dem Verkauf des Atlas. Dass Autoren wie Adolf Stieler nicht direkt beim Verlag angestellt waren und damit auch keine fortlaufenden Ausgaben für Personal die Gewinnerwartungen aus Buchprojekten wie einem Atlas beeinflussten, wirkte sich ebenfalls auf die Preisstruktur derartiger Publikationen aus. Dennoch sollten fast 60 Prozent der Herstellungskosten für die erste Auflage von 1816 auf die Personalkosten entfallen.[297] Diese Personalaufwendungen bestanden mehrheitlich allerdings aus Kosten bzgl. der kon-

293 Entwurfsnotiz zu Stielers Handatlas, in: Forschungsbibliothek Erfurt/Gotha, Nachlass Adolf Stieler, SPA ARCH MFV 20/1.

294 Ebd.

295 Der bekannteste Naturwissenschaftler in Staatsdiensten war sicherlich Johann Wolfgang von Goethe am Weimarer Hof. Siehe hierzu: Richard Friedenthal, *Goethe: sein Leben und seine Zeit*, 1. Auflage, München, 1963, 243–254.

296 Entwurfsnotiz zu Stielers Handatlas, in: Forschungsbibliothek Erfurt/Gotha, Nachlass Adolf Stieler, SPA ARCH MFV 20/1.

297 Perthes veranschlagte Herstellungskosten für 1.000 Exemplare der ersten Lieferungsausgabe des Handatlas von ca. 3050 Preuß. Taler. Dabei entfielen allein Kosten in Höhe von 1350 Taler auf die Arbeit der Kupferstecher, welche 46 Kupferplatten gravieren sollten und ca. 460 Preuß. Taler auf

kreten handwerklichen Herstellung des Atlas, als aus Honorarzahlungen vorab an den Autor des Werkes.

Für einen ersten Übergang zur dauerhaften Beschäftigung von fest angestellten Mitarbeitern in Fachverlagen für Geografie stehen sinnbildhaft Erwerbsbiografien wie die von Heinrich Berghaus. Obwohl noch im Staatsdienst beschäftigt, im Fall von Berghaus als Professor für Mathematik an der preußischen Bauakademie in Berlin, veränderte sich die Bedeutung der Publikationstätigkeit dieser Autoren für ihren Lebensunterhalt in der ersten Hälfte des 19. Jahrhunderts drastisch.[298] Durch die zunehmende Verwissenschaftlichung der Kartografie sollte gerade hinsichtlich des benötigten Aufwandes für einzelne Kartenprojekte eine anderweitige und oftmals inhaltsfremde Beschäftigung immer schwieriger zu vertreten und umzusetzen sein. Als Folge dieser Entwicklung bedurfte es allerdings dann auch einer großzügigeren Honorarzahlung von Seiten des Verlegers an den Autor und eine ggf. zugesicherte Gewinnbeteiligung, um das wirtschaftliche Überleben des Autors zu sichern. Diese Zeit kann somit als die Periode der Entstehung der modernen Berufsbezeichnung des Geo- bzw. Kartografen beschrieben werden.[299]

Für Heinrich Berghaus markierte die enge Zusammenarbeit zwischen ihm und Alexander von Humboldt auf der einen und der daraus resultierende Publikationserfolg beim Justus Perthes Verlag auf der anderen Seite einen zweifelsfrei großen Karrierehöhepunkt. Dieser manifestierte sich zunächst in der Herausgabe seines *Geographischen Atlas von Asien in 15 Blätter nebst Text* aus dem Jahre 1831. Im Vertrag über die Herausgabe des Atlas vereinbarten Heinrich Berghaus und Wilhelm Perthes, dass nicht nur ein Honorar für den Eingang der Zeichnungen zu jeder der Karten in Höhe von 200 preuß. Talern vom Verlag an Berghaus zu zahlen sei, sondern der zu erwartende Gewinn darüber hinaus auch in gleichen Teilen zwischen Autor und Verlag geteilt werden soll.[300]

Damit schuf der Verleger nicht nur eine verlässliche Grundlage über die zukünftige Zusammenarbeit zwischen dem nicht als Mitarbeiter angestellten Berghaus, son-

---

die händische Kolorierung von 44.000 Kartenblättern. Vgl.: Forschungsbibliothek Erfurt/Gotha, Nachlass Adolf Stieler, SPA ARCH MFV 20/1, Blatt 2–3.

298 Für eine ausführliche Biografie von Heinrich Berghaus, siehe: Viktor Hantzsch, „Berghaus, Heinrich", in: Allgemeine Deutsche Biographie 46 (1902), S. 374–379 [Online-Version]; URL: https://www.deutsche-biographie.de/pnd118509470.html#adbcontent (zuletzt aufgerufen am 30.4.2019).

299 Mit der Entwicklung der Kartografie zu einer akademischen Disziplin ist der Name Carl Ritters eng verbunden. Ritter, der 1820 als Professor für „Erd-, Länder-, Völker- und Staatenkunde" an der Berliner Universität berufen wurde, prägte durch seine Arbeit und seinen Austausch mit Alexander von Humboldt und Theodor von Liechtenstern maßgeblich die Entwicklung des Berufs des Kartografen für nachfolgende Generationen. Siehe hierzu auch: Felix Schmutterer, *Carl Ritter und seine „Erdkunde von Asien": Die Anfänge der wissenschaftlichen Geographie im frühen 19. Jahrhundert*, Berlin, 2018, 25–64.

300 Vertrag zur Herausgabe eines *Geographischen Atlas von Asien in 15 Blätter nebst Text* zwischen Heinrich Berghaus und dem Justus Perthes Verlag vom 01.1.1831, in: Forschungsbibliothek Erfurt/Gotha, Nachlass Heinrich Berghaus, SPA ARCH MFV 19A/1, Blatt 9 f.

dern sicherte sich darüber hinaus die Rechte an den Kartenzeichnungen zu. Auf der anderen Seite konnte Heinrich Berghaus über einige Jahre mit einer konstanten Einnahme aus dem Verkauf der Zeichnungen an den Verleger rechnen, welche er in einem Brief an Wilhelm Perthes ebenfalls erbeten hatte:

> Was die im Vorschlag gebrachten Modifikationen in Beziehung auf das Grundhonorar von 2.000 Thaler Gold, nach Maaßgabe der Subscribenten-Zahl betrifft, so wünsche ich wohl, dass es bei diesem Satze bliebe, in Rücksicht auf die, [...], unendliche Arbeit, [...].[301]

Mit Heinrich Berghaus trat eine neue Generation von Kartografen ihren Dienst in Verlagen und Universitäten an, die sich im Bezug auf ihre eigentliche Berufsbezeichnung nicht als solche bezeichneten, deren wirtschaftliche Existenz dennoch zunehmend vom Publikationserfolg ihrer Karten abhing. Auf der anderen Seite erforderten gestiegene Erwartungen an die Präzision und den Stil der veröffentlichten Karten die Ausbildung und Anstellung immer besser geschulter und langfristig beschäftigter Mitarbeiter, die vor allem das Kartenzeichnen übernehmen sollten. Einzelne Akteure wie Adolf Stieler oder auch Heinrich Berghaus waren zweifellos weiterhin wichtig für die Ausgestaltung, Konzeption und Weiterentwicklung des Produktportfolios geografischer Fachverlage, allerdings passten deren bisherige beruflichen Verpflichtungen nicht mehr zu den Erfordernissen in der Gestaltung und Herstellung komplexer Produkte der Kartografie ab der Mitte des 19. Jahrhunderts.

3.1.3 Der angestellte Kartograf oder die Kartografie als Beruf

Dass Kartografen ihre Arbeit als Beruf bzw. Berufung verstanden haben, ist nicht außergewöhnlich. Schließlich bedarf die Konzeption und Herstellung einer Karte nicht nur ein hohes Maß an Fingerfertigkeit und Kreativität, sondern auch an Zeit und Material. Allerdings markiert die Einstellung August Petermanns im Jahr 1854 als Mitarbeiter des Perthes Verlages sinnbildlich endgültig den Wandel von dem Kartograf als Gelehrten hin zu einem eigenen, hoch professionalisierten Mitarbeiter.

Diese Wende setzte jedoch wesentlich früher an. Wie die Atlanten des 17. und 18. Jahrhunderts beweisen, bedurfte es auch in jenen Jahren einer gewissen Ausbildung um diese Kartenbilder zu entwerfen. Die konkrete Ausbildung zum Kartograf wurde von den Zeitgenossen weniger als Kunsthandwerk, als ein wissenschaftliches Studium mit handwerklich orientierten Lehrplänen verstanden. Als Heinrich Berghaus 1839 seine „Kunstschule“ für Kartografie in Potsdam eröffnete, vermochte er es z. B. nicht die geforderten Mindeststandards in der Ausbildung durch die Preußische Kunstakademie

301 Brief von Heinrich Berghaus an Wilhelm Perthes vom 29.11.1830, in: Forschungsbibliothek Erfurt/Gotha, Nachlass Heinrich Berghaus, SPA ARCH MFV 19A/1, Blatt 21 f. Das Gesamthonorar sollte schließlich bei 3.000 Preuß. Talern für die Zeichnungen der 15 Karten in sechs Lieferungen liegen, also einem Vielfachen der zunächst mit 2.000 Preuß. Talern angesetzten Summe.

als bildende Kunst anerkennen zu lassen, sondern sah sich gezwungen eine gänzlich eigenständige Bildungseinrichtung ins Leben zu rufen.[302] Dennoch wurden solche Standards seit dem 18. Jahrhundert gefordert. Im Zuge der Aufklärung wurden nämlich nicht nur Berufe als für die Gemeinschaft nützliche Tätigkeiten definiert, sondern vor allem das qualifizierte „Spezialistentum" gefordert.[303] Gerade im Bereich des Verlagswesens waren außerdem berufliche Tätigkeiten aus Gewerbe und Handwerk traditionell eng miteinander verwoben, sodass die Inhalte für die Berufsausbildung des Kartografen ebenfalls in einer handwerklichen Ausbildung zu suchen waren. Darüber hinaus propagierten die Zeitgenossen der Aufklärung für die eigentliche Berufsausbildung einen universellen Bildungsanspruch sowie eine damit einhergehende Integrationsfunktion des Berufes für das Individuum in der Gesellschaft.[304] Weniger der Untertan, als vielmehr der Bürger stand im Zentrum des Interesses. Jene Gedanken lagen dann wiederum frühen Ideen für die Institutionalisierung der Ausbildung zum Kartografen zu Grunde, als es in den 1780er Jahren im Herzogtum Sachsen-Weimar-Eisenach zu ersten Überlegungen zur Gründung einer Schule für Kartografie kam. Diese sollte die Auszubildenden in einer „Wissenschaftlichen" und „Artistischen Klasse" unterrichten.[305] Die Führung der in Jena und Weimar anzusiedelnden Schule sollte von keinem Geringeren als dem Geheimrat Johann Wolfgang von Goethe übernommen und Kupferstecher als Mitarbeiter und Lehrer fest eingestellt werden. Diese Idee wurde allerdings nie in die Wirklichkeit umgesetzt, sodass die von Joseph Max von Liechtenstern 1790 in Wien gegründete „Cosmographische Gesellschaft" die erste Ausbildungsstätte für Karto- und Geografen in einem deutschsprachigem Land werden sollte.[306]

Für das Etablieren der Geografie als Wissenschaft und die damit einhergehende Akademisierung der Kartografie als Berufszweig waren im frühen 19. Jahrhundert neben den genannten Versuchen die Ausbildung in speziellen Schulen zu institutionalisieren, vor allem Verlage verantwortlich. Jene produzierten immer aufwendigere Kartenwerke, die einen immer größer werdenden Bedarf an trainierten Kartografen und Kupferstechern benötigten, sodass besonders im Hinblick auf die internationale Konkurrenz die Standardisierung der Methodik im Kartenzeichnen stetig zunahm, wollte man als Verleger weiterhin am Markt partizipieren. Bereits die Veröffentlichung der ersten kommerziell langjährig erfolgreichen Zeitschrift für Geografie in Deutschland, die *Allgemeinen Geographischen Ephemeriden* von Friedrich Justin Bertuch verlangte eine konstante Anzahl einsatzfähiger Geografen für die regelmäßige Aufarbeitung geo-

302 Gerhard Engelmann, *Heinrich Berghaus. Der Kartograph von Potsdam*, Halle(Saale), 1977, 71.
303 Gerald Sailmann, *Der Beruf. Eine Begriffsgeschichte*, Bielefeld, 2018, 83.
304 Ebd., 87.
305 Ebd., 73.
306 Ebd. Diese „Gesellschaft" wurde allerdings wohl aus Geldmangel 1797 bereits geschlossen.

grafischen Wissens von 1798 bis 1831.[307] Wobei viele der für Bertuch tätigen Kartografen auch später für den Perthes oder andere Verlage in Deutschland tätig waren. Dennoch zeigt sich im Fall der Kunstschule von Heinrich Berghaus, der sowohl für Bertuch als auch für Perthes als Kartograf tätig war, dass Verlage nicht nur für den Absatz der gezeichneten Karten und damit für das ökonomische Überleben der Kartografen wichtig waren, sondern durch die sowohl vom Publikum als auch vom Ausbilder selber geforderte Genauigkeit und Wissenschaftlichkeit der Karten mit der Finanzierung dieser Projekte indirekt die Bildung des modernen Berufes des Kartografen förderten. Heinrich Berghaus legte fest, dass die Ausbildung in seiner Schule zunächst in einer „Kunstschule" beginnen und dann in der „Kunstwerkstatt" enden sollte. Die gesamte Ausbildung sollte sich auf fünf Jahre in den Teilbereichen Landvermessung, Datenauswertung und Kartenzeichnen erstrecken und den Schülern eine Ausbildungsvergütung von 100 bis zu 500 preuß. Talern pro Jahr sichern.[308] Die damit verbundene Frage nach der Finanzierung der Ausbildungskosten versuchte Berghaus mit einer Anfrage an den Justus Perthes Verlag hinsichtlich einer künftigen engen Zusammenarbeit zu beantworten:

> [...] Um die Mittel ihrer Erhaltung zu gewinnen, werde ich auf Bestellung arbeiten, d. h. Aufträge an geographischen Zeichnungen, zu stechende Kupferplatten, zu liefernde Abdrücke pp. ausführen, ohne jedoch eigene Unternehmungen auszuschließen. [...] Darum erlaube ich mir die Anfrage, ob Sie, verehrtester Herr Perthes! geneigt sind, das bisher zwischen uns bestandene Verhältniß dahin zu erweitern, daß wir in geographischen Dingen ausschließlich für ein gemeinsames Interesse arbeiten? [...][309]

Der Verleger ging zunächst auf diese Anfrage ein. Arbeiten am *Physikalischen Atlas* sowie an *Stielers Handatlas* übernahmen die Schüler der Kunstschule in Potsdam. Berghaus selber bot dem Gothaer Verleger außerdem neue, in der Schule entworfene und gezeichnete Karten an:

> [...] Seit Beendigung des kleinen Preuß. Atlas beschäftige ich die Schüler der geogr. Kunstschule mit einem Schul-Atlas, [...]; sobald die Sache so weit ist, daß ein Probeabdruck gemacht werden kann, werde ich Ihnen denselben zur Ansicht u. Begutachtung, was mit dem Dinge etwa zu machen sein wird, vorlegen.[310]

Solche Angebote zielten in erster Linie darauf ab, dass der Justus Perthes Verlag den zukünftigen Erhalt der Schule in Potsdam durch eine exklusive Zusammenarbeit fi-

307 Heinz Peter Brogiato, *Wissen ist Macht – Geographisches Wissen ist Weltmacht. Die schulgeographischen Zeitschriften im deutschsprachigem Raum (1880–1945) unter besonderer Berücksichtigung des Geographischen Anzeigers*, Trier, 1998, 17.

308 Gerhard Engelmann, *Heinrich Berghaus* [wie Anm. 302], 76 f.

309 Brief von Heinrich Berghaus an Wilhelm Perthes vom 11.9.1838, in: Forschungsbibliothek Erfurt/Gotha, Nachlass Heinrich Berghaus, SPA ARCH MFV 19A/2, Blatt 257 f.

310 Brief von Heinrich Berghaus an Wilhelm Perthes vom 08.11.1841, in: Forschungsbibliothek Erfurt/Gotha, Nachlass Heinrich Berghaus, SPA ARCH MFV 19A/2, Blatt 350.

nanzieren würde und Kartenentwürfe der Auszubildenden auch in konkrete Publikationen mit dem Zweck der Bildung der eigenen Reputation von Seiten der Kunstschule, des Ausbilders Heinrich Berghaus und der Schüler überführt werden sollten. Zu einer derartigen Übernahme der Kunstschule durch den Justus Perthes Verlag ist es allerdings nie gekommen.[311] Denn genau das hätte sich später als Fehlkalkulation herausgestellt. Insgesamt konnte Heinrich Berghaus nur eine handvoll Kartografen ausbilden. Die ersten beiden Schüler, die die Ausbildung in den Jahren 1839 bis 1844, resp. 1845 erfolgreich abschließen konnten waren Henry Lange und August Petermann.[312] Letzterer sollte später für den Perthes Verlag als der einflussreichste Kartograf der Verlagsgeschichte selber neue Kartografen ausbilden und damit, zumindest für den Gothaer Verlag, die Ausbildung von Kartografen an der Kunstschule von Heinrich Berghaus überflüssig machen. Dass neben den beiden genannten Personen bis 1850 nur drei weitere Kartografen ausgebildet werden konnten, von denen keiner das eigentlich zusätzlich zur Bereitschaft für Heinrich Berghaus in Potsdam zu arbeiten geforderte Schulgeld bezahlte, macht die auf den ersten Blick geringe Bedeutung der Schule für die Akademisierung des Berufs deutlich. Auf der anderen Seite konnte neben Petermann und Lange auch der Neffe des Gründers der Schule, der 1828 geborene Hermann Berghaus die Ausbildung abschließen. Die wenigen in Potsdam ausgebildeten Schüler waren allerdings in den folgenden Jahrzehnten als besonders einflussreiche Kartografen weltweit für verschiedene Verlage tätig.

Schließlich setzte sich die Professionalisierung der Kartografie auch durch die Gründung neuer Geografischer Gesellschaften und damit beim sich vergrößernden Fachpublikum langsam durch. Dennoch verfügte die Disziplin vor den 1870er Jahren in Deutschland nur über wenige Lehrstühle an deutschen Universitäten, sieht man von den Ausnahmefällen wie des seit 1820 an der Universität Berlin lehrenden Carl Ritters einmal ab.

Im Zuge der stetigen Akademisierung des Fachs und der damit zugänglichen Ausbildungsmöglichkeiten wurde die Ausbildung von Kartografen in Verlagen für die Verleger deutlich unattraktiver, da im Falle der Universitäten die Kosten für die Ausbildung die öffentliche Hand, im Falle der Verlage aber die privaten Verleger übernehmen mussten. Allein von 1866 bis 1886 wurden in Deutschland und Österreich 25 neue Professuren für Geografie an unterschiedlichen Universitäten geschaffen sowie zahlreiche Geografische Gesellschaften gegründet.[313] Betrachtet man parallel zu dieser Entwicklung die Arbeit der Verlage, so fällt schnell auf, dass fest angestellte Kartografen zunehmend eine akademische Ausbildung hatten. Gerade auch im Justus Perthes Verlag kamen führende Kartografen ohne ein fundiertes Studium kaum noch aus. Der 1867 geborene Paul Langhans studierte z. B. in den 1880er Jahren in Leipzig und

---

311 Gerhard Engelmann, *Heinrich Berghaus* [wie Anm. 302], 77.

312 Jan Smits, *Petermann's Maps. Carto-bibliography of the maps in Petermanns Geographische Mitteilungen 1855–1945*, t Goy-Houten, 2004, 22.

313 Eigene Berechnungen der Auflistung von Brogiato, *Wissen ist Macht* [wie Anm. 307], 36 u. 43 f.

Kiel Geografie sowie Volkswirtschaftslehre.[314] Auch der später sehr bekannte Kartograf Hermann Haack studierte von 1893 bis 1896 in Halle, Göttingen und Berlin Geografie sowie Geologie und wurde 1896 an der Universität Göttingen zum Doktor der Geografie promoviert, bevor er von 1897 bis 1944 endgültig in den Dienst des Perthes Verlages eintrat.[315] Damit endete eine Entwicklung, die in Deutschland, anders als im europäischen Ausland, sich relativ spät durchzusetzen vermochte. Gerade in Frankreich etablierte sich eine zentrale Ausbildung zum Kartografen und Landvermesser weit früher, zum Teil bereits im 17. Jahrhundert.[316] Trotz dessen entwickelte sich die akademische Ausbildung zum Kartografen für die Konkurrenzfähigkeit deutscher Kartenverleger im internationalen Markt für Landkarten zu einem Erfolg, auch weil das Publikum die Ergebnisse der Ausbildung in Form von genauen und nach strengen wissenschaftlichen Kriterien produzierten Karten wertschätze und dadurch einen Teil der Ausbildung passiv unterstützte.

3.1.4 Wandel der Mitarbeiterbeziehungen – Koloristinnen und Kupferstecher

Wenn man den Humankapitalbestand eines Unternehmens bemisst, kommt es darauf an möglichst alle Mitarbeiter zu erfassen. Genau das gestaltet sich für Kartenverlage im 19. Jahrhundert schwierig, da in der Regel Quellen zu Kartografen, allerdings weniger zu Kupferstechern oder anderen Mitarbeitern der Kartenproduktion vorhanden sind. Dennoch waren zuletzt genannte Akteure häufig für das zeitnahe Gelingen einer Publikation dringend erforderlich, auch wenn sie nicht immer direkt beim Verlag eine Direktanstellung vorfinden konnten. Nicht selten legte man sich von Seiten der Verlage auf eine langjährige Zusammenarbeit fest, die den Kupferstechern und ihren Familien ein gewisses Auskommen zusicherte und gleichzeitig die hohen Personalkosten für angestellte Mitarbeiter im Verlag senken konnte. Dass derartige Kooperationen durchaus gewinnbringend waren und zu innovativen und damit zum Teil auch zu sehr erfolgreichen Kartenpublikationen führen konnten, zeigt der Fall der Zusammenarbeit zwischen Eduard Gaebler und George Westermann. Schon im Jahr 1867 griff der Braunschweiger Verleger Westermann auf die Expertise des selbstständigen Leipziger Kupferstechers Gaebler für die Neubearbeitung des Schulatlas von Liechtenstern und

---

314 Gerhard Engelmann, „Langhans, Paul" in: Neue Deutsche Biographie 13 (1982), S. 603 [Online-Version]; URL: https://www.deutsche-biographie.de/pnd116724129.html#ndbcontent (zuletzt aufgerufen am 16.5.2019).

315 Ausführliche Biografie Hermann Haacks siehe Biographische Datenbank der Bundesstiftung Aufarbeitung unter: https://www.bundesstiftung-aufarbeitung.de/wer-war-wer-in-der-ddr-%2363;-1424.html?ID=1187 (zuletzt aufgerufen am 16.5.2019).

316 Mary Pedley, *The Commerce of Cartography. Making and Marketing Maps in Eighteenth-Century France and England*, Chicago und London, 2005, 30.

Lange zurück.[317] Jener sollte zusammen mit Carl Schönert im Jahr 1870 ein neuartiges Verfahren zur chemischen Vervielfältigung von Lithografien entwickeln, welches besonders für die günstige Produktion von Schulatlanten äußerst nützlich erschien. Das als Pantatypie bezeichnete Verfahren ermöglicht die Nutzung von Druckplatten aus Zink anstatt den üblicherweise für lithografische Drucke genutzten Kalkstein als Druckvorlagen. Dabei wird das zu druckende Bild mithilfe von ätzenden Chemikalien aus der Platte herausgearbeitet und reduziert dadurch die Zeit für die Herstellung einer neuen lithografischen Druckvorlage um ein Vielfaches.[318] Gaebler informierte Westermann bereits im November 1869 über dieses Verfahren und bot ihm die Möglichkeit einer exklusiven Nutzung für die eigenen Verlagsprodukte an:

> [...] Ich bin nun in der Lage, sämmtliche Platten Ihres Atlas in Platten zum Buchdruck umzuwandeln u. zwar auf chemischem Wege. Da ich nun diese Erfindung in Händen habe, [...], so halte ich es für meine Pflicht, bevor wir mit unserer Erfindung an die Öffentlichkeit treten, vor allem Sie daran in Kenntniß zu setzen, damit Sie der Erste sind, welcher die Vortheile dieser Erfindung genießt. [...] In Eile![319]

Jene technischen Innovationen waren neben dem Vertrauen, welches Westermann in Gaebler setzte, mit dafür ursächlich, dass der Verleger die Leipziger Werkstatt und Druckerei in den 1870er Jahren mit neuen Druckmaschinen ausrüstete und sogar 1874 die eigene Produktion komplett unter die Leitung Eduard Gaeblers abtrat, sodass dieser somit nicht mehr direkt als Kupferstecher selbstständig tätig war.[320] Die enge Zusammenarbeit währte allerdings keine zehn Jahre. Nichtsdestotrotz zahlten sich die Investitionen für den Verleger aus, denkt man nur an Publikationen wie den seit 1879 zusammen mit Carl Diercke bearbeiteten Schulatlas, der ohne die Möglichkeit eine große Menge an Atlanten günstig zu produzieren wohl kaum den Verkaufserfolg gezeigt hätte, den er schließlich bis in die Gegenwart hat.

Das Beispiel der Zusammenarbeit von Eduard Gaebler und George Westermann ist sehr typisch für die Geschäftstätigkeit von Landkartenverlegern im 19. Jahrhundert. Nachdem zu Beginn der Unternehmung die enge Kooperation mit externen Partnern die Produktion absichern sollte, verließ man sich in der zweiten Hälfte des Jahrhunderts vermehrt auf die Beschäftigung eigener Produktionsmitarbeiter. Der literarische Massenmarkt und der große Bedarf nach geeignetem Kartenmaterial durch die interessierte Öffentlichkeit machten es unausweichlich, dass die Produktionsabläufe harmonisiert sowie effektiviert werden mussten. Dies bedeutet allerdings auch, dass es für am Markt bereits erfolgreich bestehende Unternehmen oft zukunftsweisender

---

317 Petra Gäbler, *Eduard Gaebler (1842–1911), der Verleger und seine Atlanten*, in: Cartographica Helvetica (37), 2008, 5.

318 Eine ausführliche Beschreibung der Drucktechnik findet sich bei: Jacob Husnik, *Die Zinkätzung. Chemigraphy. Zinkotypie*, Wien u. a., 1886.

319 Brief von Eduard Gaebler an George Westermann vom 15.11.1869, in: Unternehmensarchiv Westermann Verlag, Nachlass Eduard Gaebler, 4/93 1.

320 Petra Gäbler, *Eduard Gaebler* [wie Anm. 317], 8.

war, freie Mitarbeiter nun selber anzustellen und durch eine industrielle Arbeitsweise deren Produktivität zu erhöhen. Auch der Perthes Verlag vollzog eine solche Wandlung. Besonders deutlich wird dies am Beispiel der für den Verlag tätigen Koloristinnen.

Das Kolorieren von Karten war zunächst ein reines Freizeitvergnügen einiger Hofdamen am Gothaer Hof in der ersten Hälfte des 19. Jahrhunderts, bevor dieses Gewerk ab den 1850er Jahren in Form von Kolorieranstalten professionalisiert wurde.[321] Die in Gotha ansässigen Anstalten profitierten außerdem vermehrt von der Arbeitsmigration, der bereits in Weimar erfolgreich tätigen Koloristinnen für verschieden Verlage, unter anderem für den von Friedrich Justin Bertuch. Alle Anstalten hatten gemein, dass sie zunächst als reine Subunternehmen, vornehmlich für Kartenverlage tätig waren, weshalb ihre Existenz direkt vom Geschäftserfolg des Justus Perthes Verlages abhing. Allein im ersten Quartal des Jahres 1875 kolorierten die auf inzwischen vier Anstalten angewachsene Branche in Gotha ca. 500.000 Karten, was einer Leistung von 6.000 Karten pro Tag entsprach.[322] Das Kolorieren von Karten wurde stetig weiter professionalisiert und auch industrialisiert, eine Entwicklung die sich auch in der ganzen Produktion von Druckerzeugnissen in den letzten 30 Jahren des 19. Jahrhunderts beobachten lässt. So führte August Petermann persönlich ab 1875 Schablonen für den Handkolorit in die Arbeitsabläufe der Anstalten ein und schließlich wurde mit dem Umdruckverfahren Richard Gössers um 1900 ein händisches Kolorieren von Karten überflüssig, da von nun an jeder Kupferstich auf Lithografiesteine abgetragen werden konnte.[323]

Dennoch war die Arbeit in den Kolorieranstalten stets sehr arbeitsteilig und vor allem ein Beruf für Frauen. Die Mitarbeiterinnen waren für das korrekte Nachzeichnen der Grenzverläufe, der Tiefebenen und der Bergketten zuständig und konnten mit ihrer Arbeit, gerade in ärmeren Gegenden des Thüringer Waldes, der Familie einen bescheidenen Zuverdienst zukommen lassen. Dabei verließ sich der Verlag, wie bereits angedeutet, zunächst ausschließlich auf die Beauftragung externer Anstalten, um dann verstärkt ab den 1880er Jahren durch Aufkäufe oder auch dem Entzug von Aufträgen diese sukzessiv in das eigene Unternehmen zu überführen.[324] Für viele der Koloristinnen bedeutete dies vor allem ein Ende ihrer Beschäftigung für den lokalen Un-

---

321 Nils Güttler, *Unsichtbare Hände* [wie Anm. 290], 138–140.

322 Ebd.: 141.

323 Im Wesentlichen bestand die Neuheit der Technik darin, dass das Bild einer Karte von einer vorhandenen Kupferplatte auf ein Umdruckpapier übertragen wurde, welches wiederum zur Herstellung einer fertigen Druckvorlage auf den Lithostein gelegt werden konnte und so eine identische Kopie des Bildes der Kupferplatte auf dem Kalkstein oder der Zinkplatte entstand. Der Vorteil liegt darin, dass nun in Farbe maschinell mithilfe der Technik der Lithografie gedruckt werden konnte. Dies ermöglichte der Kupferdruck nicht, da Kupferstiche lediglich in Schwarz/Weiß maschinell angefertigt werden können und später von Hand nachkoloriert werden müssen. Zur Nutzung der Technik des Umdruckverfahrens im Kartendruck siehe: Nils Güttler, *Unsichtbare Hände* [wie Anm. 290], 143.

324 Ebd.

ternehmer, waren doch die verlagsinternen Kolorieranstalten am Verlagsort versammelt und nicht wie bisher im Umland. Die übernommenen Angestellten erhielten eine regelmäßige Lohnzahlung vom Verlag, waren sie doch fortan fest und dauerhaft bei ihm angestellt und wurden nicht mehr ausschließlich nach Aufträgen bezahlt. Der Verleger selber wiederum manifestierte den Umbau seines Unternehmens zu einem industrialisierten Medienunternehmen, welches ab sofort alle Arbeitsschritte für ein fertiges Druckerzeugnis, egal ob Karte, Buch oder Atlas, in einem Haus versammelte.

Für diesen Schritt gab es verschiedene Gründe. Zum einen ermöglichte die Eingliederung der unterschiedlichsten Gewerke ein Unternehmen der kurzen Wege. Die gedruckten Karten konnten schneller im Haus in die eigene Kolorieranstalt verbracht werden, sodass mit dem nächsten Arbeitsschritt in der Kartenherstellung schneller begonnen werden konnte, als auf die Anlieferung durch einen externen Dienstleister zu warten. Zum anderen schuf der Verleger damit auch den Grundstein für eine professionelle, industrialisierte Kartenproduktion, in welche er von der Konzeption der Karte, über den Kupferstich und Druck bis zur Auslieferung alle Arbeitsschritte überwachen konnte und jederzeit in einen Arbeitsschritt ggf. eingreifen konnte. Damit ließ sich spontan auf jede Marktnachfrage reagieren, was der Vertrieb des Perthes Verlages von thematischen Karten zu zeitgeschichtlichen Ereignissen beweist. Gleichzeitig erforderten modernere Drucktechniken, wie die Lithografie, auch die Anschaffung neuer Geräte, was finanziell für Kleinunternehmen kaum zu bewerkstelligen war. Gerade die regionalen Druckereien und Kolorieranstalten beschäftigten darüber hinaus eine Vielzahl gut ausgebildeter Fachleute, deren Integration in einen Verlag keine großen Schwierigkeiten hervorrief, da sie oft schon jahrelang mit dem Verlag zusammengearbeitet haben und somit die Anforderungen an ihre Arbeit genau kannten. Der Verlag hatte deshalb auch die Garantie, dass im Falle der Schaffung eigener Kolorieranstalten gut ausgebildete Mitarbeiter zumindest theoretisch zur Verfügung standen. Praktisch bedeutete dies allerdings die Zahlung fester Löhne, was für die nicht regelmäßig entlohnten Mitarbeiter der Kolorieranstalten zu einer Verbesserung ihrer ökonomischen Lage führte und aus diesem Grund der Weg in die Erwerbstätigkeit für einen Verlag schnell zu Lasten ihrer alten Arbeitgeber entschieden wurde. Wie z. B. die Integration der Wolfschen Anstalt in den Perthes Verlag belegt, setzte der Verlag schnell Industriestandards der Kartenkoloration in der nun eigenen Abteilung durch, den nach wie vor bestehenden Kolorieranstalten in Gotha und Umgebung mangelte es allerdings fortan nicht nur an Aufträgen, sondern auch an Personal.[325] Für die Verlage blieb aus den genannten Gründen allerdings kein anderer Weg übrig, als den Handkolorit im eigenen Unternehmen anzusiedeln und dadurch die Kartenproduktion weiter zu industrialisieren.

Für den Perthes Verlag blieb der Handkolorit aber bis weit ins 19. Jahrhundert ein ökonomisches Risiko, vor allem durch seine hohen Kosten gegenüber der günstigeren Lithografie, auch wenn gerade diese Besonderheit der verkauften Karten für die Stilbildung auf dem Buchmarkt und damit für das Image des Verlages essentiell wichtig

325 Ebd.

war.[326] Schließlich bedrohten die Innovationen in der Drucktechnik den Arbeitsplatz der Koloristinnen im Perthes Verlag: waren 1885, dem Gründungsjahr der eigenen Kolorieranstalt, 80 Koloristinnen fest angestellt, waren es 1905 nur noch 13 und 1935 nur noch eine.[327] Für den Verlag zeichnete sich also ab, dass handkolorierte Karten in ihrer Ästhetik bis ins 20. Jahrhundert Farbdrucken überlegen waren, dennoch eine zunehmend preisbewusstere Käuferschicht, vor allem von Forschungskartografie, nicht bereit war Preise zu zahlen, die einen evtl. berechtigten Mehrwert an Ästhetik rechtfertigten.

Die Beispiele Westermann und Perthes zeigen deutlich, dass das Thema der Mitarbeitergeschichte in Kartenverlagen weit mehr als bloß die Darstellung der Beschäftigung der Kartografen umfasst. Beide Gruppen durchlebten zahlreiche Umbrüche in ihren Beschäftigungsverhältnissen und die Verleger reagierten auf neue Marktzwänge und Gewohnheiten eben auch durch abweichenden Ideen, die nicht immer den gewohnten Mitarbeiterbeziehungen entsprachen.

3.1.5 Ausbildung und Mitarbeiternetzwerke

Im Fall der Kartografen wandelte sich die Art und Weise der Beschäftigung schrittweise im Laufe des 19. Jahrhunderts. Für den Perthes Verlag markierte beispielsweise die Akquise August Petermanns und der Umbau des Verlages in eine Geografische Anstalt während der Mitte der 1850er Jahre den Beginn eines völlig neuen Verständnisses als Unternehmen sowie einer damit einhergehenden veränderten Mitarbeiterkultur. Gleichwohl stellt dies in jener Form eine Singularität für den deutschen Kartenmarkt, weniger für den europäischen dar. Deutsche Landkartenverleger zögerten lange wissenschaftliches Personal fest anzustellen. Sei es wegen der geläufigen Praxis des Buchhandels auf lokaler und regionaler Ebene Autoren Honorare zu gewähren, eine Praxis die sich bis heute kaum gewandelt hat, oder aufgrund nicht existenter Absatzmöglichkeiten für die industrialisierte Landkartenproduktion. Jener Umstand sollte sich im 19. Jahrhundert, wie bereits beschrieben, schlagartig ändern und Verlagshäuser, wie z. B. den Gothaer Justus Perthes Verlag, vor weitreichende Veränderungen stellen.

Mit der Umgestaltung des Unternehmens durch Bernhardt Perthes firmierte der Verlag nicht nur zu einer selbst betitelten Geografischen Anstalt, sondern verstand sich zunehmend als akademischen Wissensbetrieb. Diese neue Ausrichtung des Verlagsgeschäftes erforderte geschulte Mitarbeiter, um einen stetigen Output an neuen Karten zu erzeugen. Da die Ausbildung geeigneter Mitarbeiter nicht in externen Institutionen wie Universitäten oder Berufsschulen erfolgen konnte (die Ausnahme bildete die nur wenige Jahre existente Kunstschule von Heinrich Berghaus in Potsdam), blieb dem Verleger nichts anderes übrig, als die Ausbildung der zukünftigen für den Verlag tätigen Kartografen selber zu organisieren. Diese Ausbildung überließ er ab Mitte der

326 Ebd., 148.
327 Ebd.: 143.

1850er Jahre dem neu eingestellten August Petermann. Jener vermochte es bis zu seinem Tod 1878 eine neue Generation junger Kartografen zu prägen, die dem Verlag zum Teil über Jahrzehnte durch ihre Arbeit zur Verfügung standen.

Um die Gründe für diese lange Beschäftigung dieser Mitarbeiter im Verlag und den von ihnen zum Teil ausgelösten Wissenstransfer in andere Verlage im 19. Jahrhundert zu verstehen, kann es sinnvoll sein den Begriff der Generation auf die Analyse des konkreten Falles anzuwenden, da der der Begriff in diesem Zusammenhang durchaus für die Beschreibung einer historisch – sozialen Einheit unterschiedlicher Individuen benutzt werden kann.[328] Gleichwohl kann für eine Gruppe zur selben Zeit vom gleichen Lehrer ausgebildeter Kartografen kein Generationsbegriff im wörtlichen Sinne gebraucht werden, da das Kriterium der Bindung an eine soziale Lage in der Gesellschaft durch die Geburt für den Fall der im Perthes Verlag tätigen Kartografen und darüber hinaus nicht angenommen werden kann, schließlich handelt es sich in dem untersuchten Fall immer noch um Mitarbeiter eines Unternehmens und keine soziologischen Einheiten, wie die bestimmter gesellschaftlicher Gruppen.

Man kann selbstredend davon ausgehen, dass keine größere Anzahl von Individuen oder Mitglieder unterschiedlicher sozialer Milieus, basierend auf ihren Erfahrungen aus der Tätigkeit für einen einzigen Verlag als eine genau definierte Generation in der deutschen Geschichte beschrieben werden können. Nichtsdestotrotz fällt im Zusammenhang mit der Tätigkeit Petermanns für die Verlagsgeschichte auf, dass spezielle Persönlichkeitsmerkmale der durch ihn ausgebildeten Kartografen die Zuordnung zu einer „Generation Petermann" rechtfertigen. Diese prägenden Generationslagerungen waren zum einen die gemeinsame Herkunft aus Thüringen, das Jahr der Geburt und natürlich die Art und Weise der Ausbildung in der „Ära Petermann" sowie das dadurch erworbene Wissen, wie man im Speziellen Karten entwerfen und zeichnen kann.[329] Man kann also von einer Zeit des gemeinsamen Unterrichts an einer Schule der Kartografie sprechen, deren Inhalte von August Petermann geprägt wurden.

Die gemeinsame sozialen Lage von im Verlag oder darüber hinaus tätiger Kartografen war für den Perthes Verlag bis zur Anstellung Petermanns durchaus etwas Neues. Neben Adolf Stieler oder Emil von Sydow prägten Heinrich Berghaus oder Autoren wie Friedrich von Stülpnagel und Karl Spruner von Merz die Arbeit an den frühen Kartenpublikationen. Diese Personen verband außer ihrer Tätigkeit im Staatsdienst und die Arbeit für den Perthes Verlag allerdings oft wenig miteinander, auch wenn sie durchaus in gegenseitigem Kontakt standen. Erst mit August Petermann begann die auch vertraglich enge Bindung der Kartografen an das Unternehmen, was nach Petermanns Tod den Verlag fortan weiter prägen sollte. Mit Hermann Habenicht sollte wie-

328 Beate Fietze, *Historische Generationen. Über einen sozialen Mechanismus kulturellen Wandels und kollektiver Kreativität*, Bielefeld, 2009, 72 f.

329 Zum Begriff der „Ära Petermann" siehe: Matthias Hoffmann und Rainer Huschmann, *August Heinrich Petermann. Eine neue Ära beginnt*, in: Gottfried Suchy (Hrsg.), *Gothaer Geographen und Kartographen: Beiträge zur Geschichte der Geographie und Kartographie*, Gotha, 1985, 77–84.

derum ein Kartograf der Generation Petermann selber zum Ausbilder für zukünftige Kartografen werden, unter anderem für den dann im 20. Jahrhundert als zentrale Figur im Verlag tätigen Hermann Haack. Inwieweit die um die Jahrhundertwende im Verlag beschäftigten Kartografen auch zu einer Kartografengeneration zuzurechnen sind, bleibt fraglich. So fehlen dieser Gruppe, die ich fortan als „Kartografen des Umbruchs" bezeichne, die gemeinsamen prägenden sozialen Lagerungen.[330] Der Name dieser Generation erklärt sich aus der Beschäftigung der dazugehörigen Kartografen zur Zeit des Endes der Ära Petermann im Perthes Verlag sowie den sich veränderten Anforderungen an die Kartografie, aufgrund der inzwischen fortgeschrittenen Akademisierung des Fachs.

Die Erfahrung des prägenden sozialen Wandels, der für die Bildung einer Generation unerlässlich ist, blieb jedoch in der Geschichte des Verlages der Gruppe der Schüler August Petermanns vorbehalten.[331] Hierbei stellt sich in diesem Zusammenhang unweigerlich die Frage des ökonomischen Nutzens dieser engen Bindung der Mitarbeiter an ihr Unternehmen und welchen Einfluss dies auf die Kartenproduktion auszuüben vermochte.

Zunächst dürfen Unternehmer oder im Unternehmen tätige Fachkräfte, die für die Ausbildung zahlreicher Mitarbeiter notwendig sind, nicht als isolierte Akteure betrachtet werden. Gerade die Vernetzung innerhalb der Branche bzw. von führenden Mitarbeitern zur Geschäftsleitung ist für den Erfolg der gesamten Unternehmung maßgeblich.[332] Der Begriff des Sozialkapitals beschreibt in diesem Zusammenhang die Summe aller sozialen Beziehungen eines Individuums, speziell eines Mitarbeiters oder Unternehmers im vorliegenden Fall. Durch einen erleichterten Zugang zu Informationen innerhalb eines sozialen Netzwerkes ist die Aneignung von essentiellem Sozialkapital deutlich einfacher. Dies fördert nicht nur gemeinschaftliches Handeln, sondern verringert durch vertrauensbildende Maßnahmen auch innerhalb des Unternehmens Koordinations- und Transaktionskosten erheblich.[333] Dennoch kann der zu starke Ausbau eines solchen Netzwerkes auch kontraproduktiv für die Arbeit im Unternehmen sein, nämlich dann, wenn Mitarbeiter, welche als Netzwerkknoten aufgrund ihres hohen Humankapitalbestandes gelten oder mit zu vielen administrativen Aufgaben betraut wurden, zu stark belastet werden und ihre eigentlichen Aufgaben für das Unternehmen nicht mehr wahrnehmen können.[334]

---

330 Beate Fietze, *Historische Generationen* [wie Anm. 328], 80.

331 Ebd., 76.

332 Peter Preisendörfer, *Sozialkapital und unternehmerisches Handeln. Das soziale Netzwerk von Unternehmensgründern als Erfolgsfaktor*, in: Axel Franzen und Markus Freitag (Hrsg.): Sozialkapital. Grundlagen und Anwendungen, Wiesbaden, 2007, 272–293, hier: 272–275.

333 Isabelle Stadelmann-Steffen und Markus Freitag, *Der Ökonomische Wert sozialer Beziehungen. Eine empirische Analyse zum Verhältnis von Vertrauen, sozialen Netzwerken und wirtschaftlichem Wachstum im interkulturellen Vergleich*, in: Axel Franzen und Markus Freitag (Hrsg.): Sozialkapital. Grundlagen und Anwendungen, Wiesbaden, 2007, 294–320, hier: 304.

334 Alexander Fliaster, *Innovationen in Netzwerken. Wie Humankapital und Sozialkapital zu kreativen Ideen führen*, München und Mering, 2007, 229 f.

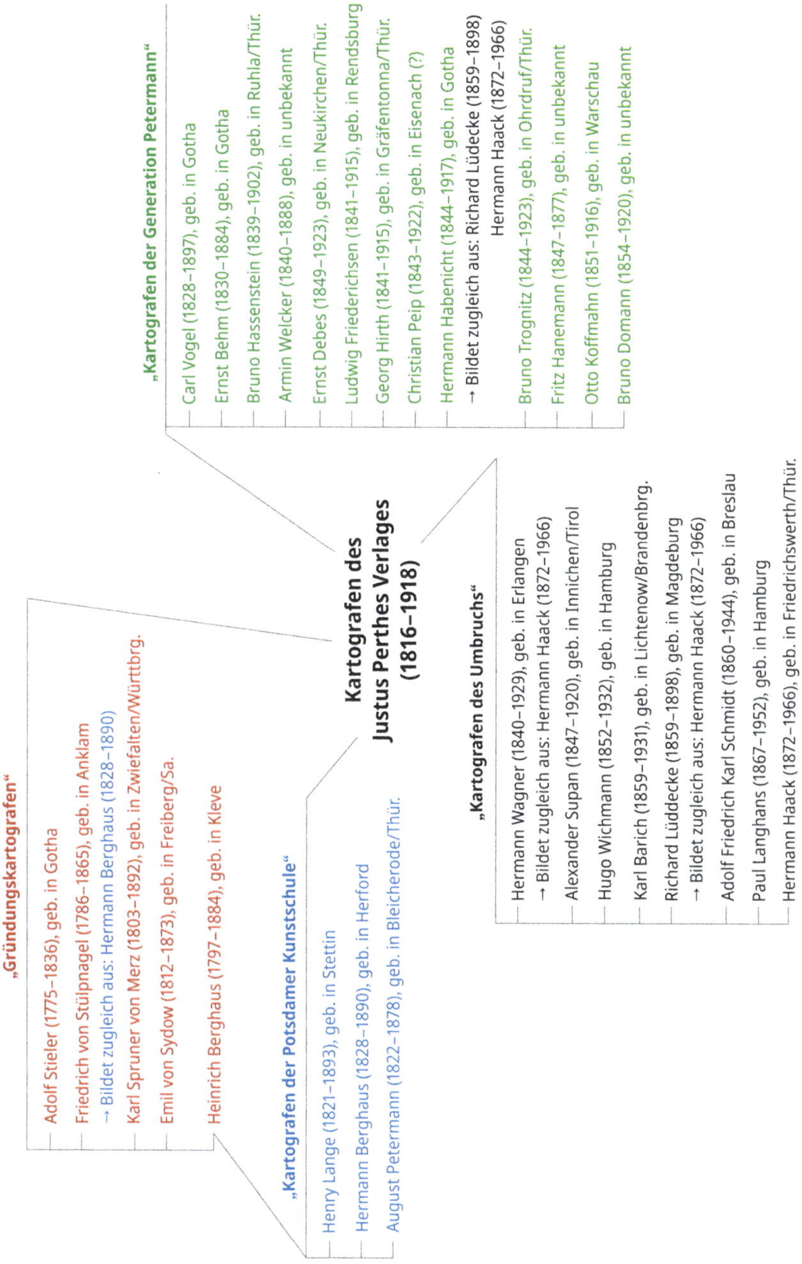

Abb. III. 1: Organigramm einzelner für den Justus Perthes Verlag im 19. Jahrhundert tätigen Kartografen, inklusive Lebensdaten und Geburtsort sowie ihrer Beziehungen untereinander und zu unterschiedlichen Verlagshäusern; rot: „Gründungskartografen" des Verlages, grün: „Generation Petermann", grau: „Kartografen des Umbruchs", blau: „Kartografen der Potsdamer Kunstschule". (Eigene Darstellung)

Inwieweit dies im Fall des Perthes Verlages eintrat, lässt sich nur spekulieren. Der wesentliche Vorteil des Netzwerkes der „Generation Petermann" war sicherlich der hohe Sozialkapitalbestand der Mitglieder und die enge, aber nicht erdrückende Nähe zu August Petermann, der in der Mitarbeiternetzwerkstruktur des Verlages als deutlicher Knoten im 19. und frühen 20. Jahrhundert sichtbar ist (siehe Abbildung III. 1). Durch die zugeschriebene Kompetenz vermochte es der Verlag mit Petermann zusammen ab Mitte der 1850er Jahre begabte junge Männer, mehrheitlich aus der näheren Umgebung, für die Ausbildung im Unternehmen zu gewinnen und ihnen damit einen ähnlichen beruflichen Werdegang, wie ihn August Petermann selbst erlebt hatte, zu ermöglichen. Der dann folgende Ausbau des Sozialkapitals Petermanns, als auch der seiner Schüler und die Bindung der Gruppe an den Verlag, sollte nicht nur für die Innovationskraft des Unternehmens prägend sein, sondern war für die Branche insgesamt durch geöffnete Informationskanäle und die Teilhabe an Bildung und Wissen von Vorteil.[335] Denn nicht alle ausgebildeten Kartografen verblieben zwangsläufig im Verlag, wie die Erwerbsbiografie von Ludwig Friederichsen oder Georg Hirth dies belegen.[336] Insofern kann die Umfirmierung des Verlages als Geografische Anstalt und der Beginn der Herausbildung eines Netzwerkes junger Kartografen auch als Wiedergründung des Verlages begriffen werden. Zahlreiche akademische und nicht-akademische Mitarbeiter wurden dabei als Stakeholder in ein Verlagsnetzwerk eingebunden, welches den direkten Dialog im Unternehmen, anders als die frühere, informelle Informationsbereitstellung durch meistens ungebundene auf Honorarbasis beschäftigte Autoren ermöglichen sollte. Diese Form der internen Kommunikation zwischen den unterschiedlichen Ebenen des Unternehmens förderte nicht nur den Ausbau des Sozialkapitals der einzelnen Mitarbeiter, sondern auch in direkt proportionalem Verhältnis den Bestand ihres Humankapitals.[337]

Gerade die fundierte Expertise Petermanns, als auch seine engen Kontakte zu anderen Kartografen weltweit, sollte es den wissenschaftlichen Mitarbeitern im Verlag ermöglichen, durch die Bindung an die Person Petermann als Netzwerkknoten im Unternehmen die eigenen Bildungskosten zu reduzieren und dadurch auf günstigerer Weise den Human- und Sozialkapitalbestand zu erhöhen. Dies geschah auf zwei Ebenen. Zum einen schuf die Expertise Petermanns ein produktives Klima im Unternehmen, da seine zahlreichen fachlichen Fähigkeiten vielfältiger als die der Konkurrenten waren und Petermann damit zum gefragten Lehrer avancierte. Zum anderen band Pe-

---

335 Ebd.: 108.

336 Zur Biografie Ludwig Friederichsens siehe: o. A., *Zum Andenken Dr. Friederichsens*, in: Neue Hamburger Zeitung (265) vom 27.5.1915; gefunden in: http://webopac.hwwa.de/PresseMappe20E/Digiview_-MID.cfm?mid=P005594 (zuletzt aufgerufen am 29.04.2019); siehe Johann Adolf Repsold, Ludwig Friederichsen. Ein Bild seines Lebens, hrsg. v.d. Geographischen Gesellschaft Hamburg, Hamburg, 1916. Zur Biografie Georg Hirths siehe: Franz Carl Endres, *Georg Hirth. Ein deutscher Publizist*, München, 1921.

337 Janine Nahapiet, *A Social Perspective: Exploring the Links between Human Capital and Social Capital*, in: Alan Burton-Jones und J. C. Spender, *The Oxford Handbook of Human Capital*, Oxford und New York, 2011, 71–95.

termann als Lehrer seine Schüler, ähnlich wie Heinrich Berghaus einige Jahre zuvor in dessen Potsdamer Kunstschule, in die Arbeit mit ein und führte, ohne es so zu nennen, die duale Berufsausbildung der Kartografen im Unternehmen ein. Da die Schüler gerade in der täglichen Arbeit für die verlagseigene Publikation *Petermanns Geographische Mitteilungen* Schriftgut aus der ganzen Welt sichten und auswerten mussten, wuchs nicht nur ihre fachliche Befähigung in diesem Zusammenhang gegenüber der Arbeit in anderen Fachverlagen der Zeit an, sondern ermöglichte diese enge Bindung an die Mitglieder des Forschungsnetzwerkes Petermanns die Chance auch eigene Kontakte zu Forschern und Reisenden weltweit zu knüpfen. Dieses Sozialkapital wurde für die spätere Arbeit als Kartograf unersetzlich, wollte man exklusives Wissen auch in Zukunft publizieren.

Gerade das unterschied die Arbeit im Perthes Verlag im direkten Wettbewerb von anderen Fachverlagen der Zeit. Für den Gothaer Verlag war dies sicherlich von Vorteil gewesen, weil das Unternehmen eben jene Mitarbeiter schließlich langfristig an sich band, sodass diese wiederum durch die Ausbildung zukünftiger Kartografen deren Humankapitalbestand auf ähnliche Kosten reduzierende Weise ausbauen konnten.[338] Darüber hinaus schuf das Wissen aus der Übung und dem täglichen Umgang miteinander ein nahezu unmöglich zu reproduzierendes Reservoir an für den Verlag nutzbaren Humankapitalressourcen, was auch für die lange Beschäftigung einzelner Mitarbeiter im Verlag spricht.[339]

Dieser Umstand sorgte jedoch für große Herausforderungen für die im Verlag tätigen Mitarbeiter, besonders nachdem Petermann verstarb und letztendlich auch seine Schüler den Verlag verließen oder sich zur Ruhe setzten. Die Art der eigentümlichen, idiosynkratischen Erfahrung in der Arbeit an den Karten ging insofern mit dem Tod Petermanns verloren, als dass seine Routinen und die seiner Schüler dann dem Verlag nur noch bedingt zur Verfügung standen.[340] Man könnte auch sagen, dass mit Petermann als einer Art Patriarch der eigentliche kreative Kopf des Verlages verlorenging, dessen Verlust auch die Ideen seiner Schüler nicht auszugleichen vermochten. Erst mit Hermann Haacks Wirken im Verlag zu Beginn des 20. Jahrhunderts entstand ein neuer intellektueller sowie konzeptioneller Mittelpunkt in der Kartenerstellung, der mit August Petermanns Wirken 50 Jahre zuvor verglichen werden kann.

Im Hinblick auf die deutlich spürbare Professionalisierung und Standardisierung des Kartenmarktes am Ende des 19. Jahrhunderts wurde die Akkumulation von unter-

---

338 So galt der Petermann Schüler Hermann Habenicht als einer der Lehrer Hermann Haacks, welcher wiederum prägend für die Verlagsgeschichte des Perthes Verlages im 20. Jahrhundert werden sollte.

339 Vgl.: Burkhard Jaeger, *Humankapital und Unternehmenskultur. Ordnungspolitik für Unternehmen*, Wiesbaden, 2004, 156 f.

340 Zum Begriff der idiosynkratischen Erfahrung siehe: Burkhard Jaeger, *Humankapital und Unternehmenskultur* [wie Anm. 339], 156.

nehmensspezifischem Humankapital für die eigene Wettbewerbsfähigkeit zugleich unabdingbar. Insofern musste es nicht nur jedem Kartenverlag daran gelegen sein, durch gezielte Anwerbung und Ausbildung neue Kartografen mit einem hohen individualspezifischem Humankapital an sich zu binden, sondern diese Form des Kapitals in das für das eigene Unternehmen brauchbaren und damit unersetzbaren Humankapitals umzuwandeln.[341] Genau jene Umwandlung kann auch für den Perthes Verlag beobachtet werden. Durch die Ausbildung Petermanns lässt sich nicht nur ein einheitlicher Kartenstil seiner Schüler feststellen, sondern die Art und Weise wie Karten gestaltet und projektiert wurden kann unmittelbar auch in den später publizierten Landkarten eben jener Schüler beobachtet werden, wie z. B. in den Arbeiten Ludwig Friederichsens oder Hermann Habenichts.[342]

Für die Zeitgenossen mag diese Art der Analyse vermutlich eher intuitiv betrachtet worden sein, wenn auch gerade der Bedarf nach gut ausgebildeten Fachkräften seit den späten 1850er Jahren z. B. im Perthes Verlag immer dringlicher wurde, wie ein Brief des Verlegers Bernhardt Perthes an Rudolf Besser offenbart:

> Im Geschäft ist es recht gut gegangen, um aber das zuströmende Material zu bewältigen fehlen mir noch wissenschaftliche Kräfte, hoffentlich finde ich noch was ich suche. [...][343]

Nichtsdestotrotz lässt sich rekonstruieren, dass es dem Verleger zusammen mit der Sogwirkung Petermanns gelungen war, langfristig Kartografen an den Verlag zu binden. Dies mag unter anderem dem Umstand geschuldet sein, dass die Arbeit für den Verlag Sicherheit für die beschäftigten Kartografen in Form von Lohn- und Honorarzahlungen als auch Weiterbildungsmaßnahmen anbot. Gerade wenn ein Unternehmen die Möglichkeit der Zunahme von Humankapital, bei gleichzeitiger adäquaten Entlohnung anbietet, bleibt es dauerhaft attraktiv für die beschäftigten Mitarbeiter.[344]

Vor allem der Lohnaspekt lässt sich quantitativ für den Perthes Verlag gut nachweisen. So stiegen seit dem Eintritt Petermanns in den Verlag die Lohnkosten für die Kartografen massiv an. Wurden 1831 noch Löhne und Honorare von ca. 345 preuß. Talern verbucht, waren es 1855 bereits ca. 3.100, im Jahr 1865 schon über 5.000 und 1895 über 11.000 preuß. Taler (siehe Abbildung III. 2).[345]

---

341 Zur den unterschiedlichen Arten von Humankapital siehe: Georg von Krogh und Martin W. Wallin, *The Firm, Human-Capital, and Knowledge Creation*, in: Alan Burton-Jones und J. C. Spender, *The Oxford Handbook of Human Capital*, Oxford und New York, 2011, 261–288.

342 Dies belegen eigene Untersuchungen der Karten im Nachlass Ludwig Friederichsen im Staatsarchiv Hamburg.

343 Brief von Bernhardt Perthes an Rudolf Besser vom 02.1.1856, in: Forschungsbibliothek Erfurt/Gotha, Nachlass Bernhardt Perthes, SPA ARCH FFA 03/02, 3. Blatt 59.

344 Georg von Krogh und Martin W. Wallin, *The Firm*, [wie Anm. 341], 278.

345 Eigene Berechnungen, siehe: Forschungsbibliothek Erfurt/Gotha, Sammlung Perthes-Archiv, Hauptkontobücher des Perthes Verlages 1828–1895, SPA ARCH FFA 01/8–01/17.

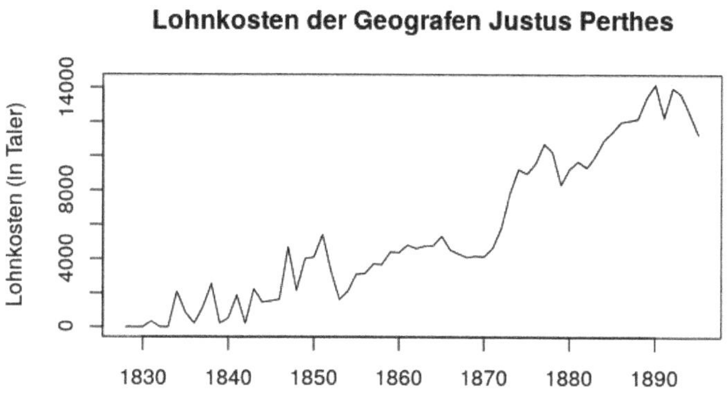

Abb. III. 2: Gehaltszahlungen an für den Perthes-Verlag tätige Kartografen 1828–1895. (Eigene Darstellung)

Gerade die Honorarzahlungen konnten neben dem Lohn über ein Drittel der gesamten Einnahmen der im Verlag beschäftigten Kartografen ausmachen. Dennoch stellt sich diese Situation deutlich anders dar als die Lage der ersten Geografen, die ganz im Stile Stielers im Nebenberuf Karten für den Verlag entwarfen. Spätestens seit der Generation Petermann war es für angestellte Kartografen möglich, von ihrer Arbeit im Verlag in Gänze zu leben. Gleichzeitig wuchs die Zahl jener Mitarbeiter stark an. Waren in den 1840er Jahren nur fünf Namen auf der Gehaltsliste vermerkt, sollte sich diese Zahl bis in den 1890er Jahre auf 17, Kartografen in der Ausbildung eingeschlossen, erhöhen.[346]

3.1.6 Fazit

Am Beginn meiner Ausführungen zum Thema Mitarbeiter in Kartenverlagen hatte ich erörtert, dass die Beschäftigung von qualifiziertem Personal zunehmend wichtiger für die Konkurrenzfähigkeit der Unternehmen auf dem deutschen, aber auch internationalen Markt für Druckerzeugnisse wurde. Insofern stellt die Analyse der Beschäftigungsverhältnisse einzelner Kartografen keine aus dem Kontext gerissene Inselstudie dar, sondern muss immer auch im Verständnis des stetigen Wandels der Praktiken sowie Produkte und eben auch der Akteure des Marktes für Kartografie verstanden werden. Daher bleibt es essentiell für die Beschäftigung mit Kartenverlagen auch deren Mitarbeiter zu betrachten und ihre Anstellung genauer zu beleuchten.

Im Bezug zur Beschäftigungspraxis deutscher Kartenverleger kann ein Wandel für das 19. Jahrhundert in drei Schritten belegt werden: Zum einen stellten Kartografen wie Adolf Stieler oder auch Emil von Sydow eine Gruppe von zumeist im Staatsdienst

346 Eigene Berechnungen, siehe: Forschungsbibliothek Erfurt/Gotha, Sammlung Perthes-Archiv, Hauptkontobücher des Perthes Verlages 1842–1851 sowie 1889–1895, SPA ARCH FFA 01/9 und 01/17.

beschäftigten Kartografen dar, die für die eigene ökonomische Existenz in ihrem Haupterwerb nicht auf die Zusammenarbeit mit Verlagen angewiesen war, sondern die die Kartografie als Passion betrachteten, welche ihrem spätaufklärerischem Habitus als Gelehrten entsprach. Demzufolge stellten sie doch den Bildungscharakter ihrer Arbeit in den Mittelpunkt ihrer Kartenwerke.

Dies sollte sich mit der zunehmenden Professionalisierung der Kartografie drastisch ändern, wie das Beispiel Heinrich Berghaus zeigt. Von nun stand man vor der Herausforderung, zunehmend durch eigene Publikationen auf dem Gebiet der Kartografie ein vollumfängliches Einkommen generieren zu müssen. Diese Entwicklung geschah allerdings nicht über Nacht, sodass der Beruf des Kartografen, welcher in jenen Jahren zunächst professionalisiert, weil akademisiert wurde und sich dann stark standardisierte, erst in der uns später bekannten Form erfunden werden musste. Gerade die Erwerbsbiografie von Heinrich Berghaus steht mit ihren ökonomischen Zwängen und ihrer Ambivalenz aus Lehrperson und Autor beispielhaft für jenen Umbruch.

Die letzte Phase des von mir beschriebenen Wandels charakterisiert die Beschäftigung von Kartografen im Hauptberuf. Jene Mitarbeiter waren von nun an fest angestellt und fungierten als Lohnarbeiter, trotz dessen auch weiterhin Honorare für erfolgreiche Publikationen gezahlt wurden. Ihre Ausbildung übernahmen zunächst die Verlags-Anstalten selber, um dann später auf die ersten Absolventen der an den Universitäten eingerichteten Lehrstühle für Geografie zurückzugreifen. Vor allem die Anstellung August Petermanns im Justus Perthes Verlag als auch die Ausbildung junger Kartografen der von mir zusammengefassten Generation Petermann und der Umbruch im Verlag am Ende des 19. Jahrhunderts symbolisieren diesen Wandel besonders eindringlich.

Aber nicht nur Kartografen waren Veränderungen unterworfen. Auch Kupferstecher und Koloristinnen vermochten die zunehmende Industrialisierung der Kartenproduktion hautnah mitzuerleben, was in großen Teilen die vollkommene Umkehr ihrer früheren Beschäftigungsverhältnisse zur Folge hatte.

Dieser Blick stellt allerdings auch die Frage nach der Bedeutung von Humankapital ganz grundsätzlich in entsprechenden Unternehmen der Zeit. Dabei ist es zunächst unklar, ob durch die Professionalisierung der Geografie als Wissenschaft die Ansprüche an Landkarten und deren Inhalte beim Publikum anstiegen, was für die Notwendigkeit von besonders geschultem und ausgebildetem Personal in den Verlagen sprechen würde. Auf der anderen Seite könnten auch durch die Akademisierung des Fachs die Verlage als Arbeitgeber dazu gezwungen worden sein diese Mitarbeiter einzustellen. Dadurch war schließlich der Handel, das Aussehen und der Inhalt von Landkarten starken Veränderungen unterworfen. Um diese Frage abschließend zu klären, sollte außerdem in einem weiteren Schritt beleuchtet werden, welche Rolle in der Unternehmenskommunikation der Verlage die Kartografen tatsächlich einnahmen, also welche konkreten Aufgaben sie im Unternehmen inne hatten.

3.2 Der Kartograf als Werbefigur und Wissensmanager

3.2.1 Vorbemerkungen

Für Kartografen galt im 19. Jahrhundert einmal mehr, dass der Erfolg ihrer Arbeit nicht nur von ihrem Können abhing, sondern immer auch mit der Geschäftstätigkeit der Verlage in Zusammenhang gebracht werden muss. Verleger gestalteten selbstbewusst ein Verlagsprogramm, dessen Umfang von dem Willen des Unternehmers, auch betriebswirtschaftliche Risiken einzugehen, zunehmend abhing. Kartografen boten in diesem Zusammenhang ihr Können und ihr Wissen Verlegern an, um nicht nur ein finanzielles Auskommen zu erhalten sondern langfristig ihr Image als jemand, der Wissen schafft im Publikum zu verfestigen.

In diesem Sinne wird es mir in den folgenden drei Abschnitten vor allem darauf ankommen, die Rolle und die Bedeutung des Kartografen als Autor in der Unternehmung eines Kartenverlages zu beleuchten. Den Anfang macht die Arbeit von Heinrich Berghaus im Justus Perthes Verlag. Der Potsdamer Kartograf galt nicht nur als eine Identifikationsfigur für zahlreiche Kollegen, die nach ihm in den Verlag eintraten oder an anderer Stelle als Geografen arbeiteten. Vielmehr stellt seine Biografie ein bemerkenswertes Beispiel für die Zwänge und Schwierigkeiten eines Lebens als freiberuflicher Autor und Kartograf zu Beginn des 19. Jahrhunderts dar. Daher wird es mein Ziel sein, diese Konflikte herauszuarbeiten und somit den Versuch zu unternehmen, Gewohnheiten in der Publikationspraxis von Landkarten im frühen 19. Jahrhundert, sowohl im Leben eines Kartografen, als auch eines Verlegers sichtbar werden zu lassen.

Im zweiten Teil der Analyse über die Tätigkeit von Kartografen im 19. Jahrhundert wird die Biografie Heinrich Barths im Mittelpunkt meines Interesses stehen. Heinrich Barth steht wie kaum ein Autor vor ihm für eine Gruppe von Geografen, deren Arbeit in erster Linie mit Feldforschung verbunden ist. Die Besonderheit im Fall Barth ist es nämlich, dass mit Personen wie ihm der Beruf des Forschungsreisenden Einzug in die Produktion von Wissen, vor allem in der Erstellung von Karten vermehrt Einzug hielt. Dabei wird konkret die Frage der Art und Weise der Schaffung und des Verkaufs geografischen Wissens von einer Person an einen Verlag im Mittelpunkt meiner Analyse stehen. Zugleich muss an dieser Stelle aber auch geklärt werden, ob entscheidende Charakteristika der Arbeit eines Forschungsreisenden im Hinblick auf die Zusammenarbeit mit einem Fachverlag sichtbar gemacht werden können.

Schließlich werde ich im dritten Abschnitt mit August Petermann die Arbeit einer zentralen Figur der deutschen Kartografiegeschichte beleuchten und dessen Arbeit für den Justus Perthes Verlag aus der Sicht eines Chefredakteurs einer geografischen Fachzeitschrift erörtern. Dabei wird es darauf ankommen, Trends im Konsumverhalten der Leserschaft derartiger Fachpublikationen zu erkennen und den ökonomischen Wert geografischer Informationen zu bemessen.

3.2.2 Heinrich Berghaus: Übergang vom Gelehrten zum Spezialisten

An dieser Stelle möchte ich den Blick auf Heinrich Berghaus richten. Berghaus lebte und arbeitete als ein Kartograf in einer Zeit der zunehmenden Akademisierung des Fachs. Dessen Biografie stellt auch aus diesem Grund ein eindrucksvolles Beispiel des Lebens eines Kartografen in einer Zeit des akademischen Methodenwandels und der Ökonomisierung der Disziplin dar. Es wird mir allerdings nicht ausschließlich darum gehen die Biografie hinsichtlich ihrer Brüche und Widersprüche im Kontext eines Lebens als Kartograf zu beleuchten, sondern am Beispiel von Heinrich Berghaus den Wandel der Geografie einer allerhöchstens als Hilfswissenschaft bezeichneten Abteilung an Lehrstühlen für Mathematik und Landvermessung, hin zu einer aufgewerteten und in den Fächerkanon der Naturwissenschaften integrierten Disziplin zu kontextualisieren.

Wie bereits im vorherigen Abschnitt beschrieben, mussten Geo- und Kartografen seit dem Ende der ersten Hälfte des 19. Jahrhunderts zunehmend stärker auch von ihrer Arbeit als Karto- und Geograf leben. Außerdem stellten die Verlage, welche die nächsten Jahrzehnte ökonomisch erfolgreich am Markt partizipieren konnten, in eben jenen Jahren die Zusammenarbeit zwischen professionalisierten Berufskartografen und dem Verlagsgeschäft auf ein grundsätzlich neues Fundament. Das bedeutet allerdings nicht, dass frei arbeitende Kartografen gänzlich verschwanden, obwohl ihre dezidiert als nebenberuflich wahrgenommene Publikationstätigkeit für Verlage aufgrund der steigenden wissenschaftlichen Anforderungen an die zukünftigen Verlagsprodukte zunehmend erschwert wurde. Das beschriebene Spannungsfeld und die Folgen dieser Entwicklung hatten konkrete Folgen für den Handel mit Karten, was am Fallbeispiel der Zusammenarbeit zwischen Heinrich Berghaus und dem Justus Perthes Verlag auf den kommenden Seiten näher untersucht werden soll.

Durch den Blick auf die Biografie eines Geografen jener Jahre wird gerade die Inneneinsicht der Geschäftstätigkeit der Verlage und ihr Spagat zwischen einem zuweilen hohen wissenschaftlichen Anspruch und zum anderen der Notwendigkeit mit einigen Publikationen die für den ökonomischen Erfolg des Unternehmens nötige Masse an Drucken absetzen zu können deutlich. Darüber hinaus muss ebenso beachtet werden, dass die Betrachtung einzelner Biografien nur Ausschnitte aus der Zusammenarbeit von Verlagen, dem Geograf und weiteren Akteuren darstellen und jede derartige Analyse zwangsläufige historisiert werden sollte. In diesem Zusammenhang ist vor allem Heinrich Berghaus durch seine langen Jahre als Kartograf und prominenter Lehrer weiterer bekannter Persönlichkeiten des Fachs, um nur die Beispiele Henry Lange und August Petermann zu nennen, für eine derartige Analyse besonders prädestiniert. Außerdem stellt sein enger brieflicher Austausch mit anderen Wissenschaftlern seiner Zeit, allen voran mit Alexander von Humboldt und den Verlegern Cotta und Perthes die Grundlage für jede Arbeit über den Wissenschaftler Berghaus dar.

Ich werde im ersten Schritt daher zunächst die Biografie von Heinrich Berghaus kurz darstellen und die für die Untersuchung bedeutenden Stationen seines Lebens skizzenhaft nachzeichnen. Dabei wird es mir nicht um Vollständigkeit ankommen, sondern eher darum, dass mögliche persönliche Entscheidungen oder Handlungszwänge seines Lebens besser verstanden werden können.

Im zweiten Abschnitt wird es mir anschließend um die Einordnung der Forschungsfrage in ihre Epochenzugehörigkeit gehen. Zentral hierfür ist die Erörterung des Wandels einer Gelehrten- hin zu einer Spezialistenkultur in Deutschland während der ersten Hälfte des 19. Jahrhunderts und der damit einhergehende Wandel in der Publikationspraxis aufgrund eines geänderten Publikationsanspruches.

Um die Zusammenarbeit zwischen Verleger und Autor soll es anschließend im dritten Punkt gehen. An dieser Stelle werde ich die Korrespondenz zwischen dem Verleger Wilhelm Perthes mit Heinrich Berghaus beleuchten und basierend auf der Biografie und den historischen Handlungsspielräumen sowie Plänen der Zeitgenossen das Innenleben einer Verleger-Geografen-Beziehung hinsichtlich ihrer Koexistenz, einer möglichen Wandlung und des Einflusses auf das Verlagsgeschäft vor der endgültigen Akademisierung der Kartografie beleuchten.

3.2.2.1 Lebenslinien

Als Heinrich Berghaus am 3. Mai 1797 in Cleve geboren wurde, zeichnete sich die kommende politische sowie militärische Dominanz Napoleons über Europa sichtbar ab.[347] In dieser Zeit hat der außenpolitische Druck auf das Königreich Preußen in Folge der militärischen Auseinandersetzung mit Frankreich sicherlich auch den Vater, einem früheren Finanzbeamten der örtlichen preußischen Regionalverwaltung, zum Nachdenken angeregt. Dennoch, so scheint es jedenfalls, arrangierte sich die Familie mit der späteren Besetzung des Rheinlandes durch französische Truppen in Folge des Krieges, sodass die Ausbildung des jungen Heinrich Berghaus am Gymnasium in Münster besonders vor dem Hintergrund seiner bürgerlichen Herkunft fast schon als Selbstverständlichkeit angesehen werden kann. Am Gymnasium unternahm Berghaus erste Versuche im Nachzeichnen von Landkarten sowie Stadt- und Festungsplänen, was seinem Vater und dem Lehrpersonal nicht unbemerkt blieb. Um sein Talent zu fördern entschloss sich die Familie im Jahr 1811 eine geeignete Ausbildung für ihn zu finden und arrangierte schließlich die Beschäftigung des jungen Berghaus als Hilfszeichner für den Kanal- und Straßenbau in Diensten der französischen Regionalverwaltung des zuständigen Lippe-Departements.

Nach der französischen Besatzungszeit entschloss sich Berghaus als 17-Jähriger in den Dienst der preußischen Armee einzutreten. Diese Entscheidung sollte maßgeblich prägend für sein gesamtes weiteres Leben sein und nicht zuletzt die ökonomische Grundlage für seine Arbeit als Geograf legen. Denn vor allem im frühen 19. Jahrhundert war es das Militär, welches großflächige Landvermessungen und damit verbunde-

347 Zur ausführlichen Biografie von Heinrich Berghaus siehe: Viktor Hantzsch, „Berghaus, Heinrich", in: Allgemeine Deutsche Biographie 46 (1902), 374–379 [Online-Version]; URL: https://www.deutsche-biographie.de/pnd118509470.html#adbcontent (zuletzt abgerufen am 11. Juli 2019).

ne Kartierungen finanzierte und geeignetes Personal zur Durchführung dieser Aufgaben einstellte.[348]

Rasch nach dem Eintritt in die Armee wurde es ihm schließlich im Jahr 1815 ermöglicht, an der Universität in Marburg zu studieren und vor allem seine mathematischen und geodätischen Kenntnisse zu vertiefen. Am Ende der Napoleonischen Kriege verlegte allerdings der Generalstab seine Einheit in die Bretagne, sodass er schließlich in Nordwestfrankreich mit Aufgaben der Landvermessung und Kartierung betraut wurde. Im Zusammenhang dieses Aufenthaltes in Frankreich traf er zum ersten Mal in Paris auf Alexander von Humboldt, dessen enge Freundschaft und Zusammenarbeit mit Heinrich Berghaus zu zahlreichen Kartenpublikationen im Zusammenhang mit Humboldts Werk *Kosmos* führen sollte. Das Talent im Anfertigen und Zeichnen von Karten sollte ihm schließlich nach seiner Zeit in Frankreich auch zur Mitarbeit im Landes-Industrie Comptoirs von Friedrich Justin Bertuch in Weimar verhelfen, wo er auch eine kurze Zeit lebte. Gleichzeitig verhalf ihm sein Talent und sein persönlicher Einsatz im Militär auch zu einer Festanstellung als Landvermesser im preußischen Kriegsministerium ab 1816 in Berlin. Berghaus wurde allmählich als Kartograf in Berlin unentbehrlich, sodass man ihm 1818 eine Stelle als Ingenieurkartograf anbot, welche er bereitwillig annahm und damit seine Karriere im Staatsdienst beschleunigte. In dieser Zeit begann er außerdem die Arbeit an den streng geheimen Generalstabskarten des preußischen Militärs, eine Station in seiner Erwerbsbiografie, welche mit großer Sicherheit auch in der Werbung für das eigene Können in den Verhandlungen mit Fachverlagen bzgl. zukünftiger Publikationen zuträglich war.

Schließlich wurde seine ökonomische Situation für die kommenden Jahrzehnte gesichert, als er ab 1821 als Lehrer für Geometrie, Situationszeichnen und Maschinenbau an der Berliner Bauakademie beschäftigt wurde. Nur drei Jahre später verlieh man ihm den Professorentitel. Seine enge Vernetzung mit anderen Karto- und Geografen seiner Zeit, wie Carl Ritter oder dem bereits erwähnten Alexander von Humboldt, sollten nicht nur für die Auftragsakquise nützlich sein, sondern führten auch dazu, dass Heinrich Berghaus zu einem Gründungsmitglied der Gesellschaft für Erdkunde in Berlin im Jahre 1828 gehören sollte. Dass sein Lebensmittelpunkt dabei eng an den Großraum Berlin gebunden war, spiegelt sich nicht nur in der Beschäftigung an der Berliner Bauakademie oder dem Umzug nach Potsdam im Jahr 1836 wider, sondern offenbart sich außerdem in der Gründung der eigenen Kunstschule in Potsdam im Jahr 1839. Umso mehr muss ihm auch aus emotionaler Sicht seine Pensionierung als Professor im Jahr 1855 getroffen haben, bedeutete dieser Schritt zugleich eine Zuspitzung seiner ohnehin zu Lebzeiten großen finanziellen Nöte. Heinrich Berghaus zog in

348 Ein bemerkenswertes Beispiel für eine Landvermessung durch das Militär stellt die sogenannte Preußische Uraufnahme dar. Im Zeitraum von 1830 bis 1865 ließ der preußische Generalstab das gesamte Königreich Preußen neu vermessen und kartieren. Die ersten kolorierten Karten dieses Projektes wurden bereits 1868 auf Druck privater Eisenbahnunternehmen und anderer ziviler Akteure durch den Generalstab veröffentlicht. Siehe dazu: Georg Krauss, *150 Jahre Preußische Meßtischblätter*, in: Zeitschrift für Vermessungswesen (94), Nr. 4, 1969, 125–135.

den kommenden Jahren verarmt von Potsdam nach Pommern, wo er ab 1863 dauerhaft leben sollte und schließlich am 17.2.1884 in Stettin verstarb.

Bemerkenswert bleibt die Tatsache, dass Heinrich Berghaus nie offiziell unter der Berufsbezeichnung des Kartografen beschäftigt wurde, jedoch sein gesamtes berufliches Leben in dieser wissenschaftlichen Profession gearbeitet hatte. Genau dieses vermeintliche Paradoxon gilt es näher zu beleuchten. Dabei zeigt der von mir dargelegte Lebenslauf deutlich, dass ambitionierte Kartografen im frühen 19. Jahrhundert durchaus im Zeichnen von Karten einem Haupterwerb nachgingen, obschon ihre Tätigkeit in den allermeisten Fällen Teil eines anderen anerkannten Berufes war. Gleichzeitig wird am Fall Berghaus aber auch deutlich, dass die Arbeit als Geo- bzw. Kartograf zu dieser Zeit mit großen ökonomischen Unsicherheiten verbunden war.

3.2.2.2 Netzwerke und Zeitfragen

Um zu verstehen, wie es Berghaus gelang zu einem der prominentesten Kartografen seiner Zeit im deutschsprachigen Raum zu werden, ist es zunächst notwendig den Blick auf das 18. Jahrhundert zu wenden. Wie die ersten Stationen im Lebenslauf zeigen, spielten neben Talent und der Unterstützung durch das Elternhaus sowie staatlicher Förderer, auch die Verfassung einer Gesellschaft als Lesegemeinschaft eine immer größere Rolle für junge Geo- und Kartografen.

Im Zuge der Aufklärung muss das 18. Jahrhundert wie kaum eine Epoche davor oder danach von den Kulturtechniken des Lesens und Schreibens geprägt betrachtet werden.[349] Dabei stand die (Re-)Produktion von enzyklopädischem Wissen im Vordergrund.[350] Jene Akteure versuchten ab sofort die nüchterne Welt mit einer ebenso nüchternen Sprache zu beschreiben und schließlich in gedruckten Büchern und Karten der Menschheit zu Verfügung zu stellen. Gerade das 18. Jahrhundert erwies hierbei vornehmlich die heute als Geisteswissenschaften bezeichneten akademischen Disziplinen vor den Naturwissenschaften den Vorzug, etwas, was sich im 19. Jahrhundert im Zusammenhang mit der Forderung nach wahrer, greifbarer Erkenntnis über Natur und Kosmos fundamental ändern sollte.[351] Wissen und Wahrheit über die Dinge sollten von nun an durch Experimente empirisch bestimmt und nicht durch reine Gedankenexperimente erdacht werden. Dieser Umstand führte unter anderem dazu, dass wissenschaftliche Erkenntnis nicht nur in brauchbar oder unbrauchbar eingeteilt wurde, sondern auch zu der Notwendigkeit der Ausbildung von Fachpersonal für das Generieren von Wissen. Und auf ebensolches Fachpersonal waren Verlage zu Beginn des 19. Jahrhunderts verstärkt angewiesen, wollten sie als Wissenschaftsverlage wahrgenommen werden. Dabei kristallisierte sich die Definition des Populärwissenschaftlichen während der ersten Hälfte des 19. Jahrhunderts als Gattungsbegriff heraus und schuf

---

349 Walther Ch. Zimmerli, *Wissenskulturen des 18. und 21. Jahrhunderts*, in: Ulrich Johannes Schneider, *Kulturen des Wissens im 18. Jahrhundert*, Berlin und New York, 2008, 4.

350 Ebd., 5.

351 Ebd., 11.

wiederum weitere Betätigungsfelder für Verlage und Autoren auf dem Buchmarkt. Gleichzeitig verstärkte diese Entwicklung ebenso die Ausdifferenzierung der Naturwissenschaften in unterschiedliche Disziplinen, was als Resultat nicht nur unser heutiges Verständnis von Wissenschaft nachhaltig prägen sollte, sondern endgültig die Existenz des Universalgelehrtentums besiegelte.[352]

Hinzu kommt, dass der durch neue wissenschaftlich erprobte Methoden ermöglichte Ausbau der Landwirtschaft sowie technische Innovationen, wie der beginnende Eisenbahnbau in Preußen, wiederum präzise und aktuelle Karten erforderten, wodurch das Betätigungsfeld junger Kartografen im Staatsdienst ermöglicht werden sollte. Im Zusammenhang der Divergenz zwischen Fach- und populärem Wissen konnte sich Berghaus dann darüber hinaus als eine Person mit fachlicher Qualifikation anbieten, um weiterhin die Möglichkeit der Arbeit als von der Fachwelt ernst genommener Kartograf zu erhalten.[353]

Betrachtet man also die Biografie von Heinrich Berghaus im Kontext des dargelegten Wandels der Wissenskulturen in Europa um die Jahrhundertwende im frühen 19. Jahrhundert, so kann nicht nur davon gesprochen werden, dass Berghaus Beamter, Soldat oder Raumplaner, sondern auch im Fachgebiet der Kartografie jemand der Wissen schafft, also ein Wissenschaftler im eigentlichen Sinne war.[354]

Die Karriere von Heinrich Berghaus war allerdings nicht alleine dem Umstand einer sich wandelnden Wissenschaftsinstitutionalisierung und dem damit gestiegenen Bedarf an Fachkräften an Universitäten oder Verlagen zu verdanken, sondern den veränderten Konsumgewohnheiten des Publikums in gleichwertiger Weise. So kann von dem 18. bis in das 19. Jahrhundert eine Unterscheidung zwischen „Reise-“ und „Schreibtischgeografen“ getroffen werden.[355] Berghaus lässt sich wohl unschwer in letztere Kategorie einordnen, da er keine nennenswerten Forschungsreisen, schon gar nicht außerhalb Europas unternommen hatte, ganz im Gegenteil zu seinem Freund Alexander von Humboldt. Die zuweilen oft kritisierte Arbeitsweise der Geografen am Schreibtisch bestand in erster Linie aus dem Sammeln jeglichen Wissens aus bereits gedruckten Büchern, Aufsätzen, Landkarten oder den Aufzeichnungen von Forschungsreisenden. Jene „präklassische Geographie“ war in erster Linie auf Themen der Ethnologie und Reisebeschreibungen ausgerichtet und im Fall von Berghaus sowie

---

352 Maria Remenyi, *„Popularisierung“ und „Wissenschaft“ – ein Gegensatz? Die mathematischen Wissenschaften und ihre Vermittlung im 18. Jahrhundert*, in: Ulrich Johannes Schneider, *Kulturen des Wissens im 18. Jahrhundert*, Berlin und New York, 2008, 348.

353 Volker Klemm, *Landbauwissenschaften und landwirtschaftliches Hochschulwesen in Preußen vom Beginn des 19. Jahrhunderts bis in das 20. Jahrhundert*, in: Karl Heinrich Kaufhold und Bernd Sösemann (Hrsg.), *Wirtschaft, Wissenschaft und Bildung in Preußen*, Stuttgart, 1998, 18 f.

354 Die Begrifflichkeit des Wissenschaftlers ist hier ebenso wie die der Populärwissenschaft in Wissensdiskursen des 19., nicht aber des 18. Jahrhunderts im heutigen Sinn zu verstehen. Siehe: Maria Remenyi, *„Popularisierung“ und „Wissenschaft“* [wie Anm. 352], 354.

355 Andreas Christoph, *Geographica und Cartographica aus dem Hause Bertuch. Zur Ökonomisierung des Naturwissens um 1800*, München und Paderborn, 2012, 53.

von Humboldt auch durch den Versuch einer exakten kartografischen Darstellung der Erdoberfläche gekennzeichnet.[356] Für den Verleger stellten diese Geografen in der Regel kein Problem dar, im Gegenteil, durch eine frühe Phase privater Reisen, etwas was heute unter dem Begriff Tourismus subsumiert wird, standen seit Ende des 18. Jahrhunderts Reiseberichte und sogar konkrete Messergebnisse über naturwissenschaftliche Phänomene der Atmosphäre und der Erdoberfläche zur Verfügung, die dann von den genannten Geografen kontextualisiert und ausgewertet wurden. Berghaus stellt hier sowohl während seiner Arbeit für den Bertuch Verlag und erst recht seit seiner Tätigkeit für Justus Perthes keine Ausnahme dar.

Gerade weil bis Mitte des 19. Jahrhunderts großmaßstäbliche Landkarten auf dem Buchmarkt praktisch nicht vorhanden waren und die Kartografie im Allgemeinen nicht jederzeit als unerschöpfliche Wissensressource zur Verfügung stand, fällt die Arbeit von Heinrich Berghaus seit den frühen 1830er Jahren für den Perthes Verlag in eine Zeit der Veränderungen und des Wachstums des Kartenhandels im Allgemeinen und der weiteren Manifestation einer lesenden Gesellschaft.[357]

3.2.2.3 Berghaus, der Verlagsmitarbeiter

Die Arbeit für den Justus Perthes Verlag ist in der Biografie von Heinrich Berghaus in besonderem Maße dokumentiert. So lassen sich zahlreiche Ordner mit Briefen zwischen Berghaus und dem Verleger Wilhelm Perthes im Archiv der Forschungsbibliothek in Gotha ausfindig machen. Die Auseinandersetzungen zwischen Kartograf und Verleger dokumentieren eindrucksvoll die von mir beschriebenen Brüche und Herausforderungen der Kartenproduktion und des Kartenhandels während der ersten Hälfte des 19. Jahrhunderts, sodass ich sie an dieser Stelle am Beispiel des *Asien Atlas* exemplarisch vorstellen und historisieren möchte.

Nachdem Heinrich Berghaus sowohl für den Bertuch Verlag in Weimar als auch für Simon Schropp und Co in Berlin als Autor tätig war, versuchte er nun seine Ambitionen für einen eigenen Atlas über Asien nicht in Berlin, sondern bei Justus Perthes in Gotha zu verwirklichen.[358] Der Verlag war bereits durch die Herausgabe von *Stielers Handatlas* über die Grenzen Deutschlands hinaus bekannt und Berghaus konnte erfolgreich um Verständnis für ein neuartiges Atlasprojekt mit vornehmlich physikalischen Karten werben. Dabei mochten besonders die Analysen über potentiell zukünftige Kunden derartiger Karten über Asien den Verlager zu einer intensiveren Zusammenarbeit bewogen haben:

> Die gegenwärtigen Zeitverhältnisse dürften vielleicht gerade geeignet sein, ein Unternehmen, wie das in Rede stehende, wohl zu begünstigen. [...] Ein neues englisches Ministerium, [...] wird gewiß nicht [ver]säumen, Indien zu emanzipiren; welch großes Feld steht demächst dem euro-

356 Ebd.
357 Ebd., 177.
358 Gerhard Engelmann, *Heinrich Berghaus. Der Kartograph von Potsdam*, Leipzig, 1977, 51.

> päischen, (nicht bloß englischem) Handel offen, und der wird sich auch auf unser Kartenwesen erstrecken![359]

Das Verständnis für die Belange zukünftiger Kunden der eigenen Karten hatte Heinrich Berghaus schon früh entwickelt. Bereits 1813 hatte er in der elterlichen Wohnung in Münster ein Kommissionslager für den Kartenvertrieb des Bertuch Verlages eingerichtet.[360] Auch damals versuchte er zunächst französische Beamte, nach der endgültigen Niederlage Napoleons preußische Verwaltungsbeamte für die Karten aus dem Hause Bertuch zu begeistern. Dieser frühe Geschäftssinn erwies sich schließlich als überaus förderlich in der Auseinandersetzung mit Perthes ab 1830. Vor allem die physikalischen Karten des Perthes Verlages sollten in den kommenden Jahren von ihm und seiner Expertise profitieren und zur Imagebildung des Verlages als wissenschaftlicher Fachverlag maßgeblich beitragen.

Dass der Verleger hohes Vertrauen in die Arbeit des Kartografen gelegt haben muss und eben jener sich gleichzeitig in den Verhandlungen gut verkauft hatte, zeigt der Umstand, dass die von Berghaus vorgetragenen Konditionen für ein kapitalintensives Atlasprojekt über Asien, welches er zuvor mit dem Schropp und Co Verlag in Berlin erfolglos verhandelt hatte, nun von Perthes nahezu komplett übernommen wurden. Der Vertrag vom 01.1.1831 über die Herausgabe eines *Geographischen Atlas von Asien in 15 Blätter nebst Text* sieht vor, dass Berghaus für jede Kartenzeichnung unabhängig vom Verkaufserfolg des Atlas 200 preuß. Taler als Honorar erhalten sowie an einem erhofften Nettogewinn jeweils zur Hälfte beteiligt werden sollte.[361] Dabei fällt weiterhin auf, dass „das Unternehmen [...] gemeinschaftliches Eigenthum des Verfassers und Verlegers“[362] sei und neben dem Aspekt des Gewinns, auch mögliche Verluste zu gleichen Anteilen vom Verleger und Autor getragen werden sollten. Dieser Punkt des Vertrages widersprach den ersten Forderungen von Heinrich Berghaus, da der kommerzielle Erfolg des Atlas, schließlich sollte sich die Herausgabe über einen Zeitraum von fünf Jahren erstrecken, keinesfalls als sicher galt und die zunächst prognostizierten Herstellungskosten von mindestens 600 preuß. Talern pro Kartenblatt eine mögliche Gewinnerwartung unrealistisch erscheinen ließen.[363] Dennoch erscheint das Werk als Prestigekartografie und bedarf aus diesem Grund der besonderen Werbung. Hierfür nutzte der Verleger die Reputation des Autors. Jener äußerte sich in Folge ganz offen über seine Vertriebspläne in einem Brief an den Gothaer Verleger:

---

359 Brief von Heinrich Berghaus an Wilhelm Perthes vom 29.11.1830, in: Forschungsbibliothek Erfurt/Gotha, Nachlass Heinrich Berghaus, SPA ARCH MFV 19A/1, 21f.

360 Gerhard Engelmann, *Heinrich Berghaus* [wie Anm. 358], 28.

361 Honorarvertrag über die Herausgabe eines „Geographischen Atlas von Asien in 15 Blätter nebst Text“ vom 01.1.1831, in: Forschungsbibliothek Erfurt/Gotha, Nachlass Heinrich Berghaus, SPA ARCH MFV 19A/1, 9–10.

362 Ebd.

363 Vgl.: Brief von Heinrich Berghaus an Wilhelm Perthes vom 29.11.1830 [wie Anm. 359], 21f.

> Es ist dies ein Schreiben an den Hrn. von Flotow, Major und Generalcommand's Adjudant in Coblenz, dem ich darin bitte, sich für den Vertrieb des asiatischen Atlasses zu interessieren. [...] Da habe ich dann gedacht, daß ein Mann dieser Art auch Theilnahme für unseren Atlas erwirken könne. Doch stelle ich es Ihnen, verehrtester Herr Perthes! ganz anheim, ob wir diesen Weg einschlagen oder nicht. Der Wirkungskreis des Hrn. v. Flotow ist die preussische Armee; [...].[364]

Außerdem strebte er eine Widmung des gesamten Atlas durch den preußischen König Friedrich Wilhelm III. an, welcher auf dieses Angebot auch einging.[365] Um schließlich die hohen Produktionskosten von letztlich veranschlagten 1.000 preuß. Talern pro Karte, also 15.000 Talern für den gesamten Atlas zu finanzieren, schlug Berghaus weiterhin die Veranlassung einer Subskription vor. Im Januar 1833 verbreitete schließlich der Perthes Verlag die erste derartige Anzeige im Buchhandlungen, die vor allem mit der hohen Genauigkeit sowie Wissenschaftlichkeit der angebotenen Karten warb. Der Name Berghaus galt hierfür als Pfand für diese Behauptung, sodass das Werk „allen Bibliotheken, Lehrern der geogr. Wissenschaft, Freunden und Liebhabern derselben, so wie Kaufleuten ersten Ranges (besonders in Seehäfen) wichtig und diesen allen zu empfehlen [sei].“[366]

Um aus dem Projekt auch einen wirtschaftlichen Erfolg zu generieren, versuchte Berghaus den Atlas im Ausland gewinnbringend zu verkaufen. Aufgrund des erwarteten hohen Verkaufspreises glaubte er hier eher an geringe Absatzmöglichkeiten unter Privatkunden, als vielmehr an staatliche Institutionen, wie Universitäten oder Behörden. In diesem Zusammenhang schlug er im Juli 1833 Wilhelm Perthes einen Vertrieb in Russland vor und zeigte sich dennoch hoffnungsvoll günstige Absatzmöglichkeiten in Großbritannien zu finden.

Das nötige kaufmännische Verständnis des Vertriebs von Landkarten hatte sich der junge Heinrich Berghaus vermutlich bereits früh angeeignet und im weiteren Verlauf seiner Arbeit als Kartograf, vor allem für den Bertuch Verlag stärker vertieft. Jenes Unternehmen unterschied sich bereits seit 1800 von bedeutenden Konkurrenten der Branche, indem durch geschickte Preisgestaltung gezielte Verhandlungen mit lokalen Vertriebspartnern im Buchhandelsgewerbe sowie einer genauen Kostenkontrolle, bedingt durch die Zeichnung und den Druck aller Karten im Unternehmen, neue Formen des innerbetrieblichen Managements eine innovative Unternehmenskultur förderten. Dadurch fungierte der Weimarer Verlag zu Beginn des 19. Jahrhunderts wegweisend für den Buch- und Kartenhandel.[367] Für Berghaus und für andere Kartografen der Zeit

---

364 Brief von Heinrich Berghaus an Wilhelm Perthes vom 24.7.1832, in: Forschungsbibliothek Erfurt/Gotha, Nachlass Heinrich Berghaus, SPA ARCH MFV 19A/1, 72.

365 Vgl. Brief von Heinrich Berghaus an Wilhelm Perthes vom 27.7.1832, in: Forschungsbibliothek Erfurt/Gotha, Nachlass Heinrich Berghaus, SPA ARCH MFV 19A/1, 73.

366 Subskriptionsanzeige des Atlas von Asien von Heinrich Berghaus der ersten Lieferung vom Januar 1833, in: Forschungsbibliothek Erfurt/Gotha, Nachlass Heinrich Berghaus, SPA ARCH MFV 19A/1, 94.

367 Vgl.: Katharina Middell, *„Die Bertuchs müssen doch in dieser Welt überall Glück haben“: Der Verleger Friedrich Justin Bertuch und sein Landes-Industrie-Comptoir um 1800*, Leipzig, 2002.

galt aber auch, dass eine Festanstellung als wissenschaftlicher Geo- bzw. Kartograf zu Beginn des 19. Jahrhunderts nicht dem Regelfall entsprach und ein Gespür für die Wünsche des Verlegers hinsichtlich des Absatzes der möglichen neuen Karten essentiell erschien.

Betrachtet man diese Entwicklung aus gegenwärtiger Perspektive, so erschließt sich, dass eine Nichtanstellung durchaus Vorteile für projektbasierte Arbeit hervorbringen kann. Der Verleger sah sich zu keiner Zeit der Notwendigkeit verpflichtet Heinrich Berghaus oder andere Kartografen während der ersten Hälfte des Jahrhunderts als Mitarbeiter einzustellen, da sowohl kostspielige Projekte wie der *Atlas von Asien*, deren Veröffentlichungen in den meisten Fällen in langen Publikationszeiträumen erfolgten, dadurch im Zusammenhang mit unsicheren Absatzchancen geplant werden konnten und der Kartograf als Mitarbeiter durch die Beschäftigung am Arbeitsprojekt Teil eines Personalentwicklungsplanes im Hinblick auf eine mögliche zukünftige Beschäftigung im Unternehmen werden konnte.[368] Gleichzeitig verlangte diese Beschäftigung ein erhöhtes Maß an Führungspotential des betreffenden Kartografen um den Einsatz anderer Gewerke im Entstehungsprozess der Publikation eigenverantwortlich zu organisieren, wie die Anfertigung der Kupferplatten oder das Drucken der ersten Entwürfe. Dies kann wiederum die Identifikation mit dem Projekt steigern, denn schließlich waren Verdienst und Beschäftigungsmöglichkeiten eng an den Erfolg des Projektes gebunden. Auf der anderen Seite eröffneten Projektlaufbahnen jahrelange Beschäftigungsverhältnisse im betreffenden Unternehmen.

Für den Verlag gestaltete sich diese Beschäftigungsmöglichkeit in doppeltem Sinne positiv. Zum einen erhoffte man sich durch die auf Honorarbasis basierte Zusammenarbeit die Kosten der Produktion einer Karte oder eines Atlas möglichst planbar in dem finanziellen Handlungsspielraum zu halten und auf der anderen Seite zeigt das Beispiel der Zusammenarbeit zwischen dem Justus Perthes Verlag und Heinrich Berghaus auch, dass durch einzelne Kartenprojekte soziales Kapital des Kartografen dem Verlag nützen konnte. Jenes Kapital stellte der Kartograf mit dem Verweis auf den ökonomischen Erfolg des Projektes in den meisten Fällen auch gezielt zur Verfügung.

So beriet zum einen Heinrich Berghaus den Verleger in Fragen der Qualität neuerer Publikationen der Konkurrenz:

> Gestern habe ich das Vergnügen gehabt die Palmbladsche Geographie (in 4 Bänden) zu erhalten. [...] So viel glaube ich schon jetzt herausgebracht zu haben, daß die Anordnung der Materie klar und deutlich, und frei ist von dem Mischmasch mancher Autoren, wo alles durcheinander läuft, bald Geographisches, bald Naturwissenschaftliches, bald Historisches, Linguistisches, Statistisches u. s. w. [...][369]

368 Vgl.: Désirée H. Ladwig und Michael E. Domsch, *Fachlaufbahnen – Zukunftsweisende Laufbahnkonzepte für Wissenschaftler und Netzwerkorganisationen*, in: Michael E. Domsch und Désirée H. Ladwig (Hrsg.), *Fachlaufbahnen. Alternative Karrierewege für Spezialisten schaffen*, Köln, 2011, 22–25.

369 Brief von Heinrich Berghaus an Wilhelm Perthes vom 30.5.1833, in: Forschungsbibliothek Erfurt/Gotha, Nachlass Heinrich Berghaus, SPA ARCH MFV 19A/1, 123.

Zum anderen offerierte er Wilhelm Perthes die Möglichkeit, Landkarten zur Publikation des deutschen Reisenden Philipp Franz von Siebold zu erwerben, welcher von 1823 bis 1829 das isolierte Japan als Arzt im Dienste der niederländischen Armee bereiste.[370] Zunächst arbeitet von Siebold nach seiner Reise nicht als Arzt in den Niederlanden weiter, sondern versuchte seine Forschungsergebnisse zu ordnen und anschließend gewinnbringend zu verkaufen. Diesen Umstand nutze der in Verbindung mit von Siebold getretene Berghaus. Da es Europäern in den 1830er Jahren nahezu unmöglich war an die Ergebnisse von Landvermessungen oder an Reiseberichte aus Japan zu gelangen, empfahl Berghaus Wilhelm Perthes nachdrücklich die Karten zu erwerben:

> [...] Seine Sammlungen japanischer Karten sind von der äußersten Wichtigkeit. [...] Die Insel Nipon liegt in der Zeichnung fast fertig vor; [...] Die Herausgabe seiner Werke betreibt Herr v. Siebold auf eigene Kosten; nun will er es versuchen, aber zur Ausführung jenen [...] Karten Unterstützung Seitens seiner Regierung (der niederländischen) erlangen könne; wenn er aber damit nicht reüssiren sollte, so hat er mir den Betrag gemacht, ob wir die Karten übernehmen wollten, um sie demnächst als ein Supplement an Asia anzuschließen. [...][371]

Schließlich zeigte auch Wilhelm Perthes Interesse an dem Erwerb der Karten, sofern von Siebold keine andere finanzielle Möglichkeit zur eigenen Publikation, z. B. von Seiten der niederländischen Regierung, erhalten würde. Für Berghaus war dies eine durchaus gute Nachricht, benötigte er doch weiteres exklusives Kartenmaterial aus Asien um an seinem Atlas weiterarbeiten zu können.

Am Ende blieb der *Atlas von Asien* jedoch ein Fragment. Von 1833 bis 1837 erschienen fünf Lieferungen, die Blätter 2, 10 und 7 konnten erst 1843 bzw. 1850 und 1858 erscheinen, die Blätter 1, 3, 4 und 18 wurden nie veröffentlicht.[372] Dennoch muss der Atlas als Erfolg für Autor und Verlag bewertet werden, verhalf er doch Heinrich Berghaus zu der endgültigen Zusammenarbeit mit dem Justus Perthes Verlag im Sinne einer Projektlaufbahn und dem Verlag zur Erschließung neuer Käufergruppen. Dieser Befund ergibt sich dadurch, dass trotz der großen Schwierigkeiten der Veröffentlichung des *Atlas von Asien*, für Wilhelm Perthes die Idee der Veröffentlichung eines kompletten physikalischen Atlas der Erde großes Verkaufspotential besaß. Dabei hatte die Möglichkeit einen korrespondierenden Atlas zu Alexanders von Humboldts berühmtem Werk *Kosmos* im eigenen Verlag und abseits der Stuttgarter Verlagskonkurrenz publizieren zu können wohl einen großen Einfluss auf die Entscheidung des Verlegers: „[...] Insbesondere hat mich auch Hr. von Humboldt dringens aufgefordert, seinen schon seit Jahren geäußerten Wunsch wegen Herausgabe dieses Atlas zu be-

---

370 Siehe: Werner E. Gerabek, *„Siebold, Philipp Franz“*, in: Neue Deutsche Biographie 24 (2010), 329–330 [Online-Version]; URL: https://www.deutsche-biographie.de/pnd118613960.html#ndbcontent (zuletzt aufgerufen am 27.8.2019).

371 Brief von Heinrich Berghaus an Wilhelm Perthes vom 15.12.1834, in: Forschungsbibliothek Erfurt/Gotha, Nachlass Heinrich Berghaus, SPA ARCH MFV 19A/1, 164.

372 Vgl.: Gerhard Engelmann, *Der Atlas des Heinrich Berghaus*, in: Petermanns Geographische Mitteilungen 104, 1960, 311–329.

rücksichtigen, da er ihn bei seinem Werk ‚Physische Weltbeschreibung', welches bei Cotta erscheint, sehr bedürfe. [...]«[373]

Um den Atlas allerdings erstellen zu können, vereinbarte Berghaus mit Perthes die Anstellung eines weiteren Zeichners, dessen Honorar von Perthes zwar bezahlt werden sollte, aber von Berghaus persönlich angestellt werden würde. Außerdem verständigte man sich darüber, dass die gleichen vertraglichen Abmachungen, die bereits für den *Atlas von Asien* getroffen wurden, nun auch für einen zukünftigen *Physikalischen Atlas* Geltung finden sollten.

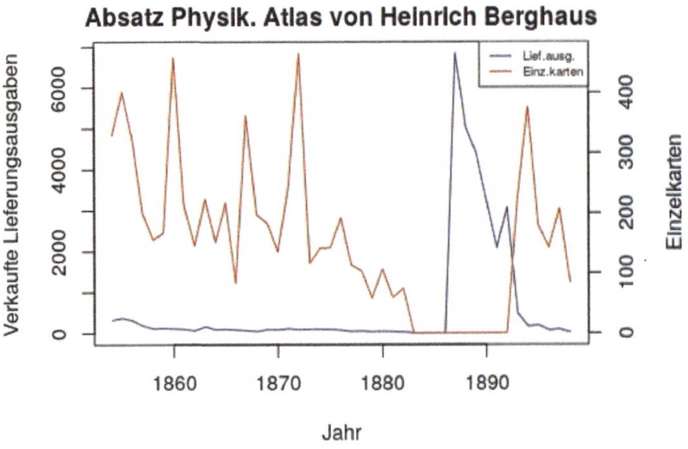

Abb. III. 3: Verkaufte Lieferungsausgaben und Einzelkarten des *Physikalischen Atlas* durch den Justus Perthes Verlag von 1854 bis 1898. (Eigene Darstellung)

Schließlich erschien 1837 die erste Lieferung von *Dr. Heinrich Berghaus' Physikalischer Atlas oder Sammlung von Karten auf denen die hauptsächlichsten Erscheinungen der anorganischen und organischen Natur nach ihrer geographischen Verbreitung und Vertheilung bildlich dargestellt sind.* Die Lieferperiode der ersten Auflage erstreckte sich anschließend über 11 Jahre bis ins Jahr 1848. Weitere Auflagen und eine komplette Umarbeitung erfolgten dann bis 1886.

Hierbei ist nicht nur die lange Laufzeit der Publikation auffällig, sondern der in der Grafik in Abbildung III. 3 nachgewiesene Absatz eines Produktes, dessen Autor bei der Ausgabe des Jahres 1886 nicht mehr an der Umsetzung der Neuauflage beteiligt war. Insofern spricht dieser Umstand nicht nur für die Qualität und das Vertrauen der Kunden in das Produkt, sondern die Absatzzahlen symbolisieren gleichermaßen den langfristigen Erfolg einer Zusammenarbeit, die bereits in den 1830er Jahren begann und von der Leserschaft über Jahrzehnte honoriert wurde. Heinrich Berghaus steht

373 Brief von Heinrich Berghaus an Wilhelm Perthes vom 20.6.1836, in: Forschungsbibliothek Erfurt/Gotha, Nachlass Heinrich Berghaus, SPA ARCH MFV 19A/1, 192.

dabei mit seinem *Physikalischen Atlas* nur sinnbildlich für ein Phänomen des Landkartenhandels im 19. Jahrhundert, wie es sich auch in anderen Verlagen, wie beispielsweise im Reimer Verlag mit den Arbeiten Heinrich Kieperts oder im späten 19. Jahrhundert mit den Produkten Carl Dierckes im Westermann Verlag, beobachten lässt. In allen der genannten Verlage schufen Autoren mit ihrem Namen Produktmarken, deren Verkaufserfolge auch nach dem Ableben der Autoren hinaus beobachtet werden können. Die erfolgreiche Positionierung dieser Marken zu Beginn ihres Erscheinens am Buchmarkt ist dabei von entscheidender Bedeutung für ihren späteren erfolgreichen Vertrieb.

Die fachliche Expertise des Autors war dabei maßgeblich an der Imagebildung der nach dem Autor benannten Verlagsprodukte beteiligt. Um diese Expertise auch in Zukunft nutzen zu können, bedurfte es der engen Bindung des Kartografen an den Verlag. Für Wilhelm Perthes war es deshalb ohne Zweifel klar, dass er Heinrich Berghaus auch finanziell unterstützen musste. Gerade die Gründung einer eigenen Kunstschule in Potsdam verlangte einen hohen pekuniären Einsatz, welchen Perthes aus diesem Grund durchaus bereit war zu leisten. So berichtete Berghaus in einem Brief an den Gothaer Verleger von der Idee der Gründung einer exklusiven Ausbildungsstätte für Kartografen und bot ihm die Zusammenarbeit mit seinem Verlagshaus an, sofern Perthes bereit wäre, sich auch finanziell an dem Unternehmen zu beteiligen:

> [...] Um die Mittel ihrer Erhaltung zu gewinnen, werde ich auf Bestellung arbeiten, d. h. Aufträge an geographischen Zeichnungen, zu stechende Kupferplatten, zu liefernde Abdrücke pp. ausführen, ohne jedoch eigene Unternehmungen auszuschließen. [...] Darum erlaube ich mir die Anfrage, ob Sie, verehrtester Herr Perthes! geneigt sind, das bisher zwischen uns bestandene Verhältniß dahin zu erweitern, daß wir in geographischen Dingen ausschließlich für ein gemeinsames Interesse arbeiten? [...] Dies sind in Umrissen die Entwürfe der geogr. Kunstschule, an die ich nun noch die Anfrage knüpfe, ob Sie nicht unabgeneigt wären, mir gegen Hypotheken-Sicherheit, und gegen die von Ihnen zu bestimmenden Zinsen ein Betriebskapital von 2.500 Thalern derzuleihen.[374]

Die Übereinkunft sah besonders die Arbeit an dem bisher erfolgreich abgesetzten *Stielers Handatlas* vor und schloss Arbeiten der Kunstschule an dem *Physikalischen Atlas, Spruners Historischem Atlas* sowie einem neuen Schulatlas mit ein. Nachdem Perthes auf die Idee einer Zusammenarbeit, aber keiner gänzlichen Verlegung des Verlages nach Potsdam einging, konnte Berghaus mit dem Betrieb der Kunstschule in der preußischen Residenzstadt im Jahr 1839 offiziell beginnen.[375]

Mit der Gründung der Kunstschule war Heinrich Berghaus zu einem Wissenschaftsunternehmer geworden. Die Tätigkeit der Schüler sollte nach genauen vertraglichen Vereinbarungen erfolgen, was neben der Regelung der Unterrichtsthemen wie Grab- oder Sticharbeiten sowie dem Zeichnen von Landkarten auch die Einhaltung ei-

---

374 Brief von Heinrich Berghaus an Wilhelm Perthes vom 11.9.1838, in: Forschungsbibliothek Erfurt/Gotha, Nachlass Heinrich Berghaus, SPA ARCH MFV 19A/2, 257–258.

375 Gerhard Engelmann, *Heinrich Berghaus* [wie Anm. 358], 77.

ner Maximalarbeitsdauer von acht Stunden täglich vorsah. Darüber hinaus sollten alle Schüler eine Lohnzahlung von 100 Taler im ersten, 200 im zweiten und bis zu 500 Taler im dritten bis zum fünften Lehrjahr erhalten.[376]

Da dass Bestehen der Schule folglich von einem stetigem Kapitalzufluss abhing, für Berghaus aber die Zahlung hoher Gebühren durch die Auszubildenden zur Finanzierung ihrer Lehre nicht in Frage kam, verblieb die Möglichkeit der Zusammenarbeit mit Fachverlagen, hauptsächlich mit dem Justus Perthes Verlag, um das ökonomische Überleben der Schule sicherzustellen. Dies gelang ihm allerdings nur unzureichend. Neben dem offensichtlichem Geldtransfer von Wilhelm Perthes nach Potsdam versuche er die in der Kunstschule entworfenen Karten an staatliche Stellen, wie z. B. Ministerien und auf dem Buchmarkt, abzusetzen:

> Als ich die Freude hatte, Sie [...] in Potsdam zu sehen, fragten Sie mich, wie es mit meinen Preußischen Seekarten stünde, und ich antwortete Ihnen, daß mir darüber die Haare zu Berge ständen. Der Absatz ist, im Verhältniß zu dem ungeheuren Kosten-Aufwand, fast Null zu nennen, was mich dann endlich veranlaßt hat, auf Unterstützung aus Staatsmitteln durch Ankauf einer Partie Exemplare Behufs ihre Vertheilung an die öffentlichen Bibliotheken, und höheren Lehr-Anstalten etc. anzutragen. Nun aber befinde ich mich augenblicklich in einer drückenden Geldnoth, übernommenen Verpflichtungen für jenes Seekartenwerk gegenüber, was mich abermals veranlaßt, Ihre freundschaftliche Unterstützung und Aushülfe in der Art nachzusuchen, daß Sie die Güte haben möchten, mir bis zum Eingange der betreffenden Ministerial-Anweisung mit der Summe von 800 Thalern unter die Arme zu greifen, [...].[377]

Um die Existenz der Schule zu sichern und im Hinblick auf den bevorstehenden Bankrott suchte Berghaus selbstständig nach neuen Vertriebswegen für seine Produkte, wie er in einem regen Briefwechsel an Wilhelm Perthes offenbarte. Dabei verstand es Berghaus seine Argumente durch genaue betriebswirtschaftliche Kalkulationen zu untermauern. So plante er unter anderem den Verkauf eines neuen Atlanten über Handlungsreisende:

> [...] Es ist ein Atlas von genau 100, oder, [...] – von 120 Blättern. Wird sein Absatz nicht auf dem gewöhnlichen Wege des Buch- und Kartenhandels, sondern auf dem – genialeren (!) Wege durch Reisende bewirkt, – ein Vertriebs-Mittel, das dem alten Schlendrian (!) gegenüber, nicht länger abzuweisen ist, so steht es nicht zu bezweifeln, daß gleich beim ersten Umlauf, ein Absatz von 10.000 Exempl. zu erwirken ist, ja einiger Intelligenz des, oder der betreffenden Reisenden, ein Absatz von 20.000 Exempl. [...][378]

Auch den Absatz von genauen und aktuellen Karten zum Geschehen der Bürgerlichen Revolution von 1848 trug er Perthes vor:

376 Ebd.
377 Brief von Heinrich Berghaus an Wilhelm Perthes vom 03.8.1845, in: Forschungsbibliothek Erfurt/Gotha, Nachlass Heinrich Berghaus, SPA ARCH MFV 19A/3, 421.
378 Brief von Heinrich Berghaus an Wilhelm Perthes vom 12.12.1846, in: Forschungsbibliothek Erfurt/Gotha, Nachlass Heinrich Berghaus, SPA ARCH MFV 19A/3, 442.

> [...] Da die Ereignisse Schlag auf Schlag folgen, so käme es auf schleunigste Vornahme der Arbeit an. [...] Der Krieg ist für den Absatz guter Spezialkarten, die deutlich u. doch übersichtlich sind, ein goldener Boden. Soll man kupferstechen oder lithographieren? Was geht schneller? Raschheit wäre die Hauptsache. Da sich die Begebenheiten drängen, so wird, wie gesagt, ein schneller Entschluß nothwendig, um mit den ersten Blättern zur rechten Zeit auf dem Markte sein zu können.[379]

Doch trotz dieser Bemühungen scheiterten schließlich alle Versuche die Kunstschule langfristig zu erhalten. Selbst die enge Kooperation mit dem Perthes Verlag sollte zu Beginn der 1850er Jahre ein Ende finden, sodass er 1852 die Urheberrechte seines *Physikalischen Atlas* für über 9.000 preuß. Taler an den Perthes Verlag abtreten musste.[380] Ein möglicher Grund für das Ende der Kunstschule mag sicherlich in dem Unvermögen von Heinrich Berghaus begründet gewesen sein, nur sehr wenige Schüler überhaupt für die Ausbildung in Potsdam begeistern zu können. Außerdem bedurfte der Betrieb einer derartigen Ausbildungsstätte einen stetigen Kapitalzufluss um die kontinuierlich anstehenden Kosten, wie die Aufrechterhaltung des technischen Betriebes oder das Zahlen von Ausbildungshonoraren begleichen zu können. Der Beweis, dies während der ersten Hälfte des 19. Jahrhunderts nur durch Kooperationen mit Verlagen leisten zu können, blieb Berghaus den Zeitgenossen schuldig.

Dieses Beispiel markiert gleichzeitig den Beginn einer neuen ökonomischen Verfassung des Berufes als Kartograf. Für Kartografen wie Heinrich Berghaus wurde es zunehmend schwieriger die Arbeit als Kartograf und eine andere berufliche Tätigkeit, z. B. im Staatsdienst, miteinander zu vereinen. Durch die Akademisierung des Fachgebietes bedurfte es in Folge der universitären bzw. betrieblichen Ausbildung von Kartografen keiner Entstehung von Kunstschulen im Stile der von Heinrich Berghaus in Potsdam mehr. Außerdem wurde es für Verlage, wie dem der Familie Perthes, zunehmend wichtiger, die Herstellung und die Produktion der Karten in einem Haus zu vereinen, der Besitz der Urheberrechte eingeschlossen. Darüber hinaus plante der Perthes Verlag mit August Petermann eine enge Kooperation einzugehen, die eine weitere Zusammenarbeit mit Heinrich Berghaus ausschloss. So war Petermann nicht bereit mit seinem Ausbilder Berghaus zusammen gleichberechtigt in einem Unternehmen tätig zu sein.

---

379 Brief von Heinrich Berghaus an Wilhelm Perthes vom 08.3.1848, in: Forschungsbibliothek Erfurt/Gotha, Nachlass Heinrich Berghaus, SPA ARCH MFV 19A/3, 489.

380 Siehe: Vertrag zwischen dem Verlag Justus Perthes und Heinrich Berghaus zum Verkauf der Rechte am Physikalischen Atlas vom 10.4.1852, in: Forschungsbibliothek Erfurt/Gotha, Nachlass Heinrich Berghaus, SPA ARCH MFV 19A/4, 720. Bemerkenswert ist an dieser Stelle auch, dass der Perthes Verlag zu Beginn der 1850er Jahre eine Zusammenarbeit mit August Petermann anstrebte. Für den Verleger stand dabei fest, dass Petermann als eigenständiger Forscher den Ruf nach Gotha lediglich dann annehmen würde, wenn das Unternehmen ihm absolute Eigenständigkeit in der fachlichen Konzeption der verlagseigenen kartografischen Produkte zusichert. Eine Zusammenarbeit mit seinem Lehrer Heinrich Berghaus schloss das allerdings aus. Insofern hatte Petermann am Ende der Zusammenarbeit zwischen dem Perthes Verlag und Heinrich Berghaus einen entscheidenden Anteil. Dabei gibt es keine Belege für eine Feindschaft zwischen dem Lehrer und seinem Schüler, wohl aber den unbedingten Willen Petermanns zur Emanzipation von Berghaus und seinen Potsdamer Jahren.

Die Einstellung des von Heinrich Berghaus erstmals 1850 im Verlag publizierten *Geographischen Jahrbuches* im Jahr 1852 und die erfolgreiche Publikation von *Petermanns Geographischen Mitteilungen* ab dem Jahre 1855 steht sinnbildlich für diesen Konflikt.

3.2.2.4 Fazit

Heinrich Berghaus gilt neben Carl Ritter, Heinrich Kiepert, Emil von Sydow und August Petermann als bekanntester deutscher Kartograf des 19. Jahrhunderts in Deutschland. Dabei fallen vor allem seine Arbeiten der physikalischen Geografie auf, die ihren Höhepunkt im *Physikalischen Atlas* gefunden haben. Gleichzeitig war die von mir geschilderte Erwerbsbiografie nur unter bestimmen Voraussetzungen denkbar. Zunächst gewährte die Ausbildung dem jungen Heinrich Berghaus den Erwerb der nötigen Kenntnisse und Fähigkeiten um als Kartograf tätig zu sein. Obwohl es in den Jahren nach dem Wiener Kongress keine flächendeckende universitäre Ausbildung für Geo- und Kartografie in Deutschland gab, eine Ausnahme bildete der Lehrstuhl für Geografie Carl Ritters in Berlin, schaffte es Berghaus über die Arbeit als Landvermesser im akademischen Publikum eine gewisse Bekanntheit zu erlangen.[381] Dies mag sicherlich seinen Arbeiten für den preußischen Generalstab geschuldet sein, aber auch seinem unermüdlichen Werben für die wissenschaftliche Kartografie in Deutschland. Gleichzeitig begann in den 1830er Jahren die generelle Bedeutung naturwissenschaftlicher Forschung zuzunehmen, was wiederum den beruflichen Aufstieg von Heinrich Berghaus begünstigte.[382]

In diesem Zusammenhang fällt auf, dass eine Karriere als freier Kartograf mit hohen ökonomischen Risiken verbunden war. Spätestens ab den 1870er Jahren war es für junge Geografen unmöglich ohne die Einbindung in akademische Strukturen, wie z. B. Universitäten oder Forschungseinrichtungen, wissenschaftliche Kartografie erfolgreich zu publizieren. Dies bedeutet nicht, dass Verlage wie der von Justus Perthes in Gotha auf diesen Wandel in keiner Weise reagierten, dennoch erschwerte der hohe Bedarf von privatem und staatlichem Kapital für kartografische Publikationen zunehmend Kartenprojekte ohne den Hintergrund eines Verlagsprogramms umzusetzen. Insofern muss die Biografie von Heinrich Berghaus in die Zeit des Wandels einer Gelehrten- zu einer Spezialistenkultur wahrgenommen werden. Die Bezeichnung als Wissenschaftler blieb keine Beschreibung eines universellen Lebensentwurfes, sondern wurde im Laufe des 19. Jahrhunderts die Titulierung eines eigenen Berufsstandes.[383]

---

381 Zur Bedeutung Carl Ritters für die Herausbildung der akademischen Geografie siehe: Cornelia Lüdecke, *Carl Ritters (1779–1859) Einfluß auf die Geographie bis hin zur Geopolitik Karls Haushofers (1869–1946)*, in: Sudhoff's Archiv (88), Nr. 2, 2004, 129–152.

382 Vgl.: Ulrich Päßler, *Ein „Diplomat aus den Wäldern des Orinoko“. Alexander von Humboldt als Mittler zwischen Preußen und Frankreich*, Stuttgart, 2009, 34.

383 Rüdiger vom Bruch, *Wissenschaftspolitik, Wissenschaftssystem und Nationalstaat im Deutschen Kaiserreich*, in: Karl Heinrich Kaufhold und Bernd Sösemann (Hrsg.), *Wirtschaft, Wissenschaft und Bildung in Preussen*, Stuttgart, 1998, 76.

Hinzu kommt, dass der Beruf weiterhin mit einem hohen Maß an beigemessener Reputation ausgestattet war, obwohl die ökonomischen Rahmenbedingungen verstärkt auf industrielle Effizienz ausgerichtet wurden.[384] Gleichzeitig bedurfte es aufgrund gestiegener Erwartungen des zumeist akademischen Publikums an Spezialisten und keiner Generalisten im Stile von Heinrich Berghaus, welche bereit waren zunehmend für einen festen Lohn und weniger für ein Honorar in einem Verlag tätig zu werden. Da ab Mitte des 19. Jahrhunderts das Gros des verbeamteten Bildungsbürgertums außerdem stetig abnahm, konnten Kartografen wie Heinrich Berghaus aus finanzieller Sicht ohne eine Festanstellung nur schwer existieren und mussten gleichzeitig wie kaum zuvor unternehmerisch neue Kartenpublikationen an Verlage und die interessierte Öffentlichkeit, bestehend aus Einzelpersonen und Institutionen, verkaufen.[385] Auch eigene Bildungseinrichtungen, wie die Kunstschule in Potsdam vermochten nicht die ökonomische Existenz zu sichern, da mit der beginnenden universitären Ausbildung von Geo- und Kartografen jene Einrichtungen überflüssig wurden.

Trotz des späteren Misserfolgs in wirtschaftlicher Hinsicht kann dennoch nicht geleugnet werden, dass Heinrich Berghaus im Zusammenhang mit der Ausbildung der Kartografen August Petermann und seines Neffen Hermann Berghaus die Grundlage für eine jahrzehntelange, erfolgreiche Publikationstätigkeit der genannten Kartografen im Perthes Verlag ebnete.

3.2.3 Heinrich Barth und der Beruf des Forschungsreisenden

3.2.3.1 Vorbemerkungen

Denkt man an berühmt gewordene Forschungsreisende, so würde neben so bekannten Namen wie James Cook oder Christoph Kolumbus sicherlich dem ein oder anderen auch David Livingstone und Henry Morton Stanley einfallen. Deutsche Reisende erwarben sich wiederum im 19. Jahrhundert durch die dezidierte Erforschung Afrikas einen internationalen Ruf als unerschrockene Wissenschaftler in undurchdringlichen Gegenden des „Schwarzen Kontinents“.[386] Einer von ihnen war der am 16.2.1821 in Hamburg geborene Heinrich Barth. Dass ein deutscher Reiseschriftsteller und Geograf weltweit Bekanntheit erlangen sollte, war keineswegs selbstverständlich. Schließlich verfügte nicht jeder Reisende über ein derart enges Netz an nützlichen Kontakten zu Geldgebern, Regierenden oder Verlegern, wie es z. B. Alexander von Humboldt zu Beginn des 19. Jahrhunderts tat. Heinrich Barth bestach eher durch sein unermüdliches Beharren auf den Erkenntnisgewinn in Zentralafrika als er 1849 zusammen mit

384 Ebd.

385 Ebd., 77.

386 Zum Thema der kolonialen Begrifflichkeiten und ihrer Wirkung für den alltäglichen Sprachgebrauch siehe: Susan Arndt und Antje Hornscheidt (Hrsg.), *Afrika und die deutsche Sprache. Ein kritisches Nachschlagewerk*, 3. Auflage, Münster, 2018.

Adolph Overweg, vorerst unter der Leitung des Briten James Richardson, im Auftrag der britischen Regierung die Sahara durchquerte, den Tschadsee erkundete und die für den europäischen Beobachter als geheimnisvoll betrachtete Stadt Timbuktu nicht nur erreichte, sondern auch mit erkenntnisreichen Dokumenten über die Stadt sowie ihre Geografie und Geschichte nach London zurückkehrte. Diese Reise sollte ihn nicht nur international bekannt machen, sondern sie konstituierte sowohl in Großbritannien als auch in Deutschland gleichzeitig seinen sagenhaften Ruf als unerschrockenen Entdecker und brillanten Forscher.

Die Rolle Heinrich Barths als Forschungsreisender für die zeitgenössische Rezeption von Afrika wurde hinlänglich erforscht.[387] Offen bleibt hingegen die Betrachtung der Person Barths als Akademiker und Autor im Haupterwerb. Im Zuge dieser Betrachtung blieb die Frage nach der Art und Weise der Ausübung des Berufes eines Forschers auf Reisen bislang eher unbeachtet. Gerade in einer Zeit, in welcher das Interesse an fremden Erdteilen im europäischen und gerade auch im deutschen Publikum stetig stieg, mussten sich aus ureigenem Interesse heraus Verleger, geografische Gesellschaften und Universitäten um die Entsendung fähiger Entdecker bemühen und deren wissenschaftliche Forschungsergebnisse für das Publikum möglichst zielgenau aufarbeiten. Für den Blick auf den Prozess der Publikation, sowohl geografischer, als auch ethnologisch, kartografischer Inhalte im 19. Jahrhundert, eignet sich die Biografie Heinrich Barths besonders gut, da mit ihm der Prototyp eines gebildeten und zugleich als mutig wahrgenommenen Forschers die Bühne der breiten Öffentlichkeit betreten hatte.

Ich werde daher auf den folgenden Seiten der Frage nach seiner Rolle im Prozess der Veröffentlichung und Vermarktung geografisch, kartografischer Inhalte nachgehen, um damit den Beruf des Forschungsreisenden als unverzichtbaren Akteur in der Bereitstellung kartografischer Inhalte im 19. Jahrhundert skizzieren zu können. Hierfür wird es mir vordergründig auf drei Aspekte ankommen:

Zunächst werde ich die Biografie Heinrich Barths an von mir ausgewählten Stationen in seinem Leben nachzeichnen, damit seine Handlungsspielräume in der Auseinandersetzung bzgl. der Veröffentlichung seiner Reisebeschreibungen deutlich werden.

Im Anschluss wird dann vor allem die Frage der Wahl des Reiseortes, im Fall von Barth der afrikanische Kontinent im Zentrum der Betrachtung stehen. Auf den biografischen Eckpunkten aufbauend, werde ich an dieser Stelle die Charakteristik des Berufes eines Forschungsreisenden bzw. Reiseschriftstellers in der Mitte des 19. Jahrhunderts beleuchten und die Frage klären, warum sich gerade Afrika als ein *El Dorado* für die Vermarktung von wissenschaftlichen Erkenntnissen der Fremde im 19. Jahrhundert gut zu eignen schien.[388]

---

387 Neben Großbritannien, stieß die Person Barths vor allem auch in Frankreich auf breites Forschungsinteresse. Vgl.: Mamadou Diawara (Hrsg.), *Heinrich Barth et l'Afrique*, Köln, 2006.

388 An dieser Stelle soll der Begriff nicht als der Sehnsuchtsort spanischer und britischer Eroberer in Südamerika zur Zeit des 16 und 17. Jahrhunderts verstanden werden, sondern als Metapher für einen

Abschließend werde ich mich der Auseinandersetzung zwischen Barth als Autor und dem Justus Perthes Verlag als Herausgeber seiner deutschsprachigen Reisebeschreibungen widmen. Dabei wird die Frage nach der Bedeutung des Rohstoffes Wissen für den Urheber und den Verlagsunternehmer von besonderer Bedeutung sein sowie welchen Abhängigkeiten Verleger im Prozess der ökonomische Wertschöpfung geografischer Inhalte unterworfen waren.

Neben der Bedeutung von Heinrich Berghaus als akademischer Kartograf, komplementiert die Analyse der beruflichen Arbeit von Heinrich Barth, als ein im Feld tätiger Forschungsreisender, schließlich die Bedeutung und die Rolle des Autors in einem kartografischen Fachverlag im 19. Jahrhundert.

3.2.3.2 Leben und Reisen

Heinrich Barth wurde 1821 in eine wohlhabende Hamburger Familie hinein geboren.[389] Sein Vater arbeitete als vermögender Kaufmann in der Hansestadt und ermöglichte damit seinem Sohn nicht nur eine umfassende Schulausbildung, sondern auch ab 1839 ein Studium der Philologie sowie der Altertums- und Erdkunde in Berlin. Schon früh fiel Barth durch eine große Neugierde und Talent in der Beschreibung fremder Gegenden auf, weshalb die finanzielle Unterstützung des Elternhauses und der Zuspruch von Professoren an der Berliner Universität den 19-jährigen Heinrich Barth 1840 bis 1841 zu einer ersten großen Reise nach Italien motivierten. Nach seiner Rückkehr beendete er sein Studium in Berlin mit der Promotion in Altertumskunde bei dem bekannten Altphilologen Philipp August Boeckh. Als Zweitgutachter trat der in Berlin lehrende Geograf Carl Ritter in Erscheinung, eine zentrale Figur im Verlauf der weiteren akademische Karriere Barths.

Nach dem Ende seiner Studienzeit in Berlin begann eine mehrere Jahre andauernde Reisetätigkeit in für ihn bislang unbekannte Gebiete. Von 1845 bis 1847 unternahm er eine große Forschungsreise in Länder des nördlichen Afrikas, wie z. B. Marokko, Algerien, Tunesien, das heutige Libyen, Ägypten, Syrien und Zypern, um im Anschluss daran die während der Reise erhobenen Beobachtungen und Forschungen in einer Habilitation über den Mittelmeerraum in der Antike und seine Geografie im Jahr 1847 an der Universität in Berlin aufzuarbeiten und zu kontextualisieren. Im Anschluss an seine Habilitation beschritt er den Weg einer akademischen Karriere und hielt als Privatdozent erste Vorlesungen an der Universität.

Erst als Barth 1855 von seiner großen Reise nach Zentralafrika zurückkehrte, sollte er seine Arbeit an der Universität wieder aufnehmen, wenn auch anfangs nur sehr zö-

Ort unumschränkter Möglichkeiten. Vgl.: „El Dorado“, in: Onlineausgabe des Collins English Dictionary unter: https://www.collinsdictionary.com/de/worterbuch/englisch/el-dorado (zuletzt aufgerufen am 03.5.2019).

389 Zur detaillierten Biografie Heinrich Barths: Klaus Schroeder, „Barth, Heinrich“ in: Neue Deutsche Biographie 1 (1953), 602–603 [Online-Version]; URL: https://www.deutsche-biographie.de/pnd119076950.html#ndbcontent (zuletzt abgerufen am 17.10.2019).

gerlich. Denn für die Auswertung seiner Forschungsberichte siedelte er von 1855 bis 1858 zunächst nach London um, kehrte allerdings 1859 wieder nach Berlin zurück. Nach dem Tod Carl Ritters wurde er außerdem zweiter und 1863 erster Vorsitzender der Gesellschaft für Erdkunde zu Berlin und in dieser Funktion auch Mitbegründer der Ritter-Stiftung zur finanziellen Förderung zukünftiger Forschungsreisen. Sein Wunsch einer eigenen Professur sollte allerdings nie in Erfüllung gehen. Lediglich ab 1863 bis zu seinem frühen Tod am 25.11.1865 hatte er ein Extraordinariat ohne speziellen Geschäftsbereich und ohne finanzielle Vergütung an der Universität in Berlin inne.[390]

3.2.3.3 Reise nach Zentralafrika

Die Bekanntheit Heinrich Barths konstituiert sich bis heute aus seiner Reise durch Nord- und Zentralafrika, die er von 1849 bis 1855 im Auftrag der Royal Geographical Society of London (kurz RGS) und der britischen Regierung unternahm. Letztere hatte schon seit dem späten 18. Jahrhundert ein nicht unerhebliches Interesse an der Erforschung des Nigers und der Region um die Stadt Timbuktu geäußert. Dabei spielten ökonomische Interessen im Mindesten eine gleich große Rolle wie abolitionistische Bestrebungen bzgl. der Unterbindung des innerafrikanischen Sklavenhandels.[391] Schließlich schien die *mental map* der britischen Öffentlichkeit im Bezug auf Regionen entlang des Nigers in Zentral- und Westafrika während der ersten Hälfte des 19. Jahrhunderts ungeahnte Reichtümer und gewaltige Handelschancen zu kartieren, vor allem im Hinblick auf den Baumwoll- und Palmölhandel.[392]

Diese Gründe waren ursächlich dafür, dass gegen Ende der 1840er Jahre die Idee einer Expedition zur Erforschung des Verlaufs des Flusses Niger in der britischen Regierung aufkam. Gleichwohl schien es aufgrund der geringen Kenntnis über das zu bereisende Gebiet in britischen Militärkreisen wenig zielführend gewesen zu sein, eine vom Militär ausgerüstete und entsandte Expedition mit der Erforschung und Kartierung Zentralafrikas zu beauftragen. Außerdem verfügte die britische Regierung mit der Royal Geographical Society of London über eine Institution, die aus Prestigegründen und dem inneren Drang endlich wissenschaftliches Wissen über große Teile des bislang eher unbekannten afrikanischen Kontinentes zu generieren, bereitwillig für ein derartiges Projekt zur Verfügung stand.

Als potentiellen Leiter einer zukünftigen Expedition wurde 1847 der britische Missionar James Richardson in Erwägung gezogen, dessen Expertise dem britischen Außenministerium und der RGS durch eine Reise in die Sahara im Jahr 1845 glaubwürdig erschien.[393] Die Ziele der geplanten Expedition wurden in den Verhandlungen genau

---

390 Cornelia Esser, *Deutsche Afrikareisende im neunzehnten Jahrhundert. Zur Sozialgeschichte des Reisens*, Wiesbaden und Stuttgart, 1985, 81.

391 Alexander D. Nzemeke, *British Imperialism and African Response. The Niger Valley 1851–1905*, Paderborn, 1982, 41.

392 Ebd., 99.

393 R. Mansell Prothero, *Heinrich Barth and the Western Sudan*, in: The Geographic Journal (124), Nr. 3, 1958, 327.

festgehalten: Zunächst sollten verantwortliche Entscheidungsträger der vor Ort lebenden Ethnien kontaktiert und ihr Vertrauen gesichert werden, um anschließend statistische Erhebungen über potentiell handelbare Güter und die Bevölkerung durchzuführen. Dies sollte perspektivisch zu Handelsverträgen führen und beginnend durch diesen engen Kontakt langfristig die Sklaverei in der Region abgeschafft werden.[394] Wie sich allerdings erst Jahre später herausstellte, erfüllte die Expedition keines der gesteckten Ziele. Gleichwohl ist man im August 1849 noch voller Hoffnung, die Expedition zu einem großen Erfolg für die britische Regierung und die RGS werden zu lassen, als man Richardson die volle finanzielle Unterstützung von beiden Seiten zusicherte.

Jener begann nun recht schnell mit der Rekrutierung geeigneter Reisebegleiter, besonders interessierte er sich für Personen, die mit einer akademischen Arbeitsweise und dem Umgang mit geodätischen Messinstrumenten vertraut waren. Als diese Planungen auch in Londoner Diplomatenkreisen öffentlich wurden und es Richardson zunehmend schwerer fiel für die nicht ungefährliche Reise Mitstreiter zu finden, schaltete sich schließlich der preußische Botschafter in Großbritannien, Christian Karl Josias von Bunsen, in die Suche ein. Durch seine engen Kontakte zu Alexander von Humboldt, als auch zu Carl Ritter in Berlin und durch dessen Vermittlung wurde Richardson im Sommer 1849 auf den in London bislang gänzlich unbekannten Berliner Privatdozenten Heinrich Barth aufmerksam.[395] Als anschließend der Astronom Adolph Overweg, ein früherer Schüler Carl Ritters, zu Richardson und Barth hinzukam, komplementierte sich die Expeditionsgruppe.

Durch die Anstellung der beiden Deutschen erhoffte sich Richardson, dass die wissenschaftliche Forschung bereits in Afrika mit den Mitteln der Zeit durchgeführt werden konnte um für den Zeitrum ihrer Rückkehr nach London auswertbar vorzuliegen. Gleichzeitig lag darin aber auch die größte Gefahr für das Gelingen der Expedition. Dies mag zum einen ein Widerspruch sein, ergibt aber Sinn, schaut man sich die unterschiedlichen Zielsetzungen der Expeditionsteilnehmer an. Für Heinrich Barth kam es weit weniger als für James Richardson darauf an, die ökonomischen Interessen der britischen Regierung in Afrika durchzusetzen. Vielmehr bestand der Anspruch der beiden Deutschen in der exakten und detaillierten Erkundung der Region, um ihre Erkenntnisse später wissenschaftlich zu verwerten und für den Erfolg der eigenen akademischen Karriere in Deutschland zu publizieren.[396] Um dennoch einen gemeinsamen Vertrag mit ganz unterschiedlichen Antworten auf die Frage, was als Erfolg der Expedition definiert werden kann zu erfüllen, einigte man sich vor der Abfahrt aus London nicht nur auf die Reiseroute, sondern auch darauf, dass bis zur Ankunft am Tschadsee James Richardson die Leitung der Expedition übernehmen sollte um im wei-

394 Ebd.
395 Ebd.
396 Cornelia Esser, *Deutsche Afrikareisende im neunzehnten Jahrhundert* [wie Anm. 390], 80 ff.

teren Verlauf der Reise die Kontrolle der Route sowie des Proviants Barth und Overweg zu überlassen.[397]

Obwohl sich alle Beteiligten der Risiken der Reise bewusst waren, verließ die Gruppe am 31.3.1850 Tripolis am Mittelmeer und begann mit der Durchquerung der Sahara. Allerdings änderten sich seit dem überraschenden Tod von James Richardson im Frühjahr 1851 in der Umgebung des Tschadsees nicht nur für die britischen Auftraggeber der Expedition die weiteren Ziele grundlegend. Mit Heinrich Barth wurde nun der von den Briten als am fähigsten eingeschätzte Forscher mit der Leitung der Expedition beauftragt und eine Marschrichtung nach Westen, nach Timbuktu vorgegeben. Da Adolph Overweg im September 1852 ebenfalls starb, blieb Heinrich Barth nichts anderes übrig, als alleine die Reise fortzusetzen. Schließlich erreichte er am 23.9.1853 die Stadt in Begleitung seiner einheimischen Träger.[398] Für Heinrich Barth erschien Timbuktu bedrohlich und faszinierend zugleich.[399] Er hob allerdings in seinen Aufzeichnungen auch hervor, dass er nicht davon ausgehen würde, dass es den Briten wohl gelingen kann, die Stadt und das umliegende Gebiet erfolgreich zu kolonisieren und einen für das britische Empire gewinnbringenden Handel einzurichten.[400] Mit dieser Gewissheit im Gepäck und zusammen mit viel Glück und durch einige, für ihn günstigen Zufälle, konnte er nach sechs Monaten als erster Europäer der Neuzeit die Stadt lebend verlassen, um nach einer weiteren strapaziösen Reise durch die Sahara am 06.9.1855 nach London zurückzukehren.

3.2.3.4 Afrika als Ort eines gesteigerten Publikumsinteresses

Für viele Reiseschriftsteller avancierte Afrika als beliebtestes Thema ihrer Veröffentlichungen. Das Publikumsinteresse im 19. Jahrhundert schien diese Begeisterung jedenfalls zu teilen, schaut man sich zeitgenössische Darstellungen des Kontinents und ihre Rezeptionsgeschichte genauer an.[401] Wenn an dieser Stelle der Begriff Publikum fällt, dann muss zwischen zwei Rezipientengruppen geografischer Literatur im 19. Jahrhundert unterschieden werden: zum einen das akademische und zum anderen das breitere Publikum. Mit letzterem können alle Leser und Nutzer kartografischer Inhalte be-

---

397 R. Mansell Prothero, *Heinrich Barth* [wie Anm. 393], 328.

398 Ebd., 332.

399 Zur Bedeutung Timbuktus vgl. die Reisebeschreibung Barths im Zusammenhang mit den Expeditionen Eduard Vogels sowie Theodor von Heuglins in Kapitel 2.4.

400 Ebd.

401 Über die Rezeption zeitgenössischer Vorstellung über Afrika existieren zahlreiche Arbeiten. Besonders im Zusammenhang mit der Bedeutung Afrikas als Thema wissenschaftlicher Arbeit siehe: Ahcène Abdelfettah et. al. (Hrsg.), *Savoirs d'Allemagne en Afrique du Nord: XVIIIe – XXe siècle*, Saint-Denis, 2012. Für die Rezeptionsgeschichte Afrikas im 19. Jahrhundert siehe: Kerstin Volker-Saad und Anna Greve (Hrsg.), *Äthiopien und Deutschland. Sehnsucht nach der Ferne*, München u. a., 2006. Für die Sammlungsgeschichte des 19. Jahrhunderts in Bezug auf Afrika siehe: Larissa Förster und Holger Stoecker (Hrsg.), *Haut, Haar und Knochen. Koloniale Spuren in naturkundlichen Sammlungen der Universität Jena*, Weimar, 2016.

zeichnet werden, die ein allgemeines, aber kein spezifisches Interesse an der Geo- und Kartografie aufweisen.

Wie das publizistische Leben von Heinrich Barth zeigt, besteht ein nahezu unauflösbarer Widerspruch in der Veröffentlichungspraxis, zeitgenössischer geografischer Literatur im 19. Jahrhundert, weshalb häufig publikumswirksame Veröffentlichungen bestenfalls ein Nichtbeachten in der akademischen Welt hervorriefen, wenn nicht gar eine komplette Ablehnung als Scharlatanerie. Den Spagat zwischen wissenschaftlich genauer und publikumswirksamer Veröffentlichungspraxis und die damit ggf. verbundenen Auflagenverluste, werde ich im folgenden Kapitel im Zusammenhang mit der Herausgabe *Petermanns Geographischen Mitteilungen* genauer erläutern.

Als Heinrich Barth zu seiner Reise nach Afrika aufbrach hatte der afrikanische Kontinent vor allem durch den Tourismus des europäischen Hochadels in Ägypten eine gewisse Konjunktur als dominantes Thema im Kanon europäischer Reiseliteratur.[402] Dabei war neben der Exotik der imaginierten und dann tatsächlich vorgefundenen Orte, vor allem das mangelnde Wissen über den für die meisten Europäer fremden Kontinent ausschlaggebend um Expeditionen zu finanzieren und auszurüsten. Dabei spielten zu Beginn des 19. Jahrhunderts naturhistorische Museen mit ihrem stetig wachsendem Inventar eine besondere Rolle in der Unterstützung und Förderung von Reisen über das Mittelmeer hinweg.[403] Dennoch wurden derartige Expeditionen nicht etwa durch Haushaltsmittel dieser Institute und Museen finanziert, und damit nicht aus staatlichen Geldern, sondern hauptsächlich durch private Spender. Die finanzielle Abhängigkeit von privaten Geldgebern und ein Wissenschaftsverständnis, welches den Reisenden lange nur als bloßen Zulieferer wissenschaftlicher Fakten und nicht als eigentlichen Gelehrten betrachtete, erschwerte die gewinnbringende Publikation von Reiseberichten zunehmend.[404] Für Heinrich Barth sollte Afrika deshalb auch kein Ort sein der ihn wohlhabend, jedoch in Universitätskreisen berühmt machen sollte. Um dieses Ziel zu erreichen schien Afrika aus Gründen zahlreicher Forschungsdesiderate sowie vieler weißer Flecken auf den Karten über den Kontinent absolut prädestiniert.[405]

Für Verleger konnte Afrika gerade vor der Kolonialzeit auch als verkaufsförderndes Thema gelten, nämlich immer dann, wenn es die eigenen Publikationen verstanden, Emotionen in Lesern und damit den eigentlichen Konsumenten zu wecken. Um vor allem einen größeren Leserkreis zu erreichen, nutzen sie und ihre Autoren vermehrt die stilistischen Mittel der Legenden- und Mythenbildung.[406] Vor allem Zeitschriften bedienten sich dieser Technik, indem sie z. B. Heinrich Barth mit den Begriffen „Held“ beschrieben, der gegen den „muhammedanisch-religiösen Fanatismus der

402 Cornelia Esser, *Deutsche Afrikareisende im neunzehnten Jahrhundert* [wie Anm. 390], 17.
403 Ebd., 20.
404 Ebd., 38.
405 Ebd., 94.
406 Wolfgang Struck, *Karten-Legenden. August Petermanns Verschollene*, in: Irina Gradinari et. al. (Hrsg.), *Reisen und Nichtwissen. Versteckt – Verirrt – Verschollen*, Wiesbaden, 2016, 79.

Bewohner, gegen deren religiöse Mordlust" ankämpfen musste.[407] Diese Beschreibungen erzeugten ein bestimmtes Bild des Reisenden, mit dem Ziel eine besondere Verbundenheit zwischen Autor und Publikum zu bewirken. Etwas, dass die Autoren über Heinrich Barth besser als Barth selber verstanden. Betrachtet man die Rezeption der Arbeit von Barth jenseits des breiten Publikums, so wird schnell deutlich, dass sich in der Diskussion über die Deutungshoheit geografischen Wissens im 19. Jahrhundert große Konfliktpotentiale verbargen. Besonders im Hinblick auf die Wissensproduktion im Feld durch den Reisenden und im Prozess der Wissensauswertung und Kartierung an der Universität, dem Institut oder der geografischen Anstalt trat dies zutage.[408]

Dies bedeutet letztlich, dass Verlage für unterschiedliche Rezipientengruppen auch unterschiedliche Publikationen vorbereiten mussten, wollten sie nicht nur den Zugang, sondern auch einen Absatz in diesen Räumen generieren. Aus diesem Grund schien es fast unausweichlich, dass Heinrich Barth mit der Wahl des Perthes Verlages einen Mittelweg zwischen breiter, populärwissenschaftlicher Publikation sowie akademischen Leserkreis ging. Zum einen ermöglichte ihm dieser Schritt einen ökonomischen Gewinn aus seiner Reise zu erzielen und zum anderen mithilfe August Petermanns als Lektor die gewünschte positive Rezeption des Werkes von einer gelehrten Leserschaft in Deutschland und Großbritannien erreichen zu können.

3.2.3.5 Heinrich Barth als Autor

Für Verleger und Autoren geografischer Literatur galt im 19. Jahrhundert wie in der Gegenwart, dass gedruckte Werke, sollten sie betriebswirtschaftlich für den Verlag verwertbar sein, einen bestimmten Verkaufswert nicht unterschreiten durften. Dieser Wert bemaß sich an den Wünschen des Publikums und in welcher Art und Weise der Autor mit seiner Publikation diesen Wünschen entsprach. Unter akademischen, als auch breiten Bevölkerungsgruppen waren Reiseberichte im 19. Jahrhundert besonders beliebt, erfüllten sie doch den Wunsch nach abenteuerlichen Geschichten und antworteten auf wissenschaftliche Unkenntnis über weit entfernte Regionen der Erde. Um den Anforderungen der Leser zu entsprechen, kam es keineswegs nur auf die Vermittlung einfachen Wissens, sondern auf die Darstellung sensationellen Wissens an.[409] Dieses beinhaltete vor allem gänzlich neue Informationen über entfernte und imaginierte Räume, die bisher unbekannte Antworten auf zuvor gestellte Fragen lieferten. Mit derartigen Publikationen sprachen Verleger neue Käuferschichten an, sodass damit parallel die Aufmerksamkeit des Publikums gegenüber den verlegten Autoren rasant anstieg. In diesen Publikationen wurde Wissen als neu und ungeheuerlich bedeutsam angepriesen, da der Versuch unternommen werden sollte, Sensationen durch das Be-

407 Zit. nach: o. A., *Dem Andenken zweier deutschen Eroberer*, in: Die Gartenlaube (14), 1855, 185–187.
408 Michael Pesek, *Vom richtigen Reisen und Beobachten. Ratgeberliteratur für Forschungsreisende nach Übersee im 19. Jahrhundert*, in: Berichte für Wissenschaftsgeschichte (40), Nr. 1, 2017, 18.
409 Ebd., 2.

dienen des menschlichen Instinktes der Neugierde zu erzeugen.[410] Damit das Publikum jene Veröffentlichungen auch konsumieren konnte, erforderte die Publikation von Verlagen und Autoren die Standardisierung des Wissens, um gleichzeitig der Arbeit die nötige Legitimität zu verschaffen und sie dadurch von Nichtwissen oder fiktionalen Erzählungen abzugrenzen.[411]

Auch für den Perthes Verlag stand fest, dass mit Heinrich Barth nicht nur ein Vertrauter August Petermanns verlegt werden sollte, sondern seine Arbeit genau jenes sensationelle Wissen liefern konnte, welches das deutsche, aber auch das internationale Publikum so sehnsüchtig verlangte.[412]

Dass Barth als Autor in Frage kam, lag also weniger an seiner Person als in seiner Reiseroute und der Tatsache begründet, dass er als einziger Teilnehmer überlebte. Damit konnte nicht nur die Person Barths als Held verkauft, sondern seine während der Reise verstorbenen Begleiter als „Märtyrer der deutschen Wissenschaft" beschrieben und ihre Geschichte gleichzeitig dem Publikum möglichst gewinnbringend angeboten werden.[413]

Für den Verleger Perthes schien die Situation also eindeutig zu sein: Mit der Herausgabe der Reisebeschreibungen von Heinrich Barth konnte das Image des Verlages und der Ruf als Geografische Anstalt unterstrichen werden, auch wenn der Verleger Bernhardt Perthes selber von keinem ökonomischen Erfolg der Veröffentlichung ausging: „[...] Mit Barth bin ich in Ordnung, es wird ein schönes Werk werden, [...], an dem wahrscheinlich viel Geld verloren werden wird. Barth gefällt mir sehr gut, er tritt zwar sehr bestimmt, aber doch bescheiden auf, ich stehe in einem ganz angenehmen freundschaftlichen Verkehre mit ihm. [...]"[414]

Gleichwohl erschien mit der Veröffentlichung der *Missionary Travels and Researches in South Africa* von David Livingstone aus dem Jahr 1857 ein vom Inhalt ähnlich gestaltetes Buch auf dem zunächst britischen, später aber internationalen Buchmarkt, welches das Rennen um die Aufmerksamkeit der Leser im Themengebiet der Entdeckungsreisen in Afrika maßgeblich beeinflusste. Auch im Fall Livingstones schafften es Autor und Verleger die Person David Livingstones als einen Menschen zu porträtieren, dessen Absichten, Gefühle und Sorgen dem Leser nicht fremd erschienen. So wurde das Buch zu einem Verkaufserfolg und der Verlag konnte über 70.000 Exemplare der Erstausgabe absetzen.[415]

---

410 Ebd., 32 f.

411 Ebd., 25.

412 Auch August Petermann stand in engem Kontakt mit Carl Ritter auf der einen und Christian Karl Josias von Bunsen auf der anderen Seite. Siehe dazu: Alexander von Humboldt, *Briefe von Alexander von Humboldt an Christian Carl Josias Freiherr von Bunsen*, Leipzig, 1869, 189 u. 197.

413 Zit. nach: Wolfgang Struck, *Karten-Legenden. August Petermanns Verschollene* [wie Anm. 406], 79.

414 Brief von Bernhardt Perthes an Rudolf Besser vom 10.11.1855, in: Forschungsbibliothek Erfurt/Gotha, Nachlass Bernhardt Perthes, SPA ARCH FFA 03/02, 57.

415 Adrian S. Wisnicki, *Interstitial Cartographer. David Livingstone and the Invention of South Central Africa*, in: Victorian Literature and Culture (37), Nr. 1, 2009, 255.

Dieser Konkurrenzgedanke spiegelt sich auch in den Auseinandersetzungen zwischen Verleger und Autor wider. Da Barth zunächst sowohl im Auftrag der RGS, als auch der britischen Regierung seine Reisenotizen und Beobachtungen in Großbritannien in englischer Sprache veröffentlichen sollte, einigte er sich mit dem Perthes Verlag auf eine exklusive und nachträgliche Veröffentlichung desselben Werkes in deutscher Sprache im Gothaer Verlag. In Paragraph fünf des gemeinsamen Vertrages zur Herausgabe der *Reisen und Entdeckungen in Afrika* heißt es daher:

> Herr Dr. Barth übernimmt die Verpflichtung Herrn Bernhard Perthes in den Stand zu setzen, daß er die deutsche Ausgabe spätestens 8 Tage nach Ausgabe der englischen veröffentlichen kann.[416]

Jene rasche Veröffentlichung in Deutschland diente schließlich dazu, dass er seinen erhofften Eintritt als Professor in eine deutsche Universität mit einer umfassenden wissenschaftlichen Schrift untermauern und legitimieren konnte, da er bzgl. des Bestreitens seines Lebensunterhaltes auf die Einnahmen als Akademiker in der Zukunft angewiesen war.[417] Gleichzeitig offenbart sich in der Eile des Verlages, die Veröffentlichung des Buches in Deutschland rasch zu ermöglichen, genau der von mir bereits erwähnte Wettbewerbsdruck durch die britische Konkurrenz.

Darüber hinaus war zunächst nicht klar, welchen Leserkreis das Buch überhaupt ansprechen sollte. Der Verlag entschied sich schließlich aus den Reisenotizen Barths fünf Bände zu produzieren, welche ab 1857, also parallel zur Veröffentlichung David Livingstones, in einem kurzen Zeitraum nacheinander erscheinen sollten. Der Verleger kalkulierte für alle fünf Bände 30 preuß. Taler als Verkaufspreis und war bereit, dem Buchhandel höchstens 25 % Rabatt zu gewähren. Darüber hinaus kündigte der Verlag im gleichen Zeitraum die Herausgabe eine Prachtausgabe für 60 Taler, bei ebenfalls einem Höchstrabatt von 25 % für den Buchhandel, an.[418] Diese Preisgestaltung war

---

416 Vertrag zwischen Heinrich Barth und dem Justus Perthes Verlag über die Herausgabe von *Dr. H. Barth: Reisen und Entdeckungen in Afrika (1849–1855) in 5 Bänden mit dazugehörigen Karten, Bildern und Holzschnitten* vom 24.10.1855, in: Forschungsbibliothek Erfurt/Gotha, Nachlass Heinrich Barth, SPA ARCH MFV 012.

417 Die britische Regierung gewährte Barth für jedes Jahr seit dem Beginn der Leitung der Expedition in Nord- und Zentralafrika durch ihn 500 £ sowie ein Honorar von 1.000 £ für die Publikation der ersten drei Bände seines Reiseberichtes und weitere 1.000 £ für alle weiteren Publikationen aus den Aufzeichnungen seiner Reise zusammen. Da Richardson im Juli 1852 starb und Barth seit diesem Datum die Leitung der Expedition bis September 1855 übernahm und unter der Prämisse, dass ihm jeweils auch halbe Jahre als Leiter der Expedition angerechnet wurden, ergibt sich eine mögliche Gesamtsumme von mindestens 3.500 britischen Pfund als Honorar für Heinrich Barth. Siehe hierzu: R. Mansell Prothero, *Heinrich Barth* [wie Anm. 393], 335. Auch der Perthes Verlag gewährte Heinrich Barth ausschließlich ein Einzelhonorar von 3.500 preuß. Talern für alle fünf Bände und schloss eine Beteiligung am zu erwartenden Umsatz lt. dem Honorarvertrag von 1855 aus. Diese Summe unterschritt das britische Honorar allerdings um ein Vielfaches. Siehe hierzu: Vertrag zwischen Heinrich Barth und dem Justus Perthes Verlag [wie Anm. 416].

418 Die Prachtausgabe erschien in einem größeren Format. Außerdem wurde zum Druck Velinpapier verwendet, welches in seiner Materialeigenschaft dem hochwertigen Pergament ähnlich ist. Vgl.: Anhinsichtlich der zu erwartenden Herstellungskosten nicht unrealistisch, dennoch verkleinerte sie die mögliche Käuferschicht, sowohl hinsichtlich der Standard- als auch Prachtausgabe erheblich. Zusammenfassend muss konstatiert werden, dass im internationalen Vergleich die *Reisen und Entdeckungen in N. u. C. Afrika* von Heinrich Barth mit den *Missionary Travels* von David Livingstone, welche ab 1857 für 21 shilling in London erschienen, hinsichtlich eines ansprechenden Verkaufspreises nicht konkurrieren konnten.[419]

Wahrscheinlich war dies auch nie geplant, denn Perthes rechnete, wie oben bereits beschrieben, mit keinem großen ökonomischen Erfolg durch die Herausgabe des Manuskriptes von Barth und kalkulierte mit einer Auflage von maximal 1.500 Drucken.[420] Dennoch drängte Barth den Verleger zur schnellen Herausgabe der deutschen Ausgabe: „Ganz von Livingstone eingenommen habe ich [...] versäumt, Ihnen ans Herz zu legen, meine Karten nicht zu vergessen. Denn wenn von L. Reisen vor den meinigen herauskämen, so wäre das doch eine kleine Blamage."[421]

Die Angst vor zu geringer Aufmerksamkeit mag eine spezifische Charaktereigenschaft vieler Autoren sein, dennoch steht sie sinnbildlich für einen genuinen Aspekt der Aufmerksamkeitsökonomie, dem Forschungsreisende nach ihrer Rückkehr in die Zentren der europäischen Wissensproduktion im 19. Jahrhundert unterworfen waren.[422]

Gleichzeitig liegt in der besonderen Aufmerksamkeit Barths während der Reise auch der spezifische wissenschaftliche Erfolg dieser begründet. Sowohl horizontale Empathie, also das Interesse Gegensätze zwischen der eigenen und einer fremden Kultur aufzuzeigen, als auch die Neugierde gegenüber anderen Kulturen und der Fremde allgemein waren unerlässlich für die Sammlung von publikationsfähigem Wissen im 19. Jahrhundert und sind es gewissermaßen noch heute.[423] Dabei unternahm Barth den Versuch wie ein Einheimischer zu leben und durch die Kenntnis der regionalen Spra-

---

kündigung des Perthes Verlages an die Buchhändler vom 04.5.1857 zur Herausgabe von *Dr. H. Barths Reisen und Entdeckungen in N. u. C. Afrika,* in Forschungsbibliothek Erfurt/Gotha, Nachlass Heinrich Barth, SPA ARCH PGM 039/1, 217.

419 Zu dieser Einschätzung gelangt man durch den Vergleich der unterschiedlichen Verkaufspreise. Unter Berücksichtigung des Silberfeingehaltes eines Britischen shilling im Jahr 1857 von 5,7g und des eines Vereinstalers von 16,666g ergibt sich ein Preisverhältnis von 1 zu 4,177 zu Gunsten der *Missionary Travels* von David Livingstone. Vgl.: *30th Thousand. Missionary Travels and Researches in South Africa*, Quarterly Review 104 (Juli-Oktober 1858), September 1858, 12. (gefunden auf: https://www.livingstone-online.org/sites/default/files/life-and-times/publishing-livingstones-missionary-travels/liv_014062_0001-article.jpg [zuletzt aufgerufen am 08.11.2019]).

420 Vertrag zwischen Heinrich Barth und dem Justus Perthes Verlag [wie Anm. 416].

421 Brief von Heinrich Barth an August Petermann vom 17.12.1856, in: Forschungsbibliothek Erfurt/Gotha, Nachlass Heinrich Barth, SPA ARCH PGM 039/2, 250.

422 Zum Thema Ökonomie der Aufmerksamkeit vgl.: Georg Franck, *Ökonomie der Aufmerksamkeit. Ein Entwurf*, München u. a., 2002.

423 Vgl.: Anthony Kirk-Greene, *Heinrich Barth. An Exercise in Empathy*, in: Robert I. Rotberg (Hrsg.), *Africa and Its Explorers. Motives, Methods, and Impact*, Cambridge, 1970, 26.

chen und Dialekte auch mit den Menschen vor Ort direkt zu kommunizieren. Dass dies nicht nur das eigene Überleben erleichtern sollte, sondern den Verkaufswert des so gewonnenen Wissens in Europa erhöhte, liegt dabei auf der Hand. Vor allem in Großbritannien wurde Barth deshalb seit seiner Rückkehr aus Afrika mit Begriffen wie „the man who spent a day in the unsafe wildernis", „the needle prince" oder „the merciful one" betitelt. Letzterer vor allem wegen seines für die Reise selbstgewählten arabischen Namens „Abd-el Karim".[424]

Trotz dieser wohlgemeinten Titel konnten die ersten Auslieferungen der deutschen Ausgabe seiner Reisebeschreibungen nicht den gewünschten ökonomischen Erfolg erreichen. Für den Perthes Verlag blieb das Werk ein Prestigeobjekt, welches die Bestrebungen der Umwandlung des bisherigen Geschäftes in das einer Geografischen Anstalt unterstützen sollte und deshalb als Werbezweck dienlich erschien.

Im Fall der Publikation von Heinrich Barth zeigt sich charakteristisch für die Veröffentlichungspraxis geografischer Literatur im 19. Jahrhundert, dass direkt im ersten Jahr des Vertriebs zahlreiche Exemplare aller fünf Bände in einer deutlich höheren Stückzahl als in den folgenden Jahren vertrieben werden konnten, dann jedoch rasch eine Sättigung des Marktes eintrat, welche einen zukünftigen Verkauf im Maß der ersten Größenordnung unwahrscheinlich werden ließ. Nur die Nachricht vom Tod des Autors im Jahr 1865 veranlasste einige wenige Käufer zum späteren Erwerb der ersten Auflage.

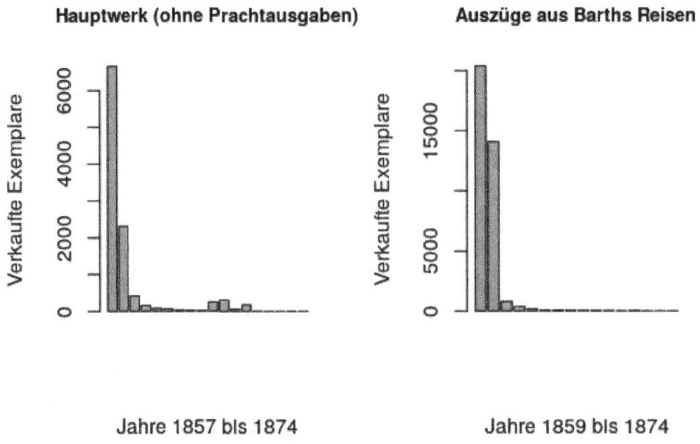

Abb. III. 4: Verkaufte Gesamtauflage von Heinrich Barths *Reisen und Entdeckungen in Nord- und Central-Afrika* im Justus Perthes Verlag sowie der gekürzten Fassung in Auszügen, 1857–1874. (Eigene Darstellung)

Da Reisebeschreibungen in der Regel keine neuen Auflagen der selben Publikation aufwiesen, lässt sich die ökonomische Lebensdauer einer derartigen Veröffentlichung sehr konkret auf die ersten beiden Jahre nach dem erstmaligen Erscheinen festsetzen.

424 Zit. nach: Ebd., 37.

Sollte es der Verlag in dieser Zeit nicht schaffen eine gewinnbringende Menge abzusetzen, so wird ein ökonomischer Erfolg der Publikation sehr unwahrscheinlich. Wegen dieser Ungewissheit versuchte der Perthes Verlag mit der Herausgabe einer gekürzten Fassung eine Versicherung bzgl. des möglichen betriebswirtschaftlichen Schadens einzurichten:

> Zu gleicher Zeit nehme ich aber hirdurch [sic] Veranlaßung auf die sehr frühe in Anregung gewesene abgekürzte Ausgabe Ihrer Reise zurückzukommen. [...] Nun fürchte ich aber, daß bei den Ihnen vorliegenden anderweitigen Arbeiten Sie kaum Zeit finden werden, eine abgekürzte Ausg. zu bearbeiten. Ich erlaube mir daher Ihnen den Vorschlag zu machen, daß ich durch einen befähigten Gelehrten einen Auszug bearbeiten laße, Ihnen solchen ein Exemplar vorlege und Sie diesem noch hinzufügen oder nachstreichen, was Ihnen nothwendig erscheint.[425]

Jene redaktionelle Unterstützung des Verlages nahm Barth dankend entgegen, sodass mit einem Honorarvertrag vom 02.2.1859 die Herausgabe einer gekürzten Fassung seines Reisewerkes endgültig beschlossen wurde. Der Verlag konzipierte diese Ausgabe zunächst mit 2.500 Exemplaren und gewährte hierfür Barth wiederum ein festes Honorar von 1.000 preuß. Talern. Gleichzeitig offenbart dieser Honorarvertrag, dass für den Verleger der kommerzielle Erfolg einer gekürzten Ausgabe wahrscheinlicher erschien, als der der Haupt- bzw. Prachtausgabe von 1857. Diese Vermutung wird durch den zweiten Teil des Vertrages gestützt, da Perthes jeden weiteren Verkauf über die Menge von 2.500 Exemplaren Barth mit einem Honorar von 200 preuß. Talern für 500 zusätzlich verkaufte Bücher quittieren wollte.[426]

Um einen derartigen Erfolg zu erzielen, versuchte nun der Verlag die abschließend in zwei Bänden erschienene neue Ausgabe vor allem an Bildungseinrichtungen zu verkaufen. Damit legten sich Autor und Verleger endgültig auf eine Diversifikation des potentiellen Kundenstammes fest. Zum einen bot der Verlag die Haupt- und Prachtausgabe für ein akademisches bzw. großbürgerliches Publikum an, was sich allein durch den Kaufpreis und die äußere Darstellung des Produktes beobachten lässt (besonders im Zusammenhang mit der Herausgabe einer Prachtausgabe), und zum anderen sollten nun breitere Bevölkerungsgruppen, deren Einkommen sowie Lesegewohnheiten sich grundlegend von der zunächst angesprochenen Käufergruppe unterschieden, mit der Herausgabe einer gekürzten und mit 3 preuß. Talern für zwei Bände deutlich günstigeren Ausgabe angesprochen werden. Dass dies nicht a priori funktionieren muss und Schwierigkeiten in der Kommunikation des neuen Produktes auf Basis des älteren auftreten können, war allen Beteiligten klar, weil unter anderem: „[...]

425 Brief der Verlagsleitung des Justus Perthes Verlages an Heinrich Barth vom 19.1.1859, in: Forschungsbibliothek Erfurt/Gotha, Nachlass Heinrich Barth, SPA ARCH PGM 039/3, 492.

426 Honorarvertrag zwischen dem Justus Perthes Verlag und Heinrich Barth über die Herausgabe der *Kleinen Afrikanischen Reise* vom 02.2.1859, in: Forschungsbibliothek Erfurt/Gotha, Nachlass Heinrich Barth, SPA ARCH PGM 039/3, 452.

etwas ungünstig für das Erscheinen des ersten Heftes [...] die Gymnasialferien [sind].“[427]

Umso erstaunlicher ist es, dass trotz aller Bemühungen des Verlages und der Wahrnehmung Barths in der Presse als heroischer Entdecker, dessen „[...] tiefe[r] christliche Sinn, den der Verfasser mit Heldenmuth selbst den wildesten Völkern gegenüber mit Offenheit bekannte, auch aus allen seinen Arbeiten bescheiden hervortritt.“[428], die gekürzte Ausgabe der Reisebeschreibungen von Heinrich Barth zu keinem kommerziellen Erfolg wurde. Die Gründe für diesen Misserfolg haben zunächst etwas mit der unklaren Kommunikation des Verlages hinsichtlich eines an sich gleichen, aber in anderer Form dargebotenem Produktes zwischen Verlag und Publikum zu tun. Hierbei ist es dem Kunden nicht immer eindeutig klar, welchen Mehrwert er durch den Erwerb des neuen Produktes gegenüber dem alten erhält. Außerdem wurden die ersten Bände der Hauptausgabe wesentlich eher als die gekürzte Fassung veröffentlicht, sodass ein Erstkäufer i. d. R. nicht automatisch zu einem Zweitkäufer wurde.

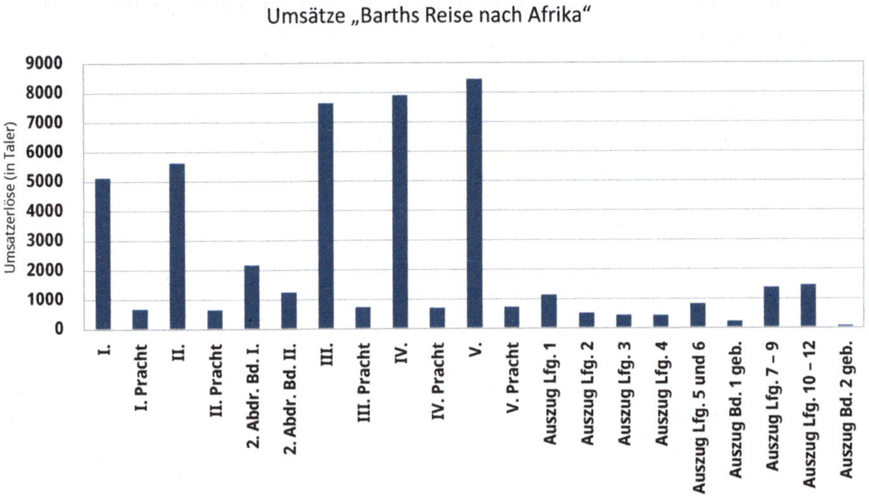

Abb. III. 5: Umsatzerlöse der Haupt-, Pracht- und gekürzten Fassung der *Reisen und Entdeckungen in Nord- und Central-Afrika* im Justus Perthes Verlag, 1857–1860. (Eigene Darstellung)

Gleichzeitig schaffte es Barth als Autor nicht seine Bekanntheit für den Absatz der gekürzten Fassung nutzbringend einzusetzen. Dies mag darin begründet sein, dass er nicht als Abenteurer bzw. publikumswirksamer Entdecker, anders als Livingstone, inszeniert wurde. Außerdem war eine solche Inszenierung, wie bereits erwähnt, nie sein

427 Brief von Heinrich Barth an den Verlagsmitarbeiter Belzes vom 06.7.1859, in: Forschungsbibliothek Erfurt/Gotha, Nachlass Heinrich Barth, SPA ARCH PGM 039/3, 414 f.

428 Rezension der *Kleinen Afrikanischen Reise* von Karl B. Hetter aus Wien (ohne Datum), in: Forschungsbibliothek Erfurt/Gotha, Nachlass Heinrich Barth, SPA ARCH PGM 039/3, 609–611.

Ziel gewesen, da er vor allem fachlich interessierte Leser mit seinen akademischen und nicht schriftstellerischen Fähigkeiten erreichen wollte:

> Grüßen Sie herzlich Petermann [...], sagen Sie ihm daß ich eine officielle Einladung von Dr. Shaw zu Mittheilungen und einem Clubessen in der Geographischen Gesellschaft am 12ten Nov. erhalten, aber in sehr bestimmten Ausdrücken abgelehnt habe um mehr Muße zu haben, meine Arbeiten nicht einer Gesellschaft, sondern dem gesamten Wissenschaftlichen Publicum in extenso vorzulegen.[429]

Darüber hinaus zeigt sich an diesem Beispiel auch die Ambivalenz der deutschen Öffentlichkeit gegenüber Reiseschriftstellern allgemein. Die emotionale Berichterstattung über Forschungsreisen in Zeitungen und Zeitschriften wie der *Gartenlaube* auf der einen und die oftmals geringen kommerziellen Erfolge der folgenden belletristischen Veröffentlichungen stehen in diametralem Gegensatz zueinander.[430] Obwohl gerade Publikationen des Zeitschriftenmarktes durch die schrittweise Aufhebung der Pressezensur in Deutschland zwischen 1848 und 1890 und der Möglichkeit, mittels Lithografie auch Illustrationen günstig abzudrucken eine ungeahnte Blüte erlebten, gelang es Autoren wie Heinrich Barth nicht, die Familie als Zielgruppe der Zeitschriften für seine Publikationen über die Texte in eben jenen Veröffentlichungen hinaus zu begeistern.[431]

Für den breiten publizistischen Erfolg als Reiseschriftsteller im 19. Jahrhundert war allerdings die Bekanntheit des Autors aus Beiträgen in Zeitschriften über ihn unerlässlich, da seine akademischen Leistungen nicht nur das Verlangen nach unbekanntem, abenteuerlichen Wissen befriedigen sollten, sondern die Leistungen einer proklamierten Nation durch die beschriebene Forschungsarbeit in der Fremde versinnbildlicht wurden.[432] Darüber hinaus zielte eine solche Berichterstattung über ausgewählte Teilnehmer derartiger Reisen in erster Linie auf die Befriedigung des Leseinteresses eines kleinbürgerlichen Stadtpublikums ab, dessen Rolle als Leser vor allem der des Beobachters, als der eines wirklichen Teilnehmers war.[433] Insofern entschied der Bürger, welche Lektüre und somit auch welchen Entdecker er schließlich Einlass in seine Wohnung gewähren würde. Heinrich Barth gehörte jedenfalls, einen kurzen Zeitraum ausgenommen, weniger dazu.

---

429 Brief von Heinrich Barth an Bernhardt Perthes vom 28.10.1855, in: Forschungsbibliothek Erfurt/Gotha, Nachlass Heinrich Barth, SPA ARCH PGM 039/2, 347.

430 Zum Thema Bildung und Evolution eines Massenmarktes für Literatur im Deutschland des 19. Jahrhunderts siehe: Reinhart Siegert et al. (Hrsg.), *Volksbildung durch Lesestoffe im 18. und 19. Jahrhundert: Voraussetzungen – Medien – Topographie*, Bremen, 2012.

431 Christof Hamann, *Forschungsreisende in Familienjournalen. Vogel, Barth, Old Shatterhand, Hagebucher*, in: Christof Hamann und Alexander Honold (Hrsg.), *Ins Fremde schreiben. Gegenwartsliteratur auf den Spuren historischer und fantastischer Entdeckungsreisen*, Göttingen, 2009, 46.

432 Ebd., 48.

433 Jörg Requate, *Kennzeichen der deutschen Medienlandschaft des 19. Jahrhunderts*, in: Jörg Requate (Hrsg.), *Das 19. Jahrhundert als Mediengesellschaft*, München, 2009, 39.

3.2.3.6 Fazit

Der Perthes Verlag zielte mit einer Publikation über die Reise von Heinrich Barth unter anderem darauf ab, dem Leser einen einzigartigen Blick in eine für ihn völlig unbekannte Welt außerhalb des Alltäglichen zu ermöglichen. Nicht zuletzt sollte die fremde und für den deutschen Leser als exotisch, vielleicht sogar bedrohlich empfundene Umgebung sensationelles Wissen in ansprechender Form vermitteln. Dafür eignete sich Heinrich Barth und seine Reise nach Zentralwestafrika besonders gut. Zum einen, weil das fehlende Wissen über den afrikanischen Kontinent nicht nur zahlreiche Forschungsdesiderate an europäischen Universitäten benannte und sich damit aus Sicht eines gelehrten Publikums die Notwendigkeit der Erkundung und Vermessung unbekannter Gebiete von selbst ergab. Zum anderen, weil Geschichten von abenteuerlustigen und als mutig beschriebenen Entdeckern den Wünschen eines Publikums entsprachen, welches als Beobachter am Geschehen teilnehmen, aber nicht selber vor Ort daran partizipieren wollte. Vor allem Zeitschriften ab Mitte des 19. Jahrhunderts erhoben Forschungsreisende in diesem Sinne allzu oft zu Helden des noch zu gründenden deutschen Nationalstaates.

Diese publizistische Unterstützung zeigt, dass die Verwertung des Rohstoffes Wissen auf Seiten der Verleger und Reisenden gleichermaßen mit speziellen Abhängigkeiten verbunden war. Zunächst benötigte der Verleger den Reisenden, um dessen Geschichte ansprechend zu verkaufen und dabei die Reputation des eigenen Verlages innerhalb der avisierten Zielgruppe zu erhalten bzw. bestenfalls zu erhöhen. Auch der Perthes Verlag versuchte mit einer Haupt- sowie einer Prachtausgabe in jeweils fünf Bänden die Reisebeschreibungen Barths so gewinnbringend zu verkaufen. Dabei musste der Reisende, sofern er finanziell von einem derartigen Geschäft profitieren wollte, auf die Kompetenz des Verlegers vertrauen. Jene Kompetenz, die im Publikum ein positives Image des Verlages als wertvoller Partner im Prozess der Veröffentlichung sensationellen Wissens erzeugen sollte.

Dennoch zeigt sich, dass nur sehr wenige Forschungsreisende in Deutschland im Verlauf des 19. Jahrhunderts in Gänze von ihren Reisen und den danach publizierten Veröffentlichungen leben konnten.[434] Selbst Heinrich Barth hatte nie das Ziel ein hauptberuflicher Reisender zu werden, auch wenn die Afrikareise von 1849 bis 1855 nicht ohne Honorarzahlung an ihn enden sollte. Aber gleichzeitig konnte er nicht davon ausgehen in Deutschland finanziellen Gewinn aus dieser Arbeit zu erzielen, zumal wissenschaftliche Expeditionen aus Deutschland im 19. Jahrhunderts i. d. R. nicht mit

434 Einer der wenigen Reisenden, dessen Erwerbsbiografie maßgeblich durch die eigene Reisetätigkeit bestimmt wurde war Gerhard Rohlfs. Er avancierte zu einem der bekanntesten deutschsprachigen Abenteurer und Afrikareisenden des 19. Jahrhunderts, sodass er von der Veröffentlichung seiner Reiseberichte leben konnte. Zur genauen Biografie siehe: Horst Gnettner, *Der Bremer Afrikaforscher Gerhard Rohlfs: vom Aussteiger zum Generalkonsul*, Bremen, 2005.

finanzieller Unterstützung des Staates rechnen konnten.[435] Dies galt vor allem für die spätere Publikation der Reiseberichte in Form von Artikeln oder Büchern für das literarische Publikum. Aus diesem Grund waren privat organisierte Entdeckungsreisen nahezu die einzige Möglichkeit über geografische Informationen aus erster Hand zu verfügen. Dies machte nicht nur ihren hohen publizistischen Wert aus, sondern erklärt auch die Schwierigkeiten und Mühen geografischer Forschung im Deutschland des 19. Jahrhunderts.

3.2.4 August Petermann und seine *Geographischen Mittheilungen*

3.2.4.1 Vorbemerkungen

Als August Petermann im Jahr 1854 aus London in das thüringische Gotha umzog, vermochte wohl nicht einmal er selber daran zu glauben, dass seine ein Jahr später erstmals im Justus Perthes Verlag veröffentlichte Fachzeitschrift *Petermanns Geographische Mitteilungen*, kurz PGM, ein derartiger Publikumserfolg in den kommenden Jahrzehnten nach ihrem erstmaligem Erscheinen werden sollte. Doch wie konnte dies der Herausgeber in enger Zusammenarbeit mit dem Verlag erreichen? Eine geografische Fachzeitschrift um 1855 herauszugeben war keineswegs ungewöhnlich, wenn auch mit einem gewissen betriebswirtschaftlichen Risiko verbunden. Im Perthes Verlag erschien zwischen 1850 und 1853 mit dem *Geographischen Jahrbuch* bereits eine erste derartige Fachzeitschrift, die allerdings seit dem Engagement Petermanns für den Verleger Perthes nicht weitergeführt werden sollte.[436] Jene Zeitschriften bildeten eine wichtige Komponente in der Akademisierung der Geografie im 19. Jahrhundert. Dies mag ein Grund sein, der zeitgenössische Verleger die Entscheidung für eine derartige Publikation in der Hoffnung auf einen regen Absatz erleichtern sollte. Einhundert Jahre zuvor wäre dies wohl eher nicht denkbar gewesen, da im 18. Jahrhundert die Geografie noch nicht als Hochschuldisziplin und somit auch nicht im universitär-akademischen Sinne betrieben wurde. Versuche etwaige geografische Periodika zu etablieren, scheiterten daher am geringen Interesse der Verleger und an einer vergleichsweise kleinen Leserschaft. Dennoch erschien eine erste Zeitschrift dieser Art von 1798 bis 1831 unter dem Titel *Neue Allgemeine Geographische Ephemeriden* im Verlag von Friedrich Justin Bertuch in Weimar.[437] In der ersten Hälfte des 19. Jahrhunderts trat schließlich das Verlangen einer neuen Leserschaft nach weiteren Fachzeitschriften der Geografie zu Tage, sodass unter anderem der Verleger Cotta in Zusammenarbeit

435 Vgl.: Annelore Rieke-Müller, *„Der Blick über das ganze Erdenrund“ – Deutsche Forschungsreisen und Forschungsreisende im 19. Jahrhundert bis zur Deutschen Afrika-Expedition 1860–1863*, in: Berichte zur Wissenschaftsgeschichte (22), Nr. 2, 1999, 113.

436 Heinz Peter Brogiato, *Wissen ist Macht – Geographisches Wissen ist Weltmacht. Die schulgeographischen Zeitschriften im deutschsprachigen Raum (1880–1945) unter besonderer Berücksichtigung des Geographischen Anzeigers*, Trier, 1998, 17.

437 Ebd.

mit dem Kartografen Heinrich Berghaus, der in dieser Zeit auch für den Justus Perthes Verlag tätig war und das oben erwähnte *Geographische Jahrbuch* herausgab, von 1825 bis 1843 zunächst unter dem Titel *Hertha – Zeitschrift für Erd-, Völker- und Staatenkunde* und später als *Annalen der Erd-, Völker- und Staatenkunde* eine bekannte und häufig rezipierte Zeitschrift veröffentlichte. Der Name des bekannten Herausgebers und die Reputation Cottas als Verleger Goethes mag die Öffentlichkeitswirksamkeit der Publikation durchaus gesteigert haben.

Dennoch blieb ein gewisses Risiko für den Verleger bestehen. Konnte er doch nicht abschließend beurteilen, wie die Positionierung eines neuen Produktes im Produktportfolio des Verlages beim Publikum ankommen würde. Umso erstaunlicher ist es, dass sich die Marke PGM nahezu 150 Jahre etablieren konnte.[438] Der umfangreiche Quellenbestand der Sammlung Perthes lässt es zu, dass die betriebswirtschaftliche Konsolidierung der Zeitschrift in den ersten Jahrzehnten ihres Bestehens unter der Redaktion August Petermanns gut nachvollzogen werden kann. PGM war weit über die Geografie hinaus als Fachzeitschrift bekannt und diente natürlich in erster Linie, wie alle von mir hier bereits erwähnten Zeitschriften, als ein Forum zeitgenössischer geografischer Forschung. Ich möchte im weiteren Verlauf dieses Beitrags allerdings darüber hinaus nicht nur die Entstehungsgeschichte genauer beleuchten, sondern die Frage nach dem Alleinstellungsmerkmal des Perthes Verlages im Hinblick auf die Publikation von PGM untersuchen.

Welchen Stellenwert hatte PGM im Produktsortiment innerhalb des Perthes Verlages inne? Dabei wird mich vor allem die Frage nach dem lang- und kurzfristigen Nutzen einer derartigen, für den heutigen Betrachter als maßgeblich für die Verlagsgeschichte zu beurteilenden Managemententscheidung für die Anstellung Petermanns und die Schaffung einer eigenen, weitgehend unabhängig arbeitenden Redaktion beschäftigen.

Außerdem wird es mir darauf ankommen, die Organisationsstruktur der Redaktion von PGM zu skizzieren und durch die Analyse der Kommunikation zwischen Redaktion, Verlagsleitung und Kunden die Rolle des Mediums PGM für den Verlag zu beurteilen. Erstaunlich ist, dass die Redaktion von PGM weitgehend unabhängig mit den einzelnen Autoren kommunizieren konnte, gleichzeitig verzichtete natürlich der Verlag nicht darauf, seine eigenen (Werbe-)Botschaften auch in PGM zu veröffentlichen. Die Ambivalenz zwischen Werbepublikation, Publikumszeitschrift und wissenschaftlicher Fachzeitschrift lässt im Fall von PGM die Vermutung zu, dass genau diese unterschiedlichen Anforderungen an ein Medium innerhalb eines Unternehmens ursächlich für den Erfolg von PGM über viele Jahrzehnte hinweg waren.

Es wird das Ziel des vorliegenden Abschnittes sein, den Mediennutzen eines Unternehmens im 19. Jahrhundert zu beschreiben und die Bedeutung des Verlagsproduktes PGM für den Justus Perthes Verlag zu erörtern. Dabei werde ich auch versuchen zu

438 Vgl. Jan Smits, *Petermann's Maps. Carto-bibliography of the maps in Petermanns Geographische Mitteilungen 1855–1945,* MS 't Goy-Houten, 2004, 9–78.

klären, wie grundsätzlich der Imagewert und gleichzeitig der Gewinn eines Unternehmens durch eine gezielte Mediennutzung gesteigert werden konnten. Die Besonderheit des vorliegenden Falls stellt natürlich die Branche des untersuchten Unternehmens dar, nämlich ein Verlagshaus. Mein Blick wird sich schließlich vielmehr auf die Besonderheit von PGM als ein Werkzeug der internen und externen Unternehmenskommunikation richten. Zu Beginn werde ich daher die Entstehungsgeschichte der Zeitschrift näher beleuchten und die Umstände der Übersiedelung August Petermanns aus London nach Gotha genauer betrachten. Im nächsten Schritt wird es mir ganz konkret darauf ankommen, neben dem Inhalt der Zeitschrift und ihrer Bedeutung für die Werbewirkung der Publikation, auch die Besonderheit der Beziehungen zwischen Redaktion, Verlag und Autoren zu untersuchen und die Autorenakquise in diesem Zusammenhang zu analysieren. Im weiteren Verlauf werde ich die externe Unternehmenskommunikation, also die Rolle von PGM als Werbeplattform, sowie die Besonderheit der in PGM veröffentlichten Karten für diese Wirkung untersuchen, um dann am Schluss das Marktverschwinden und den Bedeutungsverlust der Zeitschrift am Ende des 19. Jahrhunderts besser einordnen zu können.

3.2.4.2 Von der Idee zur fertigen Publikation

August Petermann konnte nie einfach überzeugt werden. So gestaltete es sich außerordentlich schwierig Petermann zu Beginn der 1850er Jahre dazu zu bewegen, die Tätigkeit in seinem Londoner Kartenverlag für die Arbeit in Gotha aufzugeben. Wilhelm Perthes leitete bis zu seinem Tod im Jahr 1853 insgesamt 34 Jahre den Verlag, welcher zur wichtigsten Wirkungsstätte August Petermanns werden sollte.[439] Nach dem Tod von Wilhelm Perthes im Jahr 1853 übernahm mit seinem Sohn Bernhardt ein Vertreter einer neuen Verlegergeneration die Geschäftsführung des bereits weit über die Stadtgrenzen von Gotha hinaus bekannten Fachverlages. Bernhardt Perthes vermochte schließlich auch August Petermann davon zu überzeugen, dass es für beide einen gehörigen Mehrwert bringen könnte, wenn Petermann in Gotha für den Perthes Verlag arbeiten würde.

Gleichwohl war Petermann sehr skeptisch was den Nutzen dieser Zusammenarbeit für ihn betraf, obwohl er seit seinen ersten Berufsjahren als Kartograf in engem Kontakt mit dem Gothaer Verlag gestanden haben muss.[440]

---

439 Heinrich Pallmann, „Perthes, Wilhelm“ in: Allgemeine Deutsche Biographie 25 (1887), 401–402 [Online-Version]; URL: https://www.deutsche-biographie.de/pnd132553155.html#adbcontent (zuletzt abgerufen am 21.9.2018).

440 Diese Darstellung lässt ein Brief von Petermann an Wilhelm Perthes vom 10. 9.1847 zu, in welchem Petermann über seinen erst kürzlich erfolgten Umzug nach London berichtet. Darin heißt es auch, dass er jede geschäftliche Tätigkeit für einen kartografischen Fachverlag aus Deutschland in Großbritannien mit großer Zuversicht bewerten würde, da es an qualitativ hochwertigen Karten in Großbritannien mangele. Vgl.: Forschungsbibliothek Erfurt/Gotha, Nachlass August Petermann, SPA ARCH PGM 540/1, 71 f.

Der Blick auf die Biografie des 1822 in Bleicherode in Nordwestthüringen geborenen August Petermann verrät jedenfalls, dass er in Nordhausen Abitur machte und, um der Erfüllung seines Berufswunsches Kartograf näher zu kommen, 1839 als einer der ersten Schüler von Heinrich Berghaus in Potsdam ausgebildet wurde. Berghaus war es auch, der den jungen Petermann nach erfolgreich absolvierter Ausbildung und dessen Talent im Kartenzeichnen anerkennend 1845 nach Edinburgh zu Alexander Keith Johnston vermittelte. Dieser schätzte den jungen Deutschen, wohl auch wegen dessen jugendlicher Überheblichkeit nicht besonders und Petermann selber zog es darüber hinaus aus Schottland in die Hauptstadt des britischen Empire, wo er 1847 auch ankam und den Kontakt mit der Elite der geografischen Forschung Großbritanniens suchte.[441] Durch die Gründung seines eigenen Kartenverlages sollte dies gelingen, aber auch hier konnte er keinen wirklichen Anschluss oder ökonomischen Erfolg als Unternehmer verbuchen. Zu Beginn der 1850er Jahre kam der Ruf nach Gotha also zu keinem unpassenden Zeitpunkt für den 30-jährigen Petermann, zumal er sich wohl selber eingestand, dass er in Großbritannien ein unbeachteter Kartograf bleiben würde und nur in Deutschland sein Wissen und seine Kontakte zu anderen Geografen und Forschungsreisenden zu nutzen wisse. Diese Erkenntnis hatte er wohl aber nie öffentlich zugegeben.

Wilhelm Perthes sprach sich jedenfalls im Vorfeld mit seinem Sohn und Teilhaber vermutlich ab, zumindest lässt diese Vermutung ein Brief zu, der Petermann am 19.2.1853 in London zugesandt wurde und dessen Entwurf im Perthes-Verlagsarchiv erhalten geblieben ist. Einen konkreten Lohn wollte oder konnte der Verleger in diesem Moment Petermann noch nicht offerieren, wie ein erster, noch durch Korrekturen bearbeiteter Brief beweist:

> W. Herr. [...] nur das ist mir leid, daß ein deutscher Geograph von Auszeichnung für lange oder für immer dem Vaterlande entfremdet bleiben solle. – Darauf hin so wie auch in Berücksichtigung des in meiner geogr. Anstalt hervortretenden Bedürfnissen, erlaube ich mir offen die Frage auszusprechen: ob ein Wechsel Ihres Wirkungskreises im Bereich Ihrer Wünsche liege und wäre das der Fall, ob ~~Sie~~ [man] dann dahin ~~geneigt seyn könnten~~ sich einigen könnten, Gotha zum Aufenthaltsort zu wählen? Ohne auf Specielles einzugehen, [...], erlaube ich mir nun ~~die Bemerkung~~ zu bemerken, daß ~~ein Gehalt von 1.000 Thlr. jährlich wohl~~ eine gesicherte Stellung mit ausreichendem Gehalt verbunden in Aussicht zu stellen sey, ferner daß auf möglichst für Herbeischaffung geographischer Literatur und wichtiger Kartenwerke Sorge getragen wird. [...] Unter Versicherung ausgezeichneter Hochachtung [...][442]

Petermann wollte sich zu diesem Zeitpunkt noch nicht festlegen, ob er der Einladung Folge leisten solle. Der Glaube an eine Zukunft als selbstständiger Kartenverleger in

---

441 Detailliertere Informationen zur Biografie August Petermanns finden sich bei Philipp Felsch. Vor allem die Beziehung zu Lehrern und Vorgesetzten werden dabei ausführlich thematisiert. Siehe: Philipp Felsch, *Wie August Petermann den Nordpol erfand*, München, 2010, 43–51.

442 Brief von Wilhelm Perthes an August Petermann vom 19.2.1853, in: Forschungsbibliothek Erfurt/Gotha, Nachlass August Petermann, SPA ARCH PGM 540/1, 80.

Großbritannien war wohl noch zu groß, um den Schritt in die Thüringer Provinz zu wagen. Dennoch ließ er den Kontakt zum Perthes Verlag nicht abreißen und Wilhelm Perthes verstand es außerdem, ihm zu versichern, dass, trotz seines hohen Alters die Nachfolge in der Geschäftsführung mit seinem Sohn Bernhardt gesichert sei und dieser bereit wäre auch neue, innovative Ideen mit in das operative Geschäft des Verlages zu integrieren:

> [...] Da Sie mich für einen Mann im vorgerückten Alter halten müssen, was allerdings der Fall ist, da ich den geographischen Verlag schon 37 Jahre lang betreibe, so könnten Sie ein Bedenken über den Fortbestand der hies. geogr. Anstalt haben, welchem ich aber dadurch begegnen kann, daß seit 8 Jahren mein Sohn als Geschäftsgenosse mir zur Seite steht, das Geschäft mit Liebe treibt u. in ihm demnach der längere Fortbestand eine Sicherheit findet. [...][443]

Nach weiteren sieben Monaten zähen Ringens von Seiten des Verlags gestand sich Petermann nun wohl oder übel ein, dass seine Zeit als Verleger in London zu Ende ging und dem Leben als zunehmend missachteter deutscher Kartograf in Großbritannien ein Posten als überdurchschnittlich gut honorierter Chefkartograf in Deutschland vorzuziehen sei.[444] Am 10.10.1853 sagte er schließlich Perthes zu und kündigte seinen Umzug nach Gotha an.[445] Diese Entscheidung sollte die Herausgabe von PGM in der hier diskutierten Form überhaupt erst möglich machen.

Der Entschluss, eine eigene geografische Fachzeitschrift zu gründen, muss wohl von Petermann und seinem Verleger zu diesem Zeitpunkt noch nicht endgültig getroffen worden sein. Jedenfalls offenbart der Briefkontakt zwischen ihm und Perthes in den Monaten nach seinem Entschluss London zu verlassen nichts was darauf hindeuten könnte. Dass der Gothaer Verleger an Petermanns Verbindungen in die Royal Geographical Society of London Interesse zeigte und dass vor allem die Afrikaexpedition unter der Leitung von Heinrich Barth die publizistische Neugierde an der kartografischen Erfassung des afrikanischen Kontinents geweckt haben muss, offenbart ein Brief Petermanns an den Verleger Perthes vom 19.11.1853. Darin beantwortet Petermann letzte Formalitäten bzgl. eines zuvor von Perthes an ihn gerichteten Schreibens über einen zukünftigen Arbeitsvertrag und deutet an, dass er „Ihrem Wink in Bezug auf das Werk über Afrika“ gefolgt sei, aber „die Publikation des Ganzen möchte sich eben demzufolge wenigstens noch einen Monat hinziehen“.[446] Langfristig sollten die Kontakte Petermanns dem Verlag einen massiven Nutzen bringen. Allerdings konnte zu diesem Zeitpunkt keiner der Beteiligten das Ausmaß der weiteren Zusammenarbeit abschät-

---

443 Brief von Wilhelm Perthes an August Petermann vom 09.3.1853, in: Forschungsbibliothek Erfurt/Gotha, Nachlass August Petermann, SPA ARCH PGM 540/1, 79.

444 Siehe hierzu auch: Philipp Felsch, *Wie August Petermann den Nordpol erfand* [wie Anm. 441], 135–139.

445 Vgl. Brief von August Petermann an Wilhelm Perthes vom 10. 10.1853, in: Forschungsbibliothek Erfurt/Gotha, Nachlass August Petermann, SPA ARCH PGM 540/1, 88 f.

446 Brief von August Petermann an Wilhelm Perthes vom 19.11.1853, in: Forschungsbibliothek Erfurt/Gotha, Nachlass August Petermann, SPA ARCH PGM 540/1, 102.

zen. Mit einem Geldgeschenk von 5.000 Talern bei Dienstantritt und einem jährlichen Gehalt von 1.000 Talern konnte Petermann in Gotha jedenfalls seine Arbeit in größter finanzieller Unabhängigkeit beginnen.[447]

Tatsächlich publizierte er mit dem *Royal Geographical Calender* noch in London am Ende des Jahres 1853 einen Kalender für ein an geografischen Fragestellungen interessiertes Fachpublikum. Dieser Kalender ließ sich gut verkaufen und Perthes war durchaus von den Absatzzahlen beeindruckt. Schließlich beschloss der Verleger des *Hofkalenders* nun ein ähnliches, aber neues Konzept auch mithilfe Petermanns für die an der zeitgenössischen geografischen Forschung interessierten Leser umzusetzen. Im Frühjahr des Jahres 1854 schien außerdem das Schicksal des *Geographischen Jahrbuches* besiegelt und das Interesse an einer Zusammenarbeit mit August Petermann, anstatt Heinrich Berghaus, war auf dem Gebiet des erwähnten Kalenders besonders groß, wie ein Brief an Petermann verrät: „[...] Für Fortführung des Royal geograph. Kalender [...] bin ich sehr [...].“[448]

Trotz aller Überlegungen eine überarbeitete Fassung des *Geographischen Kalenders* zu veröffentlichen, erschien schließlich im Februar 1855 die erste eigenständige Ausgabe der neuen *Mittheilungen aus Justus Perthes' Geographischer Anstalt über wichtige neue Erforschungen auf dem Gesammtgebiete der Geographie*.

Dass es mit der Erstveröffentlichung von PGM und dem Einstellen des *Geographischen Jahrbuches* zu einem offenen Wechsel im operativen Geschäft des Verlages kam, wird im Vorwort der ersten Ausgabe von PGM mehr als ersichtlich. So adressierte Petermann die Erstausgabe der Zeitschrift an die Leser des *Geographischen Jahrbuches*:

> In unseren ‚Geographischen Mittheilungen‘, die sich [...] dem ‚Geographischen Jahrbuch‘ unsers innig verehrten Lehrers, Professor Berghaus, anschliessen, wollen wir versuchen, ein geringes Scherflein beizutragen zur allgemeinen Kunde neuer oder überhaupt wichtiger Forschungen auf dem Gesammtgebiete tellurischer Wissenschaft. [...].[449]

An diesem Anspruch musste sich die neue Zeitschrift fortan messen lassen. Bevor nämlich Petermann bei Perthes beschäftigt wurde, war es durchaus üblich, dass nahezu die gesamte Kartenherstellung, also die Zeichnung, der Stich und selbst der Druck, nicht im Verlag stattfanden, sondern in unterschiedlichen Betriebe ausgelagert wurde. Um die eigene Konkurrenzfähigkeit zu erhalten, war es auch notwendig geworden mit der Galvanoplastik und der Chemitypie zwei neue Verfahrenstechniken der Kartenherstellung endgültig im Perthes Verlag zu etablieren.[450] Dabei hatte der Verleger Bernhardt Perthes stets die Vision eines Zentrums der Geografie vor Augen, was zum einen der Sammelpunkt aller deutschsprachigen Geografen werden könnte und zum

447 Vgl. der Zahlen: Brief von Wilhelm Perthes an August Petermann vom 18.10.1853, in: Forschungsbibliothek Erfurt/Gotha, Nachlass August Petermann, SPA ARCH PGM 540/1, 95 f.

448 Antwortskizze von Wilhelm Perthes an August Petermann, ohne Datum, in: Forschungsbibliothek Erfurt/Gotha, Nachlass August Petermann, SPA ARCH PGM 540/1, 121 ff.

449 August Petermann, *Vorwort* zur ersten Ausgabe von PGM, Gotha, 1855, 1.

450 Jan Smits, *Petermann's Maps* [wie Anm. 438], 24.

anderen durch zahlreiche enge internationale Kontakte im Stande sein sollte die Informationshoheit geografischen Wissens in Deutschland und darüber hinaus unangefochten zu verteidigen.[451] Durch diese Vision und die technischen Voraussetzungen, welche durch den Wandel im Management der Verlagsleitung ermöglicht wurden, erhielt Petermann beste Startbedingungen für die Gründung von PGM. Darüber hinaus konnte er sich auf ein dichtes Netz an zuverlässigen Graveuren, Handwerkern und Geografen verlassen, die zum Teil, im Falle der Berufsgeografen jedenfalls, bereits seit dem Jahr 1850 auf der Gehaltsliste des Perthes Verlages standen. [452]

Petermann warb sehr direkt mit den Vorzügen seiner Zeitschrift, die sich aus der Struktur des Perthes Verlages unter der Leitung von Bernhardt Perthes und seinen eigenen Ambitionen hinsichtlich seiner Zeitschrift ergaben, als er 1855 schrieb: „Wir werden es uns angelegen sein lassen, besonders wichtige neue Entdeckungen immer sofort, oder möglichst schnell unsern Lesern vorzulegen."[453]

Dass die in PGM gedruckten Karten „sauber ausgeführten Karten" sein werden, versteht sich dabei fast von selbst.[454] Mit der Entscheidung von Bernhardt Perthes, den Verlag seiner Vorfahren zu einer Geografischen Anstalt umzubauen und zeitgleich mit August Petermann einen bekannten und international geachteten Kartografen zu beschäftigen, sollte sich das Label des Justus Perthes Verlages als ein Fachverlag für Geo- und Kartografie zu einer Wissensmanufaktur wandeln. Dabei übernahm die Herausgabe von PGM eine Schlüsselrolle.

3.2.4.3 Inhalt und Charakteristik

Während der vielen Jahre ihres Bestehens war der Inhalt der Zeitschrift PGM immer auch sehr stark von der Persönlichkeit des Herausgebers abhängig. Dennoch kristallisierten sich im Laufe der Jahrzehnte gewisse Kontinuitäten bezüglich des Layouts und des inhaltlichen Aufbaus heraus, die langjährige Leser an die Zeitschrift binden sollten und zunächst auch tatsächlich banden.

Neben dem Titel war von Beginn an die ganze Idee der geografischen Fachzeitschrift mit dem Namen August Petermanns verbunden, der seit der ersten Veröffentlichung im Jahr 1855 bis zu seinem Tod im Jahr 1878 als Herausgeber fungierte. Der Titel *Mittheilungen aus Justus Perthes' Geographischer Anstalt über wichtige neue Erforschungen auf dem Gesammtgebiet der Geographie* mag für den heutigen Leser gewöhnungsbedürftig und sperrig klingen, was in keinem geringerem Maße auch für die zweite Hälfte des 19. Jahrhunderts zutraf. Man denke in diesem Zusammenhang nur an kürzere und prägnantere Titel geografischer Zeitschriften wir *Hertha, Zeitschrift für Erd-, Völker- und Staatenkunde* oder *Allgemeine Geographische Ephemeriden*. Dennoch unterstrich ein derartiger Titel die enge Verbundenheit der Zeitschrift mit ihrem

451 Ebd.
452 Ebd. 25.
453 August Petermann, *Vorwort*, 2.
454 Ebd.

Herausgeber und illustrierte dadurch auf gekonnte und einprägsame Weise den Qualitätsanspruch von selbigem und vom Verlag. Nichts Geringeres als die Qualitätsführerschaft im deutschsprachigen Markt für geografische Fachzeitschriften war das Ziel.[455] Um das zu erreichen erschien PGM von Beginn an monatlich. Der Inhalt der Zeitschrift war dabei zu Beginn in drei zentrale Bereiche aufgeteilt: zunächst bildeten drei bis vier längere Aufsätze den Kern der Publikation, um von sog. „Geografischen Notizen" mit Informationen zu Entdeckungsreisen und anderen eher allgemeinen Themen der Geografie sowie Literaturhinweisen zu aktuell erschienenen Büchern oder Aufsätzen und natürlich den Karten umrahmt zu werden.[456]

Dabei stellte es sich zu Beginn für den Herausgeber und den Verlag als schwierig heraus, adäquate Informationen aus zuverlässigen Quellen zu beziehen. Besonders die Aufsätze und die korrespondierenden Karten verlangten nach ständig neuen und umfangreichen geografischen Forschungen um die Erwartungen des Publikums und den eigenen Qualitätsanspruch zu bedienen. Hierzu wandte sich der Verleger Bernhardt Perthes im September 1856 an das Sachsen-Coburg-Gothaische Staatsministerium und bat um Hilfe bei der Verbreitung von PGM als eine geeignete, zukünftige Publikationsmöglichkeit für deutschsprachige Geografen:

> [...] namentlich reichen mir die europäischen und außereuropäischen Staatshandbücher einen zunächst beinahe unübersehbaren Anzahl von Adressen noch, an welche meine Einladungen zu richten räthlich, aber wegen zuweilen zweifelhafter Angaben und des hohen Porto's für die Masse von Briefen bei oft sehr großen Entfernungen kaum ausführbar ist, wenn meine geographische Anstalt nicht die officielle Unterstützung des Herzoglichen Staatsministeriums findet. [...][457]

Perthes war sich seiner Bitte sehr sicher, denn er hoffte, „[...] daß [seine] Einladungsbriefe zur Mitarbeit für die *Geographischen Mittheilungen* im Interesse der Wissenschaft an die jeder einzelnen Regierungen zugehörigen außwärtigen Gouverneure, Geschäftsträger, Consule etc. auf officiellem Wege frei befördert werden. [...]"[458]

Letztlich weigerten sich nur die Sächsischen Bundestagsgesandten und die Vertreter der Freien Reichsstädte einer solchen Bitte nachzukommen. Perthes selber konnte dennoch die Bedenken der „Consuln der freien Städte (excl. Hamburg)" für eine derar-

455 Siehe hierzu: Heinz Peter Brogiato, *Gotha als Wissensraum*, in: Sebastian Lentz und Ferjan Ormeling (Hrsg.), *Die Verräumlichung des Weltbildes. Petermanns Geographische Mitteilungen zwischen ‚explorativer Geographie' und ‚Vermessenheit' europäischer Raumphantasien*, Beiträge der Internationalen Konferenz auf Schloss Friedenstein Gotha 9–11. Oktober 2005, Stuttgart, 2008, 15–29.

456 Vgl.: Ute Wardenga, *Petermanns Geographische Mitteilungen, Geographische Zeitschrift und Geographischer Anzeiger: Eine vergleichende Analyse von Zeitschriften in der Geografie 1855–1945*, in: Sebastian Lentz und Ferjan Ormeling (Hrsg.), *Die Verräumlichung des Weltbildes. Petermanns Geographische Mitteilungen zwischen ‚explorativer Geographie' und ‚Vermessenheit' europäischer Raumphantasien*, Beiträge der Internationalen Konferenz auf Schloss Friedenstein Gotha 9–11. Oktober 2005, Stuttgart, 2008, 35.

457 Brief von Bernhardt Perthes an das Herzogliche Sachsen-Coburg-Gothaische Staatsministerium vom 20.9.1856, in: Thüringisches Staatsarchiv Gotha, Geheime Kanzlei Loc. XX 6. Nr. 81.

458 Ebd.

tige Werbung beseitigen, indem er sich grundsätzlich bereit erklärte, ihnen für ihre Dienste ein Honorar anzubieten und in Folge dessen gleichzeitig 40 Werbebroschüren in Deutscher, Englischer und Französischer Sprache verschickte.[459]

Dieses Vorgehen verdeutlicht zum einen die Schwierigkeit der Autorenakquise in den 1850er Jahren für eine noch relativ unbekannte Zeitschrift und zum anderen die Kooperationsbereitschaft der Regierung in einem kleinen deutschen Herzogtum für einen Verlag, dessen Prominenz zugleich die eigene Außenwirkung und Bedeutung innerhalb des Kanons unterschiedlicher Regionalmächte in einem nicht geeinten Deutschland unterstreicht.[460]

Selbst Petermann war es wohl angeraten worden, zu Beginn seiner Tätigkeit für den Justus Perthes Verlag selber ein Begrüßungsschreiben an den Herzog höchst persönlich zu adressieren.[461] Dies mag verwunderlich erscheinen, war doch der Perthes Verlag nie ein staatliches Unternehmen und somit auch in keiner Weise der Staatsregierung oder gar dem Herzog in irgendeiner Weise zu besonderer Rechenschaft oder spezieller Auskunft verpflichtet. Dennoch spiegelt sich dabei die Verbundenheit und Wichtigkeit des Verlages für das Herzogtum und die erwähnte Außenwirkung wider und es wird zugleich offenbart, welche Bedeutung die Prominenz Petermanns für die Residenzstadt Gotha während der zweiten Hälfte des 19. Jahrhunderts ausgemacht haben muss. Man kann gewissermaßen davon ausgehen, dass der Perthes Verlag und mit ihm besonders hoffnungsvolle Publikationen wie PGM, als Schlüsselindustrien des kleinen Herzogtums betrachtet wurden. Zugleich darf nicht außer Acht gelassen werden, dass der Perthes Verlag seit seinem Bestehen mit dem zuvor im C. W. Ettinger Verlag herausgegebenen *Gothaischen Hofkalender* einen großen Publikumserfolg veröffentlicht hatte. Der vor allem in aristokratischen Leserkreisen bekannte und geschätzte jährlich neu verlegte Kalender ebnete gewissermaßen den Weg der Aufmerksamkeit für PGM unter den Gesandten des Deutschen Bundes in Frankfurt am Main.[462]

---

459 Adolph Müller an den Ministerialrath Braun vom 29.7.1857, in: Thüringisches Staatsarchiv Gotha, Geheime Kanzlei Loc. XX 6. Nr. 81.

460 Die preußische und österreichische Konkurrenz erschwerte es kleinen, unabhängigen Territorialstaaten im Deutschen Bund zunehmend konkurrenzfähig zu bleiben. Dadurch entwickelten diese Staaten eigene wirtschaftspolitische Strategien, die speziell in den ernestinischen Herzogtümern in Mitteldeutschland Verlage und Druckereien durch ihr im 16. und 18. Jahrhundert erworbenes Image als Wissensräume begünstigten. Gleichwohl war diese Politik eng mit den Visionen der jeweiligen regierenden Monarchen verbunden, obschon jene zahlreiche bürgerliche Freiheiten ihren Untertanen im 19. Jahrhundert bewilligten. Siehe: Hans-Werner Hahn, *Zur Einführung: Die Ernestiner und die bürgerliche Welt des 19. Jahrhunderts*, in: Siegrid Westphal, et al., *Die Welt der Ernestiner: ein Lesebuch*, Köln, Weimar und Wien, 2016, 292–294 und in ders. Werner Greiling, *Verlagswesen und Presse in den ernestinischen Staaten*, 310–313.

461 Siehe: Briefentwurf vom 08.9.1854 an den Herzog von Sachsen-Coburg und Gotha, in: Forschungsbibliothek Erfurt/Gotha, Nachlass August Petermann, SPA ARCH PGM 540/6, 87a.

462 Die Urfassung des *Gothaischen Hofkalenders* erschien erstmals 1763 im Verlag von Johann Christian Dieterich in Gotha. In den 1780er Jahren Erwarb der Gothaer Verleger Carl Wilhelm Ettinger die

Für PGM bedeutete das, dass die Zeitschrift in den ersten Jahren überregional bekannt gemacht wurde. Der Erfolg im Absatz stellte sich allerdings für den Verlag und Petermann als Herausgeber erst in den Folgejahren ein. So konnte die jährlich verkaufte Auflage in den ersten fünf Jahren um über 63 %, auf über 60.000 Exemplare gesteigert werden.[463]

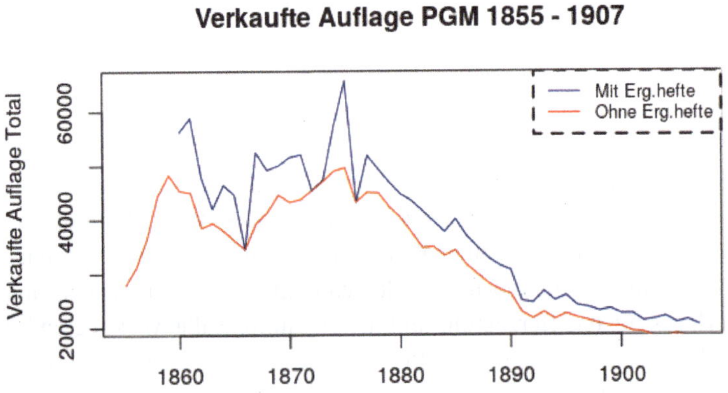

Abb. III. 6: Gesamte verkaufte jährliche Auflage von PGM im Zeitraum von 1855 bis 1907. (Eigene Darstellung)

Gleichzeitig hofften zahlreiche Wissenschaftler, Autoren oder Abenteurer, dass ihre Arbeit mit einer Publikation in PGM wirksam und ruhmreich belohnt würde. Der Umfang der Berichte und das Ausmaß an neuen Zusendungen wurde schließlich so groß, dass seit dem Jahrgang 1860 zusätzliche Sonderausgaben, sogenannte Ergänzungshefte publiziert wurden. Diese Hefte dienten ausschließlich dazu umfangreiche Textbeiträge und korrespondierende Karten zu veröffentlichen, sodass in der eigentlichen Hauptausgabe von PGM weiterhin genügend Raum für kleinere und mittellange Aufsätze und Literaturhinweise zur Verfügung stand. Analysiert man die verkaufte Auflage von

Rechte zur Herausgabe des *Hofkalenders*. Als Justus Perthes im Jahr 1785 seine eigene Verlagsbuchhandlung gründetet, übertrug Ettinger seinem vormaligen Lehrling die Rechte zur Herausgabe des Kalenders, sodass Perthes das Werk ab 1816 unter eigenem Namen veröffentlichte. Im weitesten Sinne begründete sich die Bekanntheit der Publikation aus der Veröffentlichung aktuellen Nachrichten über das Leben europäischer Monarchen und ihren Familien sowie Korrespondentenberichten über zeitgeschichtlich bedeutsam empfundene Ereignisse aus allen teilen der Erde. Im Laufe der folgenden Jahre wandelte sich der oft auch nur als *Gotha* bekannte Kalender zu einem dezidierten Nachschlagewerk über die Genealogien europäischer Adelsgeschlechter. Zur Frühgeschichte des *Hofkalenders* und des Ettinger Verlages siehe: Christoph Köhler, *„Dass keiner was unternehme, das bloß ihm alle Vortheile, den andern aber Schaden bringt". Carl Wilhelm Ettingers Verlagsunternehmen in Gotha*, in: Werner Greiling und Siegfried Seifert (Hrsg.), *„Der entfesselte Markt": Verleger und Verlagsbuchhandel im thüringisch-sächsischen Kulturraum um 1800*, Leipzig, 2004, 107–128.

463 Vgl.: Forschungsbibliothek Erfurt/Gotha, Übersicht der Verlagsauslieferungen des Justus Perthes Verlages von 1854–1918 sowie eigene Berechnungen.

PGM mit und ohne die Ergänzungshefte in Abbildung III. 6 genauer, so wird deutlich, dass einzelne Ausgaben der Ergänzungshefte die verkaufte Auflage beträchtlich erhöhten und im Allgemeinen dem Verlag zusätzliche Verkäufe an interessierte Leser ermöglichen ließ. Darüber hinaus boten die Ergänzungshefte auch vielen Autoren die Chance, die detaillierten Ergebnisse ihrer wissenschaftlichen Forschung in PGM zu publizieren und sie dadurch einem großen Publikumskreis bekannt zu machen. Etwas, dass in den Hauptausgaben von PGM in dieser dezidierten Form nur schwer umsetzbar gewesen wäre. Gleichwohl wird aus Abbildung III. 6 ersichtlich, dass es weiterhin die Hauptausgaben waren, die den Großteil der verkauften Auflage ausgemacht haben. Insofern muss konstatiert werden, dass die Ergänzungshefte unzweifelhaft einen kleinen Leserkreis erreichten, aber das Gros des Publikums weiterhin die Hauptausgaben bezog.

3.2.4.4 Autorenakquise

Das große Talent von August Petermann bestand nicht nur aus seinem offensichtlichem Können als Kartograf, sondern auch aus seinen zahlreichen Kontakten zu in- und ausländischen Wissenschaftlern, Reisenden und Verlegern. Diese Kontakte waren, wie bereits erwähnt, für den Perthes Verlag von großem Nutzen und sollten natürlich auch zum Erfolg von PGM als Special Interest Zeitschrift maßgeblich beitragen. Petermann musste also zu Beginn seiner Tätigkeit für den Gothaer Kartenverlag dafür sorgen, dass die Erwartungen zukünftiger Autoren für PGM und schließlich auch für den Verlag an sich nicht enttäuscht wurden. Hierfür war seine Reputation, die er durch seine Arbeit für Heinrich Berghaus in Potsdam und als freier Kartograf in London erworben hatte, von besonderer Bedeutung. Auch wenn PGM nie eine reine Mitarbeiterzeitschrift des Perthes Verlages war, vermochte es die Zeitschrift, den Perthes Verlag als besonderen und positiven Arbeitergeber zu charakterisieren und durch eine enge Bindung der Mitarbeiter an das Unternehmen zunächst eine große Belegschaft an qualifiziertem Personal aufzubauen und diese schließlich dauerhaft an das Unternehmen zu binden, was folglich Abschmelzverlusten erfolgreich vorbeugen konnte. Die Marke Petermann konnte im Rahmen der Arbeit als Chefredakteur von PGM den Ansprüchen und Erwartungen verschiedener Stakeholdergruppen gerecht werden und über seine Tätigkeit für den Perthes Verlag genau diese Gruppen dauerhaft an den Verlag binden.[464] So wird am Beispiel der Zusammenarbeit zwischen August Petermann und dem Entdeckungsreisenden Heinrich Barth der von mir angesprochene Nutzen für den Verlag besonders deutlich.

Wie bereits in Kapitel 3.2.2 ausführlich dargelegt werden konnte, bereiste Heinrich Barth im Auftrag der Royal Geographical Society of London zwischen 1849 und 1855 Nordafrika und wurde dadurch zunächst in Großbritannien ein gefeierter Entdecker.

464 Siehe: Manfred Kirchgeorg und Christiane Springer, *Zielgruppenorientierte Steuerung der Unternehmenskommunikation*, in: Andrea Göppel-Klein und Claas Christian Gemelmann (Hrsg.), *Medien im Marketing. Optionen der Unternehmenskommunikation*, Wiesbaden, 2009, 211.

August Petermann, seit 1847 zunächst in Edinburgh, später in London als Kartograf ansässig, baute seit seinem Umzug nach Großbritannien einen persönlichen Kontakt mit Barth auf, der nun ihm und dadurch seit 1854 auch dem Perthes Verlag von Nutzen sein sollte. So schlossen am 24.10.1853, zwei Jahre vor der Rückreise Heinrich Barths aus Afrika, der Justus Perthes Verlag und Heinrich Barth einen Exklusivvertrag über die Herausgabe der Reisebeschreibung und seiner Ergebnisse in Buchform ab.[465] Dieses profitable Verhältnis zwischen Autor und Verlag nutzte wiederum Petermann zwei Jahre später, nicht nur um Heinrich Barths neues Buch zu bewerben, sondern um Heinrich Barth in PGM die Möglichkeit zu bieten, neben der Werbung in eigener Sache, zusätzliche Erkenntnisse seiner Reisen in PGM zu veröffentlichen.[466] Dies wiederum half unweigerlich dem Imagewert und Markenaufbau der Zeitschrift, denn Petermann verfügte nun über einen bekannten Autor, der bereitwillig in PGM publizierte und dadurch eine affektive Wirkung auf potentielle Leser und vor allem wichtige Autoren ausübte. Petermann muss für die Kartierung der Forschungsergebnisse von Heinrich Barth derart wichtig gewesen sein, dass er über die Möglichkeit einer exklusiven Tätigkeit ausschließlich für die Auswertung der Ergebnisse nachdachte, wie in einem Brief an Petermann deutlich wird:

> Bitte sagen Sie mir doch, ob Sie mit Herrn Perthes einen längeren Kontrakt geschlossen haben oder ob Sie beliebig abkommen könnten. Meine Kopfschmerzen werden mir zuweilen so bedenklich, daß ich mir ernsthaft Vorwürfe mache, daß ich Sie nicht früher, [...], aufgefordert habe ein Jahr wenigstens für mich zu arbeiten. Jetzt natürlich sind Sie gebunden, aber lassen Sie mich doch so bald wie möglich wissen, wie es damit steht. [...] Bitte sagen Sie Herrn Perthes nichts davon.[467]

Dieses Zitat verdeutlicht das Vertrauen, welches Heinrich Barth in den Kartografen Petermann hatte. Zu einem großen Teil war es das besondere Geschick im Zeichnen von Karten, welches das Vertrauen in die Arbeit Petermanns begründen sollte und dadurch die Zeitschrift PGM als eine glaubwürdige und geachtete Publikation im Publikum erscheinen ließ. Insofern war es durchaus für einige zukünftige Autoren eine geeignete Möglichkeit Bekanntheit und Anerkennung sowie Glaubwürdigkeit für ihre eigene Forschung zu erzielen, wenn sie ihre Beiträge in PGM publizieren konnten.

---

465 Honorarvertrag zwischen Heinrich Barth und Justus Perthes vom 24.10.1853, in: Forschungsbibliothek Erfurt/Gotha, Nachlass Heinrich Barth, SPA ARCH MFV 012.

466 Die erste Ausgabe von PGM umfasste in der Rubrik „Afrika“ fünf von elf großen Aufsätze zu den Reisen von Heinrich Barth und einen Hinweis auf die bevorstehende Publikation seiner Reisen in Afrika bei Perthes. Vgl.: August Petermann (Hrsg.), *Mittheilungen aus Justus Perthes' Geographischer Anstalt über wichtige neue Erforschungen auf dem Gesammtgebiete der Geographie*, Gotha, 1855, Inhaltsverzeichnis und 267.

467 Brief von Heinrich Barth an August Petermann vom 24.11.1856, in: Forschungsbibliothek Erfurt/Gotha, Nachlass August Petermann, SPA ARCH PGM 039/2, 256.

Ein weniger prominenter Autor war der 1861 aus Rostock in die Südafrikanische Republik Transvaal ausgewanderte Friedrich Jeppe.[468] Dieser schaffte es, auch aus Ermangelung an kundigem einheimischen Personal, schon im Jahr 1867 zum Postmaster-General, einem Art Postminister der Südafrikanischen Regierung, aufzusteigen. Seine Begeisterung für den Süden Afrikas schlug sich in dem Wunsch nieder, eine Migration aus Europa, vornehmlich aus Deutschland in die Republik Transvaal zu organisieren. Hierfür waren aus seiner Sicht genaue Karten sowie die passende Berichterstattung über eine mögliche zukünftige neue Heimat unerlässlich. Für diese Zwecke entschloss er sich im Januar 1867 mit August Petermann über neue Kartenprojekte und eine eigene Publikation in PGM zu korrespondieren. Für August Petermann sollte diese Zusammenarbeit neben der Akquise eines neuen, auf potentielle Leser authentisch wirkenden Autors natürlich auch einen exklusiven Zugang zu geografischen Daten Südafrikas ermöglichen. Das allgemeine öffentliche Interesse der Zeitgenossen an genauen Karten von Gebieten des afrikanischen Kontinents darf an dieser Stelle in der Beurteilung dieses Kontaktes nicht unerwähnt bleiben, auch gerade weil Jeppe direkt mit einem Kartenentwurf in die Verhandlungen mit Petermann eintrat. Dass die in Südafrika von ihm und dem württembergischen Forschungsreisenden Karl Mauch angefertigte Karte nicht zufriedenstellend war, schrieb er unvermittelt in einem Brief an Petermann: „[...] Wir dachten dieselbe schneller angefertigt zu bekommen, wenn wir sie in der Capstadt lithographieren ließen, doch leider sind wir sehr in unseren Erwartungen getäuscht worden; die Karte ist so miserabel ausgeführt, daß an einen Verkauf resp. Absatz ders. gar nicht zu denken ist. [...]"[469]

Zugleich kündigte er Petermann an, dass er die gesamte Karte überarbeitet habe und diese, zusammen mit einer Beschreibung des Landes, zur Publikation in den „geschätzten Mittheilungen"[470] senden möchte. Schließlich sollte in den PGM Ausgaben der Jahre 1867 und 1868 die Karten *Süd-Afrika und Madagaskar: Karl Mauch's Reise im Inneren von Süd-Afrika, 1866 bis 1867, und Übersicht der geographischen Entdeckungen bis 1867* sowie *Das Kapland nebst den Süd-Afrikanischen Freistaaten und dem Gebiet der Hottentotten und Kaffern* erscheinen. Außerdem bildeten die Kartenentwürfe und geografischen Informationen Jeppes die Grundlage für das 24. Ergänzungsheft mit dem Titel *Die Transvaal'sche oder Süd-Afrikanische Republik* aus dem Jahr 1868. Gerade letztere Publikation offenbart die zuweilen aufgetretenen Missverständnisse zwischen Autor und Herausgeber. Friedrich Jeppe war anscheinend nicht in der Lage qualitativ hochwertige Kartenentwürfe an die Redaktion von PGM zu schicken, was Petermann nachvollziehbar missfiel. Jeppe versuchte seine Arbeit dennoch zu rechtfertigen als er an Petermann schrieb:

468 Jane Carruthers, *Friedrich Jeppe. Mapping the Transvaal c. 1850–1899*, in: *Journal of the Southern African Studies*, Ausgabe 29 (2003), 4, 961.

469 Brief von Friedrich Jeppe an August Petermann vom 22.1.1867, in: Forschungsbibliothek Erfurt/Gotha, Nachlass Friedrich Jeppe, SPA ARCH PGM 063, 1–4.

470 Ebd.

> Nur soviel kann ich nicht unterlassen zu erwähnen, daß Ihre Beschuldigung, daß ich meine Karte als stichfertig ausgegeben habe auf ein Mißverständnis beruhen muß. Ein solcher Gedanken ist mir nie in den Sinn gekommen [...]. Da weder Herr Merensky noch ich die technischen Kenntniße besitzen, um eine solche Karte richtig zu zeichnen, so konnte unser Machwerk auch nur als Material dienen, aus denen die von Ihren Stechern anzufertigende Karte in fachmäßiger Weise entworfen werden müßte. [...][471]

Diese Auseinandersetzung deutet den Anspruch Petermanns an, die Qualitätsführerschaft im Bereich der geografischen Fachzeitschriften, zumindest in Mitteleuropa zu verteidigen und dadurch auch im internationalen Markt mit PGM erfolgreich vertreten zu sein. Denn gerade Karten über Gebiete in Afrika erlangten vor allem in Großbritannien in den 1860er Jahren große Aufmerksamkeit, besonders dann, wenn sie das Ergebnis aktueller wissenschaftlicher Messungen waren und dabei der an sie geforderten Genauigkeit im Kartenbild entsprachen.[472]

Der Kontakt zu Friedrich Jeppe stellt ein gutes Beispiel meiner anfänglich formulierten Synergieeffekte der Arbeiten von Autoren für PGM für andere Verlagsprodukte dar. Dadurch konnte der Verlag Karten und Atlanten laufend nach den neusten wissenschaftlichen Erkenntnissen aktualisieren und schließlich in kurzer Zeit neue Auflagen generieren. August Petermann wies auf diesen Umstand auch im Kontakt mit Jeppe hin, als er im Januar 1869 an Jeppe schrieb:

> Ich ersuche Sie alles Geographische was Sie von Reisenden oder Goldgräbern erhalten zu sammeln und mir zu übersenden, damit ich es bei der [...] neuen Karte anwenden kann. Alles was Sie mir mittheilen wird auf den beiden Handatlasblättern: Capland; und Südafrika, gewissenhaft benützt.[473]

Der Kontakt zwischen Jeppe und der Redaktion von PGM riss auch nicht nach dem Tod August Petermanns im Jahr 1878 ab, denn schon ein Jahr danach schickte er dann an den neuen Herausgeber Ernst Behm neue Informationen über die politische Lage in Südafrika und auch andere geografische Quellen über das Land. Auch diese Kontinuität beweist, dass es Petermann gelang, Autoren auf der ganzen Welt für seine Zeitschrift zu gewinnen und zu halten. Das globale Netzwerk seiner Informanten und Autoren wurde so im Laufe der Zeit für ihn und den ganzen Perthes Verlag zu einem immer wichtiger werdenden Instrumentarium der Kartenproduktion.

---

471 Brief von Friedrich Jeppe an August Petermann vom 27.1.1868, in: Forschungsbibliothek Erfurt/Gotha, Nachlass Friedrich Jeppe, SPA ARCH PGM 063, 28 f.

472 In diesem Zusammenhang siehe: Lawrence Dritsas, *Expeditionary Science: Conflicts of Method in Mid-Nineteenth-Century Geographical Discovery*, in: David N. Livingstone und Charles W. J. Withers (Hrsg.), *Geographies of nineteenth-century science. Thinking geographically about nineteenth-century science*, Chicago u. a., 2011, 255–278.

473 Brief von August Petermann an Friedrich Jeppe vom 18.1.1869, in: Forschungsbibliothek Erfurt/Gotha, Nachlass Friedrich Jeppe, SPA ARCH PGM 063, 44 f.

3.2.4.5 Unternehmenskommunikation

Dass Personen wie Friedrich Jeppe über mehrere Jahrzehnte als Autoren für PGM gewonnen werden konnten, hatte neben der Arbeit August Petermanns und dessen Kommunikationstalent auch mit einem gelungenen Marketing seitens der Redaktion und der Verlagsleitung zu tun. Darüber hinaus schaffte es der Verlag die Identifikation der Mitarbeiter mit dem Produkt für authentische Werbeaktivitäten zu nutzen. Dies stellt einen Vorteil im Personalmarketing zunächst dar, da zufriedene Mitarbeiter eher bereit sind auch positiv über das Unternehmen zu berichten als unzufriedene. Gleichzeitig sollte es dabei das Ziel der Unternehmensführung sein, genau jene befähigten Mitarbeiter im Unternehmen zu halten, auch wenn sie die Möglichkeit hätten, an einem anderen Ort, bei einem anderem Arbeitgeber eine neue Arbeitsstelle anzutreten.[474] Und dies schaffte Petermann zusammen mit seinem Verleger Perthes auf höchst effiziente Weise. Allein der Umstand, dass Petermann, zugegebener Maßen auch durch die Ermangelung an zusätzlichen Alternativen, schon 1855 nach Gotha aus Großbritannien umsiedelte, offenbart, wie Perthes gezielte Personalmarketingstrategien erfolgreich umsetzen konnte. Dass Petermann nun für den Perthes Verlag arbeitete, stellt dabei einen entscheidenden strategischen Vorteil für die weitere Mitarbeiterwerbung dar.

Jene Mitarbeiter, die der Verlag an sich binden konnte, waren dann auch bereit potentiellen Kunden die Verlagsprodukte positiv anzupreisen. Und genau für diese Werbestrategie eignete sich PGM besonders hervorragend. Die Fachliteratur spricht in einem solchen Fall von sogenanntem „Internal Branding“.[475]

Sowohl Verlagsleitung als auch August Petermann als verantwortlicher Redakteur mobilisierten immer wieder im Verlag beschäftigte Kartografen, die eigenen Publikationen positiv in PGM zu bewerben. Dadurch verband die Geschäftsleitung auf der einen Seite eine sinnstiftende Führungskommunikation und auf der anderen Seite eine zielführende Mitarbeitermobilisierung erfolgreich miteinander.[476] Die Identifikation der Kartografen mit dem Produkt und dem Verlag stellt speziell für den Fall PGM eine besonders erfolgreiche Werbewirkung dar. Denn neben neu angestellten Kartografen, warben auch Kartografen einer früheren Mitarbeitergeneration für einzelne Verlagsprodukte. Emil von Sydow, der vor allem durch seine Schulkartografie in Deutschland bekannt geworden ist, ist ein gutes Beispiel für die Werbewirkung erfahrener Kartografen in PGM.

Als Hermann Berghaus im Jahr 1863 die Weltverkehrskarte *Chart of the World* bei Perthes veröffentlichte, wurde jene Karte besonders intensiv in PGM besprochen. Einer der Rezensenten war der erwähnte Emil von Sydow. Er lobte besonders den Verdienst des Kartografen, der diese Karte einzigartig mache, denn „[...] Hermann Berghaus hat unter Mitwirkung der noch rüstigen und wahrhaft rührend ausdauernden

---

474 Vgl.: Ulrike Buchholz und Susanne Knorre, *Interne Unternehmenskommunikation in resilienten Organisationen*, Berlin und Heidelberg, 2012, 26.

475 Ebd., 161.

476 Ebd., 163.

Veteranenkraft des Herrn v. Stülpnagel durch eine neue Erdkarte [...] sich, der Perthes'schen Anstalt und der Intelligenz unseres Jahrhunderts ein rühmliches Andenken gestiftet. [...]". [477]

Dabei waren diese Besprechungen zum einen als Expertenkommentare zu einer neuen Form der thematischen Kartografie gekennzeichnet, zum anderen aber als offensichtliche Werbetexte. Die Reputation von Sydows unterstrich dabei immer die Ernsthaftigkeit der Botschaft und sollte letztlich Vertrauen und Glaubwürdigkeit beim Leser hervorrufen. Dass als Experten wahrgenommene Autoren ein Produkt bewerben, ist somit keine Erfindung der Fernsehwerbung des 20. Jahrhunderts, sondern war, wenn auch in weniger offensiver Form, in der Branche der Wissenschaftsverlage in der zweiten Hälfte des 19. Jahrhunderts bereits üblich. Das Außergewöhnliche stellt in diesem Fall allerdings das Medium dar: eine auf den ersten Blick nüchtern berichtende wissenschaftliche Zeitschrift.

Dennoch eignete sich PGM aus drei Gründen als Werbeplattform besonders gut: Zum einen etablierte der Verlag mit der Veröffentlichung im Jahr 1855 eine Special-Interest Zeitschrift in einem kleinen Bereich aller Novitäten in Deutschland, zumal PGM in den 1850er Jahren keine allzu große Konkurrenz auf dem deutschen Buchmarkt fürchten musste.[478] Außerdem ermöglichte der Umstand der angestrebten und weitgehend verwirklichten Qualitätsführerschaft auf dem Gebiet der geografischen Fachzeitschriften dem Verlag das avisierte Publikum direkt und unmittelbar mit Werbung in PGM zu erreichen. Drittens konnte durch die Periodizität einer Zeitschrift regelmäßig eben solche Werbung verbreitet werden. Der Charakter und die Ausgestaltung der Werbung in PGM spiegelte dabei die Art und Weise der Verbreitung von Wissen und die dem Leser geläufige Publikationspraxis wider. Auffallend ist, dass höchstens in den ersten Ausgaben der 1850er Jahre direkt und unmittelbar mit neuen Produkten des Perthes Verlages geworben wurde. Diese Produkte lassen sich jedoch alle in die Kategorie Prestige- und Gebrauchskartografie einordnen. Andere Publikationen, wie beispielsweise der *Genealogische Hofkalender*, sucht man allerdings vergeblich. Das sollte aber in einer geografischen Fachzeitschrift kaum verwundern, schließlich richtete sich der *Hofkalender* an ein gänzlich anderes Publikum.

So findet sich in der ersten Ausgabe von PGM die Rubrik „Neue Verlagswerke von Justus Perthes' Geographischer Anstalt". Insgesamt werden dort im gesamten Jahrgang 1855 34 neue Publikationen mit der Nennung von Titel, Autor sowie Preis und Produktgestaltung und zum Teil einer kleinen Beschreibung des Werkes kurz vorgestellt. Darüber hinaus gestaltete Petermann als Herausgeber die Zeitschrift von Anfang an auch als ein Rezensionsplattform für Novitäten aller Art aus dem Bereich der geografischen

---

477 Emil von Sydow, *Der kartographische Standpunkt Europa's in den Jahren 1862 und 1863, mit besonderer Rücksicht auf den Fortschritt der topographischen Spezial-Arbeiten im J. 1862*, in: PGM (1863), 482.

478 Vgl. Special-Interest Zeitschriften und Fachverlage: Christine Klein-Blenkers, *Verlagsmarketing beim Absatz von Fachbüchern an berufliche Verwender*, Mannheim und Saarbrücken, 1992, 20.

Literatur. Und genau das scheint auf den ersten Blick ein Paradoxon zu sein, denn die Redaktion von PGM rezensierte fremde Veröffentlichungen der gleichen Branche und warb parallel mit sehr ähnlichen (Werbe)Texten für die eigenen Produkte. Dennoch muss dies kein Widerspruch bleiben, da eine der wichtigsten Voraussetzungen für den Erfolg der Zeitschrift das Vertrauen in die Glaubwürdigkeit der vorgelegten Artikel war und es dadurch potentiellen Lesern erleichtert wird, sich schließlich dauerhaft für PGM zu entscheiden.[479]

Dass es der Redaktion um August Petermann anscheinend besonders wichtig war, ausgewogen über neue Publikationen aus dem Bereich der geografischen Forschung zu berichten und dadurch eben nicht das erst zu gewinnende Vertrauen der Leser einzubüßen, wird beispielhaft in den frühen Ausgaben deutlich. So sparte die Rezension über das Werk *Kleiner Schulatlas der Elementar-Geographie* vom Leipziger Konkurrenten Hinrichs nicht mit Lob: „Sie haben etwas Anziehendes und Greifbares, [...]. Die Idee ist vortrefflich, die äussere Gestaltung lobenswerth. [...]“[480]

Gleichzeitig ließ sich die Redaktion auch zu Kritik hinreißen, wenn sie aus ihrer Sicht angebracht war und, das fällt am folgenden Beispiel besonders auf, einen ernstzunehmenden Konkurrenten des Perthes Verlages betraf. So attestierte man dem *Ergänzungsheft zum Schul-Atlas in 29 Karten* des Braunschweiger Verlages Vieweg und Westermann, dass man „eine so abstehende Inconsequenz der Zeichen-Manier, [...] nicht in dem Grade wie andere Beurtheilungen gut heissen“ kann.[481] Eine derartige Kritik ist natürlich immer ein Angriff auf den Mitbewerber in einem sich zunehmend umkämpfteren Markt der Schulkartografie, blieb aber tatsächlich auch die Ausnahme. Zum einen sah man wegen des Selbstbildes von PGM als wissenschaftliche Publikation von der Besprechung „trivialer“ Schulkartografie ab[482], zum anderen würden zu offensichtliche Attacken die gesamte Publikation als bloßes Mitteilungsorgan des Perthes Verlages entlarven und die von mir besprochene Bedeutung von Glaubwürdigkeit und Vertrauen in die Arbeit und die Ergebnisse der Redaktion untergraben, was wiederum zu deutlichen Abschmelzverlusten der Leserschaft und damit zum Scheitern des Projektes PGM führen könnte. Auf der anderen Seite verlor der Perthes Verlag im Laufe der zweiten Hälfte des 19. Jahrhunderts eben gegen Verlage, wie dem von George Westermann deutlich an Bedeutung im Bereich der Schulkartografie.[483]

---

479 Siehe: Cornelius Muth und Dirk Immetsberger, *Das Unternehmen als Marke*, in: Manfred Piwinger und Ansgar Zerfass (Hrsg.), *Handbuch Unternehmenskommunikation*, 1. Auflage, Wiesbaden, 2007, 268.

480 An die Redaction zur Besprechung eingegangene Bücher und Karten, in: PGM (1855), 92.

481 Ebd.

482 Nicht nur das bloße Fehlen einzelner Rezensionen neuerer und bedeutender schulkartografischen Arbeiten in PGM fällt auf, sondern auch die bewusste Ablehnung derartiger Besprechungen; vgl.: „Wenn die Mitteilungen in diesem Falle von ihrer Gewohnheit abweichen und ausnahmsweise von einem schulgeographischen Werke Notiz nehmen, [...]“, in: Litteratur-Bericht für 1895, Beilage zum 41. Band von Dr. A. Petermanns Mitteilungen, Gotha, 1895, 2.

483 Siehe hierzu auch Kapitel 2.2 dieser Arbeit.

Die direkte Art der Bewerbung von Büchern als offensichtliche Subkategorie in den allgemeinen Buch- und Kartenrezensionen sollte sich in den kommenden Jahren ändern. Dies hatte natürlich auch etwas mit dem Stil einer neuen Redaktionsleitung zu tun, aber selbst August Petermann passte schnell die Art und Weise der Präsentation der Besprechung und Bewerbung eigener Verlagspublikationen an ein neues Layout an. So fand der Leser in der Ausgabe des Jahrgangs 1870 in der Rubrik „Geographischer Literatur-Vorbericht“ zunächst allgemeine Rezensionen und Hinweise auf zukünftige geografische Publikationen im In- und Ausland, aber unauffällig am Schluss den Hinweis: „Wir unterlassen es für diess Mal auf Einzelheiten einzugehen, um noch Raum für einen kurzen Hinweis auf einige neueste Verlagswerke der Perthes'schen Anstalt zu lassen. [...]“[484]

Schaut man sich diese „Hinweise“ und die Vorstellungen eigener Novitäten an, dann fällt schnell auf, dass sie neben der Darstellung von Vorzügen und der Betonung der Einzigartigkeit der jeweiligen Publikationen, auch immer die Benutzung des Produktes besprachen. Im PGM Jahrgang von 1879 wurde z. B. die neue Lieferungsausgabe des *Stielers Handatlas* angekündigt und die ersten Kartenblätter besprochen: „[...] Die neuen Blätter der vierten und fünften Lieferung werden sein: Höhn und Tiefen der Erde, [...], und Afrika, Übersichtsblatt, [...], über welche seiner Zeit in diesen Heften berichtet werden wird.“[485]

Dabei wurde dem Leser nicht nur das Erscheinen dieser Kartenblätter angekündigt, sondern zugleich die Besprechung selbiger in PGM. Die Einordnung und Klassifizierung der Publikation in den Kanon eines einzelnen Produktes, wie dem *Stieler Handatlas* zeigt deutlich, dass die Werbung für die eigenen Verlagswerke nicht bloß Werbung im eigentlichen Sinne war, sondern auch im wahrsten Sinne Hinweise für die Nutzung anboten und damit den Gebrauch der Publikation erleichtern konnte.

Die Ambiguität von Werbung in PGM wird an einem weiteren Beispiel nochmals deutlich. Denn, abgesehen von Prestige- oder Gebrauchskartografie wissenschaftlicher Natur, bot PGM immer auch Platz für die Bewerbung einfacher Karten- oder Atlantenpublikationen für ein breiteres Publikum. Ende des 19. Jahrhunderts versuchte der Perthes Verlag durch die Verbreitung kleinerer *Taschenatlanten* neue Käuferschichten zu erreichen. Diese Atlanten waren besonders durch ihren geringen Umfang und günstigen Preis von knapp über zwei Mark gekennzeichnet gewesen. Es bleibt spekulativ, ob die Verlagsleitung aus Angst vor Nichtbeachtung der Fachwelt und des Publikums und damit aus strategischen Beweggründen diese Atlanten in PGM besprechen ließ oder schlicht, weil gänzlich neue Publikationen ohnehin eine Erwähnung in der Zeitschrift finden mussten. Außergwöhnlich an diesem Fall ist nämlich die Art und Weise der Besprechung. Neben den bereits genannten Beispielen der Bewerbung eigener Publikationen, mal mehr oder weniger offensichtlich als Rezensionen getarnt, wurden

484 Geographischer Literatur-Vorbericht, in: PGM (1870), 36.

485 Hermann Habenicht, *Die neue Lieferungsausgabe von Stieler's Hand-Atlas*, in: PGM (1879), 175–179, hier: 179.

die *Taschenatlanten* im Stil eines Advertorials beworben und markierten damit am Ende des 19. Jahrhunderts immer noch den alten, aber zugleich mit neuen Inhalten ausgestatteten Werbestil der Gründungsjahre. Mit diesem, selbst für heutige Verhältnisse sehr innovativen Werbeanzeigenstil versucht man nicht nur über ein neues Produkt zu informieren, sondern die Werbung dem Design und Layout der eigenen Zeitschrift anzupassen, z. B. indem man Schriftart und -größe der regulären Artikel für die Werbeanzeige übernimmt.[486] Dabei folgt der Aufbau eines solchen Advertorials, was auch „Feature Advertising" bezeichnet wird, einem klaren Aufbau. Zunächst bildet die Überschrift den Versuch der Eingrenzung des anzusprechenden Publikums, um damit zu Beginn Aufmerksamkeit beim Leser zu erzeugen. Im nächsten Schritt beginnt der Autor mit der Begründung der Einzigartigkeit des Produktes, um die klare Kaufempfehlung zu begründen, um dann weitere Details über das Produkt vorzustellen. Die letzten beiden Aspekte umfassen ggf. Referenzen von anderen Autoren oder von einem Personenkreis, der das Produkt bereits kennt und zufrieden nutzt. Abschließend erfolgt eine Beurteilung sowie eine Zusammenfassung mit einer klaren Kaufempfehlung für das genannte Produkt.[487]

Advertorials sind immer dann erfolgreich, wenn sie eine Geschichte erzählen und nicht nur nüchterne Fakten fort folgend vorstellen.[488] Das Ziel dieser Werbeform ist immer, dass der Leser die eigentliche Werbung nicht als solche, sondern als einen eigenständigen redaktionellen Inhalt wahrnimmt und dadurch eher bereit ist, eine, zunächst als weiteren, möglichst spannenden Artikel getarnte Werbung zu betrachten. [489]

Im Fall der *Taschenatlanten* lassen sich deutliche Merkmale des Aufbaus eines Advertorials in PGM finden. So stimmen Layout und Schriftgröße mit dem redaktionellen Textteil überein und die gesamte Werbung stellt, wie auch schon bei den analysierten Rezensionen neuer Verlagserzeugnisse auf den ersten Blick einen redaktionellen Inhalt dar. Dieser Eindruck wird durch die gewählte Überschrift „Justus Perthes' See-Atlas" umso mehr verstärkt.[490] Außerdem formuliert der Autor schnell die Vorzüge des Atlas, da er nicht nur die Reihe von bereits zwei erschienenen Atlanten fortsetzen würde, sondern darüber hinaus von Hermann Habenicht, also einem erfahrenen und bekannten Kartografen, stamme. Das ganze Advertorial ist vor allem durch eine bildliche Sprache gekennzeichnet und erzeugt damit ein Image des Atlas als einen willkommenen und nützlichen Begleiter jeder Seereise:

> Der Atlas ist nun in der That recht reichhaltig ausgefallen; aber man hat ja bekanntlich gerade in den ersten Tagen nach Antritt einer Seereise meist reichlich Gelegenheit, [...], sich beschaulicher Lektüre in abgeschiedener Koje zu überlassen, [...]. Für diese Stunden oder Tage der Eingewöh-

486 Florian Dorner, *Advertorials versus klassische Printwerbung*, Wiesbaden, 2016, 25 f.
487 Ebd., 27.
488 Ebd., 29.
489 Vgl. Begriff Advertorial, in: https://www.gruenderszene.de/lexikon/begriffe/advertorial?interstitial (zuletzt aufgerufen am 01.2.2019).
490 O. Krümmel, *Justus Perthes' See-Atlas*, in: PGM (1895), 54–55.

nung ist der See-Atlas mit seinen lehrreichen Karten und Tabellen also besonders empfehlenswert. Die Reihe beginnt mit zwei Himmelskarten, die die auffallendsten Sternbilder – ein beliebtes Gesprächsthema der Abendpromenade an Deck – rasch zu finden und zu benennen lehren. [...] Und nun im übrigen dem See-Atlas ein freundliches ‚Good Bye!' mit auf dem Weg übers Wasser![491]

Neben der Eigenwerbung, war es für viele Verlage neuerer Publikationen von Vorteil ihre Novitäten in PGM vorstellen zu können. Diese sandten regelmäßig Neuerscheinungen an die Redaktion, in der Hoffnung in einer der nächsten Ausgaben in den Genuss einer möglichst ausführlichen Besprechung ihrer Werke zu kommen. Dabei kam es dem Herausgeber immer darauf an, die Buch- und Kartenbesprechungen an den Erwartungen und Wünschen des lesenden Publikums auszurichten. Somit war es nicht ungewöhnlich, dass es durchaus auch zu Absagen an einzelne Verlage oder Autoren kommen konnte. So lehnte es z. B. August Petermann 1868 ab, das Werk *Volks-Atlas über alle Theile der Welt* des Geraer Verlages Issleib und Rietzschel in PGM zu besprechen. Er begründete seine Entscheidung mit Bedenken über den erhofften Erfolg einer derartigen Rezension:

[...] zu der besten Überzeugung gelangt, daß [...] die Besprechung des Werkes in unserer Zeitschrift nicht günstig ausfallen könnte. [...][492]

Dennoch lassen sich in den folgenden Jahren zumindest Einträge über Neuerscheinungen von Issleib und Rietzschel in den jährlich veröffentlichten Literaturlisten nachweisen. Neben der zum Teil bewussten Ablehnung, konkurrierende Produkte offensiv zu bewerben, stellte die Reputation von PGM den entscheidenden Faktor dar, der zu einer Zu- oder Absage von vermeintlich primitiven Publikationen führen sollte. Die angestrebte Qualitätsführerschaft schloss außerdem von sich aus die Rezension bestimmter Publikationen aus, da, wie bereits erwähnt, Schulatlanten oder populärwissenschaftliche Neuerscheinungen weder zur avisierten Leserschaft noch zum Profil der Zeitschrift als wissenschaftlicher Fachzeitschrift gepasst hätten. Insofern ist die Ablehnung im Falle des *Volks-Atlas* durchaus ambivalent zu bewerten. Gleichwohl versuchte Issleib in den folgenden Monaten immer wieder die Besprechung seiner Atlanten durchzusetzen und begründete dies mit dem Verkaufserfolg und dem damit ja gewissermaßen bewiesenem Interesse der Öffentlichkeit.[493]

3.2.4.6 Karten als Instrument der externen Unternehmenskommunikation

Warum sich PGM als Zeitschrift fast 150 Jahre am Buchmarkt halten konnte, kann zweifelsohne durch die Prominenz der mitgelieferten Karten erklärt werden. Die Ak-

491 Ebd.

492 Brief von August Petermann an Wilhelm Issleib vom 06.4.1868, in: Forschungsbibliothek Erfurt/Gotha, Nachlass Wilhelm Issleib, SPA ARCH PGM 364, 13.

493 Vgl. Briefe von Wilhelm Issleib an August Petermann vom 05. und 26.10.1868, in: Forschungsbibliothek Erfurt/Gotha, Nachlass Wilhelm Issleib, SPA ARCH PGM 364, 14–17.

tualität und Genauigkeit der Vielzahl neuer Karten über und von geografischen Phänomenen oder unbekannten Gegenden ist bis heute von großem Interesse, nicht nur für die kartografiehistorische Forschung. Das Aushängeschild der Gothaer Redaktion war neben den Persönlichkeiten der Kartografen, allen voran der von August Petermann, und den engen Kontakten zu Geologen, Historikern, Forschungsreisenden, Ethnologen, Biologen und Kartografen, vor allem die Kontinuität von und die große Menge an genauen, ästhetischen und exklusiven Karten. Das umfasste ein Alleinstellungsmerkmal des Verlages und das von PGM ohnehin. Und eben weil der Verlag über ausreichende Kontakte zu Druckern, Kupferstechern und Kartografen verfügte, konnte die Kartenproduktion nicht nur aufrecht erhalten, sondern auch professionalisiert werden. Für die Werbewirkung der Zeitschrift war dies der entscheidende Schritt, der über Jahrzehnte die Öffentlichkeit für das Produkt sensibilisieren konnte.

Bei der Themenwahl der in PGM veröffentlichten Karten orientierte sich die Redaktion nicht nur am Zeitgeist, sondern gerade unter der Leitung des Namensgebers an ureigenen Interessen, z. B. an der Erforschung der Nordpolar-Region in den späten 1860er und frühen 1870er Jahren.[494] Die meisten Karten befassten sich dennoch mit dem europäischen Kontinent, wobei im Laufe des Ersten Weltkrieges die Veröffentlichungen über diesen Teil der Erde im Vergleich zu den vorangegangenen Jahrzehnten drastisch zunahm.

Aber auch bei Karten über Afrika und Asien lassen sich solche Beobachtungen, auch wenn sie natürlich aufgrund fehlender Quellen nicht abschließend und in Gänze geklärt werden können, nachweisen. So fällt das vermehrte Auftreten von Karten über Afrika in den 1880er Jahren zum einen in eine Zeit eines in Deutschland gesteigerten öffentlichen Interesses über den Kontinent, zum anderen nahm am Ende der 1870er Jahre mit dem Tod August Petermanns eine neue Redaktion unter August Behm und später Alexander Supan die Arbeit an der Zeitschrift auf und prägte damit sowohl in der Gestaltung der Rubriken als auch in der Auswahl der Themen für zukünftige Kartenpublikationen das Bild der Zeitschrift für die kommenden Jahre.[495] Verhältnismäßig homogen hingegen war die Verbreitung von Karten in den Ergänzungsheften. Diese dienten ausschließlich dazu, größere Aufsätze oder umfangreichere Sonderthemen, wie bspw. Abhandlungen und Berichte über einzelne Forschungsreisen einem interessierten Publikum zur Verfügung zu stellen. Dennoch blieben die Ergänzungshefte hinsichtlich ihres Inhaltes multithematisch, mit der deutlichen Tendenz zu theoretischen und allgemeineren Abhandlungen. Dieser Raum wurde den Autoren aus Kapazitätsgründen auch bewusst geschaffen, obgleich die Kartenerstellung mit gleicher Genauigkeit und Ernsthaftigkeit wie auch in PGM erfolgte.

---

494 Siehe hierzu auch: David Thomas Murphy, *German Exploration of the Polar World: a history, 1870–1940*, Lincoln und London, 2002.

495 Zum Afrikadiskurs im Deutschland des 19. Jahrhunderts siehe: Matthias Fiedler, *Zwischen Abenteuer, Wissenschaft und Kolonialismus: der deutsche Afrikadiskurs im 18. und 19. Jahrhundert*, Köln u. a., 2005.

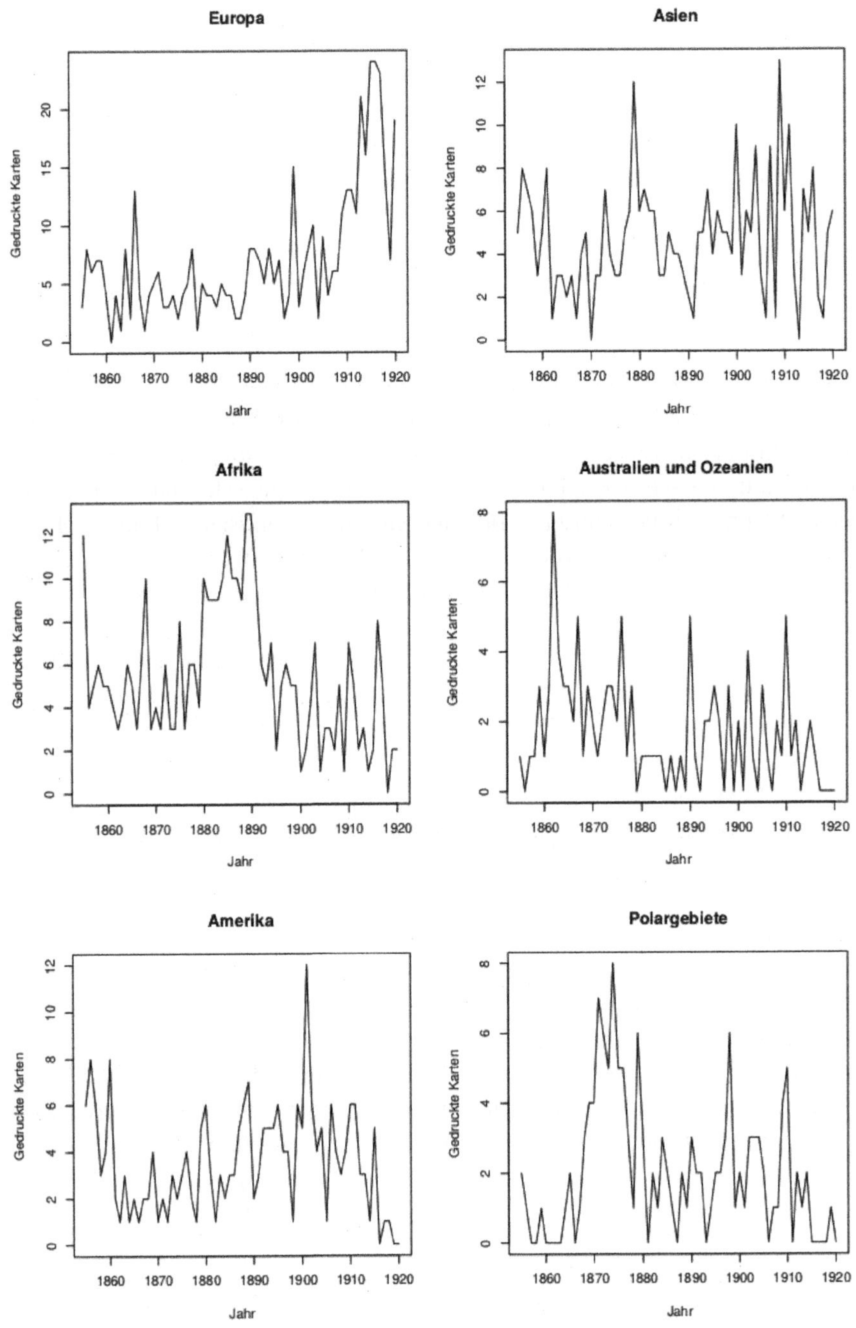

Abb. III. 7: Kartenthemen in PGM pro Jahr der Gesamtauflage, nach Kontinenten geordnet und ohne Ergänzungshefte, 1855–1918. (Eigene Darstellung)

Auffälligkeiten hinsichtlich der Wahl des Kartenortes sowie in der Wahl des Kartenthemas und Stils lassen sich im Laufe der Publikationsgeschichte von PGM im 19. Jahrhundert immer wieder beobachten. So bestand die in Europa publizierte Kartografie des frühen 19. Jahrhunderts hauptsächlich aus topographischen bzw. physikalischen Karten. Erst im Laufe der zweiten Hälfte des 19. Jahrhunderts veränderte sich durch die zunehmende Professionalisierung des Fachs der Karteninhalt und Stil dahingehend, dass vermehrt auch thematische Karten Beachtung und Verwendung fanden. Auf diese geänderten Umstände in der Nutzung und Erwartung von Karten passte sich erkennbar die Redaktion der PGM an und fortan erschienen quantitativ messbar mehr thematische Karten ab den 1880er Jahren. Vor dem Ersten Weltkrieg sollte außerdem erstmals die Relevanz der thematischen Kartografie, gemessen an der absoluten Anzahl der in PGM veröffentlichten Karten, die der topographischen übersteigen.[496]

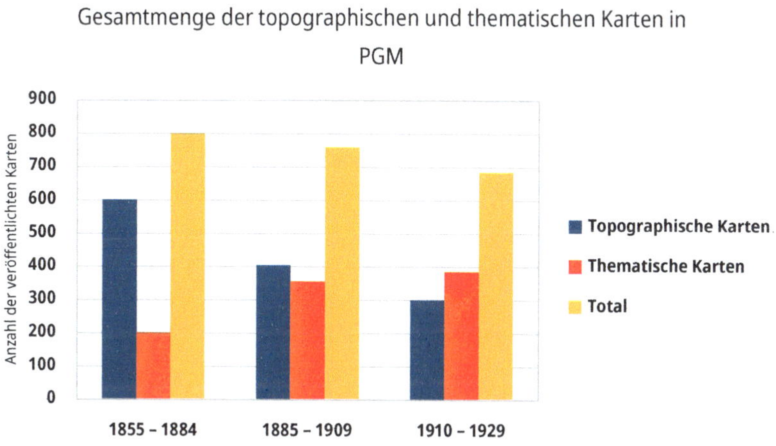

Abb. III. 8: Absolute Anzahl der topografischen und thematischen Karten in PGM mit Ergänzungsheften, 1855–1929. (Eigene Darstellung)

Insgesamt deuten diese Hinweise auf eine genaue und überlegte Marktbeobachtung des Verlages und vor allem der Redaktion von PGM hin. Gerade weil das Alleinstellungsmerkmal der Zeitschrift aus einer thematisch breiten Berichterstattung sowie der raschen und verständlichen Aufbereitung der eingesandten Daten bestand, verwundert es kaum, dass der Historiker Imre Josef Demhardt zu den genannten Punkten als dritten Aspekt die genaue und abwechslungsreiche Kartografie hinzuzählte.[497]

Die zunehmende Konkurrenz in der Medienlandschaft des Deutschen Kaiserreiches sowie die Professionalisierung der Kartografie als wissenschaftliche Disziplin

---

496 Bericht über die Karteninhalte, in: PGM (4), 1978, 272.

497 Imre Josef Demhardt, *Der Erde ein Gesicht geben. Petermanns Geographische Mitteilungen und die Anfänge der modernen Geographie in Deutschland*, Erfurt und Gotha, 2006, 12.

sorgte auch im Hinblick auf die Auswahl der zu publizierenden Karten für einen stärkeren Spezialisierungsdruck, dem August Petermann in den 1850er und 1860er Jahren in dieser Intensität nicht unterworfen war. Für seine Nachfolger wurde es, gerade auch in der Abwägung über die Publikation thematischer Karten zu Lasten klassischer topografischer Karten zur Existenzfrage, wie die Zeitschrift in Zukunft ausgerichtet und gestaltet werden sollte. Spätestens seit den 1880er Jahren manifestierten sich Schwierigkeiten in der Abwägung seitens der Redaktion, die durchaus thematisch breit aufgestellte Zeitschrift nach dem Tod August Petermanns an die gestiegenen wissenschaftliche Erwartungen eines Teils der Leserschaft anzupassen.[498] Dennoch blieb als maßgeblicher Wettbewerbsvorteil gegenüber der Konkurrenz der ureigene „Gothaer Stil" der Petermann-Ära an den Karten heften. Dieser zeichnete sich vor allem durch fundiertes und tiefgründig recherchiertes Quellenmaterial der Karten sowie einen exakten Kupferstich, der Nutzung verschiedener Schrifttypen und der plastischen Terraindarstellung aus.[499]

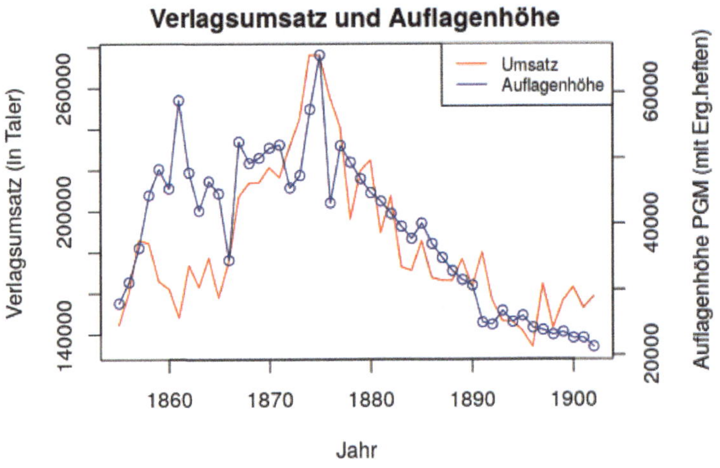

Abb. III. 9: Jährlicher Gesamtverlagsumsatz des Justus Perthes Verlages und die jährliche Neuauflagenhöhe von PGM (mit Ergänzungsheften), 1855–1902. (Eigene Darstellung)

Der erfolgreich am Markt etablierte Kartenstil sowie die wirkungsvolle, parallele Verbreitung von informativen Aufsätze in der Zeitschrift sollten ein positives Markenimage von PGM hervorrufen. Dabei gelang es dem Verlag in den ersten Jahren des Erscheinens der Zeitschrift das Vertrauen der Leser zu gewinnen und so, zumindest für die folgenden Jahre, das durch PGM geschaffene Leitbild als Wissenschaftsverlag für die gesamte Geschäftstätigkeit zu nutzen.

498 Ebd. 74.
499 Heinz Peter Brogiato, *Wissen ist Macht* [wie Anm. 436], 82.

Insofern stellt PGM zunächst ein durchaus positives Beispiel einer persuasiven Markenkommunikation dar, da, neben dem offensichtlichem Erfolg des Vertriebs von PGM, der Werbeeffekt durch den Erfolg des Produktes verstärkt in den 1870er Jahren auch über die Schaffung eines positiven Unternehmensimages den Gesamtumsatz des Verlages erhöhen konnte. Dass Karteninhalte von PGM in abgeänderter Form auch zum Teil in anderen Verlagsprodukten Verwendung fanden bzw. für diese Produkte direkt in der Zeitschrift Werbung zu finden war, stellt außerdem die erfolgreiche Integration von unterschiedlichen Kommunikationsaktivitäten des Verlages dar, was wiederum zum Aufbau einer einheitlichen Corporate Identity als Wissenschaftsmarke und damit zunächst zu einem starken, weil innovativen Wettbewerbsvorteil gegenüber anderen Fachverlagen der Zeit führte.[500]

3.2.4.7 Marktpositionierung und Marktverschwinden

Dass es oft sinnvoller für ein Unternehmen ist, und Verlage sind hier nicht ausgenommen, bestehende Kundenbeziehungen aufrecht zu erhalten, als beständig Neukunden zu akquirieren, reicht zugegebener Maßen als eine Erklärung der strategischen Planungen des Perthes Verlages hinsichtlich der Marktpositionierung von PGM am Ende des 19. Jahrhunderts alleine nicht aus.[501] Sollten mit der Akzentuierung und Professionalisierung von PGM als zunehmend akademische Publikation verloren gegangene Kunden zurückgewonnen werden und bestehende gehalten, so muss abschließend festgestellt werden, dass dieser Plan wenig erfolgreich verlief. Dies ist umso erstaunlicher, da die Leistungsmerkmale und die rezipierte Kompetenz der Marke auch nach dem Wechsel der Redaktionsleitung am Ende der 1870er Jahre als kompetent und äußerst positiv wahrgenommen und bewertet wurden. Die Vossische Zeitung schrieb bspw. in ihrer Ausgabe vom 16.3.1880, anlässlich des 25-jährigen Bestehens der Zeitschrift, dass „jeder Geograph [...] aus ihnen [schöpfen muss] und keine Reise [...] für die Forschung auf irgend einem Theile der Erde geschehen ist, von der sie nicht die erste, die ursprüngliche Nachricht, meist aus der Feder des Forschers selbst brachten.“[502]

Auch die National Zeitung hielt bereits 1870 fest: „[...] Es giebt kein anderes Werk in der Welt, welches unausgesetzt von Monat zu Monat einen so großen Reichthum guter, nützlicher, sorgfältig ausgeführter neuer Karten bringt, als die ‚Geographischen Mittheilungen‘. [...]“[503]

---

500 Vgl. zur Corporate Identity eines Unternehmens: Ansgar Zerfaß, *Unternehmenskommunikation und Kommunikationsmanagement: Grundlagen, Wertschöpfung, Integration,* in: Manfred Piwinger und Ansgar Zerfass (Hrsg.), *Handbuch Unternehmenskommunikation,* Wiesbaden, 2007, 54.

501 Vgl. zum Thema der Kundenbeziehungen und Neukundenakquise: Manfred Kirchgeorg und Christiane Springer, *Zielgruppenorientierte Steuerung der Unternehmenskommunikation* [wie Anm. 464], 215.

502 Vgl Vossische Zeitung, Ausgabe 16.3.1880, gefunden in: Forschungsbibliothek Erfurt/Gotha, Nachlass August Petermann, SPA ARCH PGM 540/19.

503 Vgl. National Zeitung, Ausgabe 02.2.1870, gefunden in: Forschungsbibliothek Erfurt/Gotha, Nachlass August Petermann, SPA ARCH PGM 540/19.

Die Gründe für die stetige Abnahme der verkauften jährlichen Auflage seit den 1880er Jahren kann also nicht durch einen drastischen Qualitätsverfall und dadurch hervorgerufene Enttäuschung der Leser erklärt werden. Im selben Zeitraum erhöhte sich nicht nur die absolute Zahl der geografischen Fachgesellschaften in Deutschland und damit auch der potentielle Kreis neuer Leser, sondern auch die Konkurrenz durch andere geografische Zeitschriften.[504] Die Zahl derer wuchs ebenfalls zum Ende des 19. Jahrhunderts stark an, sodass in Deutschland vor dem Ersten Weltkrieg neben den vom Justus Perthes Verlag herausgegebenen drei Zeitschriften PGM, *Geographisches Jahrbuch* und *Geographen-Kalender* noch weitere neun Zeitschriften vertrieben wurden. Einige dieser Zeitschriften wurden von Verlagen, wie z. B. dem Dietrich Reimer Verlag aus Berlin, in Zusammenarbeit mit geografischen Gesellschaften herausgegeben, andere wiederum drängten auch aus dem Ausland, wie die *Mitteilungen der (k. k.) geographischen Gesellschaft in Wien 1857* auf den deutschen Buchmarkt.[505]

Vor allem die Unterstützung von jungen Forschungsreisenden durch die immer einflussreicher werdenden geografischen Gesellschaften ermöglichte es PGM deutlicher seltener ab den 1880er Jahren exklusive Reiseberichte zu veröffentlichen, da sich die stiftenden Gesellschaften die Publikationsrechte an den Ergebnissen dieser Reisen in der Regel exklusiv sicherten. Hinzu kam, dass sich durch die Verwissenschaftlichung der Geografie auch die allgemeine Publikationspraxis änderte und sich die Redaktion von PGM im Rahmen der eigenen Konkurrenzfähigkeit auf dem weltweiten Buchmarkt gezwungen sah, internationale Standards in der Aufbereitung und Darstellung von Forschungsergebnissen einzuführen. Das führte allerdings unweigerlich zu einem geringeren Interesse der breiten Öffentlichkeit, da für das Verständnis einer einheitlichen, fachspezifischen Sprache und der Veröffentlichung von komplexeren Inhalten auch Vorbildung des Lesers nötig war.[506] Diese konnte allerdings nicht bei jedem ehemaligen Leser vorausgesetzt werden, weshalb die Zeitschrift in diesen Jahren auch dadurch ihre Auflage stark verkleinern musste.

Neben dieser Konkurrenzsituation und dem offensichtlichen Einbruch der jährlichen Gesamtumsätze des Verlages ist es umso erstaunlicher, dass das Unternehmen vehement an der Fortführung der Zeitschrift festhielt. Denn betrachtet man die Bedeutung von PGM für den Gesamtumsatz der Novitäten des Perthes Verlages, so fällt auf, dass ab Mitte der 1870er Jahre die Auflagenhöhe und die damit erwartbare verkaufte Auflage keinen Einfluss mehr auf den Verlauf des Novitätenumsatzes hatte.[507] Dieser Umstand kann durchaus seit dem Bestehen der Zeitschrift beobachtet werden.

Zweifellos ist die erfolgreiche Positionierung von Neuerscheinungen am Buchmarkt natürlich für jeden Verlag von größter Bedeutung. Die durch den Vertrieb von

---

504 Allein die bereits 1828 gegründete Berliner Gesellschaft für Erdkunde konnte von 1878 bis 1909 ihre Mitgliederzahl um über 56 % auf 1144 Mitglieder erhöhen. Siehe: Heinz Peter Brogiato, *Wissen ist Macht* [wie Anm. 436], 43 und eigene Berechnungen.

505 Ebd., 18 f.

506 Jan Smits, *Petermann's Maps* [wie Anm. 438], 62 f.

507 Siehe Abbildung III. 10.

PGM erwirtschafteten Erträge für den Perthes Verlag zwischen der Mitte der 1860er und den späten 1870er Jahren spielten eine moderate betriebswirtschaftliche Rolle und pendelten sich schließlich auf ein Maß von ca. 15 Prozent des Gesamtumsatzes unter allen Druckerzeugnissen des Verlages ein.[508] Da der Anteil der verkauften neuen Exemplare von PGM im Verhältnis zu der übrigen Menge an anderen verkauften Neuerscheinungen deutlich messbar war, kann letztlich die wirtschaftliche Bedeutung von PGM für den Verlag, gemessen an der prozentualen Beteiligung der jährlichen Verkäufe der Zeitschrift an allen Erlösen von Neuerscheinungen, als recht moderat betrachtet werden. Sie war eben weder eine „Cash Cow" im klassischen Sinne oder gar ein „Poor Dog".[509] Dennoch zeichnete sich ab, dass bzgl. des Verkaufs einer Fachzeitschrift der Perthes Verlag keine schlechten Geschäfte mit dem Vertrieb von PGM im Laufe des 19. Jahrhunderts gemacht hatte. Kalkuliert man den Reputationsgewinn im Fachpublikum für den Perthes Verlag durch den jahrzehntelangen Verkauf von PGM in die Gewinnrechnung mit ein, so war sicherlich PGM eines der erfolgreichsten Produkte in der langen Verlagsgeschichte.

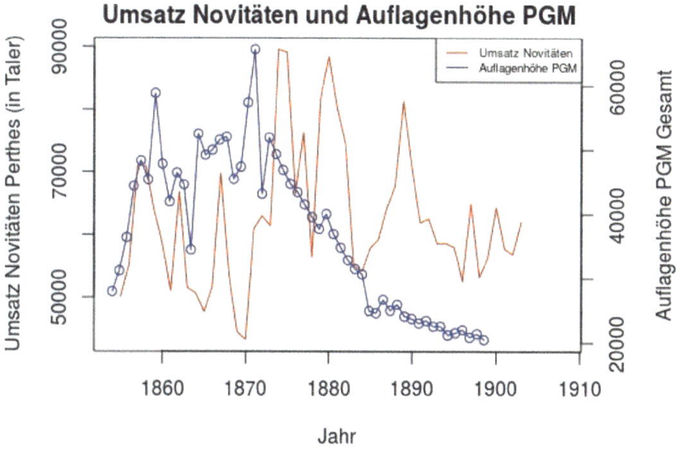

Abb. III. 10: Jährlicher Umsatz der Neuerscheinungen des Justus Perthes Verlages sowie die jährliche Neuauflagenhöhe von PGM (mit Ergänzungsheften). (Eigene Darstellung)

---

508 Vgl. Forschungsbibliothek Erfurt/Gotha, Übersicht der Verlagsauslieferungen des Justus Perthes Verlages von 1854–1918 sowie eigene Berechnungen.

509 Als Teil des Instrumentariums einer Portfolioanalyse in Unternehmen wurden von der Boston-Consulting Group die beiden Begriffe geprägt. „Cash Cows" werden in diesem Zusammenhang Produkte mit einem relativ großem Marktanteil beschrieben, deren Erfolg durch große Erträge und geringes Marktwachstum gekennzeichnet ist. Als „Poor Dogs" werden hingegen Produkte mit geringem Marktanteil, die zum Teil sogar verlustbringend sind, zusammengefasst. Vgl. Marion Halfmann, *Marketing-Controlling*, Wiesbaden, 2018, 49–54.

Das Produkte in Krisen geraten und auch nach der erfolgreichen Markteinführung scheitern und abgewickelt werden, ist keine Seltenheit sondern die Regel.[510] Der Perthes Verlag hatte ebensolche Produkte selbst im Sortiment, die nach einer anfänglichen Euphorie und einer ersten Auflage kaum länger als einige Jahre im Sortiment verblieben. Man denke in diesem Zusammenhang nur an das *Geographische Jahrbuch* von Heinrich Berghaus, welches 1854 zugunsten der Erstauflage von PGM eingestellt worden war. In diesem Zusammenhang kommt es nach der Sättigung des Marktes zu einer Degeneration und zuweilen Einstellung der Produktion. Im Fall von PGM lässt sich, gemessen an der verkauften Auflage, diese ab Mitte der 1870er Jahre beobachten.

Dass August Petermann die Kosten der Zeitschrift nicht im Blick hatte, kann nicht festgestellt werden. In seinem Nachlass findet sich zumindest der Hinweis darauf, dass er die Ausgaben einiger Jahrgänge für Lithografie, Druck, Papier und Autorenhonorar teilweise exakt dokumentierte.[511] Formulierungen wie: „Bis jetzt nur die Kost. gedeckt“[512], deuten darauf hin, dass neben dem stets bemühten wissenschaftlichen Anspruch natürlich auch immer Gewinnerwartungen im Vordergrund bei der Publikation der Zeitschrift standen und Petermann, einfach gesagt, kein betriebsblinder Träumer war.

Wohl aus drei Gründen hielt der Verlag zu seiner prominentesten Zeitschrift: Zum einen konnte er seit der Erstauflage fähige Mitarbeiter an sich binden und zweitens erbrachte PGM einen kaum zu ermittelnden Imagewert für das Unternehmen. Außerdem konnte das Unternehmen Lern- und Verbundeffekte, die besonders wirksam seit der Professionalisierung der Produktion in den späten 1850er Jahren unter der Geschäftsleitung von Bernhardt Perthes waren, auch für die Herstellung von PGM nutzen.[513] So konnte der Verlag z. B. ständig auf eine breite Masse an Druckern, Kupferstechern und Lithografen zurückgreifen, die neben den anderen Verlagspublikationen auch die Ausgaben von PGM und die beigelegten Karten im Stein- bzw. Kupferdruck parallel herstellten. Dass diese Arbeitsweise kostensenkend war, liegt dabei auf der Hand. Insofern war es dem Verlag auch möglich sich PGM weiterhin leisten zu können. Gleichwohl muss an dieser Stelle beachtet werden, dass die tatsächlichen Endverbraucherpreise der Zeitschrift für Bevölkerungsgruppen mit niedrigerem Einkommen verhältnismäßig hoch waren. So kostete z. B. der geheftete Jahrgang 1880 im Buchhandel 18 Mark.[514] Vergleicht man an dieser Stelle das durchschnittliche jährliche Einkommen eines Druckereiangestellten, so musste jener über zwei Prozent seines Jahresgehaltes

---

510 Ebd., 44–48.

511 Siehe: Zusammenstellung der Kosten und verkauften Exemplare der Ergänzungshefte 1–22, in: Forschungsbibliothek Erfurt/Gotha, Nachlass August Petermann, SPA ARCH PGM 540/6, 145.

512 Ebd.

513 Vgl. Marion Halfmann, *Marketing-Controlling*, 2018, 48–52.

514 Vgl. Verlagskatalog von Justus Perthes vom Januar 1880, in: Forschungsbibliothek Erfurt/Gotha, Sammlung Perthes, SPA 4°812.

für zwölf geheftete Ausgaben von PGM ausgeben.[515] Im Vergleich zum Jahresgehalt von Hermann Berghaus, dem Kartografen des Perthes Verlages mit dem höchsten Jahresgehalt in Höhe von 5.400 Mark, sind diese Ausgaben allerdings überproportional hoch.[516] Das bedeutet nicht, dass ausschließlich Personen mit einem Jahresgehalt von über 1.000 Mark und mehr PGM problemlos erwerben konnten, allerdings ab einem mittleren Angestelltenverhältnis der Erwerb von PGM leicht möglich wurde.[517] Unteren Einkommensgruppen fiel es dennoch schwer PGM langfristig zu finanzieren.

3.2.4.8 Fazit

Petermanns Geographische Mitteilungen war sicherlich einer der herausragendsten wissenschaftlichen Fachzeitschriften auf dem Gebiet der Geografie in Deutschland. Gleichzeitig setzte durch und mit ihr die Professionalisierung der Geo- und Kartografie in Deutschland ein. Der „Gothaer Kartenstil" August Petermanns sollte noch Jahrzehnte nach dem Ableben des Kartografen maß- und bildgebend für zahlreiche Kartografen des Verlages und darüber hinaus sein. Aber neben diesen Verdiensten für die Geografie war die Zeitschrift immer auch mehr als nur die vielleicht prominenteste Publikationsmöglichkeit deutschsprachiger Geowissenschaftler im langen 19. Jahrhundert.

Die Einzigartigkeit bestand in ihrer Ambivalenz aus wissenschaftlicher Fachzeitschrift und Werbemedium des Justus Perthes Verlages. Dabei blieb der langfristige wirtschaftliche Erfolg der Zeitschrift aus. Dennoch schaffte es der Verlag mit der erfolgreichen Einführung von PGM im deutschen und auch internationalen Buchmarkt nicht nur die Zeitschrift, sondern vor allem den Verlag selbst dauerhaft als Wissenschaftsmarke zu etablieren. Dabei halfen ihm neben der Persönlichkeit August Petermanns und seiner Kontakte besonders der Bedarf an spannenden und informativen Reiseberichten und Geschichten über unbekannte, unentdeckte Erdteile in der Bevölkerung über die regionale Bedeutung als Fachzeitschrift hinaus, um breitere Bekanntheit zu erlangen. Diese nutze der Verlag auch konsequent für eigene Werbung und das selbst auferlegte Image aus, indem er nicht nur fremde, sondern kontinuierlich auch eigene Verlagsprodukte in Form von Rezensionen oder einfachen Buchbesprechungen

---

515 Grundlage meiner Berechnung bildet in diesem Fall die Angabe von Ashok V. Desai, wonach ein Druckereiarbeiter in Deutschland im Jahr 1880 ca. 712 Mark nominal jährlich verdiente. Dadurch ergibt sich, unter Berücksichtigung der Kosten für einen gehefteten Jahrgang zum Preis von 18 Mark eine Finanzierungsquote von ca. 2,5 Prozent des nominellen Jahresgehaltes. Siehe: Ashok V. Desai, *Real Wages in Germany, 1871–1913*, Oxford, 1968, 108.

516 Vgl. Liste mit Lohnkosten des Perthes Verlages, in: Forschungsbibliothek Erfurt/Gotha, Sammlung Perthes, SPA FFA GB 01.15, 87 ff.

517 Einer der berühmtesten Leser der PGM war der Schriftsteller Karl May. So gilt es als sicher erwiesen, dass sich für die Beschreibung des Yellowstone Nationalparks im 9. Band der Geschichten um Winnetou von einem Aufsatz über das Gebiet in der PGM Ausgabe des Jahrgangs 1872 inspirieren ließ. Siehe hierzu: Bernhard Kosciuszko, *„Eine gefährliche Gegend". Der Yellowstone Park bei Karl May*, in: Jahrbuch der Karl May Gesellschaft (12), 1982, 196 f.; gefunden in: https://www.karl-may-gesellschaft.de/kmg/seklit/JbKMG/1982/196.htm (zuletzt aufgerufen am 20.1.2019).

vorstellte. Die eigene Reichweite im Blick, verstand sich die Zeitschrift als Vermittler zwischen Publikum und Forscher. Den Ruf, eine seriöse Fachzeitschrift zu sein, verlor die Redaktion ganz offensichtlich dabei nie aus den Augen, was wiederum den weiteren Publikumserfolg der Zeitschrift über viele Jahrzehnte ausmachen sollte.

Der Status, eine eigene Marke sein zu wollen, spielte natürlich auch in der Autorenakquise die zentrale Rolle. Dass PGM exklusiv über Expeditionen berichtete und jederzeit in der Lage war entsprechende Karten herzustellen und zu veröffentlichen verdankte der Verlag nicht nur den umtriebigen Bestrebungen August Petermanns und seiner weitgehenden Autonomie als Wissenschaftsmanager im Verlag, sondern auch den zahlreichen Mitarbeitern, die als Kartografen, Kupferstecher oder Drucker in- bzw. extern beschäftigt wurden. Dass vor dem Ersten Weltkrieg diese Exklusivität teilweise eingebüßt wurde, hat weniger mit der Ausbildung der Mitarbeiter in der Zeit nach dem Tod August Petermanns zu tun, als vielmehr mit der zunehmenden Konkurrenz auf dem deutschen und internationalen Markt für wissenschaftliche Periodika im Fachgebiet der Geografie. Außerdem neigte sich das Zeitalter der großen Entdeckungen seinem Ende zu, was neben der Professionalisierung des eigenen Fachgebietes als hauptursächlich für die Marginalisierung der Zeitschrift bewertet werden muss. Dennoch lässt sich zeigen, dass die Idee von Bernhardt Perthes, aus dem Verlag seiner Vorfahren eine Geografische Anstalt zu erschaffen, mit der Gründung von PGM erfolgreich in die Tat umgesetzt werden konnte.

4 Der Kartenmarkt als ökonomisch-geografischer Raum

4.1 Wo war der Kartenmarkt des 19. Jahrhunderts in Deutschland?

4.1.1 Vorbemerkungen

Die Frage nach der räumlichen Struktur eines Marktes scheint auf den ersten Blick keiner dezidierten Prüfung zu bedürfen. Dennoch erweist sie sich nach genauerer Betrachtung als keineswegs trivial. Denn der Handel mit Gütern oder Dienstleistungen kann durchaus nicht nur an einem Ort stattfinden, sondern in verschiedenen Räumen sichtbar sein. Dies gilt vor allem für Massengüter des täglichen Bedarfs, deren Verkauf nicht auf einen Markt beschränkt ist sondern zum Teil regional auf vielen Märkten beobachtet werden kann. Insofern ist die räumliche Einordnung eines Marktes nicht immer eindeutig festzustellen. Erst recht nicht, da per Definition Märkte selber als Räume des kommunikativen Austausches zwischen Waren und Dienstleistungen begriffen werden, in denen Geld oder jedes andere Tauschmittel die Funktion eines Kommunikationsmediums inne hat.[518]

Aus diesen Überlegungen heraus ergibt sich für das Thema der vorliegenden Arbeit die zwingende Frage, ob es möglich ist, auch für den Handel mit Landkarten als spezielle Druckerzeugnisse eine räumliche Einordnung des Handelsgeschehens im deutschen Buchmarkt des 19. Jahrhunderts treffen zu können? Eine solche Raumbeschreibung stellt an die Methodik allerdings konkrete Anforderungen, vor allem da wenig exakte zeitgenössische Quellen hinsichtlich der selbst reflektierenden Positionierung der Marktteilnehmer innerhalb des Marktgeschehens existieren.

Zunächst wird es mir deshalb darauf ankommen, die Klärung des Raumbegriffes an den Beginn der Analyse zu stellen. Unstrittig ist dabei, dass der Begriff Raum keineswegs nur einen geografisch klar abgegrenzten Bereich meinen kann, sondern eine vielfältige Bedeutung aufweist. So werden unter anderem kulturelle, ökonomische oder kognitive Räume voneinander unterschieden. In der Hinwendung zum Raum als Analysekategorie orientiere ich mich dabei an der Idee des sogenannten *spatial turn* in den Gesellschaftswissenschaften, dessen Topos die Deutung historischen Wandels durch die Analyse sozio-ökonomischer bzw. kultureller Räume umfasst. Aus diesem Grund erscheint mir die Beschäftigung mit der Idee eines Marktes als Raum umso wichtiger, weil nicht auszuschließen ist, dass als Ergebnis dieser Untersuchung keineswegs die Darstellung eines singulären Ortes sichtbar, sondern ein vielschichtiges Kon-

---

518 Zur Bedeutung von Geld als Kommunikationsmedium in der soziologischen Systemtheorie siehe: Niklas Luhmann, *Die Wirtschaft der Gesellschaft*, 2. Auflage, Frankfurt am Main, 1989, 230–271.

https://doi.org/10.1515/9783111004372-004

strukt differenziert aufgeladener Raummuster bzw. ökonomisch kultureller Raumdeutungen vorgefunden werden wird.

An dieser Stelle stellt sich im Anschluss unweigerlich die nächste Frage, nämlich ob ein solch vermuteter Raum, dessen definierte Existenz ja noch nicht bewiesen ist, auch selbst kartiert werden kann und mit welchen Mitteln dies erfolgversprechend umgesetzt werden könnte. Hierzu ist es in erster Linie notwendig die Charakteristika von Märkten zu erkennen, nämlich ob der zu untersuchende Raum als ein möglich erkennbarer geografischen Ort definiert werden kann, um in einem folgenden Schritt die in dem erkannten und definierten Raum tätigen Akteure sowie ihr Handeln zu beleuchten. Dabei wird es außerdem sinnvoll sein, das Ausmaß und damit auch die Größe des Handels in einem als Markt verstandenen Raum zu erörtern.

Um sich sprichwörtlich nicht in der Analyse der Raumkonstitutionen zu verirren werde ich deshalb den Kartenhandel hinsichtlich verschiedener Raumzugehörigkeiten untersuchen. Zunächst scheinen Unternehmen als Räume des genuinen Geschäftsinteresses sowie des Kundenkontaktes wertvolle Anhaltspunkte für die Verortung des Kartenhandels im 19. Jahrhundert zu liefern. Aus diesem Grund werden Verlage als Orte der Produktion und Buchhandlungen als Räume des Handels zu Beginn im Mittelpunkt der Untersuchung stehen. Um einen der Quellenlage angepassten Blick auf diese Räume zu werfen, lohnt es sich auf der Ebene der diese Räume konstituierenden Akteure mit der Arbeit zu beginnen.

Als Akteure kommen in einer solchen Betrachtungen drei potentielle Gruppen in Frage: Zum einen die Verleger selber, deren Position durch die Bereitstellung des Angebotes an Karten und geografischer Literatur geprägt worden war, deren Arbeit allerdings auch immer mit der Genese der Nachfrage nach derartigen Druckerzeugnissen in Verbindung gebracht werden muss. Schließlich waren es Verleger, die mit ihren eigenen, veröffentlichten Verlagsprogrammen die Übersicht der gehandelten Drucke ermöglichten um so in Zusammenarbeit mit den Buchhändlern vor Ort das lesende und interessierte Publikum stetig über neue Publikationen zu informieren. Zum anderen erforderte der Markt von Buchhandlungen schließlich den Verkauf an das Publikum, was deren Position als Marktteilnehmer keineswegs unwichtiger gestaltete. Es waren die Kunden selber, die als dritte Gruppe der am Markt teilnehmenden Akteure schließlich Karten und Literatur konsumierten und damit die ökonomische Grundlage für den Handel mit Druckerzeugnissen und der Konstitution von Märkten für eben solche Produkte ermöglichten.

Um diese Beziehungen näher zu erläutern werde ich deshalb am Beispiel des *Japanatlas* von Bruno Hassenstein von 1888 die Rolle der Beobachtung des Marktes aus Sicht des Verlegers als Produzenten, allerdings in erster Linie aus der des Kartografen als ganz eigenen Akteur am Buchmarkt beleuchten. In diesem Zusammenhang werden darüber hinaus konkrete Praktiken der Teilnahme am Handel mit Karten im 19. Jahrhundert aus Sicht deutscher Kartenverleger und Kartografen deutlich, deren Einordnung in genuine Raumparadigmen eines in gleichen Teilen ökonomisch und kulturell definierten Raumes erforderlich ist.

Diese Betrachtung führt schließlich zu einer zweiten Ebene der Raumzugehörigkeit, nämlich die des Unternehmensstandortes und damit auch zur Klärung der Frage, welchen Einfluss Tendenzen der Globalisierung im 19. Jahrhundert auf den Handel mit Landkarten und damit Raumwissen ausübten. Nicht zuletzt lohnt es sich deshalb noch einmal auf die gehandelten Druckerzeugnisse einzugehen.

Da es sich im Fall von Landkarten selber um Produkte handelt, die Imaginationen von Räumen verkaufen, kann der Blick auf die Selbstvergewisserung der Verleger und ihrer Kunden als eine Antwort auf die Frage nach den Eigenschaften der Orte verstanden werden, in denen der Handel mit Landkarten tatsächlich stattfand. Denn die bloße geografische Abbildung eines Raumes auf einem Medium wie Papier offenbart zunächst das sichtbare Abbild des zugrunde liegenden kognitiven Raumes des Autors in Bezug zur dargestellten Kartografie desselben. Gleichzeitig stellt sie die Möglichkeit des Handels mit einem Abbild des dargestellten Raumes dar, denn ohne diese Möglichkeit könnte die Herstellung von Karten allein aus ökonomischen Zwängen heraus kaum bewerkstelligt werden, da auch Verleger, Drucker und Kartografen Einnahmen für das ökonomische Überleben generieren mussten.

Die damit beschriebene Hermeneutik ökonomischen Handelns erzeugte schließlich Pfadabhängigkeiten im Handel mit Karten. Aus diesem Grund werde ich in einem kommenden Schritt die Frage nach den Institutionen des Marktgeschehens stellen, deren Konstitutionen gleichzeitig Praktiken im Raum offenlegen können und die Beziehung zwischen der Zeit und der genuinen Raumstruktur eines Marktes für Kartografie sichtbar werden lassen. Dafür eignen sich vor allem Quellen über Buchmessen hinsichtlich der Erforschung des Handels mit Karten, da in keiner anderen Branche der deutschen Industrie über einen derart langen Zeitraum das Handelsgeschehen so detailliert dokumentiert wurde wie im Buchhandel und zugleich die Buchmessen selber im Laufe ihrer Geschichte einer wechselvollen Geschichte unterworfen waren.

Wie die Geschichte der Buchmessen zeigt, waren es schließlich die Akteure selber, die nicht nur den Raum als solchen betraten, sondern ihn auch gleichzeitig durch ihre eigenen diskursiven Praktiken des Sprechens und Handelns konstituierten und damit für die Suche nach einem Ort des Buchhandels als bedeutende Zeugen auftreten werden.

4.1.2 Ökonomischer, kultureller oder kognitiver Raum?

Vor allem in den letzten drei Jahrzehnten hat die Verwendung des Raumbegriffes in allen Geisteswissenschaften eine neue Konjunktur erhalten. Dies mag zum einen an dem Wunsch liegen, neue und zielgenauere Methoden für die Erklärung gesellschaftlichen Wandels zu erarbeiten, aber zum anderen auch an einem veränderten Blick auf die Geschehnisse in der Welt. Die bisherigen, althergebrachten Muster der Analyse historischer sowie zeitgenössischer Ereignisse konnten demnach nicht die gewünschten Erkenntnisse liefern, die eine wirkungsvolle Deutung von als solchen erkannten soziologischen, ökonomischen, politischen oder historischen „Ungereimtheiten" bislang ermöglicht haben.[519]

Aus diesem Grund mussten neue Denkmuster die zum Teil veralten Analysetechniken für die Erörterung gesellschaftlicher Wandlungen ergänzen oder auch ganz ersetzen. Neben der Bedeutung von Sprache als Mittel der Verortung des eigenen Ichs innerhalb des Kanons einer globalen Gesellschaft, rückte vor allem die Abkehr des Eurozentrismus die Geschichtsschreibung der letzten Dekaden in ein neues Licht. Neben Begriffen wie *postcolonial oder linguistic turn* versuchte die Kulturwissenschaft auch den Raum als Analysekategorie hermeneutisch fassbar zu machen, um ihn im Anschluss als eine mögliche nutzbringende Kategorie innerhalb verschiedener geisteswissenschaftlicher Disziplinen präsentieren zu können.

Der so benannte *spatial turn* postulierte schließlich den Raum als eine zentrale Wahrnehmungseinheit innerhalb des gleichnamigen theoretischen Konzepts. Der bisher durchaus diskursiv besprochene Begriff des Raumes war also plötzlich kein Diskursproblem mehr, sondern eine soziale Konstruktion.[520] Damit wurde die Deutung raumbezogener Verhaltensweisen unterschiedlicher Akteure nicht nur möglich, sondern zugleich auch verlangt. Wenn Räume als sozialen Konstruktionen erklärt werden können, dann müssen auch verschiedene Raumperspektiven für diese Analysen zur Verfügung gestellt und auch anwendbar sein. Dabei ist es zwingend erforderlich immer die soziale Produktion von im Sinne eines zuweilen vielschichtigen sozialen Prozesses im Blick zu haben, dessen Kartierung zeitgleich ein kritisches Raumverständnis hervorbringt, ja hervorbringen muss.[521] Raum konstruiert also soziale Beziehungen, was unter anderem immer dann klar wird, wenn soziale Praktiken der Ein- bzw. Ausgrenzung sichtbar und damit analysierbar werden.[522] In diesem Zusammenhang ist es deshalb besonders spannend Grenzen und Grenzüberschreitungen zu beobachten, da dadurch ganz bestimmte Raumkonstitutionen plötzlich klar und deutlich zu Tage treten, deren versuchte Erklärung ein zentraler Aspekt jeder Analyse raumbezogener Arbeiten sein sollte.[523]

---

519 Zur Bedeutung der von mir genannten „Ungereimtheiten" hinsichtlich der Herausbildung des *Cultural Turns* in der zeitgenössischen Historiografie seit den 1960er Jahren siehe: Volker Depkat, *The „Cultural Turn" in German and American Historiography*, in: American Studies (54), Nr. 3, 2009, 427–430. Gerade die Kartografiegeschichte suchte seit den 1980er Jahren verstärkt nach Methoden des Umgangs mit historischen Karten und fand die benötigte Aufmerksamkeit in der Anerkennung von Karten als kulturelle Imaginationen von Räumen. Dieser Ansatz ermöglichte die kritische Auseinandersetzung mit Karten und der in ihnen abgebildeten Räume, sodass soziokultureller Wandel als „Ungereimtheit" besser analysiert werden konnte. Siehe hierzu: John Brian Harley, *Deconstructing the Map*, in: Cartographica (26), Nr. 2, 1989, 1–20.

520 Doris Bachmann-Medick, *Cultural Turns. Neuorientierung in den Kulturwissenschaften*, 4. Auflage, Reinbek, 2010, 284.

521 Ebd., 289.

522 Ebd., 291.

523 Ebd., 297.

Wenn also Räume als primär soziale Konstruktionen verstanden werden, sind es die Akteure selber, die an sich aus dem Raum heraus diesen nicht nur konstruieren, sondern auch charakterisieren. Dabei fällt auf, dass Räume keineswegs immer physisch begreifbar sein müssen, sondern zuweilen auch als bloße Vorstellungen, also sogenannte kognitive Räume verstanden werden. Um diese begreifbar zu machen, bleibt die Herausforderung der Kartierung dieser unweigerlich bestehen, sind solche Räume doch kaum mit den herkömmlichen Mitteln der Kartografie fassbar. Das bedeutet wiederum nicht, dass solche Räume nicht existieren. Die bisherigen Praktiken des *mappings* mussten also um Methoden eines konkreten *mental mappings* ergänzt werden, sodass symbolische Karten mit subjektiven Aufladungen entstehen können, deren Nutzen in der Verortung neuer, bislang unsichtbarer kartografischer Bezugspunkte liegt.[524] Solche kognitiven Räume werden nicht selten aus Erinnerungen, Vorstellungen und Verhaltensmustern der betreffenden Zeitgenossen gebildet, deren Existenz erst in der Auseinandersetzung mit ihnen erkennbar und dadurch kategorisierbar wird.

Wenn ich an dieser Stelle nun von Räumen spreche, so schließt dies eine Vielzahl unterschiedlich als Räume bewusst oder unbewusst verstandener Orte ein. Allen diesen Räumen ist es jedoch gemein, dass sie aufgrund der Anerkennung ihrer sozialen Konstruktion, historisiert und soziologisiert werden müssen. Dies umfasst gerade die Frage nach der Konstitution ökonomischer Räume. Denn ihr Dasein beruht erst Recht auf Aushandlungsprozessen verschiedener Individuen, deren Raumverständnis nicht selten auf konkreten Handlungen und durch die Abgrenzung von anderen, als eben nicht ökonomisch verstandener Räumlichkeiten Bezug nimmt.

Der Begriff des Handels und der des Raumes stehen in spürbaren relationalem Verhältnis zueinander.[525] In diesem Zusammenhang bringt der Handel zunächst spezielle Räume, wie die von Märkten, Messen oder Börsen hervor, deren Aneignung durch die sich in den Räumen bewegenden Akteure vollzogen wird. Insofern konstituieren wirtschaftliche Interaktionsbeziehungen, eben weil sie sozial konstruiert sind, immer auch eine Reihe von Räumen. Diese Räume wiederum können dann nur unterschieden werden, wenn man konsequenter Weise auch nach differenzierten Raumtypen, Raumpraktiken sowie Raumvorstellungen fragt und dabei das geografische Wissen, z. B. der Händler als Akteure in diesen Räumen als Mittel zur Raumproduktion betrachtet.[526] Deren unterschiedliche Praktiken bzw. ihre vielschichtigen Ausprägungen der eigenen, genuin inkorporieten *governance* definieren dabei in unmissverständlicher Weise die Art und Weise eben jener Raumproduktion. Interessant bleibt dabei, ob und in welcher Weise Raumwissen für die Aneignung spezifischer Verhaltensmuster in diesen Räumen nötig ist und letztlich auch zur Anwendung gebracht worden war.

Weil Räume, wie bereits beschrieben, immer durch die eigene *governance* der sie konstituierenden Akteure, also durch konkrete Raumpraktiken geschaffen werden,

524 Ebd., 299.

525 Susanne Rau, *Räume. Konzepte, Wahrnehmungen, Nutzungen*, Frankfurt und New York, 2013, 158.

526 Ebd., 159.

kommt es in jeder Raumbeschreibung auf die Art und Weise der Auslegung der Raumeigenschaften und ihrer Grenzen durch die betreffenden Akteure an. Legt man dies als notwendige Methode der Raumanalyse zugrunde, kann für Märkte als ökonomische Räume festgehalten werden, dass diese auch aus der sozialen Interaktion der in Netzwerken operierenden Akteure gebildete werden, deren lokale Verankerungen für die Beobachtung der Raumstrukturen und ihrer Praktiken erforderliche Hinweise liefern.[527] Gerade für den Buchmarkt bewahrheitet sich, dass Zwischenhändler, Papiermärkte oder auch Verlags- und Sortimentshandlungen alle ihre eigenen Marktregeln und markttypisches Verhalten für die Teilnahme an dem entsprechenden Markt voraussetzten.

Wie an anderer Stelle noch deutlich wird, waren Märkte, und dabei schließe ich gerade die Märkte für Druckerzeugnisse bis zur Mitte des 19. Jahrhunderts ausdrücklich ein, nicht selten periodisch wiederkehrende Orte des Waren- und Gedankenaustausches. Man denke hier nur an Messen oder auch zum Teil an Wochenmärkte, deren eigene Institutionalität ein wichtiges Merkmal der Unterscheidung von anderen ökonomischen Orten darstellt, da diese in der Regel immer an konkrete Orte gebunden sind und ohne ganz bestimmte Raumvoraussetzungen gar nicht denkbar wären. Oder wie könnten Buchmessen ohne Messehallen oder Buchhandlungen ohne Regale die ihnen zugeschriebenen Funktionen als Orte des ökonomischen Austausches erfüllen?

Zugegebener Maßen sind theoretisch jedenfalls auch solche Räume als Märkte denkbar, welche sich auf den ersten Blick hinsichtlich ihrer für die speziellen Raumpraktiken erforderlichen Voraussetzungen als nur unzureichend dafür eignen. Dies gilt aber nur, wenn dabei die von den jeweiligen Akteuren ausgehandelten sozialen Konstruktionen des Raumes als solchen, der eine bestimmte Charakterisierung erfuhr, um als Raum im eigentlichen Sinne zu gelten, sichtbar werden. Für die Konstitution eines Marktes als ökonomischen Raum gilt daher, dass er also unabhängig seiner Regelmäßigkeit und festen Verortung von der Vorstellung und der Erwartung der Marktteilnehmer abhängig ist.[528]

Für Märkte steht daher erst Recht fest, dass diese aus den tradierten Vorstellungen, Erfahrungen und des Wissens der sie konstituierenden Akteure gebildet werden.

Für den Buch- und den Kartenmarkt im Speziellen gilt dabei, dass sie gewissermaßen als Orte mit zwiespältiger Identität wahrgenommen werden müssen. Zum einen waren und sind es ökonomische Orte, deren Existenz hauptsächlich darauf beruht, ihre Produkte im Tausch gewinnbringend anzubieten, um daraus neues ökonomisches Kapital gewinnen zu können. Gleichzeitig muss allerdings auch beachtet werden, dass sie als Orte des Handels mit Wissen verstanden werden, also keineswegs ausschließlich als Räume angesehen werden können, deren ausschließliche Existenz auf dem Handel mit materiellen Gütern beruhte.

---

527 Ebd., 160.
528 Ebd., 163.

Vor allem für Verlage als einer von vielen Marktteilnehmern galt daher, dass der Verlag als Raum, gerade für die Produktion von geografischem Wissen in Form von gedruckten Landkarten auch immer als ein Labor im eigentlichen Sinne angesehen wurde. Dabei kommt es zugleich unweigerlich darauf an, die Divergenz dieser Räume in der Unterscheidung zwischen beengtem Labor und freiem Feld herauszustellen.[529] Wie das Beispiel der Forschungsreisen und der ökonomischen Verwertung des dadurch gewonnen Wissens durch Verlag im ersten Kapitel deutlich machte, sind es vor allem die Praktiken des Raumes, die schließlich die Darstellung und damit natürlich auch die Nutzung des Wissens für die Produktion eines Mediums, in diesem Fall der Karte, möglich machten.

Dieses Raumparadigma der Unterscheidung des Inneren und Äußeren, also des Labors und des freien Feldes hinsichtlich der Nutzbarmachung von Wissen für ein Erkenntnis produzierendes Unternehmen wie einen Verlag, erscheint dadurch in neuem Licht, nämlich immer dann, wenn die Konstruktion des Raumes als sichtbare sowie potentiell erforschbare Umwelt wahrgenommen wird.[530] Insofern verlangt eine solche Raumkonstruktion unweigerlich die Produktion von Äquivalenzen, deren mathematisch-statistische Charakteristika die für die Zeitgenossen verwertbare Produktion von Wissen ermöglichen.[531] Dieser Umstand kann besonders in dem von mir bereits benannten Fall der Forschungsexpedition Theodor von Heuglins in Zentralafrika beobachtet werden, da auch damals einheitliche Richtlinien zur Genese zeitgenössischen Wissens angewendet wurden.

Dieses Beispiel verdeutlicht, dass der Buchhandel hinsichtlich seiner räumlichen Struktur nie als bloßer Markt für den Handel mit Druckerzeugnissen erfasst werden kann, sondern immer auch als epistemischer Raum wahrgenommen werden muss. Dadurch eröffnet sich die Möglichkeit den Handel mit Karten im besonderem Maße als ökonomisch durchdacht und für den Austausch von Wissen als wertvoll beschreiben zu können.

4.1.3 Räume des Geschäftsinteresses sowie des Kundenkontaktes

Um die Arbeit von Kartenverlagen und Buchhandlungen im 19. Jahrhundert besser zu verstehen ist es zunächst sehr hilfreich sich einen Überblick über den Handel mit diesen speziellen Publikationen zu verschaffen. Denn der deutsche Buchmarkt des 19. Jahrhunderts wurde wie kaum ein anderer ökonomischer Raum davor statistisch erfasst und beschrieben. Der von mir in Abbildung IV. 1 genutzte Datensatz aus dem Jahr 1976 besteht daher hauptsächlich aus den veröffentlichten Zahlenreihen des im Jahr

529 Christine Hanke und Sabine Höhler, *Epistemischer Raum: Labor und Wissensgeographie*, in: Stephan Günzel (Hrsg.), *Raum: ein interdisziplinäres Handbuch*, Stuttgart und Weimar, 2011, 313.

530 Ebd.

531 Ebd., 314.

1825 gegründeten Börsenvereins des deutsche Buchhandels sowie aus den aus Messekatalogen erhobenen Daten bzgl. der vorgelegten Neuerscheinungen. Aus diesen bis heute zugänglichen Erhebungen wird ersichtlich, dass die Napoleonischen Kriege zu Beginn des Jahrhunderts eine tiefe Stagnation der Publikation neuerer Werke verursacht hatten, die tiefe Rezession der Verlagsbranche jener Jahre aber bald durch die Zeit des Vormärz überwunden werden konnte.[532]

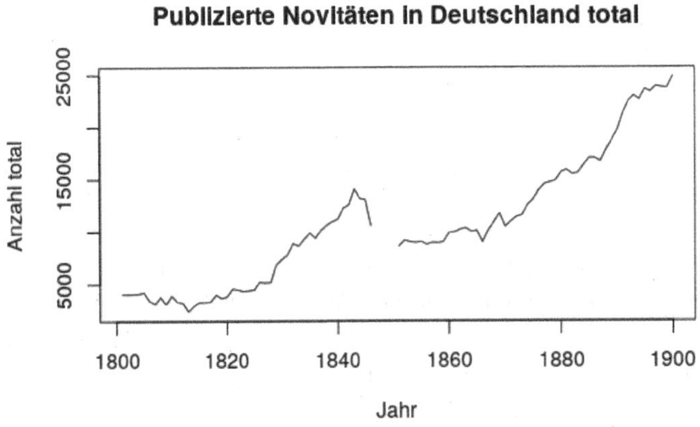

Abb. IV. 1: Alle publizierten Novitäten des deutschen Buchmarktes, 1800–1900. (Eigene Darstellung)

Diese Erholungsphase erstreckte sich bis zur Mitte des 19. Jahrhunderts, genauer gesagt bis zur Bürgerlichen Revolution der Jahre 1848/49. Die folgenden Jahre waren wiederum von einer tiefen Rezession der deutschen Buchproduktion geprägt, bis schließlich ab Ende der 1860er Jahre die Zahl der jährlich neu verlegten Publikationen jedes Jahr spürbar zunahm. Dennoch konnte erst ab Mitte der 1870er Jahre die Zahl der Novitäten das Niveau aus der Zeit des Vormärz wieder erreichen. Für die neu verlegten Publikationen, welche unter der Rubrik „Geographie" gelistet wurden, lässt sich eine ähnliche Entwicklung wie für alle Druckerzeugnisse im Verlauf des 19. Jahrhunderts in Deutschland feststellen. Dennoch fallen spezielle Besonderheiten für die relative Verteilung von Druckerzeugnissen mit geografischem Inhalt für den Untersuchungszeitraum auf.

532 Zu den Begriffen „Vormärz" und „Biedermeier" siehe: Wilhelm Bleek, *Vormärz. Deutschlands Aufbruch in die Moderne 1815–1848*, München, 2019.

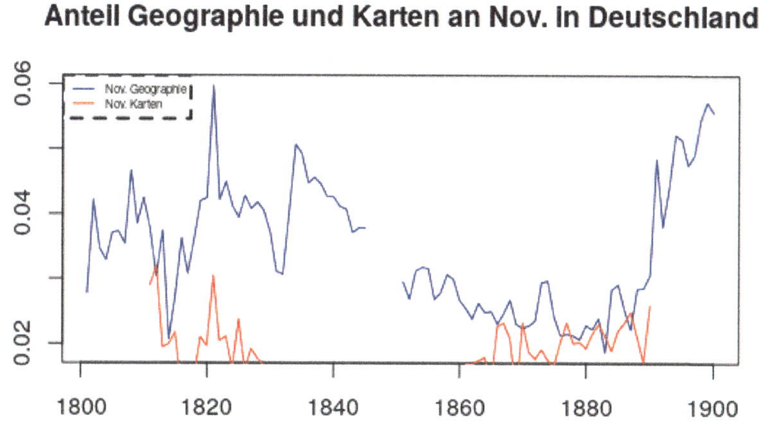

Abb. IV. 2: Relativer Anteil geografisch und speziell kartografischer Neuerscheinungen auf dem deutschen Buchmarkt, 1800–1900. (Eigene Darstellung)

Dabei wird zum einen ersichtlich, dass der beobachtete Trend der Entwicklung aller Novitäten durchaus, auch unter Berücksichtigung großer Schwankungen zu Beginn des Jahrhunderts, für das relative Verhältnis der Novitäten der Rubrik „Geo- und Kartografie" zur Gesamtzahl der Neuerscheinungen beobachtet werden kann. Gleichzeitig zeigt sich, dass der relative Anteil der Novitäten der Geo- oder der Kartografie im deutschen Buchmarkt im 19. Jahrhundert mengenmäßig den Wert von sechs Prozent der Gesamtzahl aller Novitäten nicht übertraf. Betrachtet man ausschließlich die Novitäten aus der Rubrik „Kartografie", also Einzelkarten, Atlanten oder andere Publikationen dieser Art, wie z. B. Wandkarten, kann sogar von einem noch kleineren, relativen Anteil ausgegangen werden, welcher ausschließlich zwei bis drei Prozent aller Neuveröffentlichungen umfasste. Dieser Befund legt den Schluss nahe, dass der Handel mit Karten und Atlanten in Deutschland im 19. Jahrhundert, gemessen am gesamten Buchmarkt, nur eine untergeordnete Rolle gespielt haben dürfte.

Karten und Atlanten waren also keineswegs Massenliteratur, sondern im Vergleich mit anderen Publikationen eher exklusive Angebote deutscher Buchhändler für interessierte Kunden. Genau darauf mussten Verleger nicht nur reagieren, sondern ihre Angebote in diesem sehr beschränkten ökonomischen Raum der Marktwirklichkeit anpassen. Für die Publikation von Landkarten galt daher, dass sie im direkten Vergleich mit zuweilen einfach hergestellten, zum Teil nicht einmal gebundenen Büchern kaum deren hohe Auflagenzahlen erreichen konnten und viel stärker durch Qualität und zuweilen auch einen ansprechenden Preis am Markt auffielen. Die Marktgröße und damit die Anzahl potentieller Kunden definierte sozusagen das Marketing des Unternehmens. Adolf Stieler kalkulierte z. B. für die Herstellung von 1.000 Exemplaren der Erstauflage seines gleichnamigen Handatlas mit Produktionskosten von über 3.300

preuß. Taler im Jahr 1816 und bestand aber gleichzeitig auf einem Verkaufspreis, den sich jeder Käufer, unabhängig seiner sozialen Schicht leisten sollte.[533]

Dies bedeutet, dass der Verleger, um überhaupt Gewinne mit einem solchen Atlas zu erwirtschaften, über 3 preuß. Taler als Endverkaufspreis der erhofften 1.000 verkauften Atlanten veranschlagen musste, was unter Berücksichtigung von bislang noch vernachlässigten Honorarzahlungen an den Autor und möglichen Versandkosten als absolutes Minimum der Preisgestaltung angesehen werden kann. Wie sich für die folgenden Ausgaben des Atlas zeigen sollte, waren selbst 3 preuß. Taler als Endverkaufspreis, hinsichtlich der hohen Produktionskosten und unter Berücksichtigung der Gewinnerwartungen an ein derartiges Produkt, als zu gering veranschlagt. Die Urausgabe aus dem Jahr 1823 wurde deshalb vom Verlag mit über 12 preuß. Talern vertrieben, was den Verkauf eines solchen Produktes an ein breites Publikum schließlich deutlich erschwerte und gemessen an den von mir dargelegten geringen Margen des Handels mit Landkarten gemessen an allen verkauften Druckerzeugnissen erklärt, warum der Käufermarkt derart beschränkt war.[534]

Im Verlauf des 19. Jahrhunderts sollte sich im Wesentlichen nichts an der Exklusivität der vertriebenen Karten und Atlanten vieler Verlage ändern, sodass der von mir ermittelte Anteil aller Neuerscheinungen auf dem Gebiet der Geo- und Kartografie, gemessen an allen Novitäten des deutschen Buchmarktes, konstant blieb. Vor allem durch den aufwendigen, aber qualitativ hochwertigeren Kupferstich versuchten einige Verlage die Einzigartigkeit ihrer Produkte in der direkten Konkurrenzsituation zu anderen Verlagen mit einem ähnlichen Produktportfolio zu bewahren. Dies zeigt sich besonders am Vertrieb spezieller Einzelkarten, wie der bereits in Kapitel 2.3 erwähnten *Chart of the World* des Justus Perthes Verlages. Allein die Anfertigung der Kupferplatte für den finalen Druck der 8. Auflage der Karte aus den frühen 1870er Jahren wurde mit über 2.100 preuß. Talern verbucht.[535] Lediglich die konsequente Einführung der Lithografie als Drucktechnik konnte die Produktionskosten für Karten ab Ende des Jahrhunderts senken, sodass neue Kunden gewonnen werden konnten. Interessanter Weise geschah dies aber nicht in dem vermuteten Ausmaß, wie die Analyse des Novitätenabsatzes für Kartografie auf dem deutschen Buchmarkt im 19. Jahrhundert beweist. Dieser Umstand lässt zwangsläufig die Frage zu, ob die Gründe für eine derartige Entwicklung in der Produktgestaltung oder in der Konstitution der Buchmärkte gefunden werden können.

---

533 Vgl.: Aufstellung der Produktionskosten zu *Stielers Handatlas* (Erstausgabe 1816), in: Forschungsbibliothek Erfurt/Gotha, Nachlass Adolf Stieler, SPA ARCH MFV 20/3, 2 f.

534 Vgl.: Handschrift *Zum Andenken an Bernhard Perthes* vom 01.12.1857, gefunden in: Franz Köhler, *Gothaer Wege in Geographie und Kartographie*, Gotha, 1987, 81.

535 Verzeichnis der Umsätze sowie des Gewinns der *Chart of the World* des Justus Perthes Verlages, 1863–1877, in: Forschungsbibliothek Erfurt/Gotha, Sammlung Perthes, SPA ARCH FFA Chart of the World 1.

4.1.4 Unternehmensstandorte

Hinsichtlich der Produktgestaltung fällt auf, dass, abgesehen von der Schulkartografie, Landkarten und Atlanten weiterhin wegen ihrer Ästhetik sowie aus den erwähnten sozialen Gründen erworben wurden oder als Publikationen für den gezielten Einsatz in wissenschaftlichen und politischen Institutionen vorgesehen waren.[536] Der Raum als notwendiges Charakteristikum des Zustandekommens eines Handels mit Karten nimmt in dieser Betrachtung einen eigenen Platz ein. Vor allem Neugründungen von Unternehmen in Branchen, deren Output ein hohes Maß an Wissen voraussetzt, benötigen in besonderer Weise eine ausdauernde und zielgerichtete innovative Unternehmenspolitik. Diesbezüglich ist es oft erforderlich, dass nicht nur geeignete Mitarbeiter in der gewünschten Zahl eingestellt werden können, sondern darüber hinaus wissenschaftliche Institutionen, wie Forschungseinrichtungen oder Universitäten die Eignung einer Region als zukünftigen Unternehmensstandort für Unternehmen mit hoher Innovationskraft abrunden.[537] Die dadurch evtl. auftretenden Übertragungseffekte durch die Nähe dieser Unternehmen zu den genannten Institutionen können außerdem weitere Gründer hinsichtlich ihrer Entscheidung für eine Unternehmensgründung in diesen Regionen positiv beeinflussen, sodass deren unternehmerische Tätigkeit im weitesten Sinne auch für die Entstehung ökonomischer Räume förderlich sein kann.[538]

Für die räumliche Verteilung von Kartenverlagen im deutschsprachigen Raum kann diese Theorie jedenfalls sehr gut nachvollzogen werden. Sucht man nach den Standorten zeitgenössisch bekannter Kartenverlage im deutschsprachigen Raum im 19. Jahrhundert, dann erhält man nur eine vergleichsweise kleine Liste. Der Dietrich Reimer Verlag sowie der Verlag Simon Schropp und Comp. hatten ihren Sitz in Berlin, der Verlag von Justus Perthes in Gotha, das Landes-Industrie Comptoir Friedrich Justin Bertuchs in Weimar, der Verlag Velhagen und Klasing in Bielefeld und Leipzig, der Wagner und Debes Verlag ebenfalls in Leipzig, der Westermann Verlag in Braunschweig, der Eduard Hölzl Verlag in Wien, das Bibliographische Institut von Joseph Meyer in Hildburghausen und Leipzig sowie der Verlag Karl Baedekers in Koblenz und Leipzig, um nur einige der bekanntesten Vertreter deutschsprachiger Kartenverlage zu nennen.

Auf den ersten Blick lassen sich keine Gemeinsamkeiten der genannten Städte vermuten. Dennoch zeigt sich beim einem zweiten Blick, dass hinsichtlich der Gründung von Kartenverlagen, alle genannten Orte mehr oder weniger für einen langjährigen Standort dieser Art von Verlagen in Frage kamen. Vor allem Berlin punktete mit der Gründung der ersten Geografischen Gesellschaft in Deutschland im Jahr 1828, sodass

536 Soziale Gründe konnten dabei vielfältiger Natur sein. Am häufigsten lässt sich die Bedeutung von teuren, zumeist hochwertigen Atlanten hinsichtlich ihrer Nutzung als Prestigeliteratur im bürgerlichen Haushalt des 19. Jahrhunderts beobachten (Vgl. Kapitel 2.1).

537 Michael Fritsch, *Entrepreneurship und Regionalentwicklung*, in: Johannes Bröcker und Michael Fritsch (Hrsg.), *Ökonomische Geographie*, München, 2012, 209.

538 Ebd.

in den folgenden Jahren zahlreiche Geografen als akademische Mitarbeiter für Verlage vor Ort zur Verfügung standen.[539] Der bekannteste von ihnen war sicherlich Carl Ritter. Sein Wirken für die Akademisierung der Geografie als naturwissenschaftliche Disziplin machte ihn schließlich weit über die Stadtgrenzen hinaus bekannt. Vor allem der Verlag von Dietrich Reimer konnte von der Zusammenarbeit mit Carl Ritter besonders profitieren, was sich unter anderem in der Herausgabe Ritters 19-bändiger *Erdkunde* von 1817 bis 1859 im selbigen Verlag niederschlug.[540] Eben jenes Werk sollte als sinnstiftend für die geografische Forschung der nächsten Jahre auch über die Landesgrenzen hinaus bekannt werden, sodass sich der Reimer Verlag als ein zuverlässiger Ort für Publikationen mit einer derartigen intellektuellen Reichweite etablieren konnte.

Die äußere Zuschreibung von positiv bewerteten Eigenschaften, wie Zuverlässigkeit und Genauigkeit der verlegerischen Arbeit nutzend, gewann in Folge der Berliner Verlag die Konzession zur Herausgabe von Seekarten im Auftrag der preußischen Kriegsmarine, welche ab 1850 ihre Arbeit aufnahm.[541] Dabei hatte der Verlag die meisten Admiralitätskarten nicht auf Lager, sondern organisierte lediglich den Bestellvorgang im Auftrag der preußischen Kriegsmarine, sodass nach erfolgtem Eingang einer Kartenbestellung die gewünschten Karten dann nach 24 Stunden bei der Admiralität vom Käufer abgeholt werden konnten.[542]

Das System der gegenseitigen Zuarbeit war natürlich eng an die räumliche Nähe der voneinander profitierenden Institutionen Staat auf der einen und Verlag auf der anderen Seite gebunden. War eine solche Zusammenarbeit erst einmal etabliert, konnten neue Verlage nur schwer auf dem Buchmarkt mit ähnlichen Publikationen reüssieren, da es in der Regel nicht möglich war entsprechende Publikationen in gleicher Qualität anzubieten. Der Grund hierfür lag wieder einmal mehr in der Schwierigkeit begründet, wirklich neues, exklusives kartografisches Wissen zu sammeln, um es dann in geeigneter Form als Karte oder Monografie der Öffentlichkeit zur Verfügung zu stellen. An diesem Beispiel zeigt sich außerdem, dass die erwähnten sozialen Interaktionen von einzelnen Individuen oder Institutionen als vernetzte Akteure die Größe und damit den Umfang eines Marktes als ökonomischen Raum maßgeblich definierten. Dennoch war längst nicht sicher, dass die von mir beschriebenen Standortvorteile dauerhaft bestehen blieben. Unternehmerischer Erfolg als Kartenverlag hing neben der

539 August Woldt, *Die Gesellschaft für Erdkunde in Berlin. Zu deren Jubiläum am 30. April und 1. Mai*, in: Die Gartenlaube (18), 1878, 294–297.

540 Christoph von Wolzogen, *Zur Geschichte des Dietrich Reimer Verlages, 1845–1985*, Berlin, 1986, 23 f.

541 Ebd., 41.

542 Schon 1841 veröffentlichte die preußische Regierung in Zusammenarbeit mit dem königlich-preußischen Handelsministerium den *Preußischen Seeatlas* für den Seehandel. Ab 1859 wurden dann vermehrt weitere Seeatlanten, wie der im selben Jahr erschienene *Seeatlas der Jade-, Weser- und Elbmündungen* herausgegeben. Ab diesem Jahr lag außerdem die Veröffentlichung jeglicher offizieller Seekarten der preußischen Kriegsmarine in den Händen des Dietrich Reimer Verlages. Vgl.: Ebd., 43.

engen Bindung an Wissen schaffende Institutionen sowie Personen auch von der Fähigkeit der Verlage ab, innovative Produkte den sich stetig wandelnden Kundenwünschen anzupassen.

Dieses Phänomen kann besonders eindrucksvoll im Verlauf der Geschichte des Berliner Schropp Verlages beobachtet werden. Ab Mitte des 18. Jahrhunderts versuchte der preußische König Friedrich II. die Verwaltung seines Königreichs zu reformieren. Hierfür waren genaue geografische Erkenntnisse zwingend erforderlich. Aus diesem Grund suchte seine Regierung nach einem geeigneten Verlag, welcher in der Lage war, nicht nur Landkarten herauszugeben, sondern durch ein eigenes Netzwerk aus Zwischenhändlern und Papierlieferanten neue Karten zu besorgen. Simon Schropp erhielt deshalb bereits im Jahr 1742 die königliche Erlaubnis mit Karten zu handeln und ein entsprechendes Geschäft in Berlin zu gründen.[543] Dennoch ermöglichte es diese Verkaufslizenz Schropp zunächst nicht gänzlich frei Landkarten zu erwerben und zu verkaufen, da der gesamte Landkartenhandel ab 1748 von der Königlichen Akademie der Wissenschaften in Preußen reglementiert und kontrolliert wurde und der Verleger lediglich als sogenannter „Faktor", also als ein Vermittler zwischen Käufer und Herausgeber der Karten in Person der preußischen Regierung fungierte.[544] Die so angesammelten Geschäftskontakte in alle Teile Deutschlands zu dieser Zeit halfen schließlich dem Verlag, dessen Überleben in erster Linie nicht vom Verkauf von Landkarten, sondern Kunstgegenständen, Spielzeugen und Papier abhing, um nach dem Tod Friedrichs II. und der danach eingeleiteten Liberalisierung des preußischen Landkartenhandels am Ende des 18. Jahrhunderts das Geschäft mit der Kartografie weiter auszubauen.

Im Zuge der Aufklärung blühte der Handel mit Landkarten und Atlanten in ganz Europa auf, sodass Verlage, welche diese gestiegene Nachfrage mit qualitativ hochwertigen Drucken befriedigen konnten, anderen Konkurrenten in der Regel überlegen waren. Der Berliner Schropp Verlag gehörte zur Gruppe dieser Verlage. Der Verleger erwarb in diesem Sinne bereits zu Beginn des 19. Jahrhunderts Kupferplatten für eigene Drucke und konnte damit vollkommen unabhängig von der Zuarbeit fremder Druckereien Abzüge von Landkarten in großen Stückzahlen selber herstellen. Gleichzeitig erwies sich diese Investition in doppelter Hinsicht nützlich für das Unternehmen, da der Verleger nach der Besetzung Berlins durch französische Truppen im Jahr 1806 nicht nur frisch gedruckte Landkarten, sondern gleich die ganzen Kupferplatten gewinnbringend an die französische Militärführung veräußern konnte.[545]

---

543 Claus Calaminus, *250 Jahre Schropp in Berlin, 1742–1992*, Berlin, 1992, 2.
544 Ebd.
545 Ebd., 4.

4.1.5 Raum und Zeit

Die Firmengeschichte des Schropp Verlages zeigt deutlich, dass Bedingungen, zu denen die Teilnahme am Marktgeschehen überhaupt möglich war, einem stetigen Wandel unterworfen waren. Zugleich erwarb der Verlag die nötige Reputation und den unternehmerischen Sachverstand, welcher ihn über mehrere Jahrhunderte bis heute bestehen ließ. Überhaupt fällt die lange Teilnahme vieler Verlage am Kartenhandel auf. Auch für einen solchen Befund muss es nachvollziehbare Erklärungen geben, die mit der Konstitution der Verlage als Unternehmen auf der einen, ihren Produkten auf der anderen Seite und letztlich auch in der Raumstruktur des Marktes begründet werden können.

Die oft als Special-Interest Verlage betriebenen Unternehmen bedienten in der Regel das offensichtliche Interesse einer relativ homogenen Zielgruppe an wissenschaftlicher Kartografie, sodass deren Produkte dadurch einen hohen Nutzen für die angesprochene Zielgruppe aufwiesen.[546] Schließlich kam es darauf an, kartografische Informationen für einen kleinen Kreis von Nutzern zur Verfügung zu stellen und das Verlagsgeschäft an den Bedürfnissen dieser Kunden auszurichten. Daher ist es auch nicht verwunderlich, dass sich die Charakteristik der Kunden derartiger Verlage oft durch eine geringe Preissensibilität auszeichnete, da sie auf die Publikationen dieser Verlage maßgeblich angewiesen waren.

Zielgruppenverlage, wie der von George Westermann, aber auch von Friedrich Justin Bertuch in Weimar zeichneten sich durch die Fähigkeit zur gründlichen, verlagsinternen Analyse der Bedürfnisse ihrer Kunden aus, die in den meisten Fällen als heterogene Zielgruppe hinsichtlich der eigenen Produktgestaltung verstanden wurde.[547] Die Mitglieder der avisierten Zielgruppe hatten ähnliche Bedürfnisse an Literatur, was die Chance für Verlage bot, dauerhaft als verlässlicher Partner bei Beibehaltung eines adäquaten Produktportfolios in Kombination mit gleichbleibenden Herstellungsqualitäten der angebotenen Druckerzeugnisse wahrgenommen zu werden.

Da die wenigsten Verlage immer exakt der ein oder der anderen Gruppe zugeordnet werden können und es oft zu Überschneidungen im Verlauf der Unternehmensgeschichte mit den Eigenschaften anderer Verlagstypen kam, bleibt eine exakte Zuordnung der untersuchten Verlagshäuser stets vage. Dennoch lässt sich feststellen, dass für die Positionierung am Markt die Außenwirkung als Special-Interest- oder Zielgruppenverlag einen wichtigen Baustein für die lange Beständigkeit der erreichten Marktposition darstellte. Als über eine langen Zeitraum erfolgreich am Markt partizipierende Unternehmen diversifizierten die Verlage ihr eigenes Produktportfolio, sodass sie auf ihrem Gebiet eigene Publikationen anbieten konnten, die in Qualität der veröffentlichten Informationen und Aktualität maßstäblich für die Herstellung dieser speziellen

---

546 Zur Einteilung in Special-Interest-, Zielgruppen- und Publikumsverlag siehe: Holger Brehm et al., *Büchermacher der Zukunft – Marketing und Management im Verlag*, 2. Auflage, Darmstadt, 1999, 24 f.

547 Ebd.

Druckerzeugnisse wurden. Jedoch lässt sich diese Entwicklung erst für das 19. Jahrhundert im Zusammenhang mit der Akademisierung des Faches Geografie sowie im Rahmen einer industrialisierten Buchproduktion feststellen.

Nichtsdestotrotz publizierte z. B. der Justus Perthes Verlag, wie bereits in Kapitel 3.2.3 im Zusammenhang mit der Publikation von *Petermanns Geographischen Mitteilungen* erwähnt, seit Beginn seines Bestehens mit dem *Gothaer Adelskalender* bzw. dem *Almanac de Gotha* ein weit über die Stadtgrenzen hinaus bekanntes Periodikum, dessen Vertrieb die Ausrichtung des Verlages als *Geographische Anstalt* zu keinem Zeitpunkt in Frage stellte und lediglich aus ökonomischen und strategischen Gründen nie aufgegeben wurde. Die Entscheidung der konsequenten Herausgabe des Adelskalenders wurde schließlich sogar im Rahmen des 100-jährigen Jubiläums der Gründung des Verlages in der Zeitschrift *Die Gartenlaube* gewürdigt:

> 1785 gründete Justus Perthes aus Rudolstadt mit der Uebernahme des Hofkalenders und Almanach de Gotha, welche im Verein mit den später hinzugetretenen gräflichen und freiherrlichen Taschenbüchern noch heute einen der wichtigsten und bekanntesten Verlagsartikel der Firma bilden, ein selbständiges Verlagsgeschäft. Aber erst unter der Leitung seines Sohnes Wilhelm (1816–53) wurde die geographische und speciell die kartographische Richtung die herrschende.[548]

Selbst der Westermann Verlag konzentrierte sich zunächst nicht ausschließlich auf die Publikation von Schulliteratur bzw. Schulatlanten, sondern war im 19. Jahrhundert auch für sein belletristisches Angebot bekannt.[549]

Dennoch obsiegte bald der Entschluss der am Markt partizipierenden Unternehmen, dass eine einheitliche Positionierung als Medienunternehmen für genuine Bedürfnisse der Kunden nötig sei, um ökonomischen Erfolg verbuchen zu können. Aus diesem Grund entstanden im Verlauf des 19. Jahrhunderts auf dem deutschsprachigen Buchmarkt rasch überall Fachverlage, deren publizierte Druckerzeugnisse in Stil, Druckverfahren und Inhalten bald den einzelnen Unternehmen eindeutig zugeordnet werden konnten. Die Schulkartografie Westermanns war z. B. bald durch den lithografischen Druck und die spezielle Farbgebung sowie die ganz eigene inhaltliche Gestaltung der Atlanten deutlich von den oft konservativer sowie nüchterner gehaltenen Konkurrenzprodukten zu unterscheiden. Auch die Atlanten des Justus Perthes Verlages dominierten in ihrem Segment alleine durch ihren Detailreichtum und ihren Umfang an aufwändig in Kupferstich gedruckten Kartenblättern den Markt.

Die so nicht mehr zu leugnenden Pfadabhängigkeiten sorgten dafür, dass die so entstandenen Akteursräume verlegerischer Produktion anschließend bis weit ins 20. Jahrhundert den Markt für Kartografie dominierten, sodass es für neue Akteure immer schwerer wurde, mit eigenen Produktideen am Markt Fuß zu fassen.

---

548 o. A., *Das hundertjährige Jubiläum der Geographischen Anstalt von Justus Perthes in Gotha*, in: Die Gartenlaube (36), 1885, 595 f.

549 Vgl.: Hermann Boekhoff, *Westermann, Profil eines Verlages: 1838–1963. Ein Jubiläumsbericht*, Braunschweig, 1963, 7–12 sowie 66–69.

Da die Konstruktion von Räumen auf sozialen Interaktionen und damit einhergehend gleichsam auf Vorstellungen, Praktiken sowie Erwartungen von und an die beteiligten Akteure beruht, kann ein weiterer Grund des beständigen Miteinanders in und an einem Ort eben genau in der Erfüllung der Erwartungen an diese Akteure gefunden werden. Die Folge war ein positives Image, das viele Verlage über Jahrzehnte und gar Jahrhunderte vom Verschwinden vom Markt bewahrte.

Dies bezeugen besonders schriftlich erhaltene Äußerungen möglicher Kunden über die Produkte der genannten Verlage. In einer Darstellung über die Entwicklung von Globen hieß es 1896 in Bezug auf die Arbeit der Verlage Simon Schropp und Dietrich Reimer z. B.:

> An die Stellen der Firmen, die im 18. Jahrhundert maßgebend waren, sind andere getreten, wie Riedig in Leipzig, Schröter ebenda, Abel und Klinger in Nürnberg, vor allem aber Simon Schropp und Dietrich Reimer in Berlin; mit letzterer Firma sind die Namen der Globographen Kiepert und Adami innig verbunden. Die Technik ist bedeutend vervollkommnet, und zu den Globen, wie sie die früheren Jahrhunderte kannten, sind andere, wie die Reliefgloben, Jnduktionsgloben, pneumatische und andere Globen hinzugekommen.[550]

Dass Simon Schropp und Dietrich Reimer „vor allem" mit der Produktion von Globen im 19. Jahrhundert in Verbindung gebracht wurden, zeigt in diesem Fall die Stärke der Marktposition der betreffenden Unternehmen. Dies bedeutet, dass für die Zeitgenossen auf einem ohnehin kleinen Markt klare Knotenpunkte bzgl. des Angebotes existierten und man die qualitative Herstellung des erwähnten Produktes in erster Linie den genannten Unternehmen zutraute.

Wie sich zeigt, spielen eigene Raumpraktiken der den Raum konstituierenden Akteure für die Schaffung dieser Räume eine nicht unerhebliche Rolle. Schaut man nun wiederum nicht nur auf die Ausübung dieser Praktiken, sondern auch auf die Raumerwartungen der Akteure an eben diese, so lassen sich darüber hinaus auch hier Beispiele für die Positionierung von Kartenverlagen als Knotenpunkte im entsprechenden Markt finden. Als eindrückliche Beispiele dienen dabei Berichte über Kartenverlage, deren Repräsentation während der Versammlungen von Vertretern aus der Karto- und Geografie, deren Arbeit ganz maßgeblich auf die Zusammenarbeit mit den Fachverlagen angewiesen war, erhalten geblieben sind. Diese oftmals rasch veröffentlichten Berichte enthalten nicht selten persönliche Meinungsäußerungen zur Bedeutung der erwähnten Verlage bzgl. ihrer Publikationen. Sollten diese, wie im Fall des Dietrich Reimer oder des Justus Perthes Verlages, die Erwartungen der Teilnehmer an einen Kartenverlag erfüllen, so wurde dies schließlich in einer entsprechenden Fachpublikation vermerkt, wie z. B. im Fall des Berichtes zum 11. Deutschen Geographentag im Jahr 1895 in Bremen:

550 Alois Bludau, *Geschichte der Erd- und Himmelsgloben. Nach Fiorini-Günther*, Geographische Zeitschrift (2), Nr. 2, 1896, 216.

> Wir fassen zuerst die zweite Hauptgruppe der ganzen Ausstellung, die hauptsächlich litterarische und artistische Werke enthielt, ins Auge. Voranstanden hier die reichhaltigen Sonderausstellungen von Dietrich Reimer in Berlin und Justus Perthes in Gotha. Was diese beiden großen Verlagsanstalten in den letzten Jahren geleistet haben, trat so recht deutlich vor Augen.[551]

Nachdem also sowohl die konsequente Ausrichtung vieler Unternehmen als Fachverlage für Kartografie und die zielgruppenspezifische Gestaltung des Produktportfolios für die Teilnahme am Buchmarkt obligatorisch erschien, ist es die Konstitution der Verlage als Familienunternehmen, die neben all den genannten Aspekten die Dauer des Marktzugangs begründen sollte. Dies beruhte ganz maßgeblich darauf, dass diese Unternehmen durch ihre beständige Teilnahme am Markt selber Raumpraktiken des gemeinsamen Miteinanders schufen und damit zugleich den ökonomischen Raum, den sie zwingend für ihr eigenes betriebswirtschaftliches Überleben benötigten, parallel und Stück für Stück selber konstituierten. Am sichtbarsten wurde diese Leistung in der Definition von Grenzen des selbst erschaffenen Raumes. Diese Grenzen bzw. Regeln des räumlichen Miteinanders fanden und finden bis heute z. B. in der Selbstverpflichtung von Verlagen und Buchhandlungen über die Mitgliedschaft im Börsenverein des deutschen Buchhandels Anwendung.[552]

Doch wieso existierten Familienunternehmen im Buchmarkt in der Regel länger, als von einem Inhaber, der allerdings nicht Gründer des Unternehmens und auch nicht Mitglied der Gründerfamilie war?

Zunächst war es im 18. und bis weit in das 19. Jahrhundert nicht üblich und auch rechtlich kaum möglich, einen Verlag oder eine Buchhandlung in einer anderen juristischen Haftungsform, als der der direkten inhabergeführten Verfassung zu betreiben. Die Gründung einer GmbH war in Deutschland z. B. erst ab dem Jahr 1892 möglich, sodass höchstens die Wahl der Rechtsform einer Aktiengesellschaft die Trennung zwischen Geschäfts- und Privatvermögen der Eigentümer eines Unternehmens in weiten Teilen des späten 19. Jahrhunderts ermöglichen konnte.[553]

Dennoch zeigte sich über die Grenzen des eigenen Verlagstypus hinweg, dass besonders Verleger in ihrer Rolle als Unternehmer und zugegebener Maßen auch oft als Patriarch über ein gewisses „dynastisches“ Bewusstsein und auch Heiratsverhalten verfügten, was sich in der Besetzung der Verlagsleitung mit Familienangehörigen für das ganzen 19. Jahrhundert nachweisen lässt.[554] Als besonders berühmte Beispiele können an dieser Stelle die Verlage Reclam, Hoffmann, Campe, Brockhaus, Vieweg oder der

---

551 Willy Ule et al., *Der XI. Deutsche Geographentag in Bremen*, Geographische Zeitschrift (1), Nr. 1, 1895, 54.

552 Vgl.: Volker Titel, *Von der Gründung des Börsenvereins bis zur Krönerschen Reform (1825–1888)*, in: Stephan Füssel, et al. (Hrsg.), *Der Börsenverein des Deutschen Buchhandels 1825–2000. Ein geschichtlicher Aufriss*, Frankfurt am Main, 2000, 33.

553 Mathias Schmoeckel und Matthias Maetschke, *Rechtsgeschichte der Wirtschaft: seit dem 19. Jahrhundert*, 2. Auflage, Tübingen, 2016, 172–174.

554 Georg Jäger, *Der Verlagsbuchhandel*, in: Georg Jäger (Hrsg.), *Geschichte des Deutschen Buchhandels im 19. und 20. Jahrhundert. Das Kaiserreich 1870–1918*, Teil 1, Frankfurt am Main, 2001, 202.

Westermann Verlag genannt werden. Zugleich galt die Gründerfamilie für diese Unternehmen als ein „Hort des sozialen und ökonomischen Kapitals".[555] Dieses Kapital wurde sogar in manchen Fällen über eine Generation hinweg von externen Geschäftsführern verwaltet, was in besonderer Weise das „dynastische" Bewusstsein der Verlegerfamilien unterstrich. Für diese Praxis kann der Perthes Verlag als beispielhaft betrachtet werden, da mit dem Tod von Bernhardt Perthes im Jahr 1857 kein volljähriger männlicher Nachfolger an der Spitze des Verlages die Geschäftsführung übernehmen konnte und aus diesem Grund auf Bitten der Witwe der Verleger Rudolf Besser und der Buchhändler Adolf Müller das Verlagsgeschäft im darauffolgendem Jahr übernahmen.[556]

Doch auch der inhabergeführte Verlag als Ort tradierter Rituale musste sich im Zuge der Industrialisierung wandeln und modernisieren, wollte er nicht der aufstrebenden Konkurrenz schutzlos ausgeliefert bleiben. Sofern die Betriebsgröße klein und überschaubar blieb und man keine eigene Druckerei, Kupferstecherei oder eine andere grafische Werkstatt betrieb, konnte in den meisten Fällen ein Verleger zusammen mit wenigen Angestellten den Verlag leiten und die Erledigung der angefallenen Arbeiten kontrollieren.

Dies änderte sich drastisch mit der eingeleiteten Expansion der Geschäftstätigkeit vieler Verlage ab Mitte des 19. Jahrhunderts, als sie im Zuge des eigenen Wachstums und der dadurch etablierten Professionalisierung der betrieblichen Abläufe in die Geschäftsbereiche Buchhaltung, Lektorat, Herstellung, Werbung und Vertrieb aufgeteilt wurden.[557] Auch das geschah nicht plötzlich sondern war Teil eines umfassenden, Jahrzehnte andauernden Wandels der Art und Weise wie man Druckerzeugnisse herstellte und vertrieb. So gehörte es am Ende des 19. Jahrhunderts zur Normalität, dass auch Kartenverlage über eine eigene Druckerei, Binderei und über andere technische Abteilungen verfügten.[558]

Wie ich bereits zeigen konnte, ermöglichte jene Arbeitsteilung der einzelnen Abteilungen innerhalb eines Verlages, schnell auf etwaige Kundenwünsche zu reagieren und im Fall von Kartenverlagen, für zeitgenössische, politische oder gesellschaftliche Ereignisse die passenden Landkarten in kürzester Zeit liefern zu können. Diese Vertriebsbeispiele waren zwar keine Erfindung des 19. Jahrhunderts, lassen sich allerdings für dieses Jahrhundert in häufiger Weise nachweisen.[559]

555 Zit. nach: ebd.

556 Rudolf Besser, dessen Nichte mit Bernhardt Perthes verheiratet war, leitete schließlich treuhänderisch mit Adolf Müller zusammen bis 1881 den Verlag. Danach übertrugen die beiden bisherigen Geschäftsführer die Verlagsleitung an den damals 23-jährigen Sohn von Bernhardt Perthes, Bernhard Wilhelm Perthes, welcher den Verlag bis zu seinem Tod im Jahr 1919 leitete. Zur detaillierten Biographie Rudolf Bessers siehe: Max Berbig, *„Besser, Rudolf"*, in: Allgemeine Deutsche Biographie (46), 1902, 481 f.

557 Ebd., 246 f.

558 Ebd., 312.

559 Wie Markus Heinz bereits in einer Arbeit über den im Jahr 1702 in Nürnberg gegründeten Homann Verlag nachweisen konnte, publizierten süddeutsche Kartenverleger im 18. Jahrhundert, neben ihren oft aufwendig gestalten Atlanten, auch Einzelkarten als Hilfslektüre für das allgemeine Verständ-

Zusammenfassend kann man also feststellen, dass die Verlage, welche die Anpassung an neue Produktions- und Vertriebswege erfolgreich mit der Verfassung als familiengeführtes Unternehmen in Einklang brachten, über sehr lange Zeiträume den Markt für Druckerzeugnisse, also auch den für Landkarten dominierten. Da vor allem Special-Interest Verlage über eine vergleichsweise kleine Zielgruppe verfügten, was die Mehrheit der Kartenverlage im 19. Jahrhundert charakterisiert, ermöglichte ihnen die zielgerichtete Befriedigung der Bedürfnisse der avisierten Kundenschicht eine langjährige Bindung der Käufer der Verlagsprodukte an das Unternehmen. Diese Verlage etablierten also nicht nur ihre eigene kontinuierliche Marktteilnahme, sondern konstituierten durch die auf das eigene dynastische Erbverhalten ausgerichtete Geschäftspolitik und im Hinblick auf die natürliche Beschränktheit des Marktes für Kartografie eine genuine Raumpraxis, deren konsequente Anwendung, im Zusammenhang mit steigenden Kosten eines professionellen Kartenvertriebs, die Teilnahme gänzlich neuer Unternehmen am Markt für derartige Druckerzeugnisse im 19. Jahrhundert deutlich erschwerte.

4.1.6 Kartografen am Markt

Bislang habe ich mich auf die Verlage und ihre Verleger als Akteure im Raum konzentriert. Doch auch die Kartografen waren auf den Verkauf ihrer Arbeiten über einen Verlag am Buchmarkt angewiesen. Die Analyse ihrer Teilnehmerschaft am Kartenhandel muss daher aus zwei Blickwinkeln erfolgen: Zum einen waren es die Räume, deren kartografische Durchdringung als verkaufsförderndes Argument am Buchmarkt genutzt werden konnte und zum anderen mussten die Karten selbst hinsichtlich ihrer Gestaltung für den Absatz vorbereitet sowie in gemeinsamer Absprache von Verleger und Kartograf ausgewählt werden. Denn diese Arbeit wurde nötig, um den Anforderungen des Marktes zu entsprechen und weiterhin die eigenen Produkte erfolgreich abzusetzen.

Dennoch engagierten sich auch Kartografen aus ganz unterschiedlichen Gründen für die Publikation eigenständiger Werke im Bezug auf die von mir genannten Blickwinkel des Kartenhandels im 19. Jahrhundert. Einer von ihnen, der 1839 im thüringischen Ruhla geborene Bruno Hassenstein erlernte nicht nur das Handwerk des Kartografen von August Petermann persönlich, sondern schuf mit zahlreichen Karten über Afrika und Japan ganz besondere Kartenwelten.[560] Vor allem die Arbeiten zu Japan und der dazugehörige reichhaltige Quellenfundus ermöglichen einen Blick auf die ökonomische Bewertung des Raumes als Karteninhalt bzgl. des erhofften Erfolges zukünftiger Publikationen.

---

nis von zeitgeschichtlich bedeutsamen, politischen Ereignissen. Siehe: Markus Heinz, *A Programme for Map Publishing: The Homann Firm in the Eighteenth Century*, in: Imago Mundi (49), 1997, 109 f.

560 Zur Biografie Bruno Hassensteins siehe: Eintrag über „*Hassenstein, Bruno*", in: Meyers Konversationslexikon, 6. Auflage, Band 8, Leipzig, 1902–1908, 866.

Schon August Petermann erarbeitete im Perthes Verlag erste Pläne für eine detaillierte Karte über die japanischen Inseln. Für dieses Projekt bot sich seine eigene Zeitschrift *Petermanns Geographische Mitteilungen* geradezu an, da die Praxis der Herausgabe von Ergänzungsheften auch leicht ausufernde kartografische Projekte für eine Veröffentlichung vorbereiten konnte.[561] Als Hassenstein nach Petermanns Tod im Jahr 1878 endgültig für die kartografische Bearbeitung der *Mitteilungen* als leitender Redeakteur zuständig war, versuchte er das vormals ambitioniert diskutierte Projekt der Kartografie Japans auf die Agenda der Zeitschrift zu setzen. Im Rahmen dieser neuen Aufgabe, welcher er seit seinem Eintritt in den Perthes Verlag im Jahr 1854 an der Seite Petermanns durchaus vertraut war, musste Hassenstein nicht nur Informationen von Reisenden aus aller Welt sichten und kategorisieren, sondern diese anschließend in Form von Karten auch visualisieren. Dabei galt es besonders auf die Wahrung der von Petermann eingeführten und vom Publikum erwarteten hohen Standards an die Karten in den *Mitteilungen* zu achten.[562]

An dieser Stelle erwarb der Kartograf zunehmend die Fähigkeiten den kartierten Raum als ökonomische Größe zu bewerten, um den Erwartungen des Publikums an die so publizierten Karten auch gerecht zu werden und dadurch das ökonomische Überleben der *Mitteilungen* zu bewahren. Jede Veröffentlichung im Perthes Verlag war deshalb immer in einen Prozess des Abwägens zwischen den eigenen ökonomischen Möglichkeiten der Herstellung der besprochenen Karten und den zu erwartenden Absatzmöglichkeiten eingebunden. Für Hassenstein bedeutete dies die Möglichkeit auf die Unterstützung des Verlages für eigene Veröffentlichungen zu hoffen, aber zugleich keine abschließende Gewissheit darüber zu haben.

Hinsichtlich der Kartografie Japans zeigte sich das enge Netzwerk des Perthes Verlages in Deutschland und darüber hinaus, bestehend aus Geografen, Reisenden und zum Teil auch staatlichen Institutionen als äußerst wirkungsvoll, da es auch in den 1870er Jahren noch an zuverlässigen geografischen Informationen über Japan in Europa mangelte. Hassenstein selbst konnte erst 1879 eine Karte der Region um Tokio und Yokohama in *Petermanns Geographischen Mitteilungen* unter dem Titel *Die Umgegend der Bai von Tokio und des Vulkans Fuji-No-Yama* veröffentlichen, welche den Aufsatz *Der Fuji-no-Yama und seine Besteigung* des deutschen Japanologen Johannes Justus Rein visualisierte.[563]

Die Zusammenarbeit zwischen dem Japanologen Rein und dem Kartografen Hassenstein beweist, dass auch Hassenstein als Kartograf im thüringischen Gotha auf enge Kontakte zu Forschern in aller Welt angewiesen war, um deren Wissen in seinem Namen als Ware verkaufen zu können. Dass er dabei an einen definierten Raum, nämlich

561 Alrun Schmidtke, *Mapping a Distant Empire: Bruno Hassenstein's Atlas of Japan (1885/87)*, in: Holt Meyer et al. (Hrsg.), *Space Time of the Imperial*, Berlin und Boston, 2017, 372.

562 Ebd., 374.

563 Bruno Hassenstein, *Die Umgegend der Bai von Tokio und des Vulkans Fuji-No-Yama*, Karte im Maßstab 1:400.000, in: PGM (1879), Tafel 19 sowie Johannes Justus Rein, *Der Fuji-no-Yama und seine Besteigung*, in PGM (1879), 365–376.

an den Zeichentisch im Verlagsatelier gebunden war, hielt ihn aber keineswegs davon ab weiter unentwegt auf das „transimperiale Netzwerk" an Forschern und Reisenden zurückzugreifen, um seine kartografischen Projekte zu verwirklichen.[564]

Auch wegen des Wunsches eine eigene Dissertation anzufertigen, begann Hassenstein nun dieses Netzwerk für seine Idee eines eigenen Atlas über Japan zu aktivieren.[565] Hilfreich waren ihm dabei besonders seine Kontakte zu dem bereits erwähnten Johannes Justus Rein, zu dem Meteorologen und Seemann Erwin Knipping sowie zu Mitarbeitern des Hydrographischen Amtes der Kaiserlich Deutschen Admiralität und zum österreichischen Konsulat in Yokohama.[566] Ihm war allerdings bewusst, dass trotz dieser Kontakte und der damit erhofften guten Versorgung mit geografischen Informationen aus erster Hand ein solches Projekt einer gründlichen Vorbereitung und der Evaluation des zu kartierenden Raumes hinsichtlich der ökonomischen Verwertung der Arbeit bedurfte, sodass er evtl. den Verleger von seinen Plänen zur Herausgabe etwaiger Karten überzeugen konnte. Doch Bernhard Perthes dachte keinesfalls an die Unterstützung der Veröffentlichung eines eigenständigen Werkes über Japan, sah er doch darin ein zu großes ökonomisches Risiko, da aus seiner Sicht die potentielle Zielgruppe derartiger Karten in Deutschland zu klein sei, um den, mit Blick auf die zu erwarteten hohen Herstellungskosten, erforderlichen Verkaufserfolg zu gewährleisten.[567] Bruno Hassenstein ließ sich dennoch nicht von der Arbeit an einem Atlas über Japan abbringen, obwohl er nun wusste, dass er mit keiner Unterstützung des Verlages rechnen konnte:

> Sehr verehrter Herr Michaelis: Erlauben Sie mir mich an Sie um Rathe zu richten da es mir rein unmöglich ist mich in der folgenden Angelegenheit jetzt an Herrn Perthes zu wenden. [...] Ich muß, um die drückenste Sorge in nächster Zeit [Herr] zu werden, die Summe von 5–600 Mark aufbringen – das ist viel, – vielleicht mehr als ein Herr Perthes für meine Arbeit gewähren kann – [...]. Ich bitte Sie mir privatum Ihre meinung mittheilen zu wollen [...]. Ihr ergebener B. Hassenstein.[568]

Für Hassenstein war nun ersichtlich, dass er sich fortan auf sein eigenes Gespür in der Anfertigung von Karten für ein Publikum verlassen musste, deren Bedarf an Raumwissen möglicherweise sein Angebot befriedigen konnte.

564 Zit nach: Alrun Schmidte, *Mapping a Distant Empire* [wie Anm. 561], 368.
565 Ebd., 378.
566 Vgl.: Bruno Hassenstein, *Atlas von Japan. Sieben Blätter im Masstabe von 1:1.000.000 und eine Übersichtskarte im Masstabe von 1:7.500.000*, Gotha, 1887, Vorbericht.
567 Alrun Schmidte, *Mapping a Distant Empire*, [wie Anm. 561], 379.
568 Brief von Bruno Hassenstein an einen Bekannten („Herrn Michaelis") vom 07.5.1883, in: Forschungsbibliothek Erfurt/Gotha, Nachlass Bruno Hassenstein, SPA ARCH PGM 138/9a, 26 f.

Abb. IV. 3 (oben): Bruno Hassenstein, *Die Umgegend der Bai von Tokio und des Vulkans Fuji-No-Yama*, Karte im Maßstab 1:400.000, in: PGM (1879), Tafel 19.

Abb. IV. 4 (unten): Abb. IV. 4 (unten): Kartenausschnitt aus Bruno Hassenstein, *Die Umgegend der Bai von Tokio und des Vulkans Fuji-No-Yama*, Karte im Maßstab 1:400.000, in: PGM (1879), Tafel 19.

Dieses Publikum bestand für Bruno Hassenstein nun hauptsächlich aus Handelsreisenden und europäischen sowie US-amerikanischen Vertragsarbeitern, deren Arbeit in Japan das Bildungswesen, die Infrastruktur und die Außenhandelsbilanz verbessern sollte. Seine Zuversicht über den Bedarf dieser Gruppen an neuem Kartenmaterial äußerte er zu Beginn der ersten Lieferung seines *Atlas von Japan* im Jahr 1885:

> Hat sich das Interesse für Japan in Deutschland bisher nur in kleinen Kreisen von Gelehrten und Kaufleuten bemerkbar gemacht, so wird, [...], ohne Zweifel ein Umschwung eintreten. Die deutsche Industrie wird im fernen Osten ein neues und grosses Absatzgebiet ihrer Erzeugnisse finden; der Kampf mit englischer und amerikanischer Konkurrenz ist ein keineswegs aussichtsloser, da schon jetzt deutsches Wesen einen mächtigen Einfluss auf Japan ausübt. [...] Zielbewusst strebt Japan der Hegemonie in Ostasien zu und sucht darin auch die Aufgabe zu verwirklichen, welche der dem Lande häufig zugelegte Beiname: Preussen des Ostens, ihm zuweist.[569]

Mit dieser Einschätzung sollte Hassensteins allerdings für den Ansatz seines Atlas keinen Erfolg verbuchen können. Die von ihm avisierte Zielgruppe verbrachte meistens nur wenige Monate bzw. wenige Jahre in Japan, sodass sie zwar Karten über Japan, in denen Ortsbezeichnungen in lateinischen Buchstaben abgedruckt wurden, verlangten, aber in der Regel kleine, handliche Karten präferierten. Der Atlas von Bruno Hassenstein konnte diesen Bedarf mit seinem großen Format und dem hohen Preis allerdings nicht erfüllen.[570]

Zudem gestattete der gewählte Maßstab seines Atlas keine detaillierten Abbildungen der gewählten Regionen. Analysiert man die beiden Kartenausschnitte der Region zwischen Tokio und Yokohama in den Abbildungen IV. 4 und IV. 5, so zeigt sich, dass im Vergleich zur ersten Japankarte Hassensteins aus dem Jahr 1879 die Terraindarstellung durch die Farbgestaltung im 1885 erschienenen Atlas deutlich plastischer wirkt, aber der gewählte Maßstab die detailliertere Darstellung von Straßen, Eisenbahnlinien und anderen Kartenelementen erschwerte. Dennoch lag mit dem *Atlas von Japan* ein Werk vor, welches das verfügbare Raumwissen in Europa über Japan dezidiert zusammenfasste und damit allgemeineren Karten, wie z. B. der kartografischen Darstellungen der japanischen Inseln im *Stielers Handatlas* deutlich überlegen war.

---

569 Prospekt des *Atlas von Japan* der ersten Lieferung vom Dezember 1885 des Justus Perthes Verlages, gefunden in: Forschungsbibliothek Erfurt/Gotha, Nachlass Bruno Hassenstein, SPA ARCH PGM 138/9c, 230 f.

570 Der *Atlas von Japan* maß 47cm in der Länge und 57cm in der Breite. Die beiden Lieferungen kosteten jeweils 12 Mark, sodass der Atlas ab 1887 als vollständige Ausgabe mit sieben Karten und einer Übersichtskarte für 24 Mark angeboten wurde. Zum Vergleich kostete die 6. Auflage von *Stielers Handatlas* mit 95 Karten, welche in 32 Lieferungen von 1879 bis 1882 auch im Justus Perthes Verlag erschien, in der ungebundenen Ausgabe 57 Mark. Berücksichtigt man den Einzelpreis für die in beiden Fällen durch Kupferdruck hergestellten Kartenblätter der Atlanten, dann erwies sich der *Atlas von Japan* als fünffach teurer, als *Stielers Handatlas*.

Abb. IV. 5: Kartenausschnitt aus Bruno Hassenstein, *Atlas von Japan. Sieben Blätter im Masstabe von 1:1.000.000 und eine Übersichtskarte im Masstabe von 1:7.500.000*, Section IV Tokio, Gotha, 1887.

Abb. IV. 6: Kartenausschnitt aus *Adolf Stieler's Hand Atlas über alle Theile der Erde und über das Weltgebäude*, Achte Ausgabe, Blatt 63 – Ost-China, Korea und Japan – entworfen und gezeichnet von August Petermann, Maßstab 1:7.500.00, Gotha, 1891.

Diese Überlegenheit im Kartenbild war für den Verleger Perthes dennoch kein Grund an den Verkaufserfolg des Atlas zu glauben. Diesen Misstrauen äußerte er auch ganz unverhohlen Hassenstein gegenüber, der wiederum ein von Perthes angebotenes Honorar für die Drucklegung im Gothaer Verlag als zu gering bewertete, um die angefallen Kosten der Kartenerstellung, des Kupferstichs und des Druckes überhaupt annähernd zu begleichen:

> Geehrtester Herr Hassenstein! Nach unserer gestrigen Unterredung und nachdem ich mir die Sache überlegt habe, möchte ich Ihnen doch eine andere Regelung Ihrer augenblicklichen finanziellen Verlegenheit vorschlagen. Im Laufe dieses Jahres wird ja Ihr ‚Japan' fertig erscheinen und wenn ich nicht schon geringe Hoffnung habe, daß sich der geschäftliche totale Misserfolg in einen Erfolg verwandeln wird, so bin ich doch gern bereit Ihnen hiermit die benötigte Summe von M. 400 als ein ‚Extrahonorar für Japan' zu zahlen. Ihr ergebener Justus Perthes.[571]

Bleibt die Frage offen, warum der Kartograf Hassenstein nun das ganze Projekt dennoch im Perthes Verlag veröffentlicht hatte, obschon er wusste, dass er nur mit einer sehr geringen Unterstützung von Seiten des Verlages rechnen konnte. Zunächst war es keinesfalls ungewöhnlich, dass Kartografen im 19. Jahrhundert für die Veröffentlichung ihrer oftmals unterschiedlichen Arbeiten den Verlag wechselten. Für Hassenstein galt, dass er zum Zeitpunkt der ersten Überlegungen des Projektes Japanatlas bereits seit über 25 Jahren, mit Ausnahme der Jahre 1866 bis 1868, für den Gothaer Verlag tätig war. Die dadurch begründete enge Beziehung zum Unternehmen mag ein ganz persönlicher Grund gewesen sein, weshalb Hassenstein das Projekt nicht außerhalb dieses Verlages realisieren wollte. Gleichzeitig schien es, dass sich ein topografischer Atlas Japans in das Verlagsprogramm des Perthes Verlages gut einfügen könnte. Schließlich verkaufte der Verlag noch 1880 den *Physikalischen Atlas* von Heinrich Berghaus, welchen dieser in der 1. Auflage zwischen 1837 und 1848 publizierte.[572]

Doch deutlich wertvoller als die persönlichen Beziehungen zum Verlag waren die geschäftlichen Kontakte des Unternehmens. Der Perthes Verlag war auf dem Buchmarkt mit vielen unterschiedlichen Akteuren eng vernetzt, hatte gute Kontakte zu Sortimentsbuchhändlern, Kupferstechern und Druckereien und vermochte es aus diesem Grund durchaus Rabatte für kartografische Arbeiten auszuhandeln. Durch die Publikation von *Petermanns Geographischen Mitteilungen* verfügte das Unternehmen außerdem über eine auflagenstarke Zeitschrift, deren Verbreitung eine durchdachte Werbewirkung der in ihr offerierten Novitäten des Verlages ermöglichen konnte. Hassenstein war dieser Umstand als leitender Redakteur der *Mitteilungen* bekannt, so-

571 Brief von Bernhard Justus Perthes an Bruno Hassenstein vom 19.1.1887, in: Forschungsbibliothek Erfurt/Gotha, Nachlass Bruno Hassenstein, SPA ARCH PGM 138/9a, 145 f.

572 Laut Verlagskatalog des Justus Perthes Verlages von 1880 wurde der *Physikalische Atlas* von Heinrich Berghaus in der 2. Auflage von 1872 mit 93 Karten im einfach gebundenen Format für 103 Mark verkauft. Vgl.: Verlagskatalog des Justus Perthes Verlages vom Januar 1880, in: Forschungsbibliothek Erfurt/Gotha, Sammlung Perthes, SPA 4° 812.

dass es ihn umso mehr enttäuschte, als die Werbemaßnahmen für seinen Atlas in eben jener Zeitschrift nur sehr schleppend anliefen. In sein Arbeitstagebuch notierte er:

> Prospect noch nicht gedruckt, 2.000 sind bestellt; leider beginnt d. Versendung des Hofkalenders und nun sind noch immer die Atlanten nicht fort. Bis heute 75 bestellt obgleich d. Prospect noch nicht hinausgegeben ist. Leider vertrödelt auch & Ausgabe der Mitt[eilungen] denen der Prosp [ekte] beigegeben werden soll. – Dieses Hangen & Bangen und Verzögern macht mich krank, Schwindelanfälle & heftig Kopfschmerz, Nierenstechen etc. – Wenn heute nicht d. Prospecte kommen wird alles wieder durch d. Hofkalender verdrängt.[573]

Der Vertrieb des Atlas sollte sich schließlich am Inhalt des kartierten Raumes orientieren, sodass nicht nur deutsche Kunden, sondern gerade auch Kunden im Ausland auf den Atlas aufmerksam gemacht werden sollten. Hierfür bediente sich Hassenstein der gezielten Ansprache möglicher Vertreter im Ausland, deren Kontakte den Vertrieb auf verschiedenen Märkten ermöglichen sollten, um damit die Grenzen des ökonomischen Raumes für den Verkauf zu verwischen. Diese Praxis war Hassenstein nicht neu, konnte doch der Perthes Verlag mit der *Chart of the World* bereits in den 1860er Jahren eine Karte erfolgreich international verkaufen. Aus diesem Grund wandte sich Bruno Hassenstein an Wilhelm Geyer, dessen Sohn Ernst Geyer zu diesem Zeitpunkt in Hong-Kong lebte und für Hassenstein für den Vertrieb des Atlas in Ostasien in Frage kam:

> Verehrter Herr Geyer! Hätten Sie vielleicht die Güte mir die Adresse Ihres Ernst in Hong-Kong zukommen zu lassen wie auch die letzte Ausgabe des Englischen Adressbuches Europäischer Handelshäuser in Ost-Asien, welches Sie mir vor zwei Jahren einmal geliehen haben. Da ich augenblicklich den Prospekt meines Atlas von Japan Interessenten versende, so kann mit der letztere, wie auch Ernst in Hongkong, von großem Nutzen sein. Mit herzl. Gruß & besten Dank im Voraus Ihr ergebener B. Hassenstein.[574]

Doch auch dieser Versuch konnte den Absatz des Atlas nicht weiter beleben. Wegen zu niedriger Verkaufszahlen und dem Unwillen Hassensteins weiter die Herausgabe des Atlas alleine zu finanzieren, stellte der Verlag den Vertrieb 1894 ein. Bis zu diesem Zeitpunkt konnten 850 Exemplare verkauft werden.[575] Heute lassen sich Originalausgaben nur in den Universitätsbibliotheken in Erfurt/Gotha, Göttingen, Marburg, München, Paris, London, Oxford sowie Chicago finden.[576] Lediglich ein Exemplar wurde nachgewiesener Weise an den German Club in Yokohama versandt.

Aus ökonomischer und sicherlich auch aus persönlicher Sicht war der *Atlas von Japan* für Bruno Hassenstein ein Verlustgeschäft, vielleicht auch eine Niederlage. Dennoch

---

573 Tagebucheintrag Bruno Hassensteins vom 25. 11.1885, in: Forschungsbibliothek Erfurt/Gotha, Nachlass Bruno Hassenstein, SPA ARCH PGM 138/9a, 110.

574 Brief von Bruno Hassenstein an Wilhelm Geyer vom 02.12.1885, in: Forschungsbibliothek Erfurt/Gotha, Nachlass Bruno Hassenstein, SPA ARCH PGM 138/9a, 60.

575 Vgl.: Forschungsbibliothek Erfurt/Gotha, Sammlung Perthes, Auslieferungsbuch des Justus Perthes Verlages, 1869–1894.

576 Alrun Schmidte, *Mapping a Distant Empire* [wie Anm. 561], 387.

beweist die Geschichte dieses Atlas, dass es für den Handel mit Landkarten im 19. Jahrhundert darauf ankam, das passende Produkt für die avisierte Zielgruppe auf einem dafür geeigneten Markt zu vertreiben. Diese Regel wurde nicht von Bruno Hassenstein befolgt, sodass sein Produkt keinen betriebswirtschaftlichen Erfolg vorweisen konnte.

Zugleich beweist dieses Beispiel aber auch, dass die Herstellung von kartografischen Druckerzeugnissen nicht ohne die Einbeziehung des Buchhandels funktionierte. Was auf den ersten Blick als ein merkwürdiger Widerspruch erscheint, klärt sich, wenn man den Blick auch auf den Arbeitsprozess der Konzeption von Karten berücksichtigt. Kartografen wie Bruno Hassenstein waren immer auf eigene Forschungsergebnisse oder die Messungen anderer Reisenden bzw. Geografen angewiesen. Nicht selten bedienten sie sich deshalb der Nutzung bereits publizierter Karten, um dadurch während der Gestaltung der vorliegenden Karten die erforderlichen kartografischen Informationen aus den etablierten Kartenwerken mit ggf. neu hinzu gekommenen Wissensbeständen anzureichern und somit gänzlich neue Landkarten zu erstellen. Diese Methodik wurde auch von Hassenstein persönlich im Vorbericht seines Atlas benannt:

> Geradezu staunenswert sind aber die Fortschritte der japanischen Kartographie die in dem kurzen Zeitraum von nur einem Jahrzehnt der neuen Ära gemacht worden und auf der Ausstellung des Internationalen Geographen-Kongresses zu Venedig (1881) deutlich hervortraten. Meine Absicht, das reiche in der Perthesschen Anstalt angesammelte kartographische wie litterarische Material durch die neuesten japanischen Publikationen zu ergänzen und zu einem Kartenwerke grössern Massstabs zu verarbeiten, fand wärmste Ermutigung von seiten mehrerer Männer, welche zu den ersten Autoritäten japanischer Geographie gehören und damals bereits wichtige Resultate ihrer Forschungen in Petermanns Mitteilungen niedergelegt hatten.[577]

Diesbezüglich erhielt sich der Markt für Karten selbst. Landkarten spiegeln also nicht nur den Wissensstand ihrer Zeit hinsichtlich der Darstellung der kartierten Räume wider, sondern ermöglichen außerdem einen Blick auf die zu dieser Zeit gehandelten kartografischen Informationen. Dabei konnten Kartografen wie Bruno Hassenstein keinesfalls als bloße Zulieferer von Verlagen gelten, deren lohnabhängige Arbeit nur aus der Erstellung von Landkarten bestand. Sie fungierten ferner auch ganz bewusst als Anbieter von kartografischem Wissen auf dem Buchmarkt jener Jahre und wurden somit Teil eines Marktes für Kartografie.

4.1.7 Zentren des Handels – oder: Eine kurze Geschichte der Buchmesse

Die Suche nach einem konkreten Ort des Handels mit Landkarten blieb bislang eher abstrakt. Zunächst schien dieser Ort recht verschwommen aufzutauchen, waren es doch die Akteure selber, die als Verleger, Buchhändler oder Kartografen den Handel

577 Bruno Hassenstein, *Atlas von Japan* [wie Anm. 566], Vorbericht.

mit Karten ermöglichten und einen zunächst als diffus begriffen Markt konstituierten. Doch etablierten sich früher oder später ganz reale Orte eines solchen Handelsgeschehens, deren Existenz eng mit den Praktiken des Buchhandels verwoben war und den Charakter der sozialen Konstruktion eines solchen Raumes aufwiesen. Einer dieser Orte war die Buchmesse. Um zu verstehen, welche Bedeutung die Buchmesse als ökonomischer Raum für das Handelsgeschehen mit Druckerzeugnissen hatte, wird es zunächst erforderlich sein, grundlegende Praktiken des Buchhandels im 19. Jahrhundert kennen zu lernen.

Die Evolution des modernen Buchhandelsgeschäftes vollzog sich ab Ende des 18. Jahrhunderts in mehrerer aufeinander folgenden Schritten. Zunächst galt bis Ende des Jahrhunderts der Tauschhandel als die maßgebliche Form der Abwicklung von Geschäften im Buchhandel.[578] Dabei wurde das Ziel verfolgt, ohne finanzielle Mittel und trotz geltender Handelshemmnisse wie etwa Zölle oder anderen Handelsschranken den Buchhandel grenzüberschreitend in Europa zu organisieren.

Hierfür stellten Verlage ihre Neuerscheinungen als fertige Druckbögen zusammen, transportierten sie zu den zwei Mal im Jahr stattfindenden Buchmessen und tauschten diese gegen die fertigen Bögen anderer Verlage. Dieses Geschäft geschah allerdings weitgehend ohne, dass auf den Inhalt der so getauschten Druckbögen oder die Papierqualität Rücksicht genommen wurde. Lediglich das Tauschverhältnis konnte angepasst werden. So war es keine Seltenheit, dass die Druckbögen eines Romans, der auf wenigen Seiten qualitativ minderwertigeren Papiers im Verhältnis 1:3 oder 1:4 mit anderen, als hochwertiger bewerteten Drucken getauscht wurde. Als Folge dieser Geschäftspraktiken stellte sich schnell der Umstand ein, dass eine klare Trennung zwischen Sortimentsbuchhandel und Verlag nicht bestand, da auf der Buchmesse als den zentralen Ort des Handels mit Neuerscheinungen kein Unterschied zwischen der Rolle der verschiedenen Marktteilnehmer als Verleger oder Händler gemacht wurde.

Insofern existierten zu Beginn des 19. Jahrhunderts eine Vielzahl an Fachverlagen, welche neben Belletristik auch Lexika oder Karten veröffentlichten. Nicht selten horteten diese Unternehmen eine größere Menge unverkäuflicher Bücher, deren Verkauf an andere Händler nur durch eine stetig wachsende eigene Druckleistung ermöglicht werden konnte. Dass dies die Gewinne jener Verlagsbuchhandlungen schmälerte, liegt auf der Hand. Zumal Buchhandlungen, die durch ihre geografische Nähe zu den Messestandorten in Frankfurt am Main und Leipzig ohnehin geringere Transportkosten zu entrichten hatten, von diesem Geschäftssystem zunehmend mehr profitierten, als Universalverlage in weiter entfernten Gebieten.

Schließlich führten diese Missverhältnisse im Marktzugang zur Buchmesse dazu, dass ab Ende des 18. Jahrhunderts immer mehr Verleger auf den Messen ihre Druckbögen nicht mehr zum Tausch anboten, sondern gegen die Zahlung einer Kaufsumme, unter Berücksichtigung etwaiger Rabatte, entsprechende Druckbögen oder fertig ge-

578 Reinhard Wittmann, *Geschichte des deutschen Buchhandels*, 4. Auflage, München, 2019, 98 f.

bundenen Bücher verkauften. Dieser Wandel markierte den Beginn des sog. Nettohandels im europäischen Buchhandel.[579]

Die Trennung von Verlagsgeschäft und Sortimentsbuchhandel führte zeitgleich zu gravierenden Veränderungen im Messegeschäft. Vor allem in Leipzig setzte sich seit dem frühen 19. Jahrhundert verstärkt der Nettohandel durch, sodass das persönliche Erscheinen der Verleger auf den Messen zum Tausch von Druckbögen überflüssig wurde.[580] Bestellungen wurde ab sofort in der Regel einem Verlagsvertreter übermittelt oder befreundeten Verlegern mit auf ihrer Reise nach Leipzig zu den Messeterminen kurz nach Ostern oder am Michaelistag, Ende September, persönlich übermittelt. Die Bestellung von gebundenen Büchern oder ungebundenen Druckbögen zwischen den Messeterminen erledigten somit auch keine Verleger oder Sortimentsbuchhändler alleine, sondern wurden von Kommissionären im Auftrag bearbeitet. Diese hatten zumeist größere Lager in der Messestadt und arbeiteten in den meisten Fällen auch für mehrere Verleger und Buchhändler gleichzeitig. Zugleich konnten sie so den mit ihnen handelnden Buchhändlern Bücher *à condition* verkaufen.[581]

Das bedeutete, dass die erworbenen Druckerzeugnisse bis zum tatsächlichen Verkauf an den Endkunden im Besitz der Verleger verblieben und nur die verkauften Exemplare auf einer der nächsten Buchmessen vom Sortiments- oder Verlagsbuchhändler dann direkt beim herausgebenden Verlag bezahlt wurden. Die unverkauften Exemplare konnten dann ohne ein finanzielles Risiko des Händlers bzgl. Ihres vormaligen Erwerbs beim publizierenden Verlag an diesen kostenlos zurückgegeben werden. Außerdem wurden Buchhändlern die Möglichkeit eingeräumt, alle unverkauften Druckerzeugnisse zu disponieren, d. h. auf Rechnung zu behalten, bis diese schließlich verkauft werden können.

Für Kartenverleger wie Justus Perthes bedeutete das, dass es möglich wurde, langfristige sowie planbare Geschäfte abzuwickeln. Lange wurden deshalb Buchmessen, anders als heute, nicht als Orte der Werbung, wohl aber als Räume für das interne Branchengesprächs wahrgenommen, weil ihre entscheidende Bedeutung für den Buchhandel in ihrer Funktion eines tatsächlichen Handelsplatzes verortet wurde. Aus diesem Grund wurde gleichzeitig der gegenseitige geschäftliche Austausch als obligatorisch bewertet. So wurden z. B. Informationen über Neuerscheinungen in extra für diesen Zweck verlegten Messekatalogen veröffentlicht und sogar Fachkräfte des Buchhandwerks angeworben.[582]

---

579 Ebd., 126.

580 Peter Weidhaas, *Zur Geschichte der Frankfurter Buchmesse*, Frankfurt am Main, 2003, 109.

581 Ebd., 110.

582 Die Buchmesse als Ort der Fachkräfteanwerbung ist im Nachlass von Heinrich Berghaus der Forschungsbibliothek Erfurt/Gotha dokumentiert. Im April 1838 bot ein Kupferstecher auf Anraten von Heinrich Berghaus seine Arbeitskraft dem Perthes Verlag an und schlug vor, dass die Buchmesse als der adäquateste Ort für den Prozess des gegenseitigen Kennenlernens dafür genutzt werden sollte. [Vgl.: Brief des Kupferstechers Herzberg an den Justus Perthes Verlag vom 15.4.1838, in: Forschungsbibliothek Erfurt/Gotha, Nachlass Heinrich Berghaus, SPA ARCH MFV, 19A/2, 244.]

Schon 1840 klagten allerdings Teilnehmer der Leipziger Buchmesse, dass kaum Sortimentsbuchhändler oder Verleger am Messegeschehen persönlich teilnahmen, da durch den Ausbau des Verkehrsnetzes im Zusammenhang mit der Errichtung von Eisenbahnstrecken in ganz Deutschland ein direktes Erscheinen auf der noch als Warenmesse stattfindenden Buchmesse überflüssig wurde.[583] Das lag in erster Linie daran, dass durch das Angebot der Eisenbahnfracht die gehandelten Druckbögen nicht mehr persönlich am Messeort abgeholt werden mussten, sondern mit der Bahn überall hin verschickt wurden und der Zahlungsverkehr über Wechselzahlungen oder Verlagsagenten vor Ort abgewickelt wurde. Die Messe als Ort des klassischen Handels hatte also ihre Bedeutung verloren. Somit war auch für die Leipziger Buchmesse der Zeitpunkt der Hinwendung zur Mustermesse gekommen, was die Konstitution dieses Raumes grundlegend verändern sollte. Die Leipziger Erfindung der Mustermesse wurde durch die Standardisierung in der industriellen Produktion möglich, da ab Mitte des 19. Jahrhunderts zunehmend industriell gefertigte Produkte die manuell hergestellten Güter ersetzten. Da diese Entwicklung parallel auch in der Buchproduktion stattfand, genügte es Muster der zu handelnden Drucke auf einer Messe dem interessierten Publikum zu zeigen und erst im Anschluss die eigentliche Menge direkt beim Händler oder Verleger zu ordern. Die industrielle Produktionsweise garantierte dabei die gleichbleibende Qualität der Handelsgüter.

Die klassischen Buchmessen wurden also als ökonomische Räume für den Kaufprozess immer ersetzbarer, da von nun an die Messe als ein Ort der Kommunikation und der Repräsentation betrachtet wurde und die direkte Abrechnung der Geschäfte zwischen Buchhändlern und Verlegern außerhalb des Messeplatzes stattfand. Aus der Buchmesse wurde die Buchhändlermesse.[584] Schließlich stellte die Leipziger Buchmesse ihren regulären Betrieb im Jahr 1860 und damit 84 Jahre nach der letzten Buchmesse in Frankfurt am Main endgültig ein.[585] Erst 1919 sollte eine eigene Buchmesse im Rahmen der Leipziger Mustermesse wieder in der Stadt an der Elster stattfinden.[586] Bis dahin genügte es dem deutschen Buchhandel die Neuerscheinungen des jeweiligen Jahres im Rahmen der regulären Mustermesse in Leipzig vorzustellen. Insofern blieb die Stadt weiterhin auch nach 1860 ein maßgebliches Zentrum des deutschen Buchhandels.

Trotz des Wandels der Waren- zur Mustermesse blieb die Leipziger Messe also für das Bargeschäft im Kartenhandel ein bedeutender Ort. Schaut man auf die Barverkäufe des Perthes Verlages im Rahmen der Messetage, so ergibt sich, dass fast die Hälfte des Jahreseinkommens des Verlages auf diese Geschäfte zurückzuführen waren. Zugleich dienten Messen auch für Kartenverlage vermehrt als Orte der Repräsentation des eigenen Produktportfolios. Diese Eigenschaft von Messen nutze der Verlag auch für die Darstellung seiner Landkarten im Ausland. So lässt sich z. B. die Präsentation

583 Peter Weidhaas, *Zur Geschichte der Frankfurter Buchmesse*, [wie Anm. 580], 117.
584 Ebd., 119.
585 Ebd., 103.
586 Ebd., 124.

des Perthes Verlages auf der *Exposition Maritime Internationale du Havre* in der französischen Hafenstadt Le Havre im März 1868 belegen.[587] Dem Verlag kam es dabei besonders darauf an seine großformatigen Karten publikumswirksam zu präsentieren. Zugleich passte die Verlagsleitung ihr Erscheinungsbild dem Motto der Messe an. Wie aus dem Standplan ersichtlich wird, wurden ausnahmslos Seekarten vorgestellt. Der fünf Jahre zuvor erstmals publizierten *Chart of the World* wurde aufgrund ihrer Eigenschaft als Weltverkehrskarte und ihres großen Formates am meisten Platz eingeräumt, gefolgt von Karten aus *Stielers Handatlas* über die Fidschi-Inseln, das Roten Meer oder den Pazifik im Gebiet des heutigen Polynesiens.

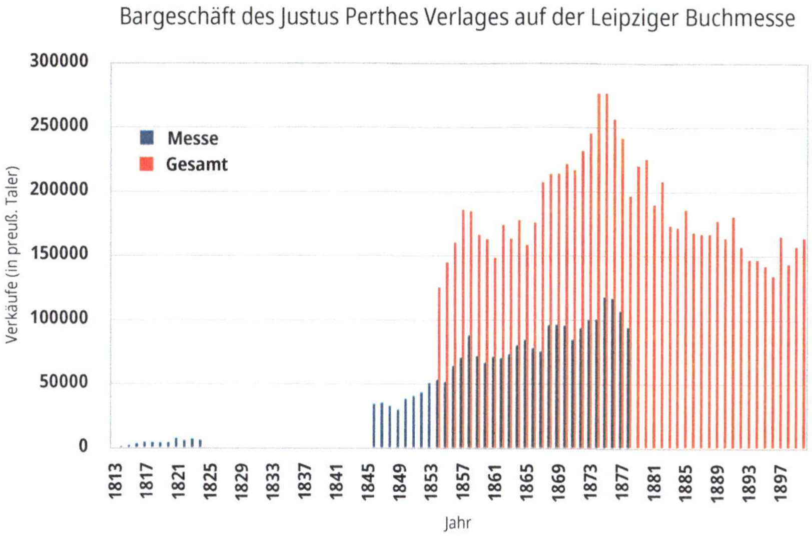

Abb. IV. 7: Bargeschäft des Justus Perthes Verlages auf der Leipziger Buchmesse in den Jahren 1813–1900. Die Zeitreihen der Barverkäufe aus den Jahren 1825–1845 sowie 1879–1900 wurden nicht überliefert. Zur Erläuterung: In Blau dargestellt: Die Summe aller kumulierten Barverkäufe im jeweiligen Bilanzjahr der Oster- und Michaelismesse. In Rot dargestellt: Die Summe des gesamten Verlagsumsatzes im Bilanzjahr. (Eigene Darstellung)

Obschon der Handel mit Karten auf Buchmessen eine ähnlich geringe ökonomische Bedeutung hatte wie im gesamten Buchhandel jener Zeit, waren Buchmessen ganz allgemein Orte, an dem das Wissen über die Welt sichtbar und buchstäblich greifbar wurde. Dabei zeigt sich, dass meistens während der Michaelismesse im Herbst mehr Neuerscheinungen der Kartenverlage gehandelt wurden, als im Frühjahr. Auch wenn diese Unterschiede sehr gering ausfielen, so sind sie doch merklich sichtbar für den von mir untersuchten Zeitraum zwischen den 1830er bis in die 1850er Jahre. Eine di-

587 Siehe: Standplan des Justus Perthes Verlages auf der *Exposition Maritime Internationale du Havre* am 10.3.1868 in Le Havre, in: Forschungsbibliothek Erfurt/Gotha, Sammlung Perthes, SPA ARCH FFA, Chart of the World 4.

rekte Erklärung aus Quellen der Buchhandelsgeschichte ergibt für diesen Umstand kein eindeutiges Bild. So liegt die Vermutung nahe, dass der Buchhandel die oft kostspieligen Karten eher im Weihnachtsgeschäft abzusetzten vermochte, als im Frühjahr bzw. im Sommer.

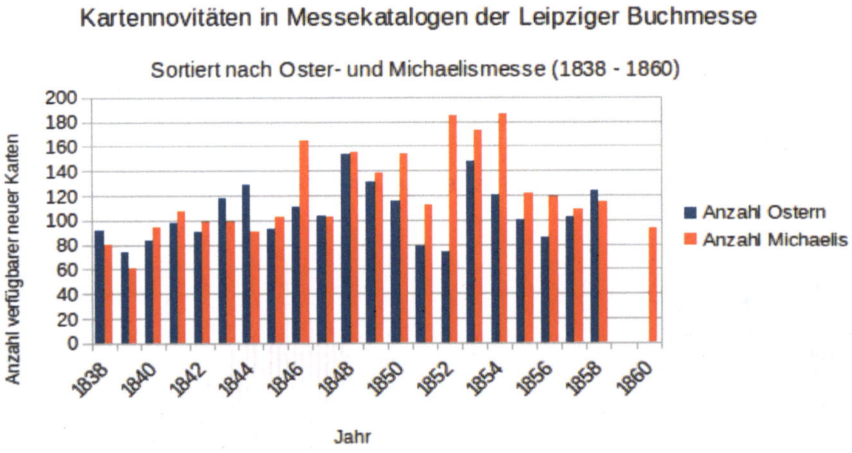

Abb. IV. 8: Alle Kartenneuerscheinungen seit der vorherigen Buchmesse, welche in den jeweiligen Messekatalogen der Oster- und Michaelismessen der Leipziger Buchmesse im Zeitraum von 1838 bis 1860 gelistet wurden. (Eigene Darstellung)

Zugleich eroberten Karten, wie im Fall der erwähnten *Exposition* in Le Havre die Mustermesse ganz von selbst. Das lag vor allem daran, dass viele Kartenproduzenten ebenfalls auf die industrielle Massenproduktion ihrer Karten umstiegen. Damit konnten sie die Druckbögen zur Ansicht einfach auslegen und sich ganz auf die Außenwirkung ihrer Verlages konzentrieren. Karten bedienten aber auch den Zeitgeist eines technisch, wissenschaftlichen Fortschrittsgedankens des 19. Jahrhunderts ganz vortrefflich.[588] Sie erwiesen sich als das ideale Medium, um vollbrachte Erfolge in der Erschließung bislang unbekannter Räume zu visualisieren.

588 Die Genese des Fortschrittsgedankens in öffentlichen Debatten setzt allerdings bereits ab Mitte des 18. Jahrhunderts ein und ist kein genuines Phänomen des 19. Jahrhunderts, sondern eher eine Antwort auf Fragen in Diskursen der Aufklärung. Dazu passt die Entwicklung der Idee der Reise als Möglichkeit des Erkenntnisgewinns und zur Befreiung des Geistes von althergebrachten Denkmustern und Zwängen. Siehe hierzu: Josef Rattner und Gerhard Danzer, *Aufklärung und Fortschrittsdenken in Deutschland 1750–1850: von Kant und Lessing bis Heine und Feuerbach*, Würzburg, 2004, 117–136.

4.1.8 Fazit

Zu Beginn fragte ich, ob es möglich ist, den Markt für Kartografie in Deutschland im 19. Jahrhundert zu kartieren. Verbunden war mit dieser Fragestellung natürlich die Suche nach dem Ort eines solchen Marktes. Schließlich zeigt die nun vorliegende Analyse, dass es nicht möglich ist, den einen konkreten Ort des Kartenhandels zu lokalisieren, sondern eher Zentren des Handels, wie die Leipziger Buchmesse. Aber auch Regionen, wie die Gegend um Gotha, Weimar, aber auch Berlin oder Wien können als Zentren dieses Handels ausfindig gemacht werden. Vor allem die Bindung von Fachkräften und damit ausreichendem Innovationspotential erbrachte in diesen Regionen den dort ansässigen Kartenverlagen den entscheidenden betriebswirtschaftlichen Vorteil gegenüber konkurrierenden Unternehmen, vornehmlich in Süddeutschland. Zugleich waren mit Verlegern und Buchhändlern auch Kartografen am Handelsgeschehen beteiligt, deren Zusammenarbeit mit Verlagen in eigener Sache belegt werden konnte.

Gemessen am gesamten Buchhandel des 19. Jahrhunderts war der Kartenhandel nur ein äußerst kleiner Markt. Dies lag zum einen an den deutlich aufwendiger zu produzierenden Druckerzeugnissen und zum anderen an oftmals sehr langen Publikationszeiträumen einer Veröffentlichung, welche rasche Neuauflagen in der Regel nicht nur verteuerten, sondern aufgrund der hohen Produktionskosten auch nicht im Verlagsgeschäft vorgesehen waren.

Hinzu kommt, dass die meisten Landkarten des 19. Jahrhunderts von etablierten Verlagshäusern veröffentlicht wurden, deren Existenz über mehrere Generationen hinweg bestand. Dieser kleine Kreis von Produzenten besaß nicht nur ein enges Netz an langjährigen Kontakten hinsichtlich des Vertriebs der Karten, sondern oftmals auch das nötige Kapital für die Anfertigung der aufwendigen Drucke. Dies machte es neuen Akteuren zuweilen nahezu unmöglich am Markt zu partizipieren, da Marktpositionen bereits besetzt waren. Einzelne Autoren, wie im Fall Bruno Hassensteins belegt, waren somit auf die enge Zusammenarbeit mit Verlagen angewiesen, um deren Produktions- und Vertriebsmöglichkeiten zu nutzen. Kartenpublikationen von Autoren im Eigenverlag sind daher nicht bekannt.

Räume sind soziale Konstrukte, welche durch Raumpraktiken der beteiligten Akteure konstituiert werden. Diese Akteure verhalten sich im Raum somit meist nach ganz bestimmten Mustern und Rollen. Weil diese selbst sozial konstruiert sind, sind sie selbstverständlich wandelbar. Dies gilt auch und erst Recht für Raumpraktiken in ökonomischen Räumen. Für den Buch- und Kartenhandel lässt sich ein solcher Wandel im Verschwinden althergebrachter Handelsmodalitäten im Zusammenhang mit dem der Bedeutung einer expliziten Buchmesse und keiner allgemeinen Mustermesse feststellen. Hier zeigt sich außerdem, dass der Kartenhandel ohne den Blick auf den Buchhandel nicht analysiert werden kann. Bücher und Landkarten wurden auf dem selben Markt parallel von oftmals den gleichen Händlern vertrieben.

Der Raumbegriff umfasst im Fall des Kartenhandels im 19. Jahrhundert außerdem mehr, als nur den Blick auf den ökonomischen Raum des tatsächlichen Handelsvorgangs. Karten bilden Räume ab. Aus diesem Grund ist es der Raum selbst, der zu einem Handelsgut wurde und damit Teil einer Produzenten-Waren Beziehung. Der Verleger als Produzent stimmte mit dem Kartografen als Autor das ökonomische Potential des Vertriebs von Raumwissen ab, um es anschließend in Form einer Karte als Ware dem Konsumenten anbieten zu können. Dieser Vorgang war schließlich nicht nur auf den nationalen, sondern immer auch auf den internationalen Verkauf von deutschsprachigen Karten ausgerichtet. Wie global war also der Kartenmarkt in Deutschland im 19. Jahrhundert?

4.2 Globalisierter Kartenhandel

4.2.1 Vorbemerkungen

So schwer es fiel, den genauen Ort des Kartenmarktes in Deutschland im 19. Jahrhundert zu lokalisieren, desto offensichtlicher erscheint die Tatsache, dass der alleinige Blick auf Deutschland als geografischen Raum während der Suche nach dem Markt für Kartografie nicht ausreicht. Wie die Analyse des Vertriebs der *Chart of the World* in Kapitel 2.3 bereits deutlich bewies, konzentrierten deutsche Kartenverleger ihre Geschäftstätigkeiten keineswegs nur auf Deutschland alleine. Zugleich passten sie zuweilen die Gestaltung ihrer Produkte auch ganz konkret für den Absatz im Ausland an. Dieser Befund führt schließlich zur Frage, in welchem Ausmaß der beobachtete globale Vertrieb von Landkarten organisiert wurde und welche ökonomische Bedeutung die dadurch etablierten Geschäftsbeziehungen für das Geschäft mir Karten aus Deutschland aufwiesen.

Zunächst werde ich deshalb am Beispiel des Justus Perthes Verlages den finanziellen Wert der Lieferungen ins Ausland, gemessen am Jahresumsatz des Unternehmens berechnen. Dies liefert einen weiteren Hinweis für die Bedeutung des Auslandsgeschäftes für den deutschen Kartenhandel im 19. Jahrhundert. Zugleich wird es mir im Anschluss leichter fallen anhand dieser Berechnungen und der Suche nach weiteren Beispielen international gehandelter Karten die Frage nach der Einzigartigkeit solcher Geschäfte zu erörtern. Diese Analyse wird umso wichtiger sein, umso mehr die Frage nach der tatsächlichen Räumlichkeit des Marktes für Karten endgültig beantwortet werden soll. Ob allerdings eine solche Frage, vor allem im Bezug auf die Erkenntnisse des vorherigen Kapitels, überhaupt abschließend für den Kartenhandel geklärt werden kann, wird sich außerdem im Anschluss an die Beantwortung der Frage nach der Bedeutung des Auslandsgeschäftes für Kartenverlage offenbaren.

Nachdem also der quantitative Blick auf den Handel mit Karten aus Deutschland ins Ausland das Ausmaß der Bedeutung dieser Geschäfte für deutsche Verleger klären soll, werde ich im Anschluss die Art und Weise dieses Handels genauer qualitativ untersuchen. Dabei wird es mir vor allem auf direkte Kooperationen zwischen deutschen und ausländischen Verlagshäusern ankommen. Vor allem der Vertrieb von Landkarten und geografischer Fachliteratur von und nach Großbritannien spielte eine prominente Rolle für derartige Kooperationsbeziehungen. Zum einen hatte Großbritannien als Absatzmarkt für deutsche Verleger, neben den USA und Russland eine herausragende Bedeutung und zum anderen können darüber hinaus diese Beziehungen bis heute relativ genau nachvollzogen werden. Aus diesem Grund kommt es mir vor allem darauf an, nun nach Beispielen zu suchen, die eine gesicherte Kooperationsbeziehung zwischen einem britischen und einem deutschen Verlag belegen. Wie ich an fortlaufender Stelle noch zeigen werde, ist es nicht immer von Relevanz, dass eine solche Beziehung vertraglich festgelegt wurde oder nur aus einer einmaligen Zusammenarbeit bzgl. einer Publikation bestand. Vielmehr kann auch als gesichert gelten, dass Beweise für eine mündliche Zusammenarbeit vorliegen, welche unter Umständen eine jahrelange Geschäftsbeziehung beider Verlagshäuser zur Folge haben konnte. Es wird also vielmehr darauf ankommen, die Art und Weise, wie Kooperationen zwischen Kartenverlagen im 19. Jahrhundert möglich waren und schließlich auch umgesetzt wurden herauszuarbeiten und anschließend im Rahmen der Fragestellung, welche Erkenntnisse daraus für die Lokalisation des Ortes des Kartenhandels in jener Zeitperiode gefunden werden können, zu kontextualisieren.

Die erste von mir zu untersuchende Kooperation wird die zwischen dem John Bartholomew Verlag aus Edinburgh und dem von Justus Perthes aus Gotha sein. Das ist insofern ein interessantes Beispiel, da anhand dieser Kooperation eine direkte Zusammenarbeit bzgl. der Herausgabe eines Atlas, welcher zuerst in Deutschland erschien und später auch in einer englischen Übersetzung in Großbritannien herausgegeben wurde, beobachtet werden kann. Gleichzeitig ermöglicht die Untersuchung der Geschäftsbeziehungen des Bartholomew Verlages den Blick eines britischen Verlegers auf deutsche Karten im 19. Jahrhundert rekonstruieren zu können und die Frage nach den Absatzchancen deutschsprachiger Karten in diesem Teil Europas genauer zu beantworten.

In einem zweiten Beispiel werde ich mich schließlich am Schluss meiner Untersuchung einer fast vergessenen, aber keineswegs weniger intensiven Zusammenarbeit zwischen einem deutschen und ebenfalls einem britischen Verlag widmen. Gemeint ist an dieser Stelle die Kooperation zwischen dem John Murray Verlag aus London und dem von Karl Baedeker aus Koblenz. Wie der Name *Baedeker* vermuten lässt, werde ich die Publikation der bekannten Reiseführer aus dem gleichnamigen Verlag untersuchen und die Entwicklung der *Handbooks for Travellers* von John Murray und dem Reiseführer Baedekers hinsichtlich ihrer gemeinsamen Entstehungsgeschichte beleuchten. Beide Verleger, sowohl John Murray III., als auch Karl Baedeker unterhielten eine enge Korrespondenz, deren Inhalt weitgehend überliefert ist und die Frage aufwirft, ob Reiseliteratur und Kartografie sogar für einen gemeinsamen, internationalen Markt entwickelt wurde.

In diesem Zusammenhang werde ich außerdem das Postulat überprüfen, ob einzelne Beispiele geografischer Literatur und Karten im 19. Jahrhundert eben nicht immer als Produkte für einen reinen nationalen Markt konzipiert wurden, sondern ob ferner die ganz spezifischen Produkteigenschaften des erstellten Druckerzeugnisses grundsätzlich den internationalen Vertrieb geradezu verlangten. Für den Fall der Reiseführer mag diese Frage ebenso gestattet sein, wie für Einzelkarten, da geografische Informationen auch in Textform publiziert werden konnten und Reiseführer in der Regel Karten zur räumlichen Orientierung vor und während der eigentlichen Reise enthielten.

4.2.2 Der Auslandsgeschäft im deutschen Kartenhandel

m Kartenhandel des 19. Jahrhunderts galt, dass die Arte und Weise wie Kartografen im Medium Karte die verkaufte Information bzw. das angebotene Wissen aufbereiteten in immer stärkerem Maße für eine internationale Käuferschicht zugänglich gemacht wurde. Wie es möglich ist, z. B. einen Roman aus dem Deutschen ins Englische oder Französische zu übersetzen, so ist es jederzeit auch möglich, eine Karte in ihrer textlichen Struktur in eine andere Sprache zu übertragen.

Dennoch blieb das Risiko bestehen, dass die grafische Darstellung der kartografischen Information den Semantiken des neuen Absatzgebietes und damit den Lesegewohnheiten anderer Nutzer nicht entsprach. Es war bis ins 19. Jahrhundert keineswegs einheitlich geklärt, welche Form Gebirge, welche Darstellung Städte oder welche Farbe Berge und Tiefebenen in thematischen und physikalischen Karten haben sollten. Die Akademisierung des Fachs schuf im 19. Jahrhundert allmählich globale Standards, deren Anwendung den ernsthaften Verkauf von wissenschaftlicher Kartografie im In- und Ausland obligatorisch erscheinen ließ. Vor allem im Bereich der thematischen Kartografie setzten sich allmählich einheitliche Richtlinien der Kartengestaltung durch.

Wie in Abbildung IV. 9 und IV. 10 ersichtlich wird, handelt es sich im Fall der vom österreichischen Meteorologen Julius Hann gezeichneten Isothermenkarte der östlichen USA um ein und dieselbe Karte. Im Fall des *Physikalischen Atlas* von Heinrich Berghaus, in dem die zwischen 1884 und 1885 entstandene Karte zunächst publiziert wurde, verfügt das Kartenbild über eine intuitive Farbgebung, welche kalte Regionen in Nordamerika mit blau angab und wärmere in grün bzw. gelb. Diese Koloration wurde in einem völlig anderen Atlas, nämlich dem von John Bartholomew herausgegebenen *Physical Atlas* im Grunde auch zwölf Jahre nach dem erstmaligen Erscheinen der Karte beibehalten. Lediglich die wärmeren Regionen im Südosten der USA, welche eine deutlich höhere Durchschnittslufttemperatur im Januar aufwiesen, wurden akzentuierter in gelb gehalten als in der deutschen Ausgabe.

Auffällig bleibt in diesem Fall, dass die gleiche Karte, in leicht editierter Form, sowohl in einer deutschen Publikation für ein deutschsprachiges Publikum, als auch in englischer Sprache, zumindest für britische, wenn nicht sogar für internationalen Kunden in Großbritannien einige Jahre nach der Erstausgabe angeboten wurde.

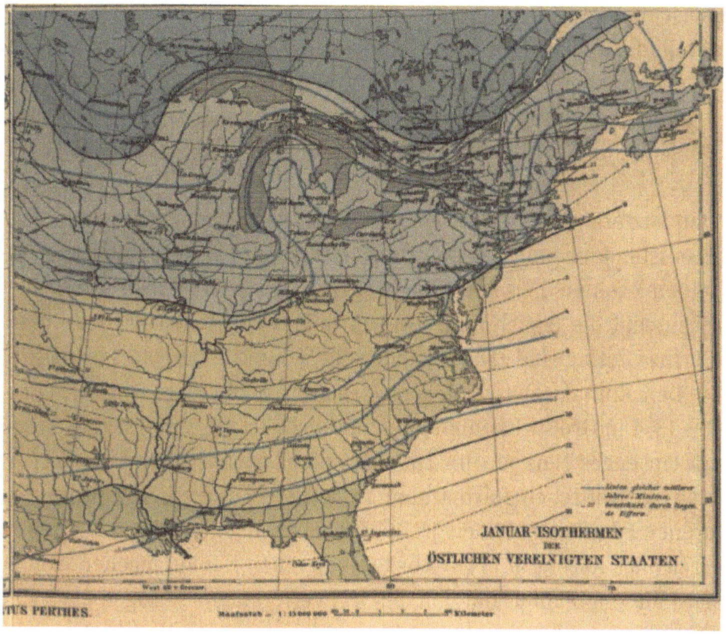

Abb. IV. 9: Julius Hann, Karte der *Januar-Isothermen der östlichen Vereinigten Staaten*, in: Heinrich Berghaus (Hrsg.), *Physikalischer Atlas III., Nr. 5: Atlas der Meteorologie*, 1:15.000.000, Gotha, Justus Perthes, 1887, Blatt 31.

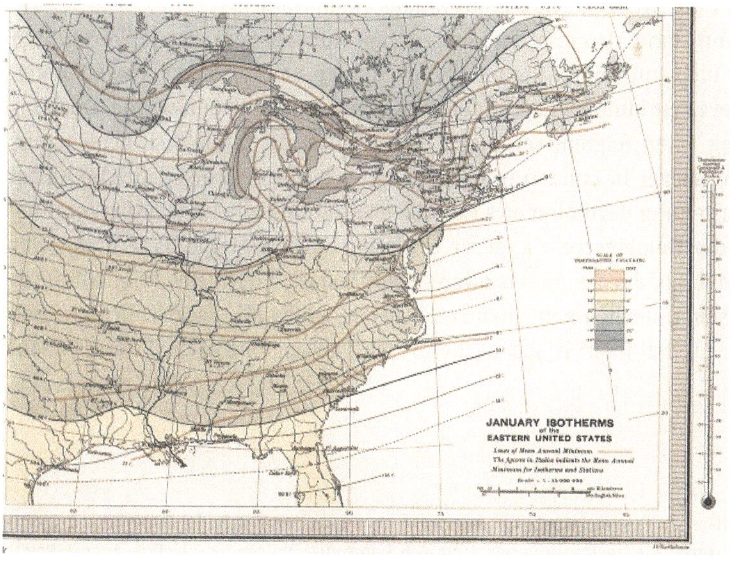

Abb. IV. 10: Julius Hann, Karte der *January Isotherms of the Eastern United States*, in: J. G. Bartholomew et al. (Hrsg.), *Bartholomew's Physical Atlas III.: Atlas of Meteorology*, 1:15.000.000, Edinburgh Geographical Institute, Edinburgh, 1899, Blatt 7.

Es liegt also nahe, dass nicht nur die Vermutung zutraf, Karten können international gehandelt werden, weil ihr Inhalt, in dem konkreten Fall die wissenschaftliche Darstellung eines physikalischen Sachverhaltes, länderübergreifend Kunden gewinnen kann, sondern dass auch gerade die Arbeiten deutscher Kartografen aufgrund ihrer Fähigkeiten und ihres Wissens, für Verlage außerhalb Deutschlands von hohem Interesse waren.

Für das Zutreffen letzteren Punktes spricht eindeutig die Tatsache, dass John Bartholomew eine 1885 entstandene und 1887 bereits in Deutschland veröffentlichte Karte nochmals 1899 in seinem eigenen *Physikalischen Atlas* in Edinburgh verlegte.

Überhaupt verdeutlicht die Beziehung zwischen dem schottischen Bartholomew und dem Gothaer Perthes Verlag eine ganz besondere Beziehung zweier Kartenverlage im 19. Jahrhundert. Den Kontakt zwischen den Verlegern stellte August Petermann her, der von 1845 bis 1854 in Großbritannien lebte und arbeitete.[589] In dieser Zeit verstand es Petermann ein enges Netz an für Ihn und später auch den Perthes Verlag nützlichen Kontakten zu britischen Kartografen zu knüpfen. Gleichzeitig lernte er auch den 1831 geborenen John Bartholomew Jr. in Edinburgh in jenen Jahren kennen.

Petermann, der sich als Kartograf in Großbritannien einen Namen machen wollte und auch ökonomisch die Unabhängigkeit von den ihn verlegenden Verlagen anstrebte, gründete schließlich in London seine eigene Unternehmung. Dafür benötigte er fähige Mitarbeiter und dachte an eine Einstellung des besagten John Bartholomew Jr. Dessen Vater gründete bereits 1826 in Edinburgh den gleichnamigen Verlag und machte sich vor allem durch die Herausgabe zahlreiche Atlanten in der ersten Hälfte des 19. Jahrhunderts über die Grenzen Schottlands hinaus einen Namen.[590]

Für Petermann stand also fest, dass er mit dem nur wenige Jahre jüngeren John Bartholomew Jr. nicht nur einen Freund, sondern auch einen bestens ausgebildeten Kartografen in sein erst kürzlich gegründetes Unternehmen einladen würde. Doch bis dieser Überlegung Taten folgten, vergingen einige Jahre. Als schließlich Petermanns Erfolg als Kartenverleger in London in Gefahr war, erhoffte sich der deutsche Kartograf mit einer Anstellung Bartholomews nun die ersehnte Wende in der Anerkennung seiner Firma in der Gemeinschaft anderer britischer Kartenverlage. Petermann war allerdings kein Mensch, der genau das offen zugab, sodass die offizielle Einladung an Bartholomew in sein Unternehmen einzutreten aus dem Jahr 1853 sehr schlicht ausfiel: „I bug to inform you that there is, just at the present, an opening in my Establishment

589 Vgl. Petermanns erste Festanstellung als Kartograf im Verlag W. & A. K. Johnston Ltd. in Edinburgh im Jahr 1845 durch die Vermittlung von Heinrich Berghaus: Philipp Felsch, *Wie August Petermann den Nordpol erfand*, München, 2010, 43 f.

590 Zur Firmengeschichte des John Bartholomew Verlags siehe: Eintrag zu *John Bartholomew and Son (Company)* in der Onlineausgabe der Encyclopaedia Britannica unter: https://www.britannica.com/topic/John-Bartholomew-and-Son (zuletzt aufgerufen am 20.08.2020).

for a young man of your description, and that I shall be glad to engage you, if your abilities any conditions satisfy me.“[591]

Für den Adressaten des Briefes stand jedoch rasch fest, dass die Arbeit im elterlichen Betrieb vielversprechender erscheint, als eine Anstellung bei Petermann in London. Dennoch blieb auch nach der Ablehnung Bartholomews der Kontakt zwischen Petermann und dem Edinburgher Verlag bestehen.

Erstaunlich bleibt dabei die Tatsache, dass selbst nach Petermanns Tod der Kontakt des Bartholomew Verlages nach Gotha nie komplett abriss. Das mag zum einen an der Sympathie der beiden Verleger für einander gelegen haben, aber wesentlich deutlicher wohl am Nutzen einer solchen Beziehung für den Erfolg der gegenseitigen geschäftlichen Interessen. Da beiden Verlagen eine gewisse Kenntnis in der Anfertigung physischer Karten nicht abgesprochen werden konnte und der Verkauf jener Karten im jeweils anderen Land die Unternehmen vor betriebliche Schwierigkeiten hinsichtlich der teuren Übersetzungsleistungen der Karten und des Vertriebs vor Ort stellte, ermöglichte die Kooperation in konkreten Publikationsprojekten die bestmögliche Ausnutzung von Synergieeffekten für die entsprechenden Verlage.

Das erkannte schon Heinrich Berghaus, als er bereits 1842 dem Verleger Wilhelm Perthes den Verkauf einer englischsprachigen Ausgabe seines *Physikalischen Atlas* vorschlug:

> Verehrtester Freund! Schon seit dem Beginnen des Physikalischen Atlas bin ich von Herrn Alexander vom Humboldt zu wiederholtem Male aufgefordert worden, eine englische Ausgabe unseres Werkes zu veranstalten, indem er der Meinung ist, daß dieselbe in dem Vereinigtem Königreiche eine gute Aufnahme, einen guten Absatz finden werde. Die Ansicht des Hrn. v. H. hat wol Manches für sich; ich habe oft daran gedacht wie sie in Ausführung zu bringen sei; immer aber stieß ich auf die Schwierigkeit, die sich dem merkantilischen Literatur-Vertrieb und Verkehr zwischen Deutschland und England entgegenstellt; ich denke, diese Schwierigkeit sei fast unüberwindlich, wenn wir unmittelbar, ohne Vermittelung eines britischen Buchhändlers oder Hauses, die Sache ins Werk richten wollten, und nur mit einer solchen Theilnahme sei sie möglich. [...] Mit freundschaftlicher Hochachtung gez. der Ihrige Berghaus.[592]

Für Berghaus stand also fest, dass der Aufwand in der Anfertigung der Kartenbilder einem alleinigen Vertrieb des genannten Atlas, nur im deutschsprachigen Raum, in keiner Weise einträglich erschien. Aus diesem Grund schlug er vor, dass der Perthes Verlag und er als Autor zusammen mit dem schottischen Verleger Inherston eine gemeinsame Herausgabe der englischsprachigen Ausgabe seines *Physikalischen Atlas* veranstalten sollte. Die Anfertigung der Kartenbilder könne in seiner Kunstschule in Potsdam erledigt werden und der Stich der Kupferplatten in Gotha. Lediglich die Übersetzung der Kartenbilder und der Vertrieb würde im Fall einer erfolgreichen Überein-

591 Brief August Petermanns an John Bartholomew Jr. vom 10.3.1853, in: National Library of Scotland. The Bartholomew Archive, Acc. 10222/11.

592 Brief von Heinrich Berghaus an Wilhelm Perthes vom 21.3.1842, in: Forschungsbibliothek Erfurt/Gotha, Nachlass Heinrich Berghaus, SPA ARCH MFV 19A/2, 357.

kunft der drei genannten Parteien in Großbritannien erfolgen, was im Fall der avisierten Ausgabe nachvollziehbar erscheint. Nach Abzug aller Kosten würde schließlich der zu erwartende Gewinn dieses Geschäftes unter den drei Mitgliedern der Kooperation zu gleichen Teilen ausgezahlt werden.[593] Für Berghaus schien der Erfolg einer solchen Übereinkunft, trotz eines zu erwartenden risikoreichen Absatzes, durchaus denkbar. Sein schottischer Kollege, ein gewisser „Dr. Kombot“ richtete mithilfe von Heinrich Berghaus im selben Zusammenhang einen weiteren Brief an den Gothaer Verleger, in dem er den Grund des zu erwartenden Erfolgs einer englischsprachigen Ausgabe des Atlas genauer beschrieb:

> Wissenschaftliche Geographie ist hier noch in der eigentlichsten Kindheit, und hat nur seit den letzten zehn Jahren (seit der Stiftung der geographischen Gesellschaft) angefangen, einige Lebenszeichen von sich zu geben. Der Absatz eines Werkes, wie Ihr physikalischer Atlas [sic], würde daher für den Augenblick äußerst beschränkt sein. Es läßt sich aber nicht verkennen, daß in Folge der besseren Erziehung, die jetzt in den öffentlichen Schulen gegeben wird, sich innerhalb zehn bis fünfzehn Jahren von dieser Seite her ein günstiger Einfluß, auch auf die Geographie [einstellen] wird. [...][594]

Für Perthes stand allerdings fest, dass ein Verkauf des *Physikalischen Atlas* in Großbritannien durchaus denkbar wäre, auch als Lieferungsausgabe, es aber konkretere Angebote hinsichtlich des Vertriebs in Großbritannien von Seiten britischer Buchhändler bedürfe. Weil diese Angebote ungenau formuliert wurden, beschloss der Gothaer Verleger, dass der Vorschlag eines gemeinsamen Unternehmens zum Vertrieb des Atlas in Großbritannien kategorisch abzulehnen sei und stattdessen Perthes als alleiniger Verleger lediglich zur Zahlung eines Honorars an Inherston als Händler bereit wäre.[595]

Schließlich kam es vorerst nicht zu einer weiteren Zusammenarbeit zwischen dem Gothaer und etwaigen britischen Verlagen zur gemeinsamen Herausgabe einer englischsprachigen Ausgabe des *Physikalischen Atlas* von Heinrich Berghaus. Dennoch zeigt dieses Beispiel eindringlich, dass bereits während der ersten Hälfte des 19. Jahrhunderts von Seiten der Verlage und zum Teil auch von den Kartografen selber bewusst initiierte Überlegungen offen diskutiert wurden, die eigenen Karten über den eigenen Markt hinaus zu vertreiben. Nicht zuletzt spielten dabei Argumente der Kostendeckung der zumeist recht aufwendig und teuer produzierten Kartenwerke eine gewichtige Überlegung.[596]

---

593 Ebd.

594 Brief von Dr. Kombot an an Heinrich Berghaus vom 05.3.1842, in: Forschungsbibliothek Erfurt/Gotha, Nachlass Heinrich Berghaus, SPA ARCH MFV 19A/2, 362.

595 Persönliche Notiz von Wilhelm Perthes unter dem Brief von Heinrich Berghaus an Wilhelm Perthes vom 21.3.1842, in: Forschungsbibliothek Erfurt/Gotha, SPA ARCH MFV 19A/2, [wie Anm. 592], 357.

596 Solche oder ähnliche Überlegungen lassen sich, wenn überhaupt, in den vorhandenen Quellen nur andeutungsweise finden. Dennoch zeigt der Fall der Idee des geplanten Auslandsvertriebs des *Physikalischen Atlas* von Heinrich Berghaus, dass schon weit früher als vermutet Kartenverlage im 19. Jahrhundert in Deutschland die Absatzchancen ihrer Publikationen über einen deutschsprachigen Markt hinaus erörterten und intuitiv dabei vom Konzept des Sättigungsgrades des eigenen Marktpo-

Im Fall des Perthes Verlages liegen z. B. für die Zeit zwischen 1861 und 1875 umfangreiche Quellen vor, die ein Ausmaß des Auslandsgeschäftes von konstant ca. 27 % aller Nettoverkäufe im genannten Zeitraum belegen. Vor allem Russland, aber auch Italien bildeten die wichtigsten beiden Auslandsmärkte für den Gothaer Verlag, gefolgt von der Schweiz und den Niederlanden.

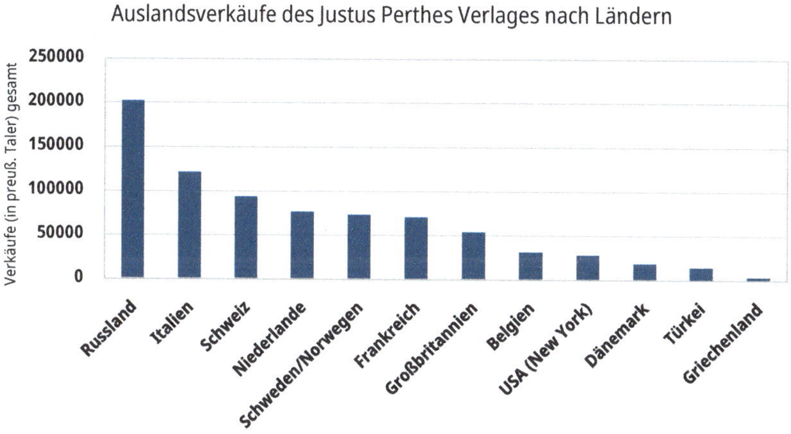

Abb. IV. 11: Auslandsverkäufe des Justus Perthes Verlages von 1861 bis 1875, geordnet nach Ländern. Kumulierte Daten der Verkäufe in preuß. Talern im genannten Zeitraum. (Eigene Darstellung)

Für Russland galt, dass die Bevölkerung zu Beginn des 19. Jahrhunderts von den Ideen der Aufklärung mindestens in gleichem Maße beeindruckt gewesen war, wie Zar Alexander I. Diese Begeisterung führte zur Gründung zahlreicher Universitäten, um letztendlich auch die nötige Anzahl an Verwaltungsbeamten auszubilden, deren Arbeit in den neu geschaffenen Ministerien und Amtstuben so dringend benötigt wurde.[597] Vor allem Offiziere, die nach den Napoleonischen Kriegen wieder nach Russland aus West- und Zentraleuropa zurückkehrten, begehrten nach einer besseren universitären Bildung, was in diesem Zusammenhang auch das Verlangen nach neuerer Literatur und auch neuen Karten erhöhte.[598] Hinzu kam, dass der Anteil der Stadtbevölkerung, gemessen an der Gesamtbevölkerung des Russischen Kaiserreiches von 6,6 % im Jahr 1811 auf 10 % im Jahr 1832 anstieg.[599] Dieser Anteil sollte in den folgenden Jahrzehnten

tenzials ausgegangen sind. Vgl. hierzu: Mathias Schürmann, *Marketing. In vier Schritten zum eigenen Marketingkonzept*, 3. Auflage, Zürich, 2016, 67 f.

597 Manfred Alexander, *Russische Geschichte von den Anfängen bis zur Gegenwart*, 7. Auflage, Stuttgart, 2009, 406 f.

598 Ebd., 415 f.

599 Zur genauen statistischen Erfassung der russischen Bevölkerung in der ersten Hälfte des 19. Jahrhunderts siehe: Manfred Hildermeier, *Geschichte Russlands. Vom Mittelalter bis zur Oktoberrevolution*, 1. Auflage, München, 2013, 805.

konstant bleiben, wobei das allgemeine Bildungsniveau der Stadtbevölkerung, verglichen mit der Mehrheit der Landbevölkerung, drastisch zunahm.

Konkret bedeutet dies, dass im Jahr 1847 nahezu jeder zweite männliche Stadtbewohner im Russischen Zarenreich lesen und schreiben konnte, die Mehrheit der Landbevölkerung allerdings weiter als Analphabeten lebte.[600] Zeitgleich importierte die russische Bildungselite und die zuständige Verwaltung die für sie als fortschrittlich bewerteten bildungspolitischen Konzepte und damit auch zahlreiche Bildungsmedien aus West- und Zentraleuropa.[601] Insofern kann festgestellt werden, dass nach den Napoleonischen Kriegen bis zur Mitte des 19. Jahrhunderts für die russische Geschichte ein messbarer Wandel in der Bedeutung von Bildung für die gesellschaftliche Teilhabe nachgewiesen werden kann, dessen Bedeutung für deutsche Exporteure von Landkarten als Bildungsmedien sich im verstärkten Vertrieb der eigenen Produkte auch in den 1860er und frühen 1870er Jahren nach Russland niederschlug.

Selbst Heinrich Berghaus versuchte schon zu Beginn der 1830er Jahre seinen in sechs Lieferungen zwischen 1832 und 1843 bei Justus Perthes erschienenen *Atlas von Asia* auch in Russland zu verkaufen. Hierfür bot er dem Verleger ein auf seinen Namen einzurichtendes Kommissionsgeschäft in Russland an, da vor allem die russische Marine und die Universität in Helsinki potentielles Interesse an seinen physikalischen Kartenblättern über Asien hätten und er durch Kontakte zum russischen Botschafter in Berlin einen Vertrieb seines Atlas in Russland als gesichert voraussetzte.[602] Der Verleger zeigte sich diesem Vorschlag gegenüber sehr offen, wohl auch, weil er wusste, dass der Vertrieb der hochwertigen Kartenblätter nach Großbritannien äußerst umständlich werden würde und Wilhelm Perthes zugleich in Großbritannien keinen vertrauenswürdigen Handelsvertreter für seine Landkarten zum Zeitpunkt der Herausgabe der ersten Lieferungen des *Atlas von Asia* finden konnte. Heinrich Berghaus äußerte deshalb den Vorschlag, nach geeigneten Händlern für seinen Atlas im Namen des Perthes Verlages zu suchen:

> Was den Vertrieb unseres Atlas von Asien nach Russland anbetrifft, so werde ich mir alle Mühe geben, ihn zu beleben. Herr Besser's Brief [...] giebt allerdings wenig Hoffnung für England; [...] So weit ich die dortigen Verhältnisse kenne, so lässt sich auf einen vielleicht nicht unbedeutenden Absatz rechnen, wenn man nur den rechten Mann finden könnte, denn mit den Londoner Kartenhändlern ist nichts anzufangen. Man muß nämlich den Lords und Esquire's, wie man zu sagen pflegt, ins Haus rücken, und sie persönlich zur Subskription einladen, durch Vorzeigung eines Exemplars. [...] Mit unserem Konsul in London ist nichts anzufangen, er hat mich an die dortigen Kartenhändler wie an Cary verwiesen.[603]

600 Ebd., 836.
601 Ebd., 838.
602 Siehe: Brief von Heinrich Berghaus an Wilhelm Perthes vom 06.7.1833, in: Forschungsbibliothek Erfurt/Gotha, Nachlass Heinrich Berghaus, SPA ARCH MFV 19A/1, 129.
603 Brief von Heinrich Berghaus an Wilhelm Perthes vom 19.7.1833, in: Forschungsbibliothek Erfurt/Gotha, Nachlass Heinrich Berghaus, SPA ARCH MFV 19A/1, 130.

Wie ich bereits in den Kapiteln 2.3 und 3.2.3 und zur *Chart of the World* und zu *Petermanns Geographischen Mitteilungen* zeigen konnte, wurde der tatsächliche Verkauf deutscher Landkarten im Ausland in der Regel von aus Deutschland emigrierten Buchhändlern organisiert. Die Anzahl der aus Deutschland ins globale Ausland emigrierten Buchhändler nahm im Verlauf des 19. Jahrhunderts, parallel zur Gesamtauswanderung, stetig zu. Die im Buchhandel tätigen Deutschen gründeten entweder als Großhändler Kommissionslager und vertrieben als Kommissionäre Bücher und Karten der unterschiedlichsten Verlage oder sie fungierten als Händler im Auftrag deutschsprachiger Verlage, deren Auslandsgeschäfte zum Teil über eigene Filialen getätigt wurden. Ein bekanntes Beispiel dieser Praxis stellt die New Yorker Buchhandlung von Bernhard Westermann dar, der im Auftrag seines Bruders George Westermann eine Filiale des gleichnamigen Braunschweiger Verlags ab 1849 am Broadway Nr. 651 in Manhattan/New York eröffnete.[604]

Der Bedarf nach deutschsprachigen Druckerzeugnissen nahm somit im Verlauf des 19. Jahrhunderts stetig zu. Betrachtet man nun ausschließlich das Wachstum der Migrationsraten aus Deutschland nach Übersee und im selben Zusammenhang das Wachstum der Gründung von Buchhandlungen deutscher Verlage und Buchhändler, so fällt auf, dass ab den späten 1870er Jahren die Gründungsaktivitäten deutschsprachiger Buchhandlungen in Übersee, die Migrationsrate von deutschen Auswanderern deutlich übertrafen. Allein im Zeitraum der 1850er Jahre bis zur Gründung des Deutschen Kaiserreiches im Jahr 1871 wuchs die Anzahl deutscher Buchhandlungen in Übersee fast fünf mal schneller, als Deutsche tatsächlich nach Übersee auswanderten.[605]

Insofern erschien der Markt für heimische Druckerzeugnisse in fernen Ländern durchaus lukrativ zu sein, obwohl er auch mit einem nicht zu unterschätzenden Risiko verbunden war. Dies galt besonders für Karten.

Wie ein Beispiel einer Kartenpublikation des bereits an anderer Stelle in dieser Arbeit erwähnten Friedrich Jeppe aus Südafrika zeigt, kam es, neben guten Kontakten bzgl. des Vertriebs von Karten im Ausland, vor allem darauf an, dass das Kartenbild an die Bedürfnisse der Konsumenten vor Ort angepasst wurde, um erfolgreich verkauft werden zu können.

---

604 Paul Zimmermann „*Westermann, George*“, in: *Allgemeine Deutsche Biographie*, herausgegeben von der Historischen Kommission bei der Bayerischen Akademie der Wissenschaften, Band 42 (1897), 184–186.

605 Eigene Berechnungen. Zur Datengrundlage dieser Rechnung und für Abb. 4 siehe: Friedrich Burgdörfer, *Wanderungen über die Deutschen Reichsgrenzen im letzten Jahrhundert*, Heidelberg, 1930, 189 sowie Kaiserliches Statistisches Amt (Hrsg.), *Statistisches Handbuch für das Deutsche Reich*, 1. Band, Berlin, 1907, 110. Daten zur Gründung deutscher Buchhandlungen in Übersee aus: Ilsedore Rarisch, Industrialisierung und Literatur, Berlin, 1976, 44.

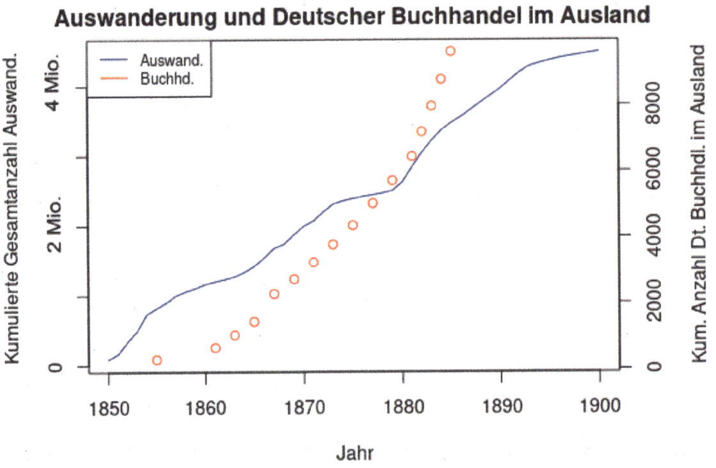

Abb. IV. 12: Kumulierte Anzahl deutscher Auswanderer nach Übersee und Gründungen deutscher Buchhandlungen in Übersee, 1850 bis 1900. (Eigene Darstellung)

Jeppe selber stand als deutschstämmiger Südafrikaner lange in engem Kontakt zu August Petermann, was schließlich neben einer jahrelangen Korrespondenz, auch zu entsprechenden Kartenpublikationen des südlichen Afrikas in *Petermanns Geographischen Mitteilungen* führte.

Nachdem im 24. Ergänzungsheft[606] dieser Zeitschrift eine ausführliche Beschreibung der Süd-Afrikanischen Republik samt Karte erschien, schlug Jeppe August Petermann hinsichtlich der weiteren Zusammenarbeit die Herstellung angepassterer Karten für den südafrikanischen Markt aus der Gothaer Kartenproduktion vor, denn:

> der geringe Absatz unserer Karte hier in Africa hat bewiesen, daß man für eine Specialkarte dieser Republik wenig Interesse hat, der Absatz ist lediglich durch die der Specialkarte beigefügten kleinen Karte von Ihnen erzielt & viele Reisende & Jäger haben mich auf das Wünschenswerthe einer guten Karte von hier oder Natal bis zum Sambesi aufmerksam gemacht. Falls es möglich ist, würde ich Ihnen vorschlagen die einheimischen Namen & Benennungen so viel als möglich beizubehalten, ich meine die Karte muß nicht ganz oder gar Deutsch sein. Da Durban einstweilen wohl noch unser Seehafen bleiben wird so ist es sehr wünschenswerth, daß die neue Karte im Süden mit diesem Seehafen beginnt.[607]

---

606 Gemeint ist: Friedrich Jeppe, *Die Transvaal'sche Republik oder Süd-Afrikanische Republik. Mit einer Originalkarte der Transvaal'schen Republik*, Ergänzungsheft Nr. 24 zu *Petermann's Geographischen Mittheilungen*, Gotha, 1868.

607 Brief von Friedrich Jeppe an August Petermann [ohne Datum, wohl 1869], in: Forschungsbibliothek Erfurt/Gotha, Nachlass Friedrich Jeppe, SPA ARCH PGM 063, 67.

Diese Aussagen spiegeln ein deutlich realistischeres Bild der Bedürfnisse der Kunden vor Ort wider, als es Friedrich Jeppe zu Beginn seiner Korrespondenz mit August Petermann ein Jahr vor der Publikation der genannten Karte äußerte:

> Die Beschreibung der Süd Afrik. Republik gewöhnlich d. Transvaal'sche Republik genannt, ist von mir mit der Absicht geschrieben, um die Aufmerksamkeit von Leuten, die nach Süd Africa auszuwandern beabsichtigen auf dies schöne und reiche Land zu lenken. [...] Ich denke, daß unter den jetzigen traurigen Verhältnissen in der Heimat manche diesselbe zu verlassen geneigt sein werden.[608]

Dennoch galt, dass zumindest Petermann als Kartograf auf die Annahmen und Einschätzungen seiner Kontakte vor Ort angewiesen war, um die Marktfähigkeit seiner Karten im Ausland zu beurteilen. Neben Friedrich Jeppe war es Karl Mauch, welcher Petermann mit Informationen aus dem südlichen Afrika versorgte. Alle genannten Personen standen in engem Kontakt, sodass Petermann über Mauch tatsächliche Reiserouten in seine Karten einfließen lassen konnte. Zusammen mit der Einschätzung Jeppes führte dies in den folgenden zehn Jahren zur Herausgabe von insgesamt fünf Karten über Südafrika. Drei davon erschienen in Petermanns eigener Zeitschrift und zwei Kartenblätter in der 5. Auflage von *Stielers Handatlas* aus dem Jahr 1869.[609] Zugleich veröffentliche Karl Mauch in Zusammenarbeit mit August Petermann im Jahr 1874 einen eigenen Ergänzungsband zu *Petermanns Geographischen Mitteilungen* über seine Reisen im südlichen Afrika, in welchem auch eine Karte der Region erschien.[610]

Den Karten in *Stielers Handatlas* ist wiederum anzumerken, dass Petermann einen Teil der Ratschläge Friedrich Jeppes umzusetzen begann. In beiden Karten versuchte Petermann in detaillierter, dennoch im Maßstab angepasster Form eine visuelle Zusammenfassung des zeitgenössischen Wissensstandes über die Geografie der Region vom Kap der Guten Hoffnung bis zur Mündung des Sambesi im heutigen Mosambik abzubilden. Dabei wurde der Maßstab der Karten so gewählt, dass in einer Karte den angezeigten Wünschen Jeppes bzgl. einer vermuteten Nutzung der Karten vor Ort

---

608 Brief von Friedrich Jeppe an August Petermann vom 22.1.1867, in: Forschungsbibliothek Erfurt/Gotha, Nachlass Friedrich Jeppe, SPA ARCH PGM 063, 1–4.

609 Gemeint sind folgende Karten: **a)** August Petermann, *Originalkarte von C. Mauch's Reisen von Süd-Afrika zwischen Potchefstrom und Zambesi 1865–1869. Nebst Übersicht aller anderen Forschungen*, Maßstab: 1:2.000.000, in: Petermanns Geographischen Mitteilungen (1870), Tafel 1; **b)** August Petermann, *Natal und Orange-Fluss-Freistaat und C. Mit dem Diamanten-Feldern. Zur Übersicht der Aufnahmen von Adolf Hübner, Karl Mauch, Eduard Mohr und Co*, Maßstab: 1:1.400.000, in: Petermanns Geographischen Mitteilungen (1871), Tafel 11; **c)** August Petermann, *Originalkarte der Neuesten Entdeckungsreisen in Süd-Afrika von Mauch, Mohr, Hübner, Baines u. A. Nebst Übersicht sämmtlicher Forschungen in der Transvaal-Republik & Mosilikatse's Reich*, Maßstab: 1:2.000.000, in: Petermanns Geographischen Mitteilungen (1872), Tafel 21; **d)** Hermann Habenicht, *Süd-Afrika & Madagaskar*, Maßstab: 1:12.500.000, in: *Stielers Handatlas*, Blatt 45c, 5. Auflage, Gotha, 1869; **e)** Hermann Habenicht, *Das Capland nebst den Süd-Afrikanischen Freistaaten und dem Gebiet der Hottentotten & Kaffern*, Maßstab: 1:5.000.000, in: *Stielers Handatlas*, Blatt 45d, 5. Auflage, Gotha, 1869.

610 Karl Mauch, *Carl Mauch's Reisen im Inneren von Süd-Afrika 1865–1872*, Ergänzungsheft Nr. 37 zu *Petermann's Geographischen Mittheilungen*, Gotha, 1874.

Rechnung getragen wurde, obwohl die Karte auf Deutsch erschien, aber die regionalen Ortsbezeichnungen in lateinischen Buchstaben transkribiert mit abgedruckt wurden. Wie kaum anders zu erwarten, veröffentlichte Petermann die detaillierten Kartenaufzeichnungen Mauchs und anderer ihm bekannter Reisender, besonders über die Gold- und Diamantenvorkommen in Südafrika, wiederum in den zuvor genannten Karten in *Petermanns Geographischen Mitteilungen* am Ende der 1860er Jahre. Es gilt anzunehmen, dass *Stielers Handatlas* über britische Buchhändler auch im Süden von Afrika verkauft wurde, sodass der Justus Perthes Verlag mit dem Verkauf dieser Kartografie, ernstzunehmende eigene Publikationen der britischen Konkurrenz vorsetzte.[611]

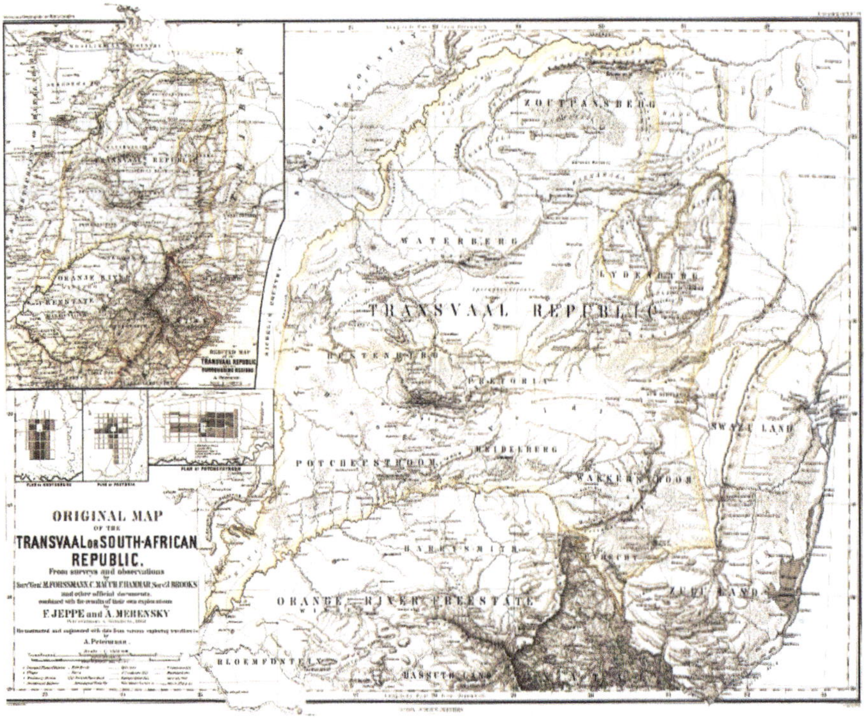

Abb. IV. 13: Friedrich Jeppe und Alexander Merensky, *Original map of the Transvaal or South-African Republic*, Maßstab: 1:1.850.000, in: Friedrich Jeppe, *Die Transvaal'sche Republik oder Süd-Afrikanische Republik. Mit einer Originalkarte der Transvaal'schen Republik*, Ergänzungsheft Nr. 24 zu *Petermann's Geographischen Mittheilungen*, Gotha, 1868.

611 Jedenfalls wird diese Annahme dadurch gestützt, dass August Petermann im August 1869 Friedrich Jeppe eindringlich empfiehlt, die Karten des Perthes Verlages und somit auch *Petermanns Geographische Mitteilungen* über zwei Londoner Buchhändler zu beziehen, welche für den Verkauf deutschsprachiger Karten in Großbritannien und nach Übersee bekannt waren. Gemeint sind die Buchhandlungen *Williams and Norgate* sowie die von *N. Trübner*. Vgl.: Brief von August Petermann an Friedrich Jeppe vom 19.8.1869, in: Forschungsbibliothek Erfurt/Gotha, Nachlass Friedrich Jeppe, SPA ARCH PGM 063, 62.

4.2.3 Gotha in Edinburgh

Die Zusammenarbeit zwischen dem Gothaer Perthes Verlag und dem von John Bartholomew in Großbritannien sollte am Ende des 19. Jahrhunderts neu belebt werden. Wie ich bereits gezeigt habe, begann der rege Austausch über die eigenen Kartenpublikationen und über die des jeweils anderen Verlages vor dem Hintergrund des engen Kontakts des jungen August Petermanns zum schottischen Verleger John Bartholomew Jr.

Nichtsdestotrotz punkteten deutsche Kartenverlage mit ihren Publikationen im internationalen Vergleich im 19. Jahrhundert vor allem durch ihre wissenschaftliche Genauigkeit, sodass gerade für das Fachgebiet der physischen Kartografie eine deutlich spürbare Nachfrage nach Karten aus Deutschland festgestellt werden konnte. Allen voran Verlage wie von Justus Perthes oder Dietrich Reimer schufen universelle Kartenpublikationen, welche alle zumindest in einem Punkt vergleichbar waren: Die Autoren dieser Karten waren in der Regel nicht exklusiv für einen einzigen Verlag tätig, sondern oftmals mit speziell zum Verlagsgeschäft passenden Veröffentlichungen in den jeweiligen Verlagshäusern beschäftigt. Zugleich bedurfte die Kartografie des gegenseitigen Austausches von Fachinformationen. Und dieser akademische Austausch verlief in den meisten Fällen über Ländergrenzen hinweg, erst Recht in der ersten Hälfte des 19. Jahrhunderts.

Das galt auch für das berufliche Netzwerk von Heinrich Berghaus, ohne das seine Arbeit kaum vorstellbar gewesen wäre. Aus diesem Netzwerk resultierten über die Grenzen Deutschlands hinaus ausgehende Kartenexporte vor allem nach Großbritannien, die zu eigenen Publikationen in entsprechenden Atlanten führten. Ein frühes Beispiel dafür stellen die Karten des *Physikalischen Atlas* dar, welche in adaptierter Form seit 1848 in Alexander Keith Johnstons *Physical Atlas* abgedruckt wurden.[612]

In diesem Fall wird die Funktion der deutschen Karten im Ausland, nämlich als Vorbild für die Darstellung neuerer Kenntnisse über die physikalische Geografie sichtbar, da Johnston das Layout und die Art und Weise der Präsentation der thematischen Karten von Berghaus nahezu vollständig kopierte. Allerdings nutzten beide Autoren die Daten Alexander von Humboldts für ihre Arbeit, sodass an dieser Stelle noch einmal an die Universalität des abgebildeten Wissens, unabhängig vom kulturellen Hintergrund des Marktes, auf dem dieses Wissen angeboten wurde, erinnert werden kann.

In Großbritannien und Deutschland galt, dass die Publikation von Atlanten physikalischer Karten oft nur durch sehr lange Publikationszeiträume überhaupt realisiert werden konnte und somit die Geduld der Käufer als obligatorisch für den erfolgreichen Absatz der kompletten Ausgabe einkalkuliert wurde. Zugleich resultierten die langen Publikationszeiträume oftmals aus dem Umstand der aufwendigen Kartengestaltung, was in den meisten Fällen mit großen Herstellungskosten dieser Atlanten ver-

612 Vgl. Eintrag zu: *Johnston, Alexander Keith*, in: Encyclopaedia Britannica, 11. Auflage, Band 15, London, 1911, 473.

bunden gewesen war. Insofern wundert es nicht, wenn ein Verlag im 19. Jahrhundert durchaus auch ein betriebswirtschaftliches Risiko mit der Publikation solcher Kartenwerke einging.

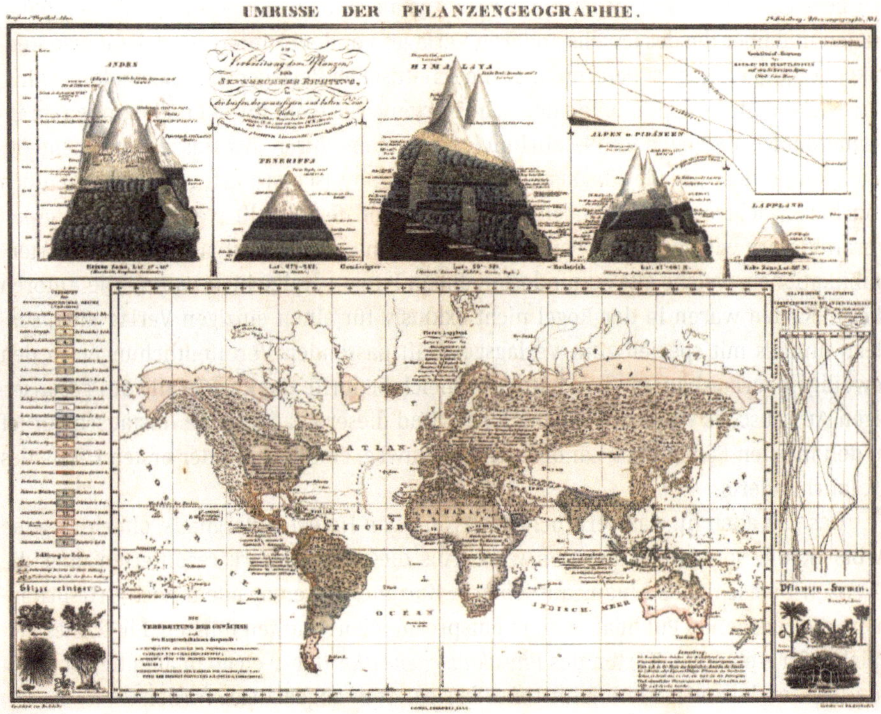

Abb. IV. 14: Heinrich Berghaus und Friedrich Schelle, *Umrisse der Pflanzengeographie* [ohne Maßstab] in: Heinrich Berghaus, *Physikalischer Atlas*, 5. Abteilung, Blatt 1, Gotha, 1838.

Aus diesem Grund scheuten sich Verlage lange auch Neuauflagen ihrer bisherigen physikalischen Kartenwerke herauszugeben. Der Perthes Verlag z. B. veröffentlichte erst 1887 eine neue Auflage des *Physikalischen Atlas*.[613] Im Bartholomew Verlag in Edinburgh mag diese Nachricht das Interesse des Verlegers geweckt haben, sodass es nicht verwunderlich wäre, wenn bereits am Ende der 1880er Jahre die Idee eines eigenen, neuen, großen physikalischen Atlas gereift wäre. Schließlich führten zu Beginn der 1890er Jahre diese Überlegungen zum Entschluss, die Herausgabe eines solchen Atlas in die Tat umzusetzen.

613 Siehe: Hermann Wagner, *Hermann Berghaus* [Nachruf], in: Petermanns Geographischen Mitteilungen (1891), Vorwort, IV–V.

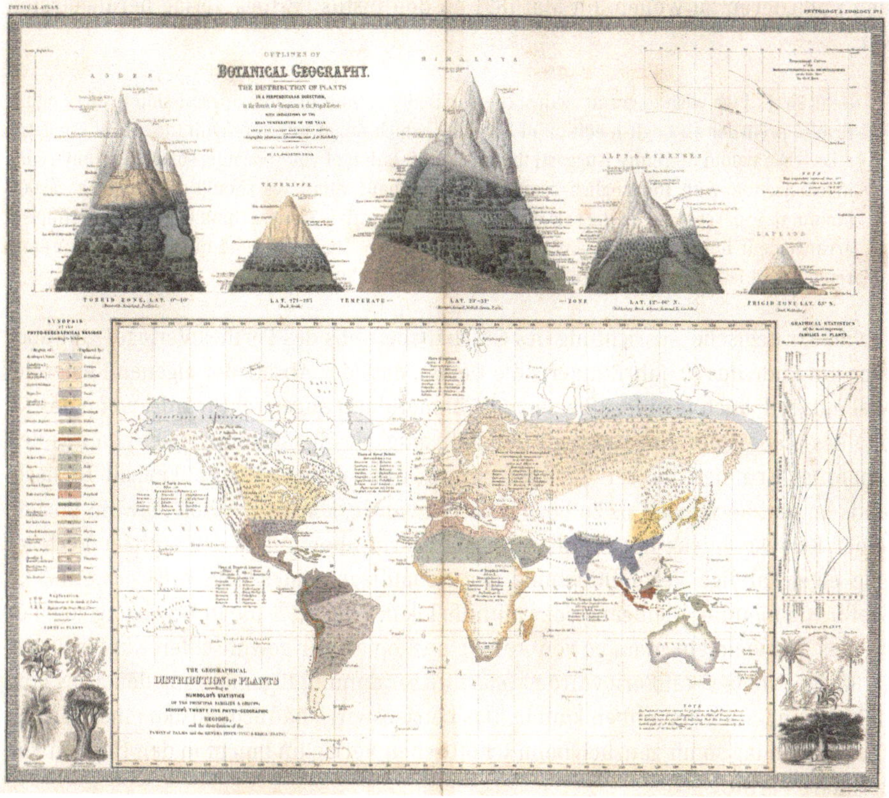

Abb. IV. 15: Alexander Keith Johnston, *The Geographical Distribution of Plants. Outline of Botanical Geography: The Distribution of Plants in a Perpendicular Direction* [ohne Maßstab], in: Alexander Keith Johnston, *The Physical Atlas, A Series of Maps & Illustrations of the Geographical Distribution of Natural Phenomena*, Abteilung Phytology und Zoology, Blatt 1, Edinburgh und London, 1850.

Den Achtungserfolg des Atlas von Alexander Keith Johnston im Fachpublikum vor fast 50 Jahren zuvor im Kopf behaltend, reifte im Edinburgher Verlagshaus die Idee, auch für einen neuen Atlas eine Kooperation mit den Arbeiten von Berghaus einzugehen und somit den Kontakt zum Gothaer Perthes Verlag zu suchen.

Dem schottischen Verleger war nämlich bewusst, dass seine Veröffentlichung in Großbritannien und darüber hinaus nur ökonomischen Erfolg haben wird, wenn der Perthes Verlag keine eigene englischsprachige Übersetzung seines Atlas publizieren würde. Aus diesem Grund muss in den Überlegungen zur Herausgabe eines solchen Atlas die Kooperation mit dem in der Fachwelt geachteten Gothaer Verlag bzgl. einiger der im *Physikalischen Atlas* seit 1887 veröffentlichten Karten logischerweise als obligatorisch erschienen sein. Jedenfalls waren dies die mitgeteilten strategischen Ideen Bartholomews, als er mit der Ankündigung, einen eigenen *Physical Atlas* in Großbritannien publizieren zu wollen, im Mai 1891 an den Justus Perthes Verlag herangetreten war:

> Dear Sir. [...] we wish to grand against the possibility of your granding permission to any English firm to preorder an English edition of Berghaus which might interfere with the sale of our large atlas – We would therefore [suggest] that in consideration of your warning solaly to us any rights in connection with the English copyright of Berghaus Atlas, we should allow you a certain [amount] or percentage on the sale of each copy of our Atlas. This we think would be the simplest arrangement but if you have any proposal to make we should be glad to consider it. An early reply to this letter will oblige. Yours sincerely J. G. Bartholomew.[614]

Für die strategische Ausrichtung des Geschäftsbetriebs des Perthes Verlages galt aber auch am Ende des 19. Jahrhunderts die Devise, dass der Absatz der eigenen Karten im Ausland, evtl. auch in einer Übersetzung, immer dann angestrebt wurde, wenn das Risiko des Misserfolgs einer solchen Geschäftstätigkeit überschaubar blieb. Da aus den genannten Gründen dies für den Absatz eines physikalischen Atlas außerhalb Deutschlands im Gothaer Verlag als zu hoch bewertet wurde, konnte Bartholomew im Vorfeld seiner Korrespondenz mit Bernhard Perthes nicht ahnen, dass der Gothaer Verleger eine eigenständige Veröffentlichung der Neuauflage seines *Physikalischen Atlas* in Großbritannien im Alleingang oder mithilfe lokaler Verleger nie in Erwägung zog. Für Perthes galt vielmehr, dass er von Anfang an Kopien der gewünschten Kupferplatten an Bartholomew veräußern würde, sodass dieser dann in Eigenleistung den Atlas konzipieren und auch vertreiben könnte. Das betriebswirtschaftliche Risiko einer solchen Kooperation lag somit gänzlich beim schottischen Verlag und nicht in den Händen von Bernhard Perthes.

Nur vier Tage nachdem Perthes diesen Vorschlag nach Edinburgh abschickte, konkretisierte Bartholomew seine Idee einer Zusammenarbeit bzgl. der Herausgabe des genannten Atlas. Für ihn stand fest, dass eben keine englischsprachige Ausgabe des *Physikalischen Atlas* in Frage kommt, sondern die Handschrift des Bartholomew Verlages im Atlas erkennbar sein soll. Dabei ging es in der Korrespondenz hintergründig immer auch um die Reputation des schottischen Verlagshauses, schließlich wussten allen Beteiligten, dass ein solch seltenes Ereignis, wie die Veröffentlichung eines neuen physikalischen Atlas, den Blick der globalen Fachwelt nach Edinburgh lenken würde. Aus diesem Grund war für Bartholomew klar, sollte er Karten aus dem Perthes Verlag für seine Unternehmung verwenden, dass eine gütliche Einigung zwischen beiden Unternehmen gefunden werden musste.

Gleichzeitig versuchte der Verleger natürlich Perthes in Fragen der Kosten für die Kopien der Kupferplatten zu Zugeständnissen bzgl. der Übernahme dieser Platten zu bewegen:

---

614 Brief von John Bartholomew an Bernhard Perthes vom 19.5.1891, in: National Library of Scotland. The Bartholomew Archive, Letter Book 1857–2002, Acc. 10222/749, 25.

> My dear Sir. [...] As I said before, we did not find that it would be honourable to make on of the work in Berghaus Atlas without suitable litarary acknowledgement, although it may be quite legal [...] without any acknowledgement. But as we [see] we cannot afford to pay much for it. As our own working, aditorial, engraving and printing expenses in the production of the Atlas will be very heavy. For you must understand that we do not [create] an 'English edition of Berghaus' – this Atlas would be 'Bartholomews Physical Atlas' and would be edited by the leading scientific name of our country – It would be a much more extinctive Atlas than Berghaus and probably contains about 100 plates. [...] I am yours very kindly J. G. Bartolomew.[615]

Die Antwort aus Gotha kam prompt. Bernhard Perthes wollte ausschließlich zu seinen Konditionen eine geschäftliche Beziehung eingehen, da er kein großes Vertrauen zu dem Edinburgher Verlagshaus besaß:

> Nach Ihrer geschätzten Zuschrift vom 2. d. M. ist meine Hoffnung, daß wir zu einer Verständigung wegen des ‚Physikalischen Atlas' gelangen, keine sehr große. Sie sagen mir auf 5 Zeilen nicht weniger als 3 Mal, daß es eigentlich ‚quite legal' sein würde, wenn Sie den Berghaus'schen Atlas ohne meine Erlaubnis zur Grundlage Ihres Kartenwerkes nähmen! Gehen Sie im Grunde doch von solchen Voraussetzungen aus und meinen Sie mich etwa durch solche Andeutungen zu einem billigen Verschleudern des unter enormen [Kosten] hergestellten Werkes bewegen zu können – so irren Sie sich sehr. ‚Jede Arbeit ist ihres Lohnes wert' und so biete ich Ihnen jede Platte zu 600 Mark an.[616]

Die genannte Summe von 600 Mark konnte Bartholomew allerdings nicht aufbringen. In einem weiteren Brief vom 11.6.1891 nannte er als Grund dafür, dass er ja nicht die die deutschen Originalkarten benötigen würde, sondern eine englische Überarbeitung, sodass alleine aus Gründen der Übersetzung der deutschen Begriffe im Kartenbild zusätzliches Kapital nötig wäre.[617] Für Perthes stand nun allerdings fest, dass ein Abbruch der Verhandlungen mit John Bartholomew dazu führen würde, dass sein *Physikalischer Atlas*, dessen Vertrieb in Deutschland nach dem Ende der Lieferungsperiode der neuen Auflage ohnehin nur einen mäßigen bis geringen Absatz fand, kaum erneut in Großbritannien abgesetzte werden konnte, betrafen doch die Schwierigkeiten bzgl. der Übersetzung der einzelnen Kartenblätter auch alle anderen britischen Verleger.[618] Hinzu kam, dass Perthes mit dem schottischen Verleger überhaupt über die rechtmä-

---

615 Brief von John Bartholomew an Bernhard Perthes vom 02.6.1891, in: National Library of Scotland. The Bartholomew Archive, Letter Book 1857–2002, Acc. 10222/749, 26 f.

616 Brief von Bernhard Perthes an John Bartholomew vom 05.6.1891, in: National Library of Scotland. The Bartholomew Archive, Acc. 10222/965.

617 Vgl.: Brief von John Bartholomew an Bernhard Perthes vom 11.6.1891, in: National Library of Scotland. The Bartholomew Archive, Letter Book 1857–2002, Acc. 10222/749, 28.

618 Die Neuauflage des *Physikalischen Atlas* von Heinrich Berghaus wurde zwischen 1887 bis 1892 ausgeliefert. In diesem Zeitraum konnte der Perthes Verlag über 24.600 Exemplare (Subskriptionen auf den gesamten Atlas) verkaufen. Von 1893 bis 1898 wurden lediglich 976 Exemplare des Atlas verkauft. Siehe: Daten zur Auslieferung von Heinrich Berghaus *Physikalischem* Atlas, in: Forschungsbibliothek Erfurt/Gotha, Sammlung Perthes, Auslieferungsbücher des Justus Perthes Verlages 1854–1894 sowie 1895–1918.

ßige Nutzung seines Atlas verhandeln konnte. Schließlich betonte Bartholomew selber, dass die unrechtmäßige Kopie der deutschen Karten in Großbritannien denkbar war und zumindest offen über ein solches Vorgehen spekuliert wurde.

Für Bernhard Perthes stand also fest, dass er sich mit Bartholomew einigen muss und dabei ein möglichst hohen Preis für seine Karten erzielen sollte. Das Problem der zu hohen Summe für die Kupferplatten konnte der Gothaer Verleger schließlich lösen, indem er einfache Kopien der Platten nach Edinburgh schickte und diese Bartholomew selber umstechen konnte. Durch diese Übereinkunft sparte der schottischen Verleger beim Einkauf der Kopien pro Platte 500 Mark ein, sodass Perthes auf nur noch 100 Mark für den Verkauf der Druckvorlagen bestand. Gleichzeitig einigte man sich aber auch auf die Zahlung von insgesamt 10.000 Mark, welche Bartholomew in drei Raten bis Ende 1892 an den Perthes Verlag zu zahlen hatte. Diese Einigung wurde vertraglich durch die Unterschrift von Bernhard Perthes am 20.8.1891 besiegelt.[619]

Welche Mühen in Folge aber noch für die Herausgabe des Atlas nötig waren, zeigt die Geschichte der Veröffentlichungen des Bartholomew Verlages. Der *Physical Atlas* sollte in fünf einzelnen Bänden ab dem Ende der 1890er Jahre erscheinen. Der erste Band konnte noch 1898 mit den Karten zur Meteorologie veröffentlicht werden, welcher zum Teil auf den Karten des *Physikalischen Atlas* beruhte. Der zweite Teil erschien allerdings erst 1911 mit Karten zur Zoogeografie. Weitere Bände wurden nie veröffentlicht, sodass der *Physical Atlas* durchaus als fragmentarisch vorliegend betrachtet werden kann.[620]

Für die Geschichte der wechselseitigen Beziehungen zwischen deutschen und britischen Kartenverlagen im 19. Jahrhundert stellt die Publikation beider physikalischen Atlanten allerdings ein interessantes Beispiel hinsichtlich der Prämissen des Vertriebs von Karten und des Wertes des verkauften Wissens dar. Zum einen entsprach der Bedarf genauer physikalischer Karten dem Wunsch nach einer Entschleierung der Natur und dem dadurch ermöglichten wissenschaftlichen Erkenntnisgewinn durch die Imagination naturwissenschaftlicher Entdeckungen in Karten. Zum anderen aber offenbarte die Möglichkeit der Adaption von jenen untersuchten Karten die universelle Verwendung der gewonnenen Erkenntnisse über die Natur, unabhängig von jedem kulturellen Kontext. Das wurde im Fall der Atlanten von Perthes, Keith Johnston und Bartholomew einmal mehr durch die fast identischen Layouts und Darstellungen der im Grunde gleichen Karten versinnbildlicht.

Für den Handel mit diesen Karten bedeutete dies aber auch, dass der Wert der gehandelten Informationen in Karten einmal mehr den Käufer dazu veranlasste, Kauf-

619 Siehe: Vertrag zwischen dem John Bartholomew Verlag in Edinburgh und dem Justus Perthes Verlag in Gotha vom 20.8.1891 zur Herausgabe von 75 Karten des *Physikalischen Atlas* von Heinrich Berghaus in englischer Sprache, in: National Library of Scotland. The Bartholomew Archive, Acc. 10222/965.

620 Zur Veröffentlichungsgeschichte des *Physical Atlas* siehe den Eintrag zu J. G. Bartholomew in der Online Ausgabe der David Rumsey Map Collection an der Universitätsbibliothek der Stanford University unter: https://www.davidrumsey.com/ (letzter Zugriff am 17.9.2020).

preise zu zahlen, die eine zum Teil jahrzehntelange Nutzung der Druckplatten nach sich zog. Da dies auch Verlage betraf, welche genuin an der Publikation der Erstauflagen physikalischer Atlanten beteiligt gewesen waren, transferierte sich, ausgedrückt durch die Kaufpreise der Druckplatten, die verlegerische Entscheidung der langen Editionsperioden solcher Atlanten auf den Käufer, also den Verleger im Ausland. Wie im Fall des *Physical Atlas* konnte es sogar möglich sein, dass Atlanten dieser Art nie komplett erschienen waren und zwischen den Lieferungsausgaben Zeitspannen von mehreren Jahren liegen konnten.

Der Wert der gehandelten Information spiegelte sich jedoch nicht nur in dem Kaufpreis der Druckvorlagen wider, sondern zunehmend in der Überlassung der Rechte für den Vertrieb deutschsprachiger Karten im Ausland. Wie der vorliegende Fall auch beweist, übertraf dieser nämlich unter Umständen den Preis der Kupferplatten, die zum Druck benötigt wurde, um ein Vielfaches. Dies mag darin begründet sein, dass die Erstellung der Kartenzeichnungen vor der eigentlichen Drucklegung der Karten große Investitionen erforderlich machte, sei es durch die Anschaffung von bereits publizierten Karten oder durch den Ankauf von Dossiers sowie Messungen von Forschungsreisenden. Nicht umsonst betonte Bernhard Perthes gegenüber John Bartholomew, dass sein *Physikalischer Atlas* unter „enormen Kosten" angefertigt wurde.[621] Die Industrialisierung der Drucktechnik begann auch hier den Wert des Medieninhaltes gegenüber der stofflichen Grundlage zu erhöhen.

Zuletzt zeigt der Fall des *Physical Atlas* aber auch den Willen zur Anpassungsfähigkeit und Kooperation zwischen zwei Verlagen, die sich im Grunde ähnlicher waren als zunächst gedacht. Für Perthes stand fest, dass das Risiko einer eigenen englischsprachigen Herausgabe seines *Physikalischen Atlas* weitaus höher lag, als die Kooperation mit einem britischen Verlag einzugehen, zumal dieser ein ähnliches Publikum ansprach und dessen Verleger seit langem den Kontakt ins thüringische Gotha pflegte. Gleichzeitig signalisierte Bernhard Perthes seinem schottischen Kollegen aber auch den eigenen Willen zur Marktpräsenz in Großbritannien, aber nicht zu jedem Preis. Denn durch die Zahlung einer Summe zur Überlassung der Karten des *Physikalischen Atlas* zur Nutzung in einem anderen Werk, platzierte der Gothaer Verleger seine Publikation in einem ausländischen Markt, ohne allerdings die Gewinnerwartungen des ausführenden Unternehmens, auf dessen Hilfe er angewiesen war, außer Acht zu lassen. Für Perthes war nämlich klar, dass er nur zu einer Kooperation bereit sein konnte, „wenn mir ein wirkliches Aequivalent für einen Teil des in dem großen Unternehmen steckenden Kapitals geboten wird".[622] Darüber hinaus war er Stratege genug, um auch zu verstehen, dass eine Kooperation nicht möglich wäre, wenn das von ihm verlangte „Aequivalent" zu hoch angesetzt werden würde. Dafür sprach auch, dass er den Preis der Kopien für die Kupferplatten nach weiteren Verhandlungen und Einwänden Bar-

621 Vgl.: Brief von Bernhard Perthes an John Bartholomew vom 05.6.1891 [wie Anm. 616].

622 Brief von Bernhard Perthes an John Bartholomew vom 29.5.1891, in: National Library of Scotland. The Bartholomew Archive, Acc. 10222/965.

tholomews nach unten korrigierte und sich auf eine Ratenzahlung für die Rechte zur Überlassung der Karten einließ.

Ferner erkannten beide Verleger, dass die Art und Weise Atlanten in Deutschland zu publizieren, nicht immer die geeignete Wahl für Publikationsvorhaben im Ausland darstellte. Für Perthes war klar, dass „das englische Publikum Lieferungs-Werke sehr wenig kauft, sondern vielmehr gebundene komplette Werke vorzieht."[623] Bartholomew wiederum attestierte dem britischen Publikum eine ähnliche Neigung, denn: „Instead of publishing the Atlas in parts, I have now determined to issue it in 5 sectioned volumes [...] I am now inclined and think that for this country this is a better course than [printing] in parts."[624]

Dass Bernhard Perthes der Nutzung seiner Karten in ausschließlich gebundenen Atlanten und in keinen Lieferungsausgaben zustimmte, lässt sich jedenfalls für diesen Fall nicht anhand der Quellenlage belegen. So bleibt es dabei, dass der deutsche Verleger ein Gespür für die Erfordernisse und Wünsche des britischen Marktes entwickelte, was für eine gewinnbringende Kooperation nur förderlich gewesen war.

Zumindest für den Verkauf von thematischen Karten, und das kann im Fall der untersuchten Atlanten durchaus bestätigt werden, konnte eine Kooperation zwischen einem deutschen und einem ausländischen Verlag für beide Seiten erfolgreich verlaufen. Wie das nun folgende Beispiel allerdings zeigen wird, entwickelten sich solche Kooperationen stetig weiter und wurden unter Umständen auch ganz beendet, vor allem wenn die Entscheidungsträger in den Verlagen ausgetauscht wurden oder das Risiko für einen eigenen Markteintritt im fremdländischen Markt geringer eingeschätzt wurde, als Vorteile aus solchen Kooperationen überwogen.

4.2.4 Das Geschäft mit der Fremde

Die Geschichte des Tourismus wurde in jüngster Vergangenheit bereits gründlich erforscht.[625] Allen Untersuchungen zu diesem Thema ist gemein, dass sie die Verwendung von Reiseführern beschreiben, die Entstehungsgeschichte dieser Form von Reiseliteratur aber nur mäßig behandeln. Eine Ausnahme bilden literaturwissenschaftliche Untersuchungen bekannter Reiseführer, wie etwa die Arbeit Susanne Müllers zu den bekannten Reisebegleitern des Baedeker Verlages, welche seit dem 19. Jahrhundert verkürzt als die *Baedeker* große Bekanntheit im deutschsprachigen Raum erlangten.[626]

623 Ebd.

624 Brief von John Bartholomew an Bernhard Perthes vom 13.7.1891, in: National Library of Scotland. The Bartholomew Archive, Letter Book 1857–2002, Acc. 10222/749, 35 f.

625 Als zwei umfassende Werke zur Einführung in das Thema sind dabei zu nennen: Rüdiger Hachtmann, *Tourismus-Geschichte*, Göttingen, 2007 oder Petra Krempien, *Geschichte des Reisens und des Tourismus. Ein Überblick von den Anfängen bis zur Gegenwart*, Limburgerhof, 2000.

626 Susanne Müller, *Die Welt des Baedeker. Eine Medienkulturgeschichte des Reiseführers: 1830–1945*, Frankfurt am Main, 2012.

Jene Studie analysiert tiefgründig die Entstehungsgeschichte der bekannten roten Bücher und versucht dabei den zeitgenössischen Gebrauch des Reiseführers aus der Publikationsgeschichte der unterschiedlichen Reisehandbücher des Baedeker Verlages zu erörtern. Es kann dabei nicht der Vorwurf erhoben werden, dass die unternehmenshistorischen Aspekte der Herausgabe derartiger Reiseliteratur weitgehend unbeantwortet bleiben, wird doch schon im Titel der Studie ersichtlich, dass es sich um eine medienhistorische Arbeit handelt. Doch gerade Fragen in diese Richtung stellen den bekannten *Baedeker* als Symbol aller nachfolgenden deutschsprachigen Reiseführer auch als ein Produkt der engen Kooperation zwischen einem deutschen und einem britischen Verlag dar.

Für Reiseführer gilt, dass sie Routenbeschreibungen, Abbildungen von Landschaften und natürlich auch Landkarten enthalten können und damit unweigerlich in die Rubrik der geografischen Fachliteratur oder gar der Kartografie fallen. Zuweilen konnten die Ansprüche der Verleger von Reiseliteratur so weit gehen, dass sie ihre Werke von ausgewiesenen Experten auf dem Gebiet der Kartografie in einschlägigen Fachpublikationen rezensieren lassen wollen, immer im Hinterkopf behaltend, dass eine positive Rezension die avisierte Zielgruppe womöglich zu einem Erwerb der Publikation verleiten könnte.[627] Zugleich schuf vor allem der Baedeker Verlag durch seine Reiseführer eine Marke, die bis heute Assoziationen mit dem Produkt auslöst.[628] Die umtriebige Geschäftstätigkeit des Verlagsgründers mag hierfür mitverantwortlich sein.

Der im Jahr 1801 in Essen geborene Karl Baedeker entstammte einer Buchhändlerfamilie, die seit dem 17. Jahrhundert auch im Verlagswesen aktiv war.[629] Nach der Ausbildung im Betrieb seines Vaters in Essen ging der junge Karl Baedeker auf Wander-

---

627 So geschehen im Fall der Anfrage Karl Baedekers Jr. an August Petermann aus dem Jahr 1864 hinsichtlich der erwünschten Rezension des neuen Reiseführers der Schweiz in *Petermanns Geographischen Mitteilungen* (Siehe: Brief des Baedeker Verlages an August Petermann vom 28.6.1864, in: Forschungsbibliothek Erfurt/Gotha, Nachlass Karl und G. D. Baedeker Buchhandlung, SPA ARCH PGM 344. Gemeint ist der Reiseführer: Karl Baedeker, *Die Schweiz nebst den angrenzenden Theilen von Ober-Italien, Savoyen und Tirol. Handbuch für Reisende*, 10. Auflage, Koblenz, 1864). Dieser Reiseführer wurden dann auch in einem Artikel über die Möglichkeiten der Reise in und durch die Schweiz in *Petermanns Geographischen Mitteilungen* des Jahres 1864 neben den 1862 bzw. 1864 im Bibliographischen Institut von Herrmann Meyer in Hildburghausen erschienenen Reiseführern Hans Berlepschs und dem 1863 bei Scheitlin und Zollikofer in St. Gallen veröffentlichten Reiseführer über die Schweiz von Johann Jacob von Tschudi rezensiert. Für den Rezensenten stand fest, dass der *Baedeker* „im Umfange und Gewicht die Mitte hält" und „im Allgemeinen als das empfehlenswertheste" auffiel. [O. A., *Die Schweiz: Notizen über ihre Bereisung, ihre wissenschaftlich-geographische Erforschung und ihre Abbildung in Karte und Bild*, in: Petermanns Geographische Mitteilungen, 1864, 370.]

628 In der oben genannten Rezension wurde z. B. der Neologismus der „Baedekeriana" für den Stil der Beschreibung der Reisemöglichkeiten, Gästezimmer oder Hotels, Kultur, Geografie und des Klimas eines Landes hinsichtlich der Nützlichkeit der Informationen für einen potentiell an einer Reise in das beschriebene Land interessierten Touristen in einem Artikel verwandt. Siehe: O. A., *Die Schweiz: Notizen über ihre Bereisung, ihre wissenschaftlich-geographische Erforschung und ihre Abbildung in Karte und Bild*, in: Petermanns Geographische Mitteilungen, 1864, 361.

629 Susanne Müller, *Die Welt des Baedeker.* [wie Anm. 626], 29.

schaft, zunächst im Jahr 1817 nach Heidelberg, um dort im Buchhandel weitere Erfahrungen zu sammeln.

Schließlich entschloss er sich allerdings ein Studium der Geschichte und der Philosophie an der Universität Heidelberg zu beginnen. Nachdem er seinen Militärdienst beim preußischen Militär abgeleistet hatte, zog es ihn nun 1825 nach Berlin, wo er schließlich in Diensten Georg Andreas Reimers im gleichnamigen Verlag stand. Diese Zeit markiert den Wandel im Denken Baedekers, der sich fortan eine Zusammenarbeit mit seinem Vater in Essen nicht mehr vorstellen konnte. Aus diesem Grund übernahm er im Jahr 1827 eine Buchhandlung mit eigenem Verlag in Koblenz.[630]

Die Stadt, welche seit 1815 zur Hauptstadt der preußischen Rheinprovinz ernannt wurde, bot für den Handel mit Büchern am Rhein günstige Voraussetzungen, da innerhalb Preußens Fragen des Nachdrucks längst zugunsten der Verlage geklärt wurden und somit ein hohes Maß an Rechtssicherheit hinsichtlich des Nachdrucks innerhalb des Königreichs bestand.[631] Außerdem konnte er so seine bisher geknüpften Kontakte zu anderen Buchhändlern in Preußen für den ökonomischen Erfolg seines Unternehmens nutzen. Der Erfolg stellte sich auch nach wenigen Jahren ein, sodass er bereits ab 1836 Mitglied im Börsenverein des Deutschen Buchhandels wurde.[632]

In dieser Zeit erlebte auch der Rhein als Reiseziel eine neue Blüte.[633] Viele Reisende, der Begriff des „Touristen" wurde erst ab den 1960er Jahren gebräuchlich, organisierten ihre Ausflüge und Urlaube auf dem Fluss allerdings in der Regel alleine.[634] Die ersten kommerziellen Reisebüros wurden in Deutschland erst im letzten Drittel des 19. Jahrhunderts eröffnet, sodass Reisende, Ausflügler oder Urlauber schlichtweg während der Planung ihrer Unternehmung auf detaillierte Angaben über Reiserouten, Klima, Geologie, Sehenswürdigkeiten und Hotel- sowie Gaststättenwesen der zu bereisenden Region in einschlägiger Fachliteratur angewiesen waren.[635] Dieser Umstand führte schließlich dazu, dass stetig neue Reiseführer über die unterschiedlichsten Regionen Europas in rasch aufeinanderfolgenden Auflagen publiziert wurden.

Für Reisen auf dem Rhein erwies sich Johann August Kleins *Rheinreise von Mainz bis Köln* aus dem Jahr 1828 äußerst nützlich, umfasste das Buch neben praktischen Informationen zur Schifffahrt auf Westeuropas längstem Fluss, auch Hinweise und Adressen von Gasthäusern sowie Informationen zu Kunst- und Buchhandlungen entlang des Ufers des beschriebenen Flussabschnittes.[636] Im Gegensatz zur Konkurrenz punktete das Buch durch sein handliches Format, sodass es seinen praktischen Nutzen vor und während der Reise als stetiger literarischer Begleiter unterstrich.

---

630 Ebd., 30.
631 Für eine umfassende Analyse der Urheberrechtsthematik im deutschen Buch- und Kartenhandel siehe folgendes Kapitel 4.3.1.
632 Susanne Müller, *Die Welt des Baedeker.* [wie Anm. 626], 30.
633 Vgl.: Petra Kempien, *Geschichte des Reisens und des Tourismus.* [wie Anm. 625], 104.
634 Zur Begriffsgeschichte siehe: Rüdiger Hachtmann, *Tourismus* [wie Anm. 625], 10–14.
635 Ebd., 70.
636 Susanne Müller, *Die Welt des Baedeker.* [wie Anm. 626], 32.

Überhaupt darf die Bedeutung des Formats geografischer Fachliteratur hinsichtlich des Verkaufserfolgs nicht unterschätzt werden. Wurden Karten bis ins das 18. Jahrhundert vornehmlich in großformatigen Atlanten abgedruckt und verbreitet, änderte sich mit dem Publikumserfolg von Taschenatlanten auch die Kartennutzung im 19. Jahrhundert spürbar. Tragbare, kleinformatige Karten richteten sich vornehmlich und in immer ausgeprägterem Maße an Kunden, die die Reise als eine plan- und wiederholbare Tätigkeit begriffen und damit zugleich die zu bereisende Welt als keine bloße Imagination in abstrakten Karten wahrnahmen, sondern die Vernetzung des Raumes durch den zunehmenden Weltverkehr als Selbstverständlichkeit begriffen.[637]

Die Praktikabilität von Karten und Reisebeschreibungen manifestierte sich deshalb auch an dem Verschwinden der bisherigen Darstellungen von Entdeckungsreisen Anderer in diesen Publikationen, da anstatt derer, fortan vermehrt Abbildungen des Weltverkehrs die neue, potentiell mögliche Reiseroute in den Vordergrund der Betrachtung rückten.[638] Anders formuliert bedeutet dies, dass im Laufe des 19. Jahrhunderts die Abbildung der Route einer *Grande Tour* durch den Fahrplan in Publikationen der Reiseliteratur ersetzt wurde und damit unweigerlich das Format an Bedeutung gewann.

Für Karl Baedeker jedenfalls musste der ökonomische Erfolg der *Rheinreise* von Johann August Klein als Beweis für eine unternehmerische Weitsicht des Koblenzer Verlegers Franz Friedrich Röhling gegolten haben, welcher das Buch im gleichnamigen Verlag publizierte. Als dieser dennoch 1832 Konkurs anmelden musste, sah Baedeker seine Chance gekommen und erwarb die Rechte an der Herausgabe von Kleins *Rheinreise*, die er schließlich 1835 in einer durch ihn persönlich überarbeiteten Fassung als *Rheinreise von Straßburg bis Rotterdam* herausgab.[639]

Wenige Jahre zuvor unternahm der damals 21-jährige John Murray III. von London aus zahlreiche Reisen nach Kontinentaleuropa und besuchte dabei neben den Niederlanden auch Belgien und weite Teile Norddeutschlands. Zunehmend beschwerte er sich in Briefen an seinen Vater, dem Verleger John Murray II., dass es kaum geeignete englischsprachige Literatur über die besuchten Orte gäbe und man im Grunde eine Reise durch Europa kaum genau planen könne.[640] Lediglich mit Mariana Starkes Werk *Travels on the Continent* lag dem jungen Murray ein Werk aus dem Verlag seines Vaters vor, welches ab 1820 speziell wohlhabende britische Aristokraten ansprach, die sich auf den Weg machten, um die Orte des klassischen Altertums in Südeuropa, vornehmlich in Italien, Frankreich und Spanien zu besuchen.[641]

---

637 Vgl.: Jörg Dünne, *Portable Medien und Weltverkehr. Die Taschenatlanten des Perthes Verlages*, in: Steffen Siegel (Hrsg.), *Die Werkstatt des Kartographen. Materialien und Praktiken visueller Welterzeugung*, München, 2011, 188–190.

638 Ebd., 197.

639 Susanne Müller, *Die Welt des Baedeker.* [wie Anm. 626], 34.

640 Humphrey Carpenter, The Seven Lives of John Murray. The History of a Publishing Dynasty 1768–2002, London, 2008, 165.

641 Siehe: Mariana Starke, *Travels on the Continent: written for the use and particular information of travellers*, London, 1820.

476 ROUTE CV.—HEIDELBERG. Sect. VIII.

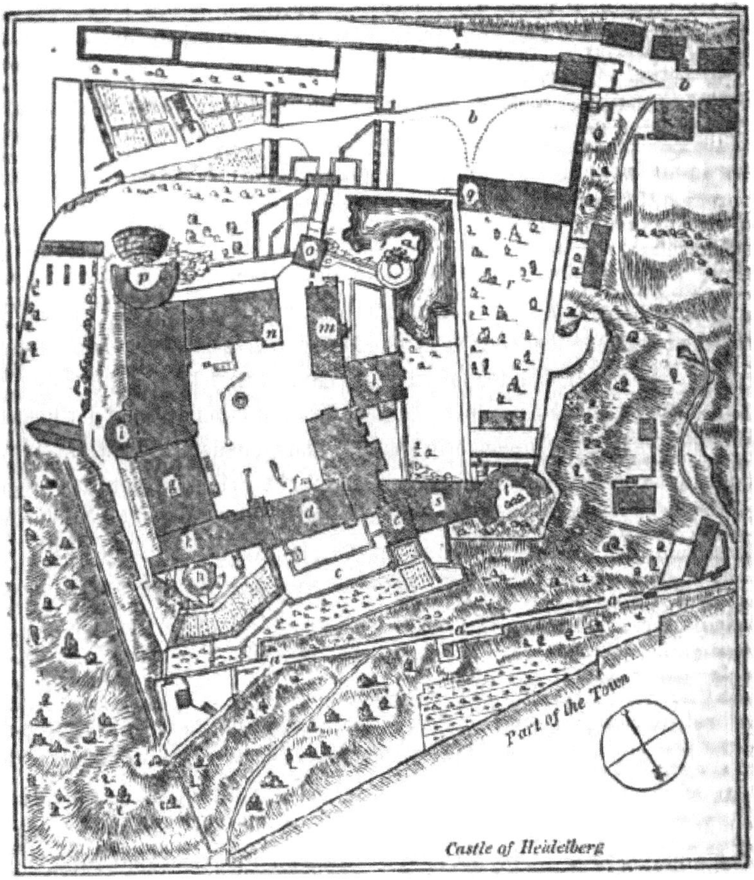

a a a. Footpath leading up to the Castle.
b. Carriage Road.
c. Platform or Terrace.
d. Building of Frederick IV. (1607). The statues in the façade are ancestors of the reigning house of Bavaria, from Charlemagne and Otho of Wittelsbach.
e. Cellar containing the Tun.
f. Entrance to it.
g. Building of Otho Henry, or Ritter Saal, begun 1549, finished 1559. This is the finest portion of the Castle; it is in the best style of Italian architecture, and the sculpture with which it is decorated is of high merit.
h. Octagon Tower (1525), first struck by the lightning which finally consumed the Castle in 1764.
i. Library Tower.
k. Frederick IInd's Buildings (1549).
l. Oldest part of the Castle, begun in 1300 by the Elector Rudolph.
m. Rupert's Building, begun 1400.
n. Well, under a Canopy supported by pillars brought from Ingelheim (of Odenwald granite).
o. Grand Gateway (1355), with Portcullis.
p. The Blown-up Tower.
q. The Gate raised in honour of the English Princess Elizabeth, daughter of James I.: her great-grandson was George I.
r. The Garden.
s. The English building erected for the Princess Elizabeth by her husband the Elector Frederick (1612).
t. Tower built by Elector Lewis V. 1533. Its walls are 22 feet thick. It was destroyed by the French, 1689.

Abb. IV. 16: Detaillierter Plan des Heidelberger Schlosses. Aus: John Murray, *A Handbook for Travellers on the Continent: being a guide through Holland, Belgium, Prussia, and Northern Germany, and Along the Rhine, from Holland to Switzerland*, 2. Auflage, London, 1838, 476.

Für Murray galt, dass diese, bereits zum Teil veraltete Literatur keinesfalls den Ansprüchen zeitgenössischer Reisenden entsprechen könne und so begann er selbstständig in den besuchten Ländern nach aus seiner Sicht nützlichen Informationen zu suchen, die britischen Reisenden vor und während ihres Aufenthaltes in den entsprechenden Ländern dienlich sein könnten. Nach seiner Rückkehr in den elterlichen Verlag in London legte er die gewonnenen Informationen schließlich seinem Vater vor, den er von der Herausgabe eines eigenen Buches über die Reise überzeugen konnte.

Um allerdings sicher zu gehen, dass auch die Notizen seines Sohnes aus den bereisten Gegenden noch aktuell waren und er nicht ein zu hohes Risiko mit der Herausgabe dieser eingehen musste, begann er Reisende anzuwerben, die in den folgenden Monaten die Glaubwürdigkeit und Aktualität des gesammelten Wissens vor Ort verifizieren sollten.[642]

Nachdem diese Arbeit erfolgreich beendet werden konnte, zögerte John Murray nicht und veröffentlichte schließlich im Jahr 1836 das erste *Handbook* in markant rotem Einband und goldener Schrift unter dem Titel *A Handbook for Travellers on the Continent: being a guide through Holland, Belgium, Prussia, and Northern Germany, and Along the Rhine, from Holland to Switzerland.*

Das Buch enthielt neben der zum Teil bebilderten Beschreibung der von John Murray III. besuchten Städte und Ortschaften auch Informationen über die dort aufgefundenen Museen und Gemäldegalerien. Außerdem ermöglichte der Text Informationen über die Beschaffenheit von Straßen oder die Beschreibung von den bekanntesten Sehenswürdigkeiten zu erhalten. Zugleich wurden vielen besuchten Städten Pläne beigelegt und Übersichtskarten überregional bekannter Sehenswürdigkeiten abgedruckt.

Der sich rasch einstellende Erfolg Murrays *Handbook* blieb auch Karl Baedeker im fernen Koblenz nicht verborgen. Beide Verleger verfolgten gewissermaßen das gleiche Ziel, nämlich ein verlässlicher Partner von Reisenden in für sie unbekannten Gegenden zu sein.[643] Insofern stand schon früh für Baedeker fest, dass eine Kooperation beider Verlage hinsichtlich des Austausches von Reisehinweisen und konkreten Informationen aus den beschriebenen Gebieten, wie Straßenverläufe, Adressen von Hotels und Gasthäusern oder Kosten für Bahnfahrkarten, die Kosten für Recherchen senken und außerdem das Wissen beider Verlage in der Bereitstellung der aktuellsten Informationen über die Reiseziele dem eigenen Kundenkreis zur Verfügung gestellt werden könnte.

Zugleich sicherten sich beide Verlager gegenseitig indirekt zu, dass sie als Preis für eine solche Übereinkunft nicht im nationalen Markt des Gegenübers Ausgaben ihrer Reisehandbücher in der jeweiligen Landessprache publizieren würden. Karl Baedeker hatte keinerlei Interesse an einer englischen Ausgabe seiner Reiseführer, wohl auch,

---

642 Humphrey Carpenter, The Seven Lives of John Murray. [wie Anm. 640], 169.
643 Susanne Müller, *Die Welt des Baedeker.* [wie Anm. 626], 36.

weil die etablierte Kooperation lange zufriedenstellende Ergebnisse lieferte.[644] Für ihn lag dies vor allem an den unterschiedlichen Bedürfnissen deutscher und britischer Leser, wie er in einem Brief an John Murray zu Beginn ihrer Zusammenarbeit verriet:

> Mein geehrter Herr Murray! [...] Wann wird der Druck des Southern Germany beginnen? Aus Oesterreich habe ich mein Manuscript manchen Aenderungen und Verbesserungen zurück erhalten. Das aus Baiern und Württemberg jedoch noch nicht. Ich vermuthe aber, dass ich hin und wieder wesentliche Improvements bei Ihnen anbringen könnte. Sehr gern bin ich bereit, mein ganzes Wissen und meine zahlreichen Notizen Ihrem Buche zu widmen, wenn Sie mir das Manuscript oder noch besser die Aushängebogen, bevor sie abgedruckt werden, zuschicken wollen. [...] Der Druck meines Buches wird kaum vor April oder Mai des nächsten Jahres beginnen, vielleicht auch noch später. Ich habe Manches sehr abgekürzt und ganz weggelassen, was Ihr Southern Germany enthält, weil es Zustände beschreibt, die für Ihre Landsleute wohl von einigem Interesse sein können, dasselben aber bei meinen Landsleuten gänzlich entbehren. [...] Ich empfehle mich Ihrem gütigen Andenken ganz ergebenst, Baedeker.[645]

Für Karl Baedeker erschloss sich also nicht der direkte Nutzen eines baldigen Eintritts seines Unternehmens in den britischen Markt, da dieser Schritt die aus seiner Sicht erforderliche Umgestaltung der Manuskripte seiner Bücher obligatorisch hätte werden lassen.

Darüber hinaus gewann er wertvolle Einsichten in die Produktgestaltung und programmatische Ausrichtung des John Murray Verlages auf dem Gebiet der Reiseführer, indem dieser ihm die fertigen Druckbögen bevorstehender Publikationen in seinen Verlag nach Koblenz schickte. Dieser Schritt zeugt zugleich von dem hohen Vertrauen, dass beide Unternehmer dem anderen gegenüber aufbrachten.

Es ist daher zunächst ungewöhnlich trotz dieser Übereinkunft und ihrer alltäglichen Ausführung in der Praxis nicht von einem Plagiat Baedekers an Murrays *Handbooks* zu sprechen, dennoch steht fest, dass Baedeker wohl das Format der *Travelbooks* von Murray kopierte, allerdings nicht deren Inhalte.[646] Aus diesem Grund erschienen auch die Reisehandbücher aus Koblenz fortan in samtenem Rot mit goldener Schrift im Titel.

Beide Verleger profitierten aber noch aus einem anderen Grund von einer gemeinsamen Zusammenarbeit. Die Arbeit als Buchhändler ermöglichte es ihnen nämlich den Vertrieb der Bücher des jeweils anderen im eigenen Heimatland ebenfalls zu organisieren. Auch hier half das Vertrauen der beiden Männer zueinander diese Geschäfte abzuwickeln. Regelmäßig erstattete z. B. Baedeker seinem britischen Kollegen auch Bericht über die Verkaufserfolge dessen Bücher in Deutschland, wie z. B. 1846, als Murray mit seinem Reiseführer über Norddeutschland auf dem deutschen Markt vertreten war:

---

644 Susanne Müller, *Die Welt des Baedeker.* [wie Anm. 626], 36.

645 Brief von Karl Baedeker an John Murray vom 10.12.1839, in: National Library of Scotland. The John Murray Archive, MS. 40035, 91.

646 Susanne Müller, *Die Welt des Baedeker.* [wie Anm. 626], 36.

> Geehrter Herr Murray! Ich bin Ihnen zu großem Danke verpflichtet für die viel zu gute Meinung von mir, welche Sie in Ihrer neuen Auflage von Northern Germany haben abdrucken lassen. Das Buch hat in dieser neuen Auflage wesentlich gewonnen. Bei mir wird es aber leider weit weniger gekauft, wie früher, so dass ich noch über 50 Exemplare liegen habe. An anderen Orten muss es jedoch noch eben so stark wie früher gekauft werden, weil ich nie einen Engländer mit einem anderen Buche als dem Ihrigen sehe. [...] Leben Sie wohl, lieber Herr Murray, bewahren Sie mir wie früher Ihr Wohlwollen. Mit steter Achtung Ihr ergebenster Baedeker.[647]

Wegen der gegenseitige Beobachtung und des inhaltlichen Austausches über neue Reisebuchprojekte, entging es Baedeker auch nicht, dass Murray ab Beginn der 1850er Jahre die Reiseführersparte seines Verlages zunehmend zu vernachlässigen begann. Doch fortan den Kontakt abzubrechen und die eigenen Bücher in Großbritannien zu verkaufen kam für den Koblenzer Verleger noch immer nicht in Frage, wie er in einem weiteren Brief an John Murray offenbarte:

> [...] Bei dieser Gelegenheit aber halte ich es für meine Pflicht, Ihnen die Mittheilung zu machen, dass von vielen Seiten die Klage und das Bedauern laut geworden ist, dass nicht Herr Murray selbst die neuen Auflagen seiner vortrefflichen Bücher selbst bearbeitet. Ich glaube, dass ein Theil dieser Klagen nicht ohne Grund ist. Die Bücher enthalten manches Veraltete, manches was unnöthigen Raum einnimmt. [...] Auch in der Schweiz bin ich bei meiner Reise im vorigen Sommer mehrfach aufgefordert worden, eine englische Ausgabe zu veranstalten, ich habe das aber [...] abgelehnt. Ihre Schweiz enthält selbst in der neuesten Ausgabe manches Veraltete. Wenn in diesem Jahre eine neue Auflage bei Ihnen vorbereitet wird, so bin ich gern [bereit], Ihnen die bei mir unter der Presse befindliche neue Auflage sogleich zu übersenden. [...] Ich glaube, das Jahr 1852 wird ein gutes Reisejahr werden. [...] Ich aber empfehle mich Ihnen als Ihr dankbar ergebener Baedeker.[648]

Dieses Beispiel verdeutlicht einmal mehr die enge Verbindung beider Unternehmen in der Frage der Kooperation im Reisebuchgeschäft. Indem Murray in seinen Verlag aber verstärkt andere Publikationen zu fördern begann, wie z. B. Belletristik oder naturwissenschaftliche Fachliteratur, wurde die letztgenannte Bedingung der gemeinsamen Zusammenarbeit sukzessiv in Frage gestellt. Schließlich zögerte Karl Baedeker in der zweiten Hälfte der 1850er Jahre noch immer die gemeinsame Kollaboration aufzukündigen, stellte dies aber in Aussicht, wenn John Murray seinen Reisehandbüchern keine weitere Aufmerksamkeit zugestehen würde:

> Mein verehrter alter Freund! [...] Es thut mir ganz weh, wenn ich sehen muss, wie das Vertrauen in die Handbooks abnimmt, wenn ich hören muss, dass andere unwürdige guidebooks in vielen Engländer Händen gesehen werden. [...] Auch englische Briefe laufen wohl ein, Aufforderungen einen ‚englischen Baedeker' drucken zu lassen. Ich habe diese Versuche durch die Versicherung unschädlich gemacht, dass ich selbst mit dieser Idee umgehe, bin aber gar nicht gewiss, ob nicht

---

647 Brief von Karl Baedeker an John Murray vom 14.07.1846, in: National Library of Scotland. The John Murray Archive, MS. 40035, 102 f.

648 Brief von Karl Baedeker an John Murray vom 06.1.1852, in: National Library of Scotland. The John Murray Archive, MS. 40035, 111 f.

> in einem anderen Verlag eine Zusammenstellung, ein Auszug aus Murray, mit Baedeker'schen kleinen Notizen versehen, als ein ‚new guidebook' ans Tageslicht kommt, was dann ärgerlich wäre. Um das nach Kräften zu verhindern, werde ich künftig auch auf dem Titel das Recht zu Uebersetzungen mir vorbehalten. [...] In alter freundschaftlichen Gesinnung stets der Ihrige K. Baedeker.[649]

Ein Jahr nachdem Karl Baedeker diesen Brief an Murray verschickt hatte, starb er mit 57 Jahren in Koblenz.[650] Die Nachfolge trat Karl Baedekers Sohn Ernst an, der bereits seit Januar 1859 als Teilhaber im Verlag arbeitete.[651] Für ihn galt das Versprechen der gegenseitigen Rücksichtnahme im Auslandsgeschäft nicht mehr, wohl auch, weil sich die Konkurrenzsituation auch außerhalb Deutschlands durch Plagiate und immer häufiger erschienene Reisebücher aus ganz unterschiedlichen Verlagshäusern drastisch zuzuspitzen begann.

Aus diesem Grund kündigte er am Ende des Jahres 1860 John Murray an, dass er zunächst zwei Reiseführer übersetzten lassen und an englischsprachige Kunden verkaufen will.[652] Gleichzeitig begann er auch den vorsichtigen Versuch, die eigene Emanzipation vom Vater in der Art und Weise der Führung des Unternehmens zu beginnen, indem er Murray unumwunden klar machte, dass die Reiseführer seines Vaters zwar von denen Murray inspiriert worden waren, aber er neue Wege in der Gestaltung der Bücher beschreiten möchte. Dieser Versuch begann mit der Suche nach neuen Autoren der Bücher, welche wiederum zeitgemäße Ideen in die Konzeption der Reiseführer einbringen sollten und kulminierte schließlich in der Publikation *The Rhine ftom Switzerland to Holland* im Jahr 1861.[653]

Für Ernst Baedeker und dessen Bruder Karl Baedeker Jr. bedeutete dies aber noch immer nicht die komplette Lösung vom Murray Verlag, da zunächst ein finanzieller Nutzen der Rücksichtnahme aufeinander überwog. Als beide im Jahr 1861 die besagte Ausgabe über den Rhein in englischer Sprache vorbereiteten, vergewisserten sie sich trotzdem stets der Unterstützung aus dem Hause Murray, vor allem hinsichtlich des Vertriebs ihres neuen Reiseführers. Im Gegenzug verzichteten sie auf eine Veröffentlichung des eigentlich bereits geplanten Reisehandbuches über Paris in Großbritannien, wie Ernst Baedeker in einem Brief an John Murray kund tat, erbaten sich aber eine finanzielle Entschädigung dafür, um so pekuniäre Vorteile ihrer Arbeit wahrzunehmen, aber das Risiko eines alleinigen Vertriebs ihres Buches im Ausland vorerst nicht einzugehen:

---

649 Brief von Karl Baedeker an John Murray vom 06.10.1858, in: National Library of Scotland. The John Murray Archive, MS. 40035, 118.

650 Susanne Müller, *Die Welt des Baedeker.* [wie Anm. 626], 40.

651 Zur detaillierten Biografie Ernst Baedekers siehe: L. L. Boyle, *Der zweite Inhaber der Firma Karl Baedeker*, in: Mitteilungen für Baedeker-Freunde (5), 1983, 5–8.

652 Siehe: Brief von Ernst Baedeker an John Murray vom 04.12.1860, in: National Library of Scotland. The John Murray Archive, MS. 40035, 70 f.

653 Susanne Müller, *Die Welt des Baedeker.* [wie Anm. 626], 36.

> Mein lieber Herr Murray! Erlauben Sie mir, daß ich Ihnen deutsch antworte. Es wird mir dies leichter und Ihnen ist es auch gewiß nicht unangenehm. Mit Ihrem Vorschlag in Betreff meines ‚Rhine' bin ich einverstanden. [...] Es ist mir angenehm, daß Sie den Vertrieb in England übernehmen wollen. Ich bitte Sie sich die Verbreitung des Buches recht angelegen sein zu lassen, mir einen Ersatz dafür zu gewähren, daß ich auf die Herausgabe einer englischen Uebersetzung meines ‚Paris' verzichtet habe. Wann ist eigentlich die beste Zeit, ein Reisehandbuch in England auf den Markt zu bringen? Mitte Juni hoffe ich, daß das Buch spätestens fertig sein wird. [...] Daß das Buch recht bekannt wird, dafür werden Sie jedenfalls Sorge tragen, auch werden Sie wohl seiner Zeit Besprechungen in den gelesensten Zeitungen veranlassen können. Etwaige Freiexemplare stelle ich zu diesem Zweck zur Disposition. Mit herzlichem Gruß und aufrichtiger Hochachtung verbleibe Ihr stets ergebener Ernst Baedeker.[654]

Für die Baedekers wird diese Kooperation allerdings endgültig die letzte sein. John Murray verabschiedet sich in den folgenden Jahren endgültig von einer weiteren Herausgabe seiner *Handbooks* und dessen Sohn, John Murray IV. verkauft das Reisebuchgeschäft schließlich im Jahr 1900 an den Londoner Verlag Edward Stanford.[655]

Ernst Baedeker stirbt völlig unerwartet mit 27 Jahren im Jahr 1861 an einer Typhuserkrankung, sodass sein Bruder Karl Baedeker Jr. die Geschäftsführung im gleichen Jahr übernimmt.[656] Als dieser in den 1860er Jahren weitere Ausgaben seiner Reisebücher in Großbritannien und Frankreich vertrieb und im Gegenzug John Murray eine deutschsprachige Ausgabe seines *Switzerland* Reiseführers in Deutschland zu verkaufen begann, beendeten beide Verlage dauerhaft ihre Kooperation.[657]

Für den Baedeker Verlag gingen die Geschäfte in den folgenden Jahren erfolgreich weiter. Im Jahr 1870 trat mit Fritz Baedeker ein weiterer Teilhaber in das Verlagsgeschäft ein und begann seinem Bruder zu assistieren.[658] Im gleichen Jahr verkauften die Verleger das gesamte Sortimentsbuchgeschäft in Koblenz und begannen ausschließlich Reisebücher zu publizieren. Um in diesen Jahren näher am Zentrum des Buchhandels in Deutschland zu sein, zog der Verlag schließlich 1872 von Koblenz nach Leipzig um. Fritz Baedeker wurde 1878 alleiniger Teilhaber, da sein Bruder Karl Baedeker Jr. schwer erkrankte und 1911 starb.[659] Der Verlag verbuchte während dieser Zeit durchgehend Gewinne, musste im Ersten Weltkrieg allerdings herbe Einbrüche im Buchgeschäft verkraften. Das Unternehmen konnte sich aber zu Beginn der 1920er Jahre wieder wirtschaftlich erholen. Nachdem Fritz Baedeker im Jahr 1925 starb, übernahmen dessen Söhne Hans, Friedrich und Dietrich den Verlag und leiteten das Verlagshaus zu dritt. Trotz verheerender Zerstörungen des Stammhauses im Zweiten Weltkrieg, konnten die Verleger im Jahr 1948 einen letzten Reiseführer in Leipzig über die Stadt an der

---

654 Brief von Ernst Baedeker an John Murray vom 28.1.1861, in: National Library of Scotland. The John Murray Archive, MS. 40035, 74 f.

655 Susanne Müller, *Die Welt des Baedeker.* [wie Anm. 626], 36.

656 Ebd., 44.

657 Ebd., 36.

658 Ebd., 46.

659 Ebd.

Elster selber publizieren, den Verlag allerdings unter den gegebenen ökonomischen Bedingungen der Zeit nicht weiterführen.

Nach dem Zweiten Weltkrieg gründete schließlich der Urenkel Karl Baedekers, Karl Friedrich Baedeker, im Jahr 1948 in Malente in Schleswig-Holstein den Verlag unter gleichem Namen neu, welcher 1956 nach Freiburg im Breisgau umzog.[660] Nach weiteren Besitzerwechseln gehört der Verlag seit 1997 zur MairDumont Verlagsgruppe mit der Redaktion in Ostfildern.[661]

4.2.5 Fazit

Die Geschichte dieses Buchverlages zeigt, dass Kooperationen zwischen einem deutschen Buchhandelsunternehmen und ausländischen Partnern über einen langen Zeitraum bestehen konnten, diese aber immer auch an die Persönlichkeiten der Verleger und natürlich deren eigenen Entscheidungen im Buch- und Kartenhandel gebunden waren.

Auch über den Handel mit geografischen Informationen, die eben nicht stets zwangsläufig in Form von Karten dem Kunden zur Verfügung gestellt wurden, sondern auch durchaus in Form von Reiseführern ihren Weg auf einen Markt für Druckerzeugnisse fanden, wurde offen nachgedacht und die so entstandenen Ideen dann auch ganz praktisch in die Tat umgesetzt. Doch das Beispiel der Kooperation zwischen Karl Baedeker und John Murray zeigt auch, dass betriebliche Vereinbarungen nicht immer durch ein Testat begründet werden mussten, sondern durchaus aus dem Vertrauen der beteiligten Kooperationspartner zueinander entstanden.

Aus diesem Grund war der persönliche Kontakt aller Beteiligten für das erfolgreiche Zustandekommen von Kooperationen im globalen Buchhandel von so großer Bedeutung. Und das galt besonders auch für den Handel mit Karten und geografischer Fachliteratur. Der Inhalt dieser Publikationen konnte unabhängig des kulturellen Hintergrundes der möglichen Kunden konsumiert werden, was wiederum die relativ einfache Einführung von Publikationen dieser Gattung auf internationalen Märkten ermöglichte. Das Beispiel der britischen Adaption des *Physikalischen Atlas* aus dem Justus Perthes Verlag im *Physical Atlas* John Bartholomews symbolisiert dieses Phänomen besonders eindrucksvoll.

Deutsche Karten waren also offensichtlich im Ausland gefragt. Für deutsche Verleger bedeutete dies, dass die Leistungen der einheimischen Karto- sowie Geografen gewinnbringend im Ausland vermarktet werden konnten. Daraus resultierte nicht unbedingt der Zwang zum Auslandsgeschäft, wohl aber die Erschließung einer zusätzlichen

---

660 Ebd., 51.

661 Zum gegenwärtigen Auftritt der Marke Baedeker siehe die Webseite des MairDumont Reiseverlages unter: https://www.mairdumont.com/marken-produkte/marken/baedeker/ (zuletzt aufgerufen am 06.10.2020).

Chance zum Absatz der eigenen Publikationen. Die zuweilen hohen Risiken im Verkauf der eigenen Produkte im Ausland wurden wiederum gezielt durch für die Verleger geeignete Kooperationen abgemildert.

Für spezielle Atlanten, wie z. B. dem *Physikalischen Atlas*, lag außerdem der Absatz im Ausland auf der Hand. Neben den langen Publikationszeiträumen und den dadurch hohen Produktionskosten konnten diese Werke, vor allem durch ihren exklusiv angebotenen Inhalt auch ausländische Kunden zum Kauf bewegen. Insofern oblag es der Risikofreudigkeit des Verlegers sowie dessen Kontakte zu den entsprechenden Händlern, ob eine solche Publikation auch tatsächlich den Weg in den Auslandsvertrieb schaffte oder nicht.

Wie der Fall der Kooperation zwischen Bernhard Perthes und John Bartholomew aber auch zeigt, behaupteten sich diese Karten zunächst auf dem inländischen Markt und wurden erst wesentlich später auch international vertrieben. Karten, die ausschließlich für den globalen Buchmarkt bzw. gezielt ausgewählte nationale Buchmärkte herausgegeben wurden, waren eher die Ausnahme, als die Regel. Die *Chart of the World* aus dem Justus Perthes Verlag muss an dieser Stele als prominentes Beispiel genannte werden.

Schließlich bleibt die Frage offen, wo denn nun ein als deutsch titulierter Kartenmarkt im 19. Jahrhundert gefunden werden kann. Die Frage sollte nach Abschluss meiner Erörterungen eher lauten, ob es einen exklusiven deutschen Kartenmarkt überhaupt gab. Die Indizien aus den Quellen sprechen eher dafür, das Kartenverleger in Deutschland über weite Teile des 19. Jahrhunderts nicht nur in nationalstaatlichen Grenzen gedacht haben, sondern international stärker vernetzt waren, als dies ein erster Blick auf das Handelsgeschehen zuließ.

Dies betraf sowohl die Akquise von Kartografen, Geografen und Reisenden als Autoren der veröffentlichten Werke und erst recht die Auswahl von Kooperationspartnern auf dem gesamten Globus zur Vermarktung der eigenen Erzeugnisse. Für Zeitgenossen wie Baedeker und Perthes galt darüber hinaus, dass sie als Unternehmer immer auch die Marktlage des Buchhandels über den eigenen nationalen Horizont hinaus beobachteten und sich in geeigneten Situationen von gewohnten Vorstellungen vom Inhalt der zu verkaufenden Publikationen verabschiedeten.

Dies ermöglichte es ihnen, auch international erfolgreich publizieren zu können. Daher steht fest, dass die Vorstellung eines Kartenmarktes in absoluten nationalstaatlichen Grenzen des 19. Jahrhunderts für Deutschland nicht der Realität entsprach. Denn auch in umgekehrter Richtung waren die Grenzen nach Deutschland für ausländische Karten und Atlanten offen.

4.3 Marktregeln und Marktgesetze: Urheberrecht und Kartenhandel

Wie schon zu Beginn des Kapitels formuliert, definieren die Grenzen eines Raumes seine Größe. Zugleich bestimmen festgelegte Regeln und Normen, zuweilen durch die Arbeit konkreter Institutionen formuliert, etabliert und durchgesetzt, wer diese Grenzen überschreiten darf und wie das gemeinsame Miteinander aller beteiligten Akteure im genannten Raum gestaltet werden soll.

Für den Handel mit Büchern und Karten markierte das 19. Jahrhundert das Zeitalter der endgültigen Institutionalisierung. Das bedeutete für Verleger und Buchhändler gleichermaßen, dass die tradierten Formen des Handels mit Druckerzeugnissen auf höchstens zwei Mal im Jahr stattfindenden Buchmessen nun einem ganzjährigen Marktgeschehen gewichen waren. Außerdem trat mit dem Börsenverein des Deutschen Buchhandels erstmals in der Geschichte eine Institution im Marktgeschehen auf, die nicht nur maßgeblich die Regeln und Abläufe im Buchhandel fortan prägen sollte, sondern als gesamtdeutscher Akteur die Interessen der Verleger, Autoren und Buchhändler gegenüber anderen Branchen der Volkswirtschaft und politischen Entscheidungsträgern vertrat.

Auch für Kartenverleger bedeutete die Gründung des Börsenvereins, dass die Modalitäten des Handels mit Kartografie, zumindest im deutschsprachigem Raum, zunehmend vereinheitlicht wurden. Hinsichtlich der Ergebnisse dieser Neuerungen, wie z. B. der Einführung der Buchpreisbindung, ergaben sich auf längere Sicht für Verlage und Händler planbarere Geschäftsbeziehungen, die zumindest mit Blick auf die Konkurrenz durch größere Verlage oder Sortimentsbuchhändler auch kleineren Verlagsunternehmen oder Buchhändlern ein Auskommen boten.[662]

Schaut man auf den Wandel im Buchhandel im 19. Jahrhundert und besonders auf die zeitgenössischen Debatten, die maßgeblich diesen Wandel begleiteten, so fällt dem Betrachter schnell das ständige Wiederkehren der Urheberrechtsthematik auf. Am Schluss dieses Kapitels soll daher die Frage des Urheberrechts im Buch- und natürlich gesondert im Kartenhandel im Mittelpunkt stehen. Neben der industrialisierten Buchproduktion stellte die diffuse Urheberrechtslage die auf dem deutschen Buchmarkt partizipierenden Akteure vor die größten Probleme ihrer Zeit. Es wird mir daher auf den folgenden Seiten vor allem darauf ankommen die Entstehungsgeschichte dieser Problemlage genauer zu untersuchen um im Anschluss die Lösungswege der Zeitgenossen hinsichtlich ihrer Bedeutung für den Buch- und Landkartenhandel zu erörtern. Dabei steht die zentrale Frage im Raum, welche Auswirkungen der dargelegten Entwicklungspfade der Urheberrechtsgeschichte im deutschsprachigen Kartenhandel innerhalb der Gruppe der Kartenverleger diskutiert wurden und welche genuinen Problemlagen bzgl. des Nachdruckes für den Kartenhandel bestanden. Die Quellenlage

662 Reinhard Wittmann, *Geschichte des deutschen Buchhandels*, 4. Auflage, München, 2019, 232 und 265.

lässt an dieser Stelle den Blick auf die Diskussion zwischen Kartograf und Verleger zu, sodass aus zur damaligen Zeit nicht öffentlich geführten Diskussionen die Zwänge und Entscheidungen der Zeitgenossen verstanden werden können.

Verleger verlegen nicht nur Bücher, sondern Wissen. Damit sie das langfristig tun können benötigen sie als Unternehmer das Versprechen der Rendite ihrer jeweiligen Investitionsentscheidung im Fall des erfolgten Verlags eines Buches, einer Zeitschrift oder auch einer Karte.[663]

Das so produzierte Wissen besitzt die Eigenschaften eines nicht-rivalen, immateriellen Gutes, da es sich trotz eines mehrmaligen Gebrauches nicht abnutzen lässt und ferner durch andere Marktteilnehmer durch Imitation desselben in vollem Umfang genutzt werden kann, ohne dafür eine entsprechende Gegenleistung in Form von ökonomischen Kapitals aufbringen zu müssen.[664]

Für Verleger besteht also die Problematik der Imitation ihrer hergestellten Waren schließlich darin, dass die äußerlichen Eigenschaften der produzierten Ware nicht immer zur Kaufentscheidung des Konsumenten führen, sondern in nicht unerheblichen Maße Bücher und auch Karten wegen des verkauften Inhaltes konsumiert werden. Da dieser, wie eben beschrieben, als Wissensressource durch Imitationen unentgeltlich allen zur Verfügung gestellt werden kann, ergibt sich in der Konsequenz automatisch für diese Branche der Volkswirtschaft die vehemente Forderung nach dem Schutz des publizierten Wissens. Denn durch die Imitation der Ware wird kein Anreiz für zukünftige Investitionsentscheidungen ausgesendet neues Wissen im Verlag zu publizieren, da der Imitator nicht für die Bereitstellung des imitierten Wissens Ressourcen aufgewandt hat, der ursprüngliche Verleger in seiner Rolle als Unternehmer allerdings schon.[665]

Der Grund für die Genese eines Urheberrechtes zum Schutz von Verlag, Buchhändlern und Autoren liegen also auf der Hand. Bis ein einheitliches Urheberrecht in Deutschland durchgesetzt werden konnte überwog die Privilegienpraxis zum Schutz des geistigen Eigentums. Von der Gnade des Herrschers war es abhängig, ob ein Verleger für die in seinem Unternehmen publizierten Werke den Nachdruckschutz im Herrschaftsgebiet seines Souveräns für eine Zeitspanne von i. d. R. zehn Jahren erhielt, oder nicht.[666]

---

663 Uwe Cantner, *Nähe und Distanz bei Wissensgenerierung und -verbreitung. Zur Rolle intellektueller Eigentumsrechte*, in: Oliver Ibert und Hans Joachim Kujath, *Räume der Wissensarbeit. Zur Funktion von Nähe und Distanz in der Wissensökonomie*, Wiesbaden, 2011, 86.

664 Ebd., 87.

665 Ebd., 88.

666 Christian Demmler, *Nachdruck und Urheberrecht im 19. Jahrhundert*, in: Irmtraud Götz von Olenhusen und Albrecht Götz von Olenhusen (Hrsg.), *Von Goethe zu Google: Geistiges Eigentum in drei Jahrhunderten*, Düsseldorf, 2011, 61.

Aus diesem Umstand folgte, dass Verlegern bis ins 19. Jahrhundert oftmals eine sehr enge Bindung zu den regierenden Monarchen der Zeit nachgewiesen werden können.[667] Gleichzeitig wurden Privilegien den Nachdruck betreffend nicht flächendeckend in der deutschen Kleinstaatenwelt eingeführt, sodass der Nachdruck desselben Werkes in einem benachbarten Herrschaftsgebiet durchaus möglich und gängige Praxis war.

Dieser Umstand führte auch zu einer besonders engen Bindung von Autoren an ihren Verleger. So war z. B. Heinrich Berghaus offenbar bewusst, dass die Kontakte seines Verlegers Wilhelm Perthes zu den regierenden Monarchen seiner Zeit in verschiedenen deutschen Staaten bei der Sammlung von Nachdruckprivilegien hilfreich sein können. Zugleich erlaubten es die finanziellen Mittel von besonders erfolgreichen Verlagen am Markt die oft in der Herstellung teuren Atlanten im Falle eines Nachdrucks in einer abgeänderten Konzeption neu zu verlegen. In einem Brief an den Gothaer Verleger äußerte sich Heinrich Berghaus deshalb besonders wohlwollend bzgl. der gemeinsamen Zusammenarbeit aus den genannten Gründen:

> Ein Grund aber, und vielleicht ein nicht unwichtiger, warum ich den Wunsch sagen muß, wegen des großen Atlas mit Ihnen, verehrter Herr Perthes! [sic] in Verbindung zu treten, entspriest aus meinem Verhältniß zu Ihnen, in Betreff des Stieler'schen Handatlas und besprochenen u. angefangenen Physik. Atlas. Es ist nämlich meine Absicht auf den Atlas von den außereuropäischen Weltheilen Privilegien bei den verehrten Deutschen Regierungen nachzusuchen, um die mühselige und kostbare Arbeit vor dem Nachstechen und reducierten Ausgaben zu schützen. [...][668]

Seit der Hälfte des 18. Jahrhunderts begann der deutsche Buchmarkt sich deutlich zu verändern. Auf der einen Seite wurden in Norddeutschland zunehmend Novitäten im Bereich der Unterhaltungs- und Sachliteratur verlegt, wohingegen im süddeutschen Raum religiöse Erbauungsliteratur den weiterhin größten Erfolg im Publikum verzeichnen konnte.[669] Aus dieser zunehmenden Divergenz ergab sich fortan das Problem, dass norddeutsche Verleger ihre Publikationen kaum noch im süddeutschen Raum absetzen konnten und dadurch das System des Tauschhandels verstärkt in Frage gestellt wurde.[670]

Als der Tausch von Druckbögen schließlich keinerlei ökonomische Vorteile für norddeutsche Verleger bot begannen Leipziger Buchhändler als erste überhaupt den

---

667 Besonders im von mir dokumentierten Fall des Justus Perthes Verlages ist eine derartige enge Bindung zwischen Verlag und regierendem Monarch offenkundig. Die obligatorische Erlaubnis der Sachsen-Gotha-Altenburgischen Regierung zum Betrieb eines „Verlags- und Sortiments-Buchhandels" für den Verleger Justus Perthes vom 21.12.1796, die Ernennung von Bernhardt Perthes zum Hofrat durch Herzog Ernst II. von Sachsen-Coburg und Gotha am 21.6.1857 und die in Kapitel 3.2.3 beschriebene Unterstützung der herzöglichen Regierung bei konkreten Publikationsvorhaben beweisen diese Verbindung. (Vgl.: Thüringer Staatsarchiv Gotha, Geheime Kanzlei TT. IIa. Nr. 91 sowie Geheime Kanzlei Loc. UU 9. Nr. 69.)

668 Brief von Heinrich Berghaus an Wilhelm Perthes vom 29.11.1830, in: Forschungsbibliothek Erfurt/Gotha, Nachlass Heinrich Berghaus, SPA ARCH MFV 19A/1, 21 f.

669 Christian Demmler, *Nachdruck und Urheberrecht im 19. Jahrhundert* [wie Anm. 666], 62.

670 Reinhard Wittmann, *Geschichte des deutschen Buchhandels* [wie Anm. 662], 98–126.

Tausch ihrer Druckbögen mit ihren süddeutschen Kollegen Im Jahr 1760 einzustellen.[671] Der Wechsel vom Tausch- zum Nettohandel in der zweiten Hälfte des 18. Jahrhunderts hatte weitreichende Folgen für die deutsche Buchhandelsgeschichte bis in die Gegenwart. Da süddeutsche Verleger nur schwer ihre Ware außerhalb Süddeutschlandes absetzen konnten, norddeutsche Literatur unter deren Lesern allerdings immer beliebter wurde, fehlte den süddeutschen Buchhändlern die benötigte Liquidität für den Barerwerb norddeutscher Literatur während der alljährlichen Messetermine. Um dennoch die Nachfrage bedienen zu können behalfen sich süddeutsche Verlage zunehmend des Nachdrucks. Vor allem die Regierungen von Staaten wie Württemberg, Bayern oder Österreich forcierten den Nachdruck in jedem Bereich.[672]

Zugleich folgte aus dem Wandel zum Nettohandel auf der Leipziger Messe ein anderes Problem. Bekannte Leipziger Verleger, deren Werke überregional im Publikum beliebt waren, konnten nicht im gewünschten Maß ihre Werke auf der Messe verkaufen, da der Handel aufgrund stetig steigender Preise für die gehandelten Druckbögen immer unrentabler für überregionale Buchhändler wurde.[673] Damit diese trotz Preissteigerungen der Druckbögen und zu entrichtender Zahlungen für den Transport der Ware vom Messeplatz in ihre Buchhandlungen Gewinne verbuchen hätten können, wären entsprechend ausgehandelte Rabatte beim Einkauf der Drucke nötig gewesen. Diese blieben allerdings unter dem für einen Gewinn für die Buchhändler erforderlichem Maß aus, sodass die Leipziger Verleger ihre Druckerzeugnisse außerhalb der Stadt kaum noch absetzen konnten. Die so ebenfalls ökonomisch bedrohten Einzelhändler außerhalb der Messestadt sahen sich deshalb vermehrt gezwungen die durchaus stetig steigende Nachfrage nach neuer Literatur durch Nachdrucke zu befriedigen, die trotz der oftmals schlechteren Druckqualität dennoch Abnehmer fand.[674]

Dennoch konnten Leipziger Verleger in jenen Jahren ihre ökonomische Vormachtstallung auf dem deutschen Buchmarkt weiter ausbauen. Dies geschah nicht zuletzt dadurch, dass sie in keinem bisher gekannten Maß Honorare an alte und neue Autoren zahlten, sodass Verlage außerhalb der Stadt im deutschsprachigen Raum oftmals kaum noch bekannte Schriftsteller verlegen konnten und dadurch deutlich geringe Mengen an neuer Literatur abzusetzen vermochten.[675]

Um diese Machtposition nicht zu verlieren bedurfte es schließlich zwei Methoden. Zum einen musste rasch die Nachdruckfrage geklärt werden und zum anderen mussten neue, oftmals verbesserte oder erweiterte Neuauflagen der zuvor in einem anderen Teil Deutschlands nachgedruckten Werke erscheinen, damit dem Konsumenten der Vorteil des Kaufes des originalen Druckes günstiger erscheint, als der des bereits veralteten Nachdrucks.[676]

---

671 Christian Demmler, *Nachdruck und Urheberrecht im 19. Jahrhundert* [wie Anm. 666], 62.
672 Ebd.
673 Eckhard Höffner, *Geschichte und Wesen des Urheberrechts*, Band 1, München, 2010, 315 f.
674 Ebd., 318.
675 Ebd.
676 Ebd.

Ein Beispiel dieser Praxis ist für den Kartenhandel sehr eindringlich im Fall des Nachdrucks von *Stielers Schulatlas* aus dem Jahr 1831 überliefert. Nachdem der Verleger Wilhelm Perthes den Nachdruck des Atlas bemerkte, sah er sich gezwungen eine neue, günstigere Auflage zu publizieren. In einem Brief setzte er den Autor Adolf Stieler darüber sowie über ein neues Honorar für dessen Arbeit in Kenntnis:

> Durch die an mehreren Orten veranstalteten Nachdrucke u. Nachstiche wurden wir im vorigen Jahr genöthigt, dem Schulatlas das Supplementheft gratis beizugeben und den Preis fürs Ganze von 2 Rthl. auf 1 Rthl. 12 Pf. herabzusetzen. Bei dieser Verminderung des Verkaufspreises und Erhöhung der Fabricationskosten, [...], liegt es wohl in der Billigkeit, daß ein Nachlass an Honorar gewährt werde – ich erlaube mir vorzuschlagen, daß demnach das bisherige von 500 Rthlr. auf 400 Rthlr. herabgesetzt werde, [...].[677]

Im weiteren Verlauf des Briefes wird außerdem der Unmut des Verlegers darüber deutlich, dass er nicht nur über 900 Exemplare der nun unverkäuflichen älteren Auflage zurücknehmen musste, sondern dass der Transport der Ware und der Umstich der bisherigen Karten mit hohen Kosten für den Verlag verbunden sei.

Um dem Nachdruck aus Gründen der Versicherung der Verleger gegen den unerwünschten Handel mit diesen Kopien Herr zu werden entschloss sich schließlich 1773 zuerst Kursachsen, abseits der königlichen Privilegienpraxis mit dem sog. „Buchhandelsmandat" ein Recht auf Nachdruckschutz im eigenen Territorium dauerhaft zu etablieren.[678]

Dieses Recht lag fortan beim Verleger selber, für dessen Anwendung eine Registrierung des veröffentlichten Werkes durch den Verleger und nicht den Autor in der Leipziger Bücherrolle notwendig war. Der Verleger musste allerdings einen schriftlichen Beleg über den rechtmäßigen Erwerb des Manuskriptes vom Autor vorweisen um den automatischen Nachdruckschutz für einen Zeitraum von zehn Jahren in Kursachsen gewährt zu bekommen. Um das Gebiet für den Schutz vor Nachdruck weiter zu vergrößern einigte sich Kursachsen schließlich 1775/76 mit Preußen auf ein bilaterales Abkommen zum Schutz vor Nachdruck.[679] Beide Staaten versicherten, dass Werke von Autoren aus dem jeweils anderen Land im eigenen Herrschaftsgebiet Nachdruckschutz erhalten sollten, auch wenn es sich um bloße Übersetzungen von entweder in dem einen oder dem anderen Land erschienenen Werken fremdländischer Autoren handelte. Diese Regelung untersagte auch den Nachdruck von Alternativübersetzungen des bereits publizierten Werkes.

Doch auch ein solches Abkommen konnte den ungehinderten Nachdruck allerlei neuer Druckerzeugnisse nicht konsequent verhindern. Dafür war die üblich gewährte Schutzfrist von zehn Jahren für neue Werke zu gering und die ökonomischen Interessen, vor allem von süddeutschen Verlegern hinsichtlich des Nachdrucks begehrter Li-

---

677 Brief von Wilhelm Perthes an Adolf Stieler vom 05.8.1831, in: Forschungsbibliothek Erfurt/Gotha, Nachlass Adolf Stieler, SPA ARCH MFV 20/3, 2 f.

678 Eckhard Höffner, *Geschichte und Wesen des Urheberrechts* [wie Anm. 673], 312.

679 Ebd., 313.

teratur zu groß. Aus diesem Grund teilte sich der Buchhandel am Ende des 18. Jahrhunderts allmählich in einen Reichsbuchhandel mit Nachdrucken und einen Messebuchhandel mit Originalen auf.[680]

Die Praxis des Nachdrucks hatte allerdings nicht nur Gegner. Vor allem Staaten mit geringen Ausgaben im Bildungsbereich ermöglichten über den Nachdruck den Erwerb von wertvoller Literatur für die Vermittlung von Wissen in Schulen und Universitäten.[681] Zugleich bot der Nachdruck Schriftstellern die Chance ihre Werke einem noch größerem Publikum anbieten zu können, welches sich wiederum über günstige Preise für neue Literatur freute. Von ca. 6.000 freischaffenden Schriftstellern im deutschsprachigen Raum im Jahr 1790 protestierten nur um die 50 öffentlich gegen den Nachdruck.[682]

Diese Zahl verdeutlicht offensichtlich die Meinung der Autoren zum Urheberrecht und nicht die der Verleger. Denn erste Überlegungen eines einheitlichen Urheberrechtes auf zunächst landesherrlicher Seite rückten den Schutz der ökonomischen Interessen der Verleger in den Vordergrund, sodass es Autoren verwehrt blieb einen gesetzlichen Schutz für ihr geistiges Eigentum einzufordern. Das im Jahr 1794 eingeführte Allgemeine Preußische Landrecht markierte zwar den Beginn eines flächendeckenden, wirksamen Nachdruckschutzes in weiten Teilen des deutschsprachigen Raumes, allerdings schützte dieses Gesetz nur Verleger bzw. Buchhändler, welche den Nachdruckschutz der in ihrem Verlag erschienen Werke über ein eigenes Verlagsrecht am publizierten Druckerzeugnis erwarben. Dies galt zwar unmittelbar nach dem Erscheinen der Publikation, verfolgte aber noch die Idee des ewigen Verlagseigentums geistiger Werke und erfasste daher nicht das Recht des Autors am veröffentlichten Inhalt.[683]

Die Debatte um ein einheitliches Urheberrecht riss in den folgenden Jahren nicht ab. Baden erließ als erster deutscher Staat im Jahr 1810 nach französischem Vorbild ein Nachdruckschutzgesetz, welches auch das geistige Eigentum des Autors gegenüber dem Verlag anerkannte und vor illegaler Vervielfältigung schützte.[684] Die Auseinandersetzung über das Urheberrecht erfasste nach dem Sieg über Napoleon auch die Gründung des Deutschen Bundes, in dessen Gründungsdokument als Ziel aller Mitgliedsstaaten die Einführung eines einheitlich, verbindlich geltenden Urheberrechts formuliert worden war.[685]

680 Ebd., 320.
681 Ebd., 322.
682 Ebd.
683 Ebd., 303.
684 Ebd., 304.
685 Die hervorgehobene Bedeutung der Verabschiedung eines gemeinsamen Nachdruckschutzes in der zeitgenössischen Debatte bzgl. eines gemeinsamen Rechtsrahmens im Fall des Büchernachdrucks der Staaten, die ab 1815 den Deutschen Bund bildeten, wird explizit durch die Aufnahme der Forderung nach einer Konsenslösung über diese Frage in der Schlussfassung der Deutschen Bundesakte vom 08.6.1815 deutlich. In Art. 18 Abs. 4 der Bundesakte hieß es wörtlich: „Die Bundesversammlung wird sich bey ihrer ersten Zusammenkunft mit Abfassung gleichförmiger Verfügungen über die Preßfreyheit und die Sicherstellung der Rechte der Schriftsteller und Verleger gegen den Nachdruck beschäf-

Es sollte allerdings noch 14 weitere Jahre benötigen, bis im Jahr 1829 die preußischen Gesandten der Bundesversammlung eine Diskussion über den Nachdruckschutz auf Bundesebene verlangten.[686] Preußen selber erließ acht Jahre später in Eigeninitiative ein Gesetz, welches auch unveröffentlichte Werke unter Rechtsschutz gegen den Nachdruck stellte, erstmals auch ein umfassendes Veröffentlichungsrecht für Autoren und damit nicht nur für Verleger anerkannte sowie den bildenden Künsten ebenfalls Schutz vor illegaler Vervielfältigung gewährte.

Zugleich wurde im Herrschaftsgebiet Preußens mit diesem Gesetz die später flächendeckend eingeführte Schutzfrist gegen den Nachdruck auf eine Zeitspanne von 30 Jahren nach dem Tod des Autors eingeführt. Damit etablierte Preußen eines der bisher umfangreichsten Urheberrechtsgesetze in Deutschland, dessen Ausgestaltung auch für zukünftige Regelungen dieses Rechtsbereiches in anderen deutschen Staaten Anwendung fand.[687]

Die Mitglieder des Deutschen Bundes konnten sich allerdings in den folgenden Jahren lediglich auf einen Minimalkompromiss für das gesamte Bundesgebiet einigen, der eine Schutzfrist von zehn Jahren für erstveröffentlichte Werke vorsah, jedoch die konkrete Anwendung dieser Einigung jedem Mitgliedsstaat frei überließ. Dadurch kam es für Autoren und Verleger zu der unbefriedigenden Situation, dass in Staaten wie Preußen ein sehr strikt formuliertes Urheberrecht Anwendung fand, jedoch Staaten wie Württemberg weiterhin an der althergebrachten Form des Gewährens von Privilegien durch den Souverän festhielten.[688]

Gerade für prominente Schriftsteller konnte dies zu Nachteilen führen. Ein solches Beispiel ist für die Werke David Livingstones dokumentiert. Nachdem der britische Autor bereits 1857 bei John Murray mit dem Buch *Missionary Travels and Researches in South Africa* einen außerordentlichen Publikumserfolg veröffentlichte, erhofften auch deutsche Verleger dessen Popularität für das eigene Unternehmen zu nutzen. Obwohl David Livingstone sein Werk bereits im Dezember 1857 in Preußen gegen jede nicht von ihm ausdrücklich autorisierte Übersetzung schützte, hielt dies den deutschen Verleger Rudolf Besser in Stuttgart nicht von einem zweifelhaften Angebot an den John Murray Verlag ab.[689]

Der deutsche Verleger berief sich nach der Gesetzeslage im Königreich Württemberg auf sein Recht, notfalls ohne die Erlaubnis des britischen Forschungsreisenden oder des John Murray Verlages eine eigene deutschsprachige Übersetzung in Württem-

---

tigen." [Schlussfassung der Deutschen Bundesakte vom 08.6.1815, gefunden in: https://www.lwl.org/westfaelische-geschichte/que/normal/que814.pdf (zuletzt aufgerufen am 29.10.2020)].

686 Christian Demmler, *Nachdruck und Urheberrecht im 19. Jahrhundert* [wie Anm. 666], 64.

687 Isabella Löhr, *Die Globalisierung geistiger Eigentumsrechte. Neue Strukturen internationaler Zusammenarbeit: 1886–1952*, Göttingen, 2010, 44.

688 Christian Demmler, *Nachdruck und Urheberrecht im 19. Jahrhundert* [wie Anm. 666], 66 f.

689 Vgl.: Formblatt, welches bestätigt, dass David Livingstone in Preußen sein Werk „Missionary Travels and Researches in South Africa" schützen ließ im Nachlass David Livingstones, in: National Library of Scotland. The John Murray Archive, MS. 42425, 6.

berg zu veröffentlichten und damit gegen die pekuniären Interessen der Briten zu handeln. Um dennoch zu einer gütigen Einigung zu gelangen versuchte der Leipziger Verleger Hermann Costenoble als Vermittler zwischen Besser, Livingstone und Murray zu verhandeln. Dieser trug die Bitte Bessers vor, die Rechte zur deutschen Übersetzung an Costenoble abzutreten, da für eine Veröffentlichung in Sachsen die ausdrückliche Autorisation, auch für Übersetzungen, vom Rechteinhaber, also dem Autor bzw. dem Verleger nötig sei. Dabei bemerkte Costenoble schließlich, „daß es für Sie [*gemeint ist Murray*] nicht vortheilhaft sein würde, wenn eine andere Württemberger Handlung die Uebersetzung [täte], weil diese keiner Autorisation bedürfe. Ihre Bedingungen müssen deshalb sehr mäßig sein."[690]

Welche Abmachungen zwischen Costenoble und Besser getroffen wurden ist nicht bekannt. Es ist allerdings anzunehmen, dass beide Verleger eine Einigung über die durch die Veröffentlichung zu erwartenden Gewinne trafen. Um Klarheit über das deutsche Recht zu erlangen wandte sich Murray schließlich an den Sohn seines deutschen Kollegen Ernst Baedeker, welcher zu dieser Zeit seine Ausbildung zum Buchhändler bei der Londoner Buchhandlung Williams and Norgate absolvierte. Ernst Baedeker riet ihm zu einer Zusammenarbeit mit den Deutschen, eben weil die Herausgabe des Buches in Sachsen durch die bilateralen Verträge mit Preußen den Vertrieb einer geordneten deutschen Übersetzung ermöglichen würde und Rudolf Besser mit einer unautorisierten Übersetzung nur sehr schwer am gesamtdeutschen Buchmarkt, vor allem in Sachsen und Preußen partizipieren könne.[691] Murray blieb daher keine Wahl als in eine Verhandlung mit Costenoble über eine deutsche Ausgabe der *Missionary Travels and Researches* einzuwilligen und zumindest außerhalb Württembergs eine deutschsprachige Ausgabe zu realisieren. Er stellte allerdings unmissverständlich klar, dass Livingstone bereits das Urheberrecht für eine deutsche Übersetzung in Sachsen inne hatte und jede nicht autorisierte Verwertung des Textes rechtliche Konsequenzen nach sich ziehen würde:

> Sir, I have waited until I could obtain from Leipzig full evidence of the full and exact registration of Dr. Livingstones Copyright in Saxony – to answer your last letter which I now do by giving a direct contradiction to your assertion that it has not been properly registered. I consider that under the circumstances your proceedings have not been ereditable and I warn you that in the event of any insingement by you of Dr. Livingstones rights, I shall take legal measures to obtain justice and I will immediately take steps to instruct a lawyer at Leipzig to watch your proceedings and to act accordingly. I remain Sir Your Obt. Servant John Murray.[692]

---

690 Brief von Hermann Costenoble an John Murray [ohne Datum] im Nachlass David Livingstones, in: National Library of Scotland. The John Murray Archive, MS. 42425, 8 f.

691 Vgl.: Brief von Ernst Baedeker an John Murray vom 30.1.1858 im Nachlass David Livingstones, in: National Library of Scotland. The John Murray Archive, MS. 42425, 10.

692 Brief von John Murray an Hermann Costenoble vom 25.5.1858, in: National Library of Scotland. The John Murray Archive, Letterbook 1858–1868, MS. 41913, 4.

Auf welche genauen Konditionen sich beide Vertragspartner am Ende ihrer Verhandlungen einigen konnten ist leider nicht überliefert. Fest steht, dass Hermann Costenoble noch im Jahr 1858 die deutsche Ausgabe der *Missionary Travels and Researches* als zweibändiges Werk in Leipzig veröffentlichte.[693]

Dieses Beispiel zeigt einmal mehr wie sehr zeitgenössische Verlage und Autoren gegenüber Plagiatsbestrebungen Dritter ausgeliefert waren. Der von mir beschriebene Fall führte zwar zu einer gütlichen Einigung, dennoch legt er die Probleme der unterschiedlichen Auslegung des Nachdruckschutzes in Deutschland offen. Autoren und Verleger waren insofern gleichermaßen von der Zerstückelung des deutschen Urheberrechtes betroffen, wenn Rechte von Autoren in gleichem Maße wie die von Verlegern durch Staaten beschnitten wurden, deren Urheberrechtsauffassung noch an der Gewährung von Privilegien hing und damit zu einem gleichermaßen ökonomischen Nachteil der beteiligten Akteure führen konnte.

Zugleich zeigt das Beispiel aber auch, welche Bedeutung Verleger in der Durchsetzung von Rechten das geistige Eigentum des Autors betreffend spielten. Für sie galt, dass die Rechte des Urhebers auch ein ureigenes Interesse des Verlegers wurden, obwohl die Rechtslage die Stellung des Autors gegenüber des Verlegers zuweilen ausdrücklich betonte. Dennoch regelten Publikationsverträge nicht selten die Zusammenarbeit auch im Fall der Übersetzung des Werkes im Ausland. In einigen Fällen übertrug allerdings der Verleger die Rechte der Übersetzung ausdrücklich auch an den Autor, sodass dieser alleine für einen Auslandsvertrieb seiner Publikation Verantwortung zu tragen hatte.[694]

Nach welchen Kriterien ein Plagiat im Veröffentlichen von Karten vorlag ist jedoch strittig. Dies lag vor allem in dem Umstand begründet wie Kartenentwürfe erstellt wurden. Hierzu bedurfte es in der Regel, neben geodätischen Messergebnissen, vor allem bereits publizierte Karten, deren Inhalte mit verfügbaren Informationen des kartierten Raumes ein neues, einheitliches Kartenbild ergaben. Insofern Kartenlayout und der Inhalt übereinstimmten, kann von einem Plagiat gesprochen werden, dennoch lässt sich die vorsätzliche Abstraktion eines Kartenbildes in ein anderes nicht immer einwand-

---

693 Siehe: David Livingstone, *Missionsreisen und Forschungen in Südafrika*. Deutsche Ausgabe in zwei Bänden, Leipzig, 1858.

694 So geschehen im Fall der Herausgabe von Heinrich Barths *Reisen und Entdeckungen in Nord- und Centralafrika* im Justus Perthes Verlag aus dem Jahr 1853. Der Verleger gewährte Barth im ausgehandelten Publikationsvertrag vom 24.10.1853 das alleinige Recht, Übersetzungen seiner fünf-bändigen Reiseerinnerungen anzufertigen und diese auch zu vertreiben. (Vgl.: Vertrag zwischen dem Justus Perthes Verlag und Heinrich Barth über die Herausgabe von Heinrich Barths *Reisen und Entdeckungen in Nord- und* Centralafrika in fünf Bänden vom 24.10.1853, in: Forschungsbibliothek Erfurt/Gotha, Nachlass Heinrich Barth, SPA ARCH MFV 012.) Barth wandte sich im Fall einer potentiellen französischen Ausgabe im Jahr 1858 allerdings mit der Bitte an den Perthes Verlag, dass dieser in seinem Namen die Verhandlungen mit dem französischen Hachette Verlag übernehmen solle und Heinrich Barth ein einmaliges Honorar gezahlt werden könnte. (Siehe: Brief von Heinrich Barth an die Leitung des Justus Perthes Verlages vom 16.7.1858, in: Forschungsbibliothek Erfurt/Gotha, Nachlass Heinrich Barth, SPA ARCH PGM 039/3, 535.)

frei beweisen da der genaue Wortlaut des Karteninhaltes als Plagiat gewertet wurde nicht aber die Gestaltung. Aus diesem Grund konnten gerade im Schulbuchbereich viele Kopien von am Markt erfolgreich eingeführter Literatur im 19. Jahrhundert in den Umlauf gebracht werden, ohne dass die Verleger der originären Schulatlanten, auch in Folge der von mir beschriebenen diffusen Rechtslage in den deutschsprachigen Staaten, über eine rechtliche Handhabe gegen den so erfolgten Nachdruck verfügten.[695]

Ein eindrucksvolles Beispiel für die Adaption der Kartengestaltung eines Konkurrenzunternehmens kann im Fall des erstmals 1876 im Verlag Velhagen und Klasing erschienenen *Allgemeinen Volksschul-Atlas* von Richard Andree beobachtet werden. Der Atlas erschien zunächst in 34 Karten und wurde in den folgenden Jahren zu einem großen Publikumserfolg.[696] Dennoch kann nicht geleugnet werden, dass sich Andree und der Bielefelder Verlag zumindest verstärkt bzgl. der Gestaltung der einzelnen Karten bei dem ebenfalls sehr erfolgreich publizierten *Neuen Volksschul-Atlas* von Henry Lange aus dem Westermann Verlag inspirieren ließen.

Dass in diesem Fall ein offensichtliches Plagiat vorliegt, lässt sich nur schwer beweisen. Dennoch stellte dieses Konkurrenzprodukt eine Gefahr für den Absatz des bereits in der 24. Auflage im Jahr 1873 erschienenen *Neuen Volksschul-Atlas* des Braunschweiger Verlagshauses dar. Um dieser Gefahr zu begegnen versuchte in Folge George Westermann durch die Zugabe von kostenlosen Kartenblättern nicht nur bestehende Kunden zu binden, sondern den Atlas mit neuen, aus seiner Sicht innovativen Beilagen aufzuwerten. Durch diesen Schritt erhoffte sich der Verleger zugleich den pädagogischen Wert seines Atlas zu erhöhen um weiterhin Empfehlungen zur Anschaffung an Schulen von Seiten der entsprechenden Schulbehörden zu erhalten. In einem Brief an Henry Lange notierte deshalb Westermann:

> Die Hauptsache ist, daß verhindert werde, daß dem Velhagen'schen Atlas eine Empfehlung des Cultus Ministeriums zu theil werden. […] Meine Aufgabe sehe ich zunächst darin, dem Lange'schen Werkchen die 3 neuen Blätter zur Mathemat. Geographie; Meeresströmungen nach Mercator; Rasenverteilung nach Mercator ohne Vorzug – u. zwar gratis – bei zu geben. Diese 3 Blätter auch für alle Abnehmer der letzten 4 Auflagen gratis nach zu liefern, der Lange'sche Atlas würde dann aus 35 Blättern bestehen.[697]

Bemerkenswert ist, dass sich dieser Fall 46 Jahre nach dem von mir Eingangs beschriebenen Beispiel des Umgangs mit Plagiaten im Justus Perthes Verlag im Zusammenhang mit der Herausgabe *Stielers Schulatlas* ereignete und ähnliche Verhaltensmuster des Verlegers erkennbar werden. Obwohl nach der Gründung des Norddeutschen Bundes im Jahr 1866 auch Traditionalisten wie Württemberg nicht länger an den altherge-

---

695 Heinz Peter Brogiato, *„An dem Knochen wird von vielen genagt": Zur Entwicklung der geographischen Schulatlanten im 19. Jahrhundert*, in: Internationale Schulbuchforschung (19), Nr. 1, 1997, 45.

696 Ebd., 59. Vom Atlas wurden über eine Million Exemplare bis 1900 abgesetzt. Er erschien bis 1917 in 59 Auflagen.

697 Brief von George Westermann an Henry Lange vom 15.3.1876, in: Unternehmensarchiv des Westermann Verlages, Copirbuch für Handlungs-Correspondenz: 1875–1877, 349.

brachten rechtlichen Rahmenbedingen den Nachdruck betreffend festhielten und schließlich 1871 mit der Gründung des Deutschen Kaiserreiches das bereits im Jahr 1870 im Norddeutschen Bund eingeführte weitreichende Urheberrecht im neugegründeten Nationalstaat Anwendung fand, reagierten Kartenverleger auf nicht eindeutig gesicherte Plagiatsvorwürfe weiterhin mit althergebrachten unternehmerischen Entscheidungen.[698]

Abb. IV. 17: *Europa*, aus: Henry Lange, *Dr. H. Lange's Neuer Volksschul-Atlas über alle Theile der Erde*, 24. Auflage, George Westermann Verlag, Braunschweig, 1873, Maßstab: 1:24.450.000 Blatt 2.

Dies mag auch daran gelegen haben, dass in diesen Fällen Sachverständigengutachten von Seiten des zu urteilenden Gerichts zur Klärung vom Gesetz verlangt worden waren.[699] Dabei konnten lange Verfahrensdauern nicht ausgeschlossen werden. Dennoch markiert das Gesetz von 1870 einen Meilenstein in der Urheberrechtsgeschichte in

698 Christian Demmler, *Nachdruck und Urheberrecht im 19. Jahrhundert* [wie Anm. 666], 68.

699 Vgl.: Gesetz, betreffend das Urheberrecht an Schriftwerken, Abbildungen, musikalischen Kompositionen und dramatischen Werken, in: Bundesgesetzblatt des Norddeutschen Bundes, Band 1870, Nr. 19, 339–353, § 30.

Deutschland, da von nun an flächendeckend die Schutzfrist für geistiges Eigentum auf 30 Jahre nach dem Ableben des Autors eingeführt wurde und erstmals auch ganz konkret Karten als vom Nachdruckschutz erfasst benannt worden waren.[700]

Abb. IV. 18: *Europa, Staatliche Eintheilung*, aus: Richard Andree, *Dr. Richard Andree's allgemeiner Volksschulatlas in vierunddreissig Karten*, 1. Auflage, Verlag Velhagen und Klasing, Bielefeld, 1876, Maßstab: 1:23.400.00, Blatt 4.

Zusammenfassend kann also festgestellt werden, dass die Geschichte des Nachdrucks, und die der rechtlichen sowie handelspolitischen Bestrebungen dagegen, immer mit der Geschichte der Entwicklung des Buchhandels korrelierte. Der dramatische Wandel vom Tausch- zum Nettohandel veränderte eine ganze Branche. Dies hatte zur Folge, dass fünf Gründe für das vermehrte Aufkommen des Nachdrucks seit der zweiten Hälfte des 18. bis zur Mitte des 19. Jahrhunderts vorlagen: Zum einen steigerte im Zeitalter der Aufklärung die Nachfrage nach Wissen den Bedarf nach stets neuer, lehrreicher und auch günstiger Literatur. Lesen avancierte zunehmend von einer eher aristokratischen zu einer bürgerlichen Freizeitbeschäftigung. Der Wunsch nach Bildung war Teil dieser Entwicklung und damit die Sehnsucht nach Bildungsmedien.

---

700 Ebd., §§ 12 und 43.

Durch die allmähliche Einführung des Nettohandels ab der zweiten Hälfte des 18. Jahrhunderts verteuerte sich neue Literatur, sodass einzelne Staaten, allen voran Württemberg, Bayern und Österreich das Verlangen ihrer Bevölkerung nach Bildung durch den Nachdruck von Büchern, zumeist aus dem norddeutschen Raum finanzierten. Dies hatte zugleich den Effekt, dass lokale Verleger vom gesteigerten Bedürfnis einer sich neu gebildeten Schicht von Bürgern durch den Nachdruck populärer Schriften ökonomisch profitierten.[701]

Außerdem versäumten es erfolgreiche nord- und mitteldeutsche Verleger durch die Einführung eines geeigneten Rabattsystems, Sortimentsbuchhändlern die Möglichkeit des Verkaufsgewinns, der durch den Nettohandel nun in der Anschaffung stark verteuerten Druckbögen einzuräumen. Anschaffungs- und Transportkosten waren höher, als die gewährten Rabatte von Seiten der genannten Verleger, sodass die betroffenen Buchhändler ebenfalls den Handel mit Nachdrucken betrieben.

Schließlich vermochten es Autoren durch die Verbreitung von Nachdrucken ihren Leserkreis um ein Vielfaches zu vergrößern, was ihnen auch durch die stark unterschiedlichen Nachdruckschutzgesetze im deutschsprachigen Raum ermöglicht wurde.

Die von mir erörterten Beispiele zeigen aber auch, dass längst nicht alle Autoren, besonders Kartografen, von einer illegalen Verbreitung ihrer Werke profitierten und es nicht immer eindeutig war, ob eine Karte im Original oder als ein Plagiat vorlag. Die betroffenen Kartenverleger reagierten auch nach der Einigung über ein einheitliches Urheberrecht im letzten Viertel des 19. Jahrhunderts in Deutschland zuweilen mit erlernten unternehmerischen Praktiken aus Zeiten der Unsicherheit den Nachdruckschutz betreffend. Das stellt eine Besonderheit von Kartenverlegern gegenüber Verlegern von nicht genuin kartografischer Literatur dar.

701 Eckhard Höffner, *Geschichte und Wesen des Urheberrechts* [wie Anm. 673], 322.

5 Schlussbetrachtung

Zu Beginn dieser Arbeit formulierte ich die These Johann Adam Bergks, dass Wissen im 19. Jahrhundert eine gefragte Ware gewesen war. Schaut man nun auf die in dieser Studie analysierten Veröffentlichungen von Medien, deren Aufgabe es war, Raumwissen in praktischer Art und Weise einem interessierten Publikum zu verkaufen, so bestätigen die überlieferten Verkaufszahlen der ein oder anderen kartografischen Publikation die vom Zeitgenossen Bergk am Anfang aufgestellte These eindrucksvoll.

Die „Entzauberung der Welt", ausgelöst durch die Evolution rationaler Diskurse des Denkens an sich, bedurfte nicht nur Medien für die Abbildung des gewonnenen Wissens, sondern verlangte stetig nach Individuen, die sich der Praxis der wissenschaftlichen Visualisierung von Raumwissen zu ermächtigen begannen.[702]

Im Leben Johann Adam Bergks spielte die industrialisierte Buchproduktion noch keine Rolle. Neue Methoden der Drucktechnik erfassten im Verlauf des 19. Jahrhunderts auch die Verlage, deren Selbstbeschreibung als „Geographische Anstalten" den akademischen Nutzen der hergestellten Produkte zu Vermehrung des Wissens belegten. Dennoch ist die Darstellung der Verbreitung dieses genuinen Raumwissens als ausschließlich akademische Disziplin irreführend und falsch. Auch die Verleger von Karten, Atlanten und geografischer Literatur, wie z. B. von Reiseführern oder Reisebeschreibungen waren ökonomischen Zwängen in ihrer alltäglichen Arbeit unterworfen.

Dies bedeutet allerdings nicht, dass im 19. Jahrhundert die Motivation zur Veröffentlichung von Kartografie aller Art aus ausschließlich pekuniären Interessen bestand. In einer Zeit der Verwissenschaftlichung von Verfahrenstechniken der visuellen Raumerzeugung boten erfolgreich verbreitete Publikationen in einem wachsenden Markt für Druckerzeugnisse aller Art nicht nur Aufmerksamkeit für das eigene (wissenschaftliche) Schaffen, sondern zugleich dank des so erzielten akademischen Ruhms den oft gewünschten beruflichen Aufstieg im Wissenschaftsbetrieb. Wie die Biografien von Heinrich Barth, Theodor von Heuglin oder Heinrich Berghaus in dieser Arbeit beispielhaft verdeutlichen, fungierten Fachverlage dabei als Dienstleister, deren eigene Existenz auch von der Reputation der verlegten Autoren abhing.

Insofern unterschieden sich die Abhängigkeiten dieser Unternehmen in diesem Punkt kaum von denen anderer Verlage. Der Kartenhandel kann folglich nicht ohne die Prinzipien und Methoden des Buchhandels verstanden werden, war er doch ein Teil davon. Aus diesem Grund lassen sich die gleichen Orte des Handels mit Büchern auch für Karten feststellen. Diese Räume können den Charakter zeitlich begrenzter Ort inne gehabt haben, wie die Existenz von Buchmessen belegt.

Auch die Verfahrenstechniken, mit deren Hilfe der Handel technisch und inhaltlich umgesetzt wurde, ähnelten sich stark. Die Gestaltung der Einbände von Atlanten, mehrbändigen Prachtausgaben besonders eindrucksvoll geschilderter Entdeckungsrei-

702 Zum Begriff der „Entzauberung der Welt" siehe: Max Weber, *Wissenschaft als Beruf*, 11. Auflage, Berlin, 2011.

https://doi.org/10.1515/9783111004372-005

sen oder die Heftungen von Einzelkarten offenbarten nicht nur das eigene Selbstverständnis der Käufer als Bildungsbürger, Lehrer, Schüler oder Forscher, sondern ermunterten die Verlage, gerade im Hinblick auf die Gestaltung ihrer Publikationen, auf die Bedürfnisse eines wachsenden Kundenkreises einzugehen. Über die Gestaltung der Verlagsartikel konnte so den Wünschen der Kunden nach einem genuin für ihre Bedürfnisse zugeschnittenem Produkt Rechnung getragen werden. Diese Entwicklung, sowohl im Buch-, als auch im Bereich des Kartenhandels steht sinnbildlich für den Wandel von der Produktorientierung hin zum kundenzentrierten Ansatz im Marketing des Buchhandels des 19. Jahrhunderts.

Stärker als im 18. Jahrhundert versuchten Kartenverleger des 19. Jahrhunderts auf die Bedürfnisse ihrer Kunden also einzugehen. Dies bedeutete auch, dass nicht nur, sofern es die betriebswirtschaftliche Ausstattung mit Produktionsmitteln des ausführenden Unternehmens es zuließ, Karten in kurzer Reihenfolge zu tagesaktuellen Themen, oft in Form von Einzelkartenpublikationen oder als Beilage in den immer öfter besprochenen Fachzeitschriften publiziert wurden, sondern als Folge der genannten Entwicklung eine Kongruenz zwischen dem Charakter der Karte als Handelsware und dem Kartenbild beobachtet werden kann.

Verleger und die für sie arbeitenden Kartografen begannen einmal mehr den Markt zu beobachten und dementsprechend die gehandelten Publikationen den Bedürfnissen der Leser und des Marktes anzupassen. Dieses Phänomen ließ sich im Verlauf der Arbeit an einigen Stellen beobachten. Hermann Berghaus schuf mit seiner *Chart of the World* eine Karte, die im Kartenbild und in der Kartensprache den Vertrieb außerhalb Deutschlands realisieren sollte. Für Bruno Hassenstein und seinen *Atlas von Japan* schien ein Vertrieb im Ausland hingegen nicht vergönnt zu sein, da die Größe des Marktes für ein derartiges Produkt unterschätzt wurde. Das Produkt befriedigte also nicht die Anforderungen der Konsumenten eines globalen Kartenmarktes, um erfolgreich auf eben diesem bestehen zu können. Gleichzeitig erkannte derselbe Verleger die Chancen des Vertriebs physikalischer Karten in Großbritannien, wenn gewissermaßen die Verpackung des gehandelten Wissens den Wünschen der Kunden jenseits des Ärmelkanals entspräche.

Dieses Beispiel vor Augen, fragte ich mich deshalb am Schluss der Arbeit, ob es überhaupt möglich sei, einen Raum des Kartenhandels in Deutschland zu finden. Diese Frage ließe sich ganz einfach beantworten, definiert das Nomen „Deutschland“ doch bereits einen geografischen Raum, der, zugegebener Maßen, im gesamten 19. Jahrhundert nicht immer eindeutig innerhalb nationaler Grenzen erkennbar war.

Die weitere Betrachtung lässt allerdings abschließend die Erkenntnis zu, dass die Idee eines einheitlichen, durch nationalstaatliche Grenzen abzugrenzenden ökonomischen Raums, in dem der Handel der Karten isoliert stattfand, einen Trugschluss in sich verbirgt. Vielmehr lebte die Geo- und mit ihr die Kartografie als Wissenschaft der Visualisierung von Räumen vom Austausch und der freien Zirkulation von Wissen. Das galt zum einen für den Austausch von Beständen des Raumwissens, die dringend für die Gestaltung von Landkarten aller Art erforderlich waren und für das Medium der Landkarte an sich. Der deutschsprachige Kartenmarkt des 19. Jahrhunderts fand auf Messen sowie in Buchhandlung inner- und außerhalb Deutschlands statt, gerade weil die internationale Reputation deutschsprachiger Kartografie im Verlauf des 19. und frühen 20. Jahrhunderts eine globale Nachfrage nach eben dieser erzeugte.

Der weltweite Handel mit Karten und die Akademisierung der Geografie etablierten wiederum neue Maßstäbe zur ökonomischen Bewertung von Raumwissen. Die Rolle der Abbildung indigenen Wissens in europäischen Karten des 19. Jahrhunderts wurde zu Gunsten der vermeintlich wahren Methoden naturwissenschaftlicher Selbstermächtigung über die Erde negiert, sodass Kartografen, sollten ihre Arbeiten auf globalisierten Buchmärkten Abnehmer finden, neue Standards der Raumerzeugung erfüllen mussten. Dies stellt unweigerlich die Frage nach dem Wert von Wissen und dessen Materialität.

Tradierte Wissensbestände wurden zuweilen anders gehandelt, als neues, sensationelles Wissen. Dieser Umstand lässt sich in der Divergenz der Ausstattung von Prestige- bis zur Schulkartografie nachweisen. Aktuelle Erkenntnisse aus zeitgenössischer Forschung wurden in anderer Qualität an anderer Stelle veröffentlicht als Raumwissen, dessen Wahrheitsgehalt als belegt angenommen wurde und deshalb häufiger den Weg in Produkte aus der Kategorie der Prestigekartografie Einzug hielt.

Um schließlich überhaupt die Produktion von Kartografie zu ermöglichen, bedurfte es wie nie zuvor fachkundiges Personal. Für Verlage bedeutet dies, dass für eine zukünftige Teilnahme am Kartenhandel, die Ausbildung von Fachkräften oberste Priorität hatte. Neben dem Ausbau der technischen Abteilungen, wie einer eigenen Druckerei, investierten Kartenverlage im Verlauf des 19. Jahrhunderts zunehmend in die akademische Ausbildung, der immer öfter fest angestellten Kartografen. Die Geschichten der Tätigkeit August Petermanns für den Justus Perthes Verlag oder die der Kunstschule von Heinrich Berghaus stehen dabei beispielhaft wie keine anderen für die Episoden der verlagsinternen Ausbildung von Kartografen. Erst als staatliche Institutionen, wie Universitäten und Akademien, die Ausbildung ab der zweiten Hälfte des 19. Jahrhunderts institutionalisierten und vereinheitlichten, endete dieser Teil der Verlagsgeschichten. Für den Handel mit Kartografie markierte dies einen endgültigen Bruch. Zum einen verlangte eine kleine Käuferschicht hochspezialisierte, genaue Karten für Forschung und Ausbildung, auf der anderen Seite setzten Verlage weiterhin große Mengen an Prestigekartografie für eine breite Masse erfolgreich ab. Das so publizierte Raumwissen wuchs stetig in bislang nicht gekannter Weise an, sodass zu Beginn des 20. Jahrhunderts neue Produkte für eine neue Zielgruppe die Verlage vor neue Herausforderungen stellten.

Die Erkenntnisse der vorliegenden Studie lassen sich jedoch in drei Teilaspekte gut zusammenfassen. Zunächst soll diese Arbeit einen Beitrag zur Marketinggeschichte deutscher Unternehmen im 19. Jahrhundert liefern. Gerade der ökonomische Erfolg von Verlagen war substantiell von einer positiven Kundenmeinung gegenüber diesen Unternehmen in einem Marktumfeld abhängig, welches zunehmend von Konkurrenz untereinander geprägt war. Kundenwünsche mussten auch für Kartenverlage ein zentrales Element der Produktplanung sein und der Vertrieb der Erzeugnisse mit Methoden des Marketing vorbereitet werden. Gleichwohl tauchte der Begriff des Marketing im operativen Geschäft der von mir untersuchten Unternehmen nicht auf, dennoch lassen sich Prinzipien moderner Vertriebsstrukturen und ihrer Kommunikation auch für Kartenverlage des 19. Jahrhunderts nachweisen. Das soll nicht nur einen Beitrag zur Kartografiegeschichte des 19. Jahrhunderts liefern, sodass die Eigenschaft einer Landkarte eben auch als Handelsware Beachtung finden muss, sondern zugleich zur Beschäftigung mit Fragen des Marketing von Unternehmen im ganzen 19. Jahrhundert und darüber hinaus anregen.

Darüber hinaus liefert die Beschäftigung mit dem Kartenhandel auch generell Einblicke in die betriebswirtschaftliche Verfassung von Verlagen in Deutschland im 19. Jahrhundert. Für Kartenverlage galt, wie für alle Unternehmen die in der Branche des Buchhandels tätig waren, dass sich ändernde Lesegewohnheiten des Publikums und neue Drucktechnologien Verlage beständig vor große Herausforderungen stellten. Dabei zeigt sich, dass es keineswegs immer darauf ankam ausschließlich mit einem erhöhten Kapitaleinsatz in neue Drucktechnologien zu investieren, sondern mit geeigneten, zum Teil an die sich geänderten Bedürfnisse des Publikums angepassten Produkte auf dem Buchmarkt eigene Nischen für eine feste Kundschaft zu besetzten. Das galt erst Recht für Verlage, die kein diversifiziertes Produktportfolio anbieten konnten. Dazu zählen vor allem Verlage, die sich als „Geographische Anstalten" verstanden. Hinzu kommt, dass Kartenverlage, wie alle Verlage mit einem erhöhten Bedarf betriebsinternen Wissens, nur erfolgreich am Markt partizipieren konnten, wenn der Bestand an diesem Wissen erhalten blieb. Dabei zeigte sich, dass die gezielte Förderung und Ausbildung von Kartografen und später auch Kupferstechern, Druckern und Koloristen im eigenen Unternehmen für den ökonomischen Erfolg dieser Verlage essentiell erschien. Das lag zu großen Teilen natürlich am eingebrachten Wissen, aber im Falle der Kartenverlage auch an der Reputation der Verlagsmitarbeiter, deren Namen auf den Produkten immer auch als Werbung in eigener Sache für den Verlag dienlich waren.

Schließlich kann die Frage nach dem ökonomischen Wert von Wissen beantwortet werden. Vordergründig erwerben Kunden bedrucktes Papier, aber auf den zweiten Blick wird klar, dass nicht nur das Material des Drucks für eine Kaufentscheidung entscheidend ist, sondern zu aller erst der Inhalt. Unter Berücksichtigung dieser Erkenntnis waren und sind Verleger also Wissensproduzenten. Und Kartenverleger verlegen Raumwissen. Für das 19. Jahrhundert gilt, dass Raumwissen erstmals nach zeitgenössischen, erkenntnistheoretischen Prinzipien der Wissensproduktion einen ökonomischen Wert erhielt und nicht bloß der reine künstlerische Ausdruck des Kartografen über den Wert des Karteninhaltes entschied. Damit beeinflusste die Akademisierung der Geo- und somit auch der Kartografie maßgeblich den Handel mit Karten. Fortan galt es deshalb genau zwischen erkenntnisreicher und bloßer künstlerisch, expressiver Kartenproduktion zu unterscheiden. Für Karten des ersteren Typus wurde die Vermarktung an Universitäten und Akademien essentiell und damit rasch sehr einseitig, was sich im Falle des von mir untersuchten Justus Perthes Verlages an Umsatzeinbußen dieses Unternehmens am Ende des 19. Jahrhunderts genau beobachten lässt. Da der deutschsprachige Markt für Produzenten dieser Kartenkategorie bald zu klein wurde, globalisierte sich deshalb auch der Markt für Kartografie zunehmend. Wissen war und ist eben ein universelles Gut. Für Karten des zweiten Typus entstand fortan ein breiter Markt, der sich vom Einsatz von Kartografie in Zeitungen und Zeitschriften bis in die Illustrationen zeitgenössischer Werbung verfolgen lässt. Doch das ist eine andere Geschichte.

6 Verzeichnis der gedruckten und archivalischen Quellen

Gedruckte Quellen

AMTHOR, EDUARD – ISSLEIB, WILHELM, *Volks-Atlas über alle Theile der Erde für Schule und Haus*, Issleib und Rietzschel, Gera 1867.

ANDREE, RICHARD, *Europa, Staatliche Eintheilung* (1876).

BAEDEKER, KARL, *Die Schweiz nebst den angrenzenden Theilen von Ober-Italien, Savoyen und Tirol. Handbuch für Reisende*, Karl Baedeker Verlag, Koblenz 1864[10].

BARTH, HEINRICH, *Reisen und Entdeckungen in Nord- und Central-Afrika in den Jahren 1849–1855: Tagebuch seiner im Auftrag der Britischen Regierung unternommenen Reise*, Bd. 1 (5 Bd.), Justus Perthes, Gotha 1857.

BERGHAUS, HEINRICH – SCHELLE, FRIEDRICH, *Umrisse der Pflanzengeographie* (1838) [https://collections.thulb.uni-jena.de/rsc/viewer/HisBest_derivate_00010507/Kartenmappe_Opt_Museum_Jena_0110.tif], zuletzt besucht 20/12/2020.

BERGHAUS, HERMANN – STÜLPNAGEL, FRIEDRICH VON, *Chart of the World on Mercators Projection* (1863).

BLUDAU, ALOIS, *Geschichte der Erd- und Himmelsgloben. Nach Fiorini-Günther*, „Geographische Zeitschrift" 2/2 (1896), S. 209–216.

BOETTCHER, *Die Methoden des geographischen Unterrichts*, in *Verhandlungen der Direktoren-Versammlungen in den Provinzen des Königreichs Preussen seit dem Jahre 1879* (*Direktoren Versammlung der Provinzen Ost- und Westpreussen*), Bd. 24, Weidmann, Berlin 1886.

DOMANN, BRUNO – HABENICHT, HERMANN, *Chart of the World on Mercators Projection* (1897).

FISCHER, HEINRICH, *Die Atlanten an den preußischen höheren Schulen*, „Geographische Zeitschrift" 9/9 (1903), S. 513–527.

GAEBLER, EDUARD, *Süd-Amerika (physikalisch)* (1891) [http://gei-digital.gei.de/viewer/image/PPN73995606X/1/LOG_0000/], zuletzt besucht 19/4/2020.

HABENICHT, HERMANN, *Das Capland nebst den Süd-Afrikanischen Freistaaten und dem Gebiet der Hottentotten & Kaffern* (1869).

———, *Süd-Afrika & Madagaskar* (1869).

———, *Die neue Lieferungsausgabe von Stieler's Hand-Atlas*, „Petermanns Geographische Mitteilungen" (1879), S. 175–179.

HANN, JULIUS, *Januar-Isothermen der östlichen Vereinigten Staaten* (1887).

———, *January Isotherms of the Eastern United States* (1899) [https://www.davidrumsey.com/luna/servlet/detail/RUMSEY~8~1~304823~90075349:Plate-7-Isotherms—North-America-?qvq=w4s:/what%2FPhysical%2BAtlas;q:%3D%22Bartholomew%2C%20J.G.%22;lc:RUMSEY~8~1&mi=71&trs=110], zuletzt besucht 20/12/2020.

HASSENSTEIN, BRUNO, *Die Umgegend der Bai von Tokio und des Vulkans Fuji-No-Yama* (1879) [https://dhb.thulb.uni-jena.de/receive/ufb_cbu_00012959?lang=de], zuletzt besucht 20/12/2020.

———, *Atlas von Japan. Sieben Blätter im Masstabe von 1:1.000.000 und eine Übersichtskarte im Masstabe von 1:7.500.000*, Justus Perthes, Gotha 1887.

HETTNER, A., *Besprechung der Chart of the World*, „Geographische Zeitschrift" 3/10 (1897), S. 594–595.

HEUGLIN, THEODOR VON, *Reisen in Nord-Ost Afrika. Tagebuch einer Reise von Chartum nach Abyssinien mit besonderer Rücksicht auf Zoologie und Geographie unternommen in dem Jahre 1852 bis 1853*, Justus Perthes, Gotha 1857.

HEUGLIN, THEODOR VON – ET AL., *Die Deutsche Expedition in Ost-Afrika: 1861–1862* (1864).

HUMBOLDT, ALEXANDER VON, *Briefe von Alexander von Humboldt an Christian Carl Josias Freiherr von Bunsen*, F. A. Brockhaus, Leipzig 1869.

https://doi.org/10.1515/9783111004372-006

JEPPE, FRIEDRICH, *Die Transvaal'sche Republik oder Süd-Afrikanische Republik. Mit einer Originalkarte der Transvaal'schen Republik* (1868).

JEPPE, FRIEDRICH – MERENKSY, ALEXANDER, *Original map of the Transvaal or South-African Republic* (1868) [https://collections.thulb.uni-jena.de/rsc/viewer/HisBest_derivate_00015784/Mittheilungen_Perthes_ErgBl_129602493_1868_24_0031.tif], zuletzt besucht 20/12/2020.

JOHNSTON, ALEXANDER KEITH, *The Geographical Distribution of Plants. Outline of Botanical Geography: The Distribution of Plants in a Perpendicular Direction* (1850) [https://www.davidrumsey.com/luna/servlet/detail/RUMSEY~8~1~308070~90077931?qvq=q%3Aauthor%3D%22Johnston%2C%20Alexander%20Keith%2C%201804-1871%22%3Bsort%3APub_List_No_InitialSort%2CPub_Date%2CPub_List_No%2CSeries_No%3Blc%3ARUMSEY~8~1&mi=3&trs=432], zuletzt besucht 20/12/2020.

LANGE, HENRY, *Europa* (1873) [http://gei-digital.gei.de/viewer/image/PPN738447765/5/], zuletzt besucht 7/12/2020.

LIEBE, KARL THEODOR, *Volks-Geographie über alle Theile der Erde für Schule und Haus*, Issleib und Rietzschel, Gera 1867.

LIECHTENSTERN, THEODOR VON – LANGE, HENRY, *Schul-Atlas zum Unterrichte in Erdkunde. Nebst den neusten wissenschaftlichen Forschungen in 29 Karten entworfen und bearbeitet von Th. Frhrn. v. Liechtenstern und H. Lange*, Westermann, Braunschweig 1853[1].

LIVINGSTONE, DAVID, *Missionsreisen und Forschungen in Südafrika während eines sechzehnjährigen Aufenthalts im Innern des Continents*, Hermann Costenoble, Leipzig 1858.

MAUCH, KARL, *Carl Mauch's Reisen im Inneren von Süd-Afrika 1865–1872* (1874).

MUNZINGER, WERNER, *Ueber die Sitten und das Recht der Bogos. Mit einer Karte der nördlichen Grenzländer Abyssiniens und einem Vorwort von J. M. Ziegler*, J. Wurster & Comp., Winterthur 1859.

———, *Werner Munzinger's Bericht über seine und Th. Kinzelbach's Reise nach El-Obed, 1862*, „Petermanns Geographische Mitteilungen" (1863), S. 183–190.

MURRAY, JOHN, *A Handbook for Travellers on the Continent: being a guide through Holland, Belgium, Prussia, and Northern Germany, and Along the Rhine, from Holland to Switzerland*, John Murray, London 1838[2].

O. A., *Die Schweiz: Notizen über ihre Bereisung, ihre wissenschaftlich-geographische Erforschung und ihre Abbildung in Karte und Bild*, „Petermanns Geographische Mitteilungen" (1864), S. 361–385.

———, *Geographischer Literatur-Vorbericht*, „Petermanns Geographische Mitteilungen" (1870), S. 36–40.

———, *Das hundertjährige Jubiläum der Geographischen Anstalt von Justus Perthes in Gotha*, „Die Gartenlaube"/36 (1885), S. 595–596.

———, *Litteratur-Bericht für 1895*, Justus Perthes, Gotha 1895.

PETERMANN, AUGUST, *Originalkarte von C. Mauch's Reisen von Süd-Afrika zwischen Potchefstrom und Zambesi 1865–1869. Nebst Übersicht aller anderen Forschungen* (1870).

———, *Natal und Orange-Fluss-Freistaat und C. Mit dem Diamanten-Feldern. Zur Übersicht der Aufnahmen von Adolf Hübner, Karl Mauch, Eduard Mohr und Co* (1871).

———, *Originalkarte der Neuesten Entdeckungsreisen in Süd-Afrika von Mauch, Mohr, Hübner, Baines u. A. Nebst Übersicht sämmtlicher Forschungen in der Transvaal-Republik & Mosilikatse's Reich* (1872).

———, *Ost-China, Korea und Japan* (1891) [http://www.maproom.org/00/09/present.php?m=0063], zuletz besucht 20/12/2020.

RAPER, HENRY – FITZ ROY, ROBERT, *Hints to Travellers*, „The Journal of the Royal Geographical Society of London" 24 (1854), S. 328–358.

REIN, JOHANNES JUSTUS, *Der Fuji-no-Yama und seine Besteigung*, „Petermanns Geographische Mitteilungen" (1879), S. 365–376.

STARKE, MARIANA, *Travels on the Continent: written for the use and particular information of travellers*, John Murray, London 1820.

STIELER, ADOLF, *Hand Atlas über alle Theile der Erde, nach dem neuesten Zustande, und über das Weltgebaude, nebst einem geographischen Texte. Plan und Ankündigung*, Justus Perthes, Gotha 1816.

SYDOW, EMIL VON, *E. von Sydow's Schul-Atlas in 36 Karten*, Justus Perthes, Gotha 1847.

———, *Der kartographische Standpunkt Europa's in den Jahren 1862 und 1863, mit besonderer Rücksicht auf den Fortschritt der topographischen Spezial-Arbeiten im Jahr 1862*, „Petermanns Geographische Mitteilungen" (1863), S. 458–482.

Ule, Willy – et al., *Der XI. Deutsche Geographentag in Bremen*, „Geographische Zeitschrift" 1/1 (1895), S. 51–62.

Woldt, August, *Die Gesellschaft für Erdkunde in Berlin. Zu deren Jubiläum am 30. April und 1. Mai*, „Die Gartenlaube"/18 (1879), S. 294–297.

Archivalische Quellen

Schriftliche Personennachlässe aus der Sammlung Perthes Archiv der Forschungsbibliothek Erfurt/Gotha:

Nachlass Karl Baedecker	SPA ARCH PGM 344.
Nachlass Heinrich Barth	SPA ARCH MFV 012, SPA ARCH PGM 039/1–039/2.
Nachlass Heinrich Berghaus	SPA ARCH MFV 19A/1–19A/4.
Nachlass Bruno Hassenstein	SPA ARCH PGM 138/9a–138/9c.
Nachlass Theodor von Heuglin	SPA ARCH PGM 62/1–62/8, 62/11, 62/14.
Nachlass Wilhelm Issleib	SPA ARCH PGM 364.
Nachlass Friedrich Jeppe	SPA ARCH PGM 063.
Nachlass Wilhelm und Bernhardt Perthes	SPA ARCH FFA 02/02, 03/02.
Nachlass August Petermann	SPA ARCH MFV 1, 6, 10, 19.
Nachlass August Ravenstein	SPA ARCH MFV 116.
Nachlass Adolf Stieler	SPA ARCH MFV 20/1, 3, 4
Nachlass Eduard Vogel	SPA ARCH PGM 191.

Weitere archivalische Quellen aus der Sammlung Perthes der Forschungsbibliothek Erfurt/Gotha:

Verlagsmaterial zur *Chart of the World* (1863–1924)	SPA ARCH FFA Chart of the World 1–5
Nachlass des Komitees der *Deutschen Expedition nach Ostafrika, 1861–1862*	SPA ARCH PGM 136 1, 4, 5, 9, 11.
Hauptkontobücher des Justus Perthes Verlages der Jahre 1828–1895	SPA ARCH FFA GB 01.08, S. 90, 276, 111, 291 f., 342.
	SPA ARCH FFA GB 01.09, S. 5, 213, 417–418, 122, 296, 162 f., 347, 372, 375.
	SPA ARCH FFA GB 01.10, S. 14 f., 18, 372, 448–451.
	SPA ARCH FFA GB 01.11, S. 167, 266, 280, 295 f., 316, 379.
	SPA ARCH FFA GB 01.12, S. 433–452, 455–460, 469–471, 541, 555.
	SPA ARCH FFA GB 01.13.
	SPA ARCH FFA GB 01.14.
	SPA ARCH FFA GB 01.15, S. 87 ff., 145, 552–595, 607–615, 627 f., 635, 677.
	SPA ARCH FFA GB 01.16, S. 12–21, 52, 433, 514–545, 558 ff.

SPA ARCH FFA GB 01.17, S. 17–36, 40, 77–82, 97, 100 f., 106 ff., 124–135, 140–145, 151–155, 157 f., 160 ff., 176 f., 183 ff., 190–195, 377–381, 422–459, 473 f.

Auslieferungsbücher des Justus Perthes Verlages der Jahre 1854–1868, 1869–1894, 1895–1918.
Cassa Bücher des Justus Perthes Verlages der Jahre 1813–1816, 1816–1820, 1821–1824, 1846–1853, 1853–1859, 1859–1865, 1865–1870, 1870–1874, 1874–1875.
Verlagskatalog des Justus Perthes Verlages, Januar 1880: Forschungsbibliothek Erfurt/Gotha, Sammlung Perthes, SPA 4° 812.

Schriftliche Personennachlässe aus dem Unternehmensarchiv der Westermann Verlagsgruppe:

Nachlass Eduard Gaebler	Mappe 21/6-3
	Mappe 4/93 1
Nachlass Theodor von Heuglin	Mappe 6.84 (Korrespondenz 1870–1873)
	Copirbuch für Handlungs-Correspondenz 1874–1875
	Copirbuch für Handlungs-Correspondenz 1875–1877
Nachlass Henry Lange	Mappe 1849–1851
	Mappe 1852–1855
	Mappe 1856–1869
	Mappe 1870–1873
	Mappe 1874–1878
	Copirbuch für Handlungs-Correspondenz 1849–1850
	Copirbuch für Handlungs-Correspondenz 1850–1852
	Copirbuch für Handlungs-Correspondenz 1853–1855
	Copirbuch für Handlungs-Correspondenz 1855–1858
	Copirbuch für Handlungs-Correspondenz 1858–1862
	Copirbuch für Handlungs-Correspondenz 1862–1864
	Copirbuch für Handlungs-Correspondenz 1874–1875
	Copirbuch für Handlungs-Correspondenz 1875–1877

Weitere verwandte Bestände aus dem Unternehmensarchiv der Westermann Gruppe:

Contobuch	Jahre 1851–1858, S. 127, 139, 140, 142, 143, 302.
Contobuch	Jahre 1859–1874, S. 37 f., 113–115, 117–125, 186, 246 f., 313–319, 338 f., 365 f.
Contobuch	Jahre 1875–1888, S. 55, 119 f., 152–159, 164, 168 f., 174–180, 161 ff., 376–379, 381 ff., 386, 398.
Journal der Verlagsauslieferungen	Mappe 2/277, S. 49–50, 54–58, 270, 274–295, 297, 299
Bilanzbuch 2/279, Jahre 1838–1920	S. 96, 98, 136, 144, 149, 157 f., 319, 322 f.

Verwendete Archivbestände der National Library of Scotland:

Bestände des Bartholomew Archive	Acc. 10222/965
	Acc. 10222/1876
	Acc. 10222/11
	Acc. 10222/12
	Acc. 10222/59

	Acc. 10222/600
	Aus Letter-Book 1857–2002:
	Acc. 10222/749
Bestände des John Murray Archive	Letters from John Murray 1833 MS. 43062
	MS. 40035
	MS. 40712
	MS. 42425
	Letterbook 1846–1858 MS. 41912
	Letterbook 1858–1868 MS. 41913
	Letterbook 1868–1878 MS. 41914
	Letterbook 1878–1888 MS. 41915

Verwendete Bestände aus dem Nachlass Ludwig Friederichsens aus dem Staatsarchiv Hamburg:

Verlagskatalog L. Friederichsen Verlag, Juni 1868 – Juni 1908 Signatur 621–1/10_5a

Verwendete Bestände über die Familie Perthes aus dem Staatsarchiv Gotha:

Geh. Kanzlei Loc. XX 6. Nr. 81.
Geh. Kanzlei Loc. UU 9. Nr. 69.
Geh. Kanzlei TT. IIa. Nr. 91.
Loc. 239 Nr. 36.
Loc. 240 Nr. 54.

7 Alphabetisches Literaturverzeichnis

Abdelfettah, Ahcène – et al. (Hrsg.), *Savoirs d'Allemagne en Afrique du Nord: XVIIIe – XXe siècle*, Editions Buchène, Saint-Denis 2012.

Adalberger, Jörg, *Eduard Vogel and Eduard Robert Flegel: The Experiences of Two Nineteenth-Century German Explorers in Africa*, „History in Africa“ 27 (2000), S. 1–29.

Akerman, James R. (Hrsg.), *Cartographies of Travel and Navigation*, The University of Chicago Press, Chicago und London 2006.

Alexander, Manfred, *Russische Geschichte von den Anfängen bis zur Gegenwart*, 7. Auflage, Kröner Verlag, Stuttgart 2009.

Alt, Jürgen August, *Das Abenteuer der Erkenntnis: eine kleine Geschichte des Wissens*, C. H. Beck, München 2002.

Angster, Julia, *Erdbeeren und Piraten. Die Royal Navy und die Ordnung der Welt 1770–1860*, Vandenhoeck und Rupprecht, Göttingen 2012.

Arndt, Susan – Hornscheidt, Antje (Hrsg.), *Afrika und die deutsche Sprache. Ein kritisches Nachschlagewerk*, 3. Auflage, Unrast Verlag, Münster 2018.

Bachmann-Medick, Doris, *Cultural Turns. Neuorientierung in den Kulturwissenschaften*, 4. Auflage, Rowohlt Verlag, Reinbek 2010.

Barnett, Cliff, *Impure and Worldly Geography. The Africanist Discourse of the Royal Geographical Society, 1831–73*, „Transactions of the Institute of British Geographers“ 23/2 (1998), S. 239–251.

Bauer, Hans H. – et al. (Hrsg.), *Personenmarken erfolgreich managen: Ein markenpersönlichkeitsbasierter Steuerungsansatz*, Institut für marktorientierte Unternehmensführung der Universität Mannheim, Mannheim 2010.

Beiler, Rosalind J., *German-Speaking Immigrants in the British Atlantic World, 1680–1730*, „OAH Magazine of History“ 18/3 (2004), S. 19–22.

Belgum, Kirsten, *Popularizing the nation. Audience, representation, and the production of identity in „Die Gartenlaube“ 1853–1900*, University of Nebraska Press, Lincoln und London 1998.

Berghoff, Hartmut, *Marketing im 20. Jahrhundert. Absatzinstrument – Managementphilosophie – universelle Sozialtechnik*, in Berghoff, Hartmut (Hrsg.), *Marketinggeschichte. Die Genese einer modernen Sozialtechnik*, Campus Verlag, Frankfurt und New York 2007, S. 11–58.

——— (Hrsg.), *Marketinggeschichte. Die Genese einer modernen Sozialtechnik*, Campus Verlag, Frankfurt und New York 2007.

Black, Sandra E. – Lynch, Lisa M., *Human-Capital Investments and Productivity*, „The American Review“ 86/2 (1996), S. 263–276.

Blakemore, M. J. – Harley, J. B., *Concepts in the History of Cartography. A Review and Perspective*, Bd. 26, University of Toronto Press, Toronto 1980.

Bleek, Wilhelm, *Vormärz. Deutschlands Aufbruch in die Moderne 1815–1848*, C. H. Beck, München 2019.

Boahen, Albert Adu, *Britain, the Sahara and the Western Sudan*, Clarendon Press, Oxford 1964.

Bodenstein, Wulf, *Hermann Habenicht's Spezialkarte von Afrika – A Unique Cartographic Record of African Exploration 1885–1892*, „Terrae Incognitae“ 44/2 (2012), S. 139–162.

Boekhoff, Hermann, *Westermann, Profil eines Verlages: 1838–1963. Ein Jubiläumsbericht*, Georg Westermann Verlag, Braunschweig 1963.

Boone, Tonya – Ganeshan, Ram, *Knowledge Acquisition and Transfer among Engineers: Effects of Network Structure*, „Managerial and Decision Economics“ 29/5 (2008), S. 459–468.

Bourdieu, Pierre, *Die feinen Unterschiede. Kritik der gesellschaftlichen Urteilskraft*, 1. Aufage, Suhrkamp Verlag, Frankfurt am Main 1982.

Boyle, L. L., *Der zweite Inhaber der Firma Karl Baedeker*, „Mitteilungen für Baedeker-Freunde“ 5 (1983), S. 5–8.

Brakensiek, Stefan – Schneider, Ute (Hrsg.), *Gerhard Mercator. Wissenschaft und Wissenstransfer*, Wissenschaftliche Buchgesellschaft, Darmstadt 2015.

https://doi.org/10.1515/9783111004372-007

Brehm, Holger – et al., *Büchermacher der Zukunft – Marketing und Management im Verlag*, 2. Auflage, Wissenschaftliche Buchgesellschaft, Darmstadt 1999.

Brennan, Geoffrey – Pettit, Philip, *The Economy of Esteem: An Essay an Civil and Political Society*, Oxford University Press, Oxford 2004.

Bröcker, Johannes – Fritsch, Michael (Hrsg.), *Ökonomische Geographie*, Vahlen Verlag, München 2012.

Brogiato, Heinz Peter, *„An dem Knochen wird von vielen genagt". Zur Entwicklung der geographischen Schulatlanten im 19. Jahrhundert*, „Internationale Schulbuchforschung" 19/1 (1997), S. 35–66.

———, *Wissen ist Macht – Geographisches Wissen ist Weltmacht. Die schulgeographischen Zeitschriften im deutschsprachigem Raum (1880–1945) unter besonderer Berücksichtigung des Geographischen Anzeigers*, Bd. 18, Geographische Gesellschaft Trier, Trier 1998.

———, *„Baedeker" und „Stieler". Die Rolle des Verlagswesens zwischen Popularisierung und Professionalisierung der Geographie im 19. Jahrhundert*, in Estermann, Monika – Schneider, Ute (Hrsg.), *Wissenschaftsverlage zwischen Professionalisierung und Popularisierung* (*Wolfenbütteler Schriften zur Geschichte des Buchwesens*), Bd. 41, Harrassowitz Verlag, Wiesbaden 2007, S. 77–114.

———, *Gotha als Wissensraum*, in Lentz, Sebastian – Ormeling, Ferjan (Hrsg.), *Verräumlichung des Welt-Bildes. Petermanns Geographische Mitteilungen zwischen explorativer Geographie und „Vermessenheit" europäischer Raumphantasien* (*Friedenstein-Forschungen*), Bd. 2, Franz Steiner, Stuttgart 2008, S. 15–29.

Brown, Philip H. – Minty, Jessica H., *Media Coverage and Charitable Giving after the 2004 Tsunami*, „Southern Economic Journal" 75/1 (2008), S. 9–25.

Bruch, Rüdiger vom, *Wissenschaftspolitik, Wissenschaftssystem und Nationalstaat im Deutschen Kaiserreich*, in Kaufhold, Karl Heinrich – Sösemann, Bernd (Hrsg.), *Wirtschaft, Wissenschaft und Bildung in Preussen*, Franz Steiner, Stuttgart 1998, S. 73–89.

Bryś, Jenny, *Justus Perthes Gotha – Die Profilierung zum kartographischen Verlag, 1816–1853*, „Archiv für die Geschichte des Buchwesens" 74 (2019), S. 19–54.

Buchholz, Ulrike – Knorre, Susanne, *Interne Unternehmenskommunikation in resilienten Organisationen*, Springer, Berlin, Heidelberg 2012.

Buisseret, David, *The Cartographic Revolution. Mapmaking in Western Europe, 1400–1800*, Oxford University Press, Oxford 2003.

Burnett, D. Graham, *Masters of All They Surveyed: Exploration, Geography, and a British El Dorado*, The University of Chicago Press, Chicago, u. a. 2000.

Burton-Jones, Alan – Spender, J. C. (Hrsg.), *The Oxford Handbook of Human Capital*, Oxford University Press, Oxford und New York 2011.

Buß, Eugen, *Image und Reputation – Werttreiber für das Management*, in Piwinger, Manfred – Zerfaß, Ansgar (Hrsg.), *Handbuch Unternemenskommunikation*, Wiesbaden 2007, S. 228–242.

Calaminus, Claus, *250 Jahre Schropp in Berlin, 1742–1992*, Antiquariat Kiepert, Berlin 1992.

Cantner, Uwe, *Nähe und Distanz bei Wissensgenerierung und -verbreitung. Zur Rolle intellektueller Eigentumsrechte*, in Ibert, Oliver – Kujath, Hans Joachim (Hrsg.), *Räume der Wissensarbeit. Zur Funktion von Nähe und Distanz in der Wissensökonomie*, VS Verlag, Wiesbaden 2011, S. 83–102.

Carpenter, Humphrey, *The Seven Lives of John Murray. The History of a Publishing Dynasty 1768–2002*, John Murray, London 2008.

Carruthers, Jane, *Friedrich Jeppe: Mapping the Transvaal c. 1850–1899*, „Journal of Southern African Studies" 29/4 (2003), S. 955–975.

Christoph, Andreas, *Geographica und Cartographica aus dem Hause Bertuch. Zur Ökonomisierung des Naturwissens um 1800*, Bd. 16, Wilhelm Fink, München, Paderborn 2012.

———, *Die Ernestiner und ihre Leidenschaft für Globen*, in Westphal, Siegrid – et al. (Hrsg.), *Die Welt der Ernestiner. Ein Lesebuch*, Böhlau Verlag, Köln, Weimar, Wien 2016, S. 117–126.

Cook, Karen Severud, *From False Starts to Firm Beginnings: Early Colour Printing of Geological Maps*, „Imago Mundi" 47 (1995), S. 155–172.

DANNEBERG, LUTZ – VOLLHARDT, FRIEDRICH, *Wissen in Literatur im 19. Jahrhundert*, Max Niemeyer Verlag, Tübingen 2002.

DELANO-SMITH, CATHERINE, *Milieus of Mobility. Itineraries, Route Maps, and Road Maps*, in AKERMAN, JAMES R. (Hrsg.), *Cartographies of Travel and Navigation*, The University of Chicago Press, Chicago und London 2006, S. 16–68.

DEMHARDT, IMRE JOSEF, *Der Erde ein Gesicht geben. Petermanns Geographische Mitteilungen und die Anfänge der modernen Geographie in Deutschland*, Bd. 42, Forschungsbibliothek Erfurt/Gotha, Erfurt und Gotha 2006.

———, *„Rastlos nach dem Unerforschten Innern längstgekannter Continente …" Afrika in den Anfängen von Petermanns Mitteilungen*, in LENTZ, SEBASTIAN – ORMELING, FERJAN (Hrsg.), *Verräumlichung des Welt-Bildes. Petermanns Geographische Mitteilungen zwischen explorativer Geographie und „Vermessenheit" europäischer Raumphantasien* (*Friedenstein-Forschungen*), Bd. 2, Franz Steiner, Stuttgart 2008, S. 65–73.

DEMMLER, CHRISTIAN, *Nachdruck und Urheberrecht im 19. Jahrhundert*, in OLENHUSEN, IRMTRAUD GÖTZ VON – OLENHUSEN, ALBRECHT GÖTZ VON (Hrsg.), *Von Goethe zu Google: Geistiges Eigentum in drei Jahrhunderten*, Düsseldorf University Press, Düsseldorf 2011, S. 59–71.

DEPKAT, VOLKER, *The „Cultural Turn" in German and American Historiography*, „American Studies" 54/3 (2009), S. 425–450.

DESAI, ASHOK V., *Real Wages in Germany, 1871–1913*, Clarendon Press, Oxford 1968.

DIAWARA, MAMADOU (Hrsg.), *Heinrich Barth et l'Afrique*, Bd. 125, Rüdiger Köppe Verlag, Köln 2006.

DOMSCH, MICHAEL E. – LADWIG, DÉSIRÉE H. (Hrsg.), *Fachlaufbahnen. Alternative Karrierewege für Spezialisten schaffen*, Wolters Kluwer, Köln 2011.

DOREN, CHARLES VAN, *Geschichte des Wissens*, Springer, Basel u. a. 1996.

DORNER, FLORIAN, *Advertorials versus klassische Printwerbung*, Springer Gabler, Wiesbaden 2016.

DRITSAS, LAWRENCE, *Expeditionary Science: Conflicts of Method in Mid-Nineteenth-Century Geographical Discovery*, in LIVINGSTONE, DAVID N. – WITHERS, CHARLES W. J. (Hrsg.), *Geographies of nineteenth-century science. Thinking geographically about nineteenth-century science*, University of Chicago Press, Chicago, u. a. 2011, S. 255–278.

DRIVER, FELIX, *Scientific Exploration and the Construction of Geographical Knowledge: Hints to Travellers*, „Finisterra" 33/65 (1998), S. 21–30.

DÜNNE, JÖRG, *Portable Medien und Weltverkehr. Die Taschenatlanten des Perthes Verlages*, in SIEGEL, STEFFEN (Hrsg.), *Die Werkstatt des Kartographen. Materialien und Praktiken visueller Welterzeugung* (*Laboratorium Aufklärung*), Bd. 9, Fink Verlag, München 2011, S. 185–204.

DÜRNDORFER, MARTINA – FRIEDERICHS, PETER (Hrsg.), *Human Capital Leadership. Strategien und Instrumente zur Wertsteigerung der wichtigsten Ressource von Unternehmen*, Murmann, Hamburg 2004.

EDNEY, MATTHEW H. – PEDLEY, MARY SPONBERG (Hrsg.), *Cartography in the European Enlightenment*, Bd. 4, University of Chicago Press, Chicago 2019.

EDVINSSON, LEIF – BRÜNIG, GISELA, *Aktivposten Wissenskapital. Unsichtbare Werte bilanzierbar machen*, Gabler, Wiesbaden 2000.

ENGELMANN, GERHARD, *Der Atlas des Heinrich Berghaus*, „Petermanns Geographische Mitteilungen"/104 (1960), S. 311–329.

———, *Heinrich Berghaus. Der Kartograph von Potsdam*, Bd. 10, Johann Ambrosius Barth, Leipzig und Halle/Saale 1977.

ESPENHORST, JÜRGEN, *Andree, Stieler Meyer & CO. Handatlanten des deutschen Sprachraumes (1800–1945) nebst Vorläufern und Abkömmlingen im In- und Ausland*, Pangaea Verlag, Schwerte 1994.

ESPENHORST, JÜRGEN – KÜMPEL, ERHARD, *Diercke – ein Atlas für Generationen. Hintergründe, Geschichte und bibliographische Daten bis 1955*, Pangaea Verlag, Schwerte 1999.

ESSER, CORNELIA, *Deutsche Afrikareisende im neunzehnten Jahrhundert. Zur Sozialgeschichte des Reisens*, Bd. 32, Steiner Verlag, Wiesbaden und Stuttgart 1985.

Estermann, Monika – Schneider, Ute (Hrsg.), *Wissenschaftsverlage zwischen Professionalisierung und Popularisierung*, Bd. 41, Harrassowitz Verlag, Wiesbaden 2007.

Felsch, Philipp, *Wie August Petermann den Nordpol erfand*, Luchterhand Verlag, München 2010.

Fiedler, Matthias, *Zwischen Abenteuer, Wissenschaft und Kolonialismus: der deutsche Afrikadiskurs im 18. und 19. Jahrhundert*, Böhlau Verlag, Köln, Weimar, Wien 2005.

Fietze, Beate, *Historische Generationen. Über einen sozialen Mechanismus kulturellen Wandels und kollektiver Kreativität*, transcript, Bielefeld 2009.

Fischer, Heinrich, *Die Atlanten an den preußischen höheren Schulen*, „Geographische Zeitschrift" 9/9 (1903), S. 513–527.

Fliaster, Alexander, *Innovationen in Netzwerken. Wie Humankapital und Sozialkapital zu kreativen Ideen führen*, Hampp, München und Mering 2007.

Förster, Larissa – Stoecker, Holger (Hrsg.), *Haut, Haar und Knochen. Koloniale Spuren in naturkundlichen Sammlungen der Universität Jena*, 1. Auflage, Bd. 9, VDG Verlag, Weimar 2016.

Franck, Georg, *Ökonomie der Aufmerksamkeit. Ein Entwurf*, Hanser Verlag, München, u. a. 2002.

Frantz, Christiane – Martens, Kerstin, *Nichtregierungsorganisationen (NGOs)*, 1. Auflage, VS Verlag, Wiesbaden 2006.

Franzen, Axel – Freitag, Markus (Hrsg.), *Sozialkapital. Grundlagen und Anwendungen*, Springer, Wiesbaden 2007.

Friedenthal, Richard, *Goethe: sein Leben und seine Zeit*, 1. Auflage, Piper Verlag, München 1963.

Fritsch, Kathrin, *„You have everything confused and mixed up ...!" Georg Schweinfurth, Knowledge and Cartography of Africa in the 19th Century*, „History in Africa" 36 (2009), S. 87–101.

Fritsch, Michael, *Entrepreneurship und Regionalentwicklung*, in Bröcker, Johannes – Fritsch, Michael (Hrsg.), *Ökonomische Geographie*, Vahlen Verlag, München 2012, S. 201–217.

Fünderich, Maren-Sophie, *Wohnen im Kaiserreich. Einrichtungsstil und Möbeldesign im Kontext bürgerlicher Selbstrepräsentation*, de Gruyter, Berlin, Boston 2019.

Füssel, Stephan – et al. (Hrsg.), *Der Börsenverein des Deutschen Buchhandels 1825–2000. Ein geschichtlicher Aufriss*, Börsenverein des Deutschen Buchhandels e. V., Frankfurt am Main 2000.

Gäbler, Petra, *Eduard Gaebler (1842–1911), der Verleger und seine Atlanten*, „Cartographica Helvetica" 37 (2008), S. 3–20.

Gahrmann, Christian, *Strategisches Fundraising*, Springer Gabler, Wiesbaden 2012.

Gnettner, Horst, *Der Bremer Afrikaforscher Gerhard Rohlfs: vom Aussteiger zum Generalkonsul*, Edition Lumière, Bremen 2005.

Goldhammer, Klaus, *Wissensgesellschaft und Informationsgüter aus ökonomischer Sicht*, in Hofmann, Jeanette (Hrsg.), *Wissen und Eigentum. Geschichte, Recht und Ökonomie stoffloser Güter*, Bundeszentrale für Politische Bildung, Bonn 2006, S. 81–108.

Gömmel, Rainer, *Realeinkommen in Deutschland. Ein internationaler Vergleich (1810–1914)*, Bd. 4, Selbstverlag, Nürnberg 1979.

Göppel-Klein, Andrea – Gemelman, Claas Christian (Hrsg.), *Medien im Marketing. Optionen der Unternehmenskommunikation*, Springer, Wiesbaden 2009.

Gradinari, Irina – et al. (Hrsg.), *Reisen und Nichtwissen. Versteckt – Verirrt – Verschollen*, Bd. 18, Reichert Verlag, Wiesbaden 2016.

Green, Abigail, *Representing Germany? The Zollverein at the World Exhibitions, 1851–1862*, „The Journal of Modern History" 75/4. (2003), S. 836–863.

Greiling, Werner, *Verlagswesen und Presse in den ernestinischen Staaten*, in Westphal, Siegrid – et al. (Hrsg.), *Die Welt der Ernestiner. Ein Lesebuch*, Böhlau Verlag, Köln, Weimar, Wien 2016, S. 310–317.

Greiling, Werner – Seifert, Siegfried (Hrsg.), *„Der entfesselte Markt": Verleger und Verlagsbuchhandel im thüringisch-sächsischen Kulturraum um 1800*, Leipziger Universitätsverlag, Leipzig 2004.

Günzel, Stephan (Hrsg.), *Raum: ein interdisziplinäres Handbuch*, Verlag J. B. Metzler, Stuttgart und Weimar 2011.

Güttler, Nils, *Unsichtbare Hände. Die Koloristinnen des Perthes Verlages und die Verwissenschaftlichung der Kartographie im 19. Jahrhundert*, „Archiv für die Geschichte des Buchwesens“ 68 (2013), S. 133–153.

———, *Das Kosmoskop. Karten und ihre Benutzer in der Pflanzengeographie des 19. Jahrhunderts*, Wallstein Verlag, Göttingen 2014.

Hachtmann, Rüdiger, *Tourismus-Geschichte*, Bd. 2866, Vandenhoeck und Rupprecht, Göttingen 2007.

Hahn, Hans-Werner, *Zur Einführung: Die Ernestiner und die bürgerliche Welt des 19. Jahrhunderts*, in Westphal, Siegrid – et al. (Hrsg.), *Die Welt der Ernestiner. Ein Lesebuch*, Böhlau Verlag, Köln, Weimar, Wien 2016, S. 290–299.

Halfmann, Marion, *Marketing-Controlling*, Springer, Wiesbaden 2018.

Hamann, Christof, *Forschungsreisende in Familienjournalen. Vogel, Barth, Old Shatterhand, Hagebucher*, in Hamann, Christof – Honold, Alexander (Hrsg.), *Ins Fremde schreiben. Gegenwartsliteratur auf den Spuren historischer und fantastischer Entdeckungsreisen* (*Poiesis*), Bd. 5, Wallstein Verlag, Göttingen 2009, S. 43–68.

Hamann, Christof – Honold, Alexander (Hrsg.), *Ins Fremde schreiben. Gegenwartsliteratur auf den Spuren historischer und fantastischer Entdeckungsreisen*, Bd. 5, Wallstein Verlag, Göttingen 2009.

Hanke, Christine – Höhler, Sabine, *Epistemischer Raum: Labor und Wissensgeographie*, in Günzel, Stephan (Hrsg.), *Raum: ein interdisziplinäres Handbuch*, Verlag J. B. Metzler, Stuttgart und Weimar 2011, S. 309–321.

Harley, John Brian, *Deconstructing the Map*, „Cartographica“ 26/2 (1989), S. 1–20.

Harms, Hans, *Geographische Literatur und Thematische Kartographie vor 1800*, „Der Globusfreund“ 25/27 (1978), S. 97–102.

Heinz, Markus, *A Programme for Map Publishing: The Homann Firm in the Eighteenth Century*, „Imago Mundi“ 49 (1997), S. 104–115.

Hellmann, Kai-Uwe, *Kultur als Marke. Perspektiven und Probleme*, in Höhne, Steffen – Ziegler, Ralph Philipp (Hrsg.), *Kulturbranding II. Konzepte und Perspektiven der Markenbildung im Kulturbereich* (*Weimarer Studien zu Kulturpolitik und Kulturökonomie*), Bd. 2, Leipziger Universitätsverlag, Leipzig 2009, S. 21–46.

Henniges, Norman, *The Rolled World. German school wall maps and their publishers in the nineteenth and twentieth century*, „IMCOS Journal“ 151 (2017), S. 45–53.

Henning, Friedrich Wilhelm, *Deutsche Wirtschafts- und Sozialgeschichte im 19. Jahrhundert*, Schöningh, Paderborn, u. a. 1996.

Hewitson, Mark, *„The Old Forms are Breaking Up, ... Our New Germany is Rebuilding Itself“. Constitutionalism, Nationalism and the Creation of a German Polity during the Revolutions of 1848–49*, „The English Historical Review“ 125/516 (2010), S. 1173–1214.

Hildermeier, Manfred, *Geschichte Russlands. Vom Mittelalter bis zur Oktoberrevolution*, 1. Auflage, C. H. Beck, München 2013.

Hinrichsen, Alex W., *Baedeker's Reisehandbücher: 1832–1990*, 2. Auflage, U. Hinrichsen Verlag, Bevern 1991.

Hoepfner, Jörg, *Product Publicity, Produkt-PR und Marken-PR als Form der Public Relations für Produkt und Dienstleistungsmarken*, in Janich, Nina (Hrsg.), *Marke und Gesellschaft. Markenkommunikation im Spannungsfeld von Werbung und Public Relations* (*Europäische Kulturen in der Wirtschaftskommunikation*), Bd. 15, VS Verlag, Wiesbaden 2009, S. 53–68.

Hoffmann, Matthias – Huschmann, Rainer, *August Heinrich Petermann. Eine neue Ära beginnt*, in Suchy, Gottfried (Hrsg.), *Gothaer Geographen und Kartographen: Beiträge zur Geschichte der Geographie und Kartographie* (*Geographische Bausteine*), Bd. 26, Haack, Geographisch-Kartographische Anstalt, Gotha 1985, S. 77–84.

Höffner, Eckhard, *Geschichte und Wesen des Urheberrechts*, Bd. 1 (2 Bd.), Verlag Europäische Wirtschaft, München 2010.

Hofman, Catherine – Richard, Hélène – Vagnon, Emmanuelle (Hrsg.), *The golden age of maritime maps: when Europe discovered the world*, Firefly Books, Ontario 2013.

Hofmann, Jeanette (Hrsg.), *Wissen und Eigentum. Geschichte, Recht und Ökonomie stoffloser Güter*, Bundeszentrale für Politische Bildung, Bonn 2006.

Höhne, Steffen – Ziegler, Ralph Philipp (Hrsg.), *Kulturbranding II. Konzepte und Perspektiven der Markenbildung im Kulturbereich*, Bd. 4, Leipziger Universitätsverlag, Leipzig 2009.

Ibert, Oliver – Kujath, Hans Joachim (Hrsg.), *Räume der Wissensarbeit. Zur Funktion von Nähe und Distanz in der Wissensökonomie*, VS Verlag, Wiesbaden 2011.

Iriye, Akira, *Japan's drive to great-power status*, in Jansen, Marius B. (Hrsg.), *The Emergence of Meiji Japan*, Cambridge University Press, Cambridge, u. a. 1995, S. 268–330.

Iyengar Sheena S. – Lepper, Mark R., *When Choice is Demotivating: Can One Desire Too Much of a Good Thing?*, „Journal of Personality and Social Psychology" 79/6 (2000), S. 995–1006.

Jaeger, Burkhard, *Humankapital und Unternehmenskultur. Ordnungspolitik für Unternehmen*, 1. Auflage, Deutscher Universitäts Verlag, Wiesbaden 2004.

Jäger, Georg, *Der Verlagsbuchhandel*, in Jäger, Georg (Hrsg.), *Geschichte des Deutschen Buchhandels im 19. und 20. Jahrhundert. Das Kaiserreich 1870–1918* (*Geschichte des Deutschen Buchhandels im 19. und 20. Jahrhundert*), Bd. Teil 1, Buchhändler-Vereinigung GmbH, Frankfurt am Main 2001, S. 197–338.

——— (Hrsg.), *Geschichte des Deutschen Buchhandels im 19. und 20. Jahrhundert. Das Kaiserreich 1870–1918*, Bd. Teil 1, Buchhändler-Vereinigung GmbH, Frankfurt am Main 2001.

Janich, Nina (Hrsg.), *Marke und Gesellschaft. Markenkommunikation im Spannungsfeld von Werbung und Public Relations*, Bd. 15, VS Verlag, Wiesbaden 2009.

Jansen, Marius B., *The Emergence of Meiji Japan*, Cambridge University Press, Cambridge, u. a. 1995.

Jentzsch, Rudolf, *Der deutsch-lateinische Büchermarkt nach den Leipziger Ostermeß-Katalogen von 1740, 1770 und 1800 in seiner Gliederung und Wandlung*, Bd. 22, R. Voigtländer, Leipzig 1912.

Johnson, Marion, *By Ship or by Camel: The Struggle for the Cameroons Ivory Trade in the Nineteenth Century*, „The Journal of African History" 19/4 (1978), S. 539–549.

Jones, Adam – Voigt, Isabel, *„Just a First Sketchy Makeshift". German Travellers and Their Cartographic Encounters in Africa, 1850–1914*, „History in Africa" 39 (2012), S. 9–39.

Kalka, Regine – Mäßen, Andrea, *Marketing*, 7. Auflage, Haufe, Freiburg 2018.

Kaufhold, Karl Heinrich – Sösemann, Bernd (Hrsg.), *Wirtschaft, Wissenschaft und Bildung in Preußen*, Franz Steiner, Stuttgart 1998.

Keiderling, Thomas, *„Wissen ist Gold". Zur Markenpolitik des Brockhaus-Lexikons*, in Windgätter, Christof (Hrsg.), *Verpackungen des Wissens. Materialität und Markenbildung in den Wissenschaften* (*Maske und Kothurn. Internationale Beiträge zur Theater-, Film- und Medienwissenschaft*), Bd. 2, Böhlau Verlag, Wien, Köln, Weimar 2012, S. 83–95.

Kerlen, Dietrich, *Messe-Präsenz als Politikum*, in Zwahr, Hartmut – et al. (Hrsg.), *Leipzigs Messen 1497–1997. Gestaltenwandel – Umbrüche – Neubeginn. Teilband 1: 1497–1914* (*Geschichte und Politik in Sachsen*), Bd. 9/1, Böhlau Verlag, Köln, Weimar, Wien 1999, S. 413–420.

Kiesewetter, Hubert, *Industrielle Revolution in Deutschland, 1815–1914*, Franz Steiner, Stuttgart 2004.

Kirchberger, Ulrike, *Deutsche Naturwissenschaftler im britischen Empire. Die Erforschung der außereuropäischen Welt im Spannungsfeld zwischen deutschem und britischem Imperialismus*, „Historische Zeitschrift" 271/3 (2000), S. 621–660.

Kirchgeorg, Manfred – Springer, Christiane, *Zielgruppenorientierte Steuerung der Unternehmenskommunikation*, in Göppel-Klein, Andrea – Gemelmann, Claas Christian (Hrsg.), *Medien im Marketing. Optionen der Unternehmenskommunikation*, Springer, Wiesbaden 2009, S. 207–225.

Kirk-Greene, Anthony, *Heinrich Barth. An Exercise in Empathy*, in Rotberg, Robert I. (Hrsg.), *Africa and Its Explorers. Motives, Methods, and Impact*, Harvard University Press, Cambridge 1970, S. 13–38.

Klein-Blenkers, Christine, *Verlagsmarketing beim Absatz von Fachbüchern an berufliche Verwender*, Universitätsbibliothek Mannheim, Saarbrücken 1992.

Kleinschmidt, Verena, *Am Anfang war der „Liechtenstern/Lange". Aus der Frühgeschichte der Westermann-Kartografie*, „Geographische Rundschau" 5/56 (2004), S. 1–12.

Klemm, Volker, *Landbauwissenschaften und landwirtschaftliches Hochschulwesen in Preußen vom Beginn des 19. Jahrhunderts bis in das 20. Jahrhundert*, in Kaufhold, Karl Heinrich – Sösemann, Bernd (Hrsg.), *Wirtschaft, Wissenschaft und Bildung in Preußen*, Franz Steiner, Stuttgart 1998, S. 17–33.

Klimesch, Lothar Stülb von – Klimesch, Christoph von, *Professional Search als Personalmarketing. Eine Antwort auf das Recruiting Dilemma in der Wissensgesellschaft*, Springer, Berlin, Heidelberg 2014.

Köhler, Christoph, *„Dass keiner was unternehme, das bloß ihm alle Vortheile, den andern aber Schaden bringt". Carl Wilhelm Ettingers Verlagsunternehmen in Gotha*, in Greiling, Werner – Seifert, Siegfried (Hrsg.), *„Der entfesselte Markt": Verleger und Verlagsbuchhandel im thüringisch-sächsischen Kulturraum um 1800*, Leipziger Universitätsverlag, Leipzig 2004, S. 107–128.

———, *Die Wirtschafts-, Finanz- und Sozialpolitik Ernst II. von Sachen-Gotha-Altenburg*, in Köhler, Christoph – et al. (Hrsg.), *Ernst II. von Sachsen-Gotha-Altenburg*, Böhlau Verlag, Köln u. a. 2005, S. 111–128.

Köhler, Christoph – et al. (Hrsg.), *Ernst II. von Sachsen-Gotha-Altenburg*, Böhlau Verlag, Köln u. a. 2005.

Köhler, Franz, *Gothaer Wege in Geographie und Kartographie*, 1. Auflage, Haack, Geographisch-Kartographische Anstalt, Gotha 1987.

Kosciuszko, Bernhard, *„Eine gefährliche Gegend". Der Yellowstone Park bei Karl May*, „Jahrbuch der Karl May Gesellschaft" 12 (1982), S. 196–210.

Koshaer, Rudy, *„What Ought to Be Seen": Tourists Guidebooks and National Identities in Modern Germany and Europe*, „Journal of Contemporary History" 33/3 (1998), S. 323–340.

Kraus, Hans Christof, *Kultur, Bildung, Wissenschaft im 19. Jahrhundert*, Bd. 82, R. Oldenbourg, München 2008.

Krauss, Georg, *150 Jahre Preußische Meßtischblätter*, „Zeitschrift für Vermessungswesen" 94/4 (1969), S. 125–135.

Krempien, Petra, *Geschichte des Reisens und des Tourismus. Ein Überblick von den Anfängen bis zur Gegenwart*, FBV Medien Verlag, Limburgerhof 2000.

Krogh, Georg von – Wallin, Martin W., *The Firm, Human-Capital, and Knowledge Creation*, in Burton-Jones, Alan – Spender, J. C. (Hrsg.), *The Oxford Handbook of Human Capital*, Oxford University Press, Oxford und New York 2011, S. 261–288.

Kuhn, Kristina – Struck, Wolfgang, *Aus der Welt gefallen. Die Geographie der Verschollenen*, Wilhelm Fink, Paderborn 2019.

Ladwig, Désirée H. – Domsch, Michael E., *Fachlaufbahnen – Zukunftsweisende Laufbahnkonzepte für Wissenschaftler und Netzwerkorganisationen*, in Ladwig, Désirée H. – Domsch, Michael E. (Hrsg.), *Fachlaufbahnen. Alternative Karrierewege für Spezialisten schaffen*, Wolters Kluwer, Köln 2011, S. 15–29.

Lentz, Sebastian – Ormeling, Ferjan (Hrsg.), *Verräumlichung des Welt-Bildes. Petermanns Geographische Mitteilungen zwischen explorativer Geographie und „Vermessenheit" europäischer Raumphantasien*, Bd. 2, Steiner Verlag, Stuttgart 2008.

Livingstone, David N. – Withers, Charles W. J. (Hrsg.), *Geographies of nineteenth-century science. Thinking geographically about nineteenth-century science*, University of Chicago Press, Chicago, u. a. 2011.

Löhr, Isabella, *Die Globalisierung geistiger Eigentumsrechte. Neue Strukturen internationaler Zusammenarbeit: 1886–1952*, Vandenhoeck und Rupprecht, Göttingen 2010.

Lovejoy, Paul E., *Commercial Sectores in the Economy of the Nineteenth-Century Central Sudan: The Trans-Saharan Trade and the Desert-Side Salt Trade*, „African Economic History" 13 (1984), S. 85–116.

Lüdecke, Cornelia, *Carl Ritters (1779–1859) Einfluß auf die Geographie bis hin zur Geopolitik Karls Haushofers (1869–1946)*, „Sudhoff's Archiv" 88/2 (2004), S. 129–152.

Luhmann, Niklas, *Soziale Systeme. Grundriß einer allgemeinen Theorie*, 1. Auflage, Suhrkamp Verlag, Frankfurt am Main 1984.

———, *Die Wirtschaft der Gesellschaft*, 2. Auflage, Suhrkamp Verlag, Frankfurt am Main 1989.

Martin, Lynn, *From Sail to Steam: The Impact of the Steamship Services on the British Palm Oil Trade with West Africa, 1850–1890*, „The Journal of African History" 30/3 (1989), S. 227–245.

Marx, Christian, *Forschungsüberblick zur Historischen Netzwerkforschung. Zwischen Analysekategorie und Metapher*, in Düring, Marten – et al. (Hrsg.), *Handbuch Historische Netzwerkforschung (Schriften des Kulturwissenschaftlichen Instituts Essen zur Methodenforschung)*, Bd. 1, LIT, Münster 2016, S. 63–84.

Meyer, Holt – et al. (Hrsg.), *Space Time of the Imperial*, Bd. 1, Walter de Gruyter, Berlin, Boston 2017.

Michael P. Zerres Christopher Zerres, *Handbuch Marketing-Controlling*, 3. Auflage, Springer, Berlin, Heidelberg 2006.

Middell, Katharina, *„Die Bertuchs müssen doch in dieser Welt überall Glück haben": Der Verleger Friedrich Justin Bertuch und sein Landes-Industrie-Comptoir um 1800*, Leipziger Universitätsverlag, Leipzig 2002.

Monmonier, Mark (Hrsg.), *Cartography in the Twentieth Century*, Bd. 6, University of Chicago Press, Chicago 2015.

Moog, Petra, *Human Capital and its Influence on Entrepreneurial Success*, „Historical Social Research" 27/4 (2002), S. 157–180.

———, *Humankapital des Gründers und Erfolg der Unternehmensgründung*, 1. Auflage, Deutscher Universitäts Verlag, Wiesbaden 2004.

Müller, Susanne, *Die Welt des Baedeker. Eine Medienkulturgeschichte des Reiseführers: 1830–1945*, Campus Verlag, Frankfurt am Main 2012.

Murphy, David Thomas, *German Exploration of the Polar World: a history, 1870–1940*, University of Nebraska Press, Lincoln und London 2002.

Muth, Cornelius – Immetsberger, Dirk, *Das Unternehmen als Marke*, in Piwinger, Manfred – Zerfaß, Ansgar (Hrsg.), *Handbuch Unternehmenskommunikation*, Springer Gabler, Wiesbaden 2007, S. 265–279.

Nahapiet, Janine, *A Social Perspective: Exploring the Links between Human Capital and Social Capital*, in Burton-Jones, Alan – Spender, J. C. (Hrsg.), *The Oxford Handbook of Human Capital*, Oxford University Press, Oxford und New York 2011, S. 71–95.

Nzemeke, Alexander D., *British Imperialism and African Response. The Niger Valley 1851–1905*, Schöningh, Paderborn 1982.

o. A., *Westermann. Profil eines Verlages. 1838–1963 Ein Jubiläumsbericht*, Westermann, Braunschweig 1963.

Olenhusen, Irmtraud Götz von – Olenhusen, Albrecht Götz von (Hrsg.), *Von Goethe zu Google: Geistiges Eigentum in drei Jahrhunderten*, Düsseldorf University Press, Düsseldorf 2011.

O'Rourke, Kevin – Williamson, Jeffrey, *Globalization and History. The Evolution of a Nineteenth-Century Atlantic Economy*, MIT Press, Cambridge 1999.

Osterhammel, Jürgen, *Die Verwandlung der Welt. Eine Geschichte des 19. Jahrhunderts*, Bd. 1044, Bundeszentrale für Politische Bildung, Bonn 2010.

Oswalt, Vadim, *Weltkarten – Weltbilder: Zehn Schlüsseldokumente der Globalgeschichte*, Reclam, Stuttgart 2015.

Päßler, Ulrich, *Ein „Diplomat aus den Wäldern des Orinoko". Alexander von Humboldt als Mittler zwischen Preußen und Frankreich*, Bd. 29, Franz Steiner, Stuttgart 2009.

Pearson, Karen S., *The Nineteenth-Century Colour Revolution: Maps in Geographical Journals*, „Imago Mundi"/32 (1980), S. 9–20.

Pedley, Mary Sponberg, *The Commerce of Cartography. Making and Marketing Maps in Eighteenth-Century France and England*, The University of Chicago Press, Chicago und London 2005.

Pesek, Michael, *Vom richtigen Reisen und Beobachten. Ratgeberliteratur für Forschungsreisende nach Übersee im 19. Jahrhundert*, „Berichte für Wissenschaftsgeschichte" 40/1 (2017), S. 17–38.

Piwinger, Manfred – Zerfaß, Ansgar (Hrsg.), *Handbuch Unternehmenskommunikation*, Springer Gabler, Wiesbaden 2007.

Preisendörfer, Peter, *Sozialkapital und Unternehmerisches Handeln. Das soziale Netzwerk von Unternehmensgründern als Erfolgsfaktor*, in Franzen, Axel – Freitag, Markus (Hrsg.), *Sozialkapital. Grundlagen und Anwendungen*, Springer, Wiesbaden 2007, S. 272–293.

Prothero, R. Mansell, *Heinrich Barth and the Western Sudan*, „The Geographic Journal" 124/3 (1958), S. 326–337.

RARISCH, ILSEDORE, *Industrialisierung und Literatur. Buchproduktion, Verlagswesen und Buchhandel in Deutschland im 19. Jahrhundert in ihrem statistischen Zusammenhang*, Colloquium Verlag, Berlin 1976.

RATHJE, STEFANIE, *An glatten Oberflächen bleibt nichts haften! – Brand Cohesion als Ansatz der Markenbildung im Kulturbereich*, in HÖHNE, STEFFEN – ZIEGLER, RALPH PHILIPP (Hrsg.), *Kulturbranding II. Konzepte und Perspektiven der Markenbildung im Kulturbereich* (*Weimarer Studien zu Kulturpolitik und Kulturökonomie*), Bd. 4, Leipziger Universitätsverlag, Leipzig 2009, S. 37–56.

RATTNER, JOSEF – DANZER, GERHARD, *Aufklärung und Fortschrittsdenken in Deutschland 1750–1850: von Kant und Lessing bis Heine und Feuerbach*, Königshausen und Neumann, Würzburg 2004.

RAU, SUSANNE, *Räume. Konzepte, Wahrnehmungen, Nutzungen*, Campus Verlag, Frankfurt und New York 2013.

REBENICH, STEFAN, *C. H. Beck 1763–2013. Der kulturwissenschaftliche Verlag und seine Geschichte*, C. H. Beck, München 2013.

REMENYI, MARIA, *„Popularisierung" und „Wissenschaft" – ein Gegensatz? Die mathematischen Wissenschaften und ihre Vermittlung im 18. Jahrhundert*, in SCHNEIDER, ULRICH JOHANNES (Hrsg.), *Kulturen des Wissens im 18. Jahrhundert*, Walter de Gruyter, Berlin, New York 2008, S. 347–354.

REQUATE, JÖRG (Hrsg.), *Das 19. Jahrhundert als Mediengesellschaft*, Bd. 4, de Gruyter, München 2009.

———, *Kennzeichen der deutschen Medienlandschaft des 19. Jahrhunderts*, in REQUATE, JÖRG (Hrsg.), *Das 19. Jahrhundert als Mediengesellschaft* (*Ateliers des Deutschen Historischen Instituts Paris*), Bd. 4, de Gruyter, München 2009, S. 30–42.

RIEKE-MÜLLER, ANNELORE, *„Der Blick über das ganze Erdenrund" – Deutsche Forschungsreisen und Forschungsreisende im 19. Jahrhundert bis zur Deutschen Afrika-Expedition 1860–1863*, „Berichte zur Wissenschaftsgeschichte" 22/2 (1999), S. 113–122.

RIES, KLAUS, *Die Ernestiner und das moderne Gelehrtentum*, in WESTPHAL, SIEGRID – ET AL. (Hrsg.), *Die Welt der Ernestiner. Ein Lesebuch*, Böhlau Verlag, Köln, Weimar, Wien 2016, S. 99–107.

ROTBERG, ROBERT I. (Hrsg.), *Africa and Its Explorers. Motives, Methods, and Impact*, Harvard University Press, Cambridge 1970.

SAILMANN, GERALD, *Der Beruf. Eine Begriffsgeschichte*, Bd. 147, transcript, Bielefeld 2018.

SALDERN, ADELHEID VON, *Netzwerke und Unternehmensentwicklung im frühen 19. Jahrhundert. Am Beispiel der Schoeller-Häuser*, „Zeitschrift für Unternehmensgeschichte" 2 (2008), S. 147–176.

SCHELHAAS, BRUNO, *Das „Wiederkehren des Fragezeichens in der Karte". Gothaer Kartenproduktion im 19. Jahrhundert*, „Geographische Zeitschrift" 97/4 (2009), S. 227–242.

SCHMIDTKE, ALRUN, *Mapping a Distant Empire: Bruno Hassenstein's Atlas of Japan (1885/87)*, in MEYER, HOLT – ET AL. (Hrsg.), *Space Time of the Imperial* (*Spatio Temporality – Practices – Concepts – Media*), Bd. 1, Walter de Gruyter, Berlin, Boston 2017, S. 367–393.

SCHMOECKEL, MATHIAS – MAETSCHKE, MATTHIAS, *Rechtsgeschichte der Wirtschaft: seit dem 19. Jahrhundert*, 2. Auflage, Mohr Siebeck Verlag, Tübingen 2016.

SCHMUTTERER, FELIX, *Carl Ritter und seine „Erdkunde von Asien": Die Anfänge der wissenschaftlichen Geographie im frühen 19. Jahrhundert*, Dietrich Reimer Verlag, Berlin 2018.

SCHNEIDER, ULRICH JOHANNES (Hrsg.), *Kulturen des Wissens im 18. Jahrhundert*, Walter de Gruyter, Berlin, New York 2008.

SCHNEIDER, UTE, *Die Macht der Karten. Eine Geschichte der Kartographie vom Mittelalter bis heute*, 4. Auflage, Wissenschaftliche Buchgesellschaft, Darmstadt 2018.

SCHRAMM, MANUEL, *Der „Sydow". Zur Geschichte eines Schulatlas im 19. Jahrhundert*, „Archiv für Kulturgeschichte" 97/1 (2015), S. 153–176.

SCHRAUT, SYLVIA, *Kartierte Nationalgeschichte: Geschichtsatlanten im internationalen Vergleich. 1860–1960*, Campus Verlag, Frankfurt am Main 2011.

SCHRÖDER, IRIS, *Eine Weltkarte aus der Provinz: Die Gothaer Chart of the World und die Karriere eines globalen Bestsellers*, „Historische Anthropologie" 25/3 (2017), S. 353–376.

SCHULTE-HILLEN, GERD – GANZ, AXEL – ALTHANS, JÜRGEN, *Strategien im internationalen Verlagsmarketing*, „Die Betriebswirtschaft: DBW" 61/4 (2001), S. 478–492.

SCHULTEN, SUSAN, *Mapping the Nation: History and Cartography in Nineteenth-Century America*, University of Chicago Press, Chicago 2012.

SCHULZ, ANDREAS, *Lebenswelt und Kultur des Bürgertums im 19. und 20. Jahrhundert*, Springer, Berlin u. a. 2014.

SCHÜRMANN, MATHIAS, *Marketing. In vier Schritten zum eigenen Marketingkonzept*, 3. Auflage, vdf Hochschulverlag AG, Zürich 2016.

SCHWARTZ, BARRY, *The paradox of choice: why more is less*, 2. Auflage, Harper Collins, New York 2009.

SCHWENGER, DANIEL, *Organisation internationaler Nichtregierungsorganisationen. Aufbau und Koordination von NGOs im System der Vereinten Nationen*, Springer Gabler, Wiesbaden 2013.

SCULLY, RICHARD J., *„North Sea or German Ocean"? The Anglo-German Cartographic Freemasonry, 1842–1914*, „Imago Mundi" 62/1 (2010), S. 46–62.

SELGERT, FELIX, *Civil Servants' Living Standards in the Grand Duchy of Baden, 1780–1913*, „Jahrbuch für Wirtschaftsgeschichte" 54/1 (2013), S. 151–177.

SIEGEL, STEFFEN (Hrsg.), *Die Werkstatt des Kartographen. Materialien und Praktiken visueller Welterzeugung*, Bd. 9, Fink Verlag, München 2011.

SIEGEL, STEFFEN – WEIGEL, PETRA, *Der „Mercatorgeist" des 19. Jahrhunderts. Anschauungen der globalen Ordnung in Hermann Berghaus' Chart of the World (1863–1924)*, in BRAKENSIEK, STEFAN – SCHNEIDER, UTE (Hrsg.), *Gerhard Mercator. Wissenschaft und Wissenstransfer*, Wissenschaftliche Buchgesellschaft, Darmstadt 2015, S. 197–230.

SIEGERT, REINHART (Hrsg.), *Volksbildung durch Lesestoffe im 18. und 19. Jahrhundert: Voraussetzungen – Medien – Topographie*, Edition Lumière, Bremen 2012.

SMALL, DEBORAH A. – VERROCHI, NICOLE M., *The Face of Need: Facial Emotion Expression on Charity Advertisements*, „Journal of Marketing Research" 46/6 (2009), S. 777–787.

SMITS, JAN, *Petermann's Maps. Carto-bibliography of the maps in Petermanns Geographischen Mitteilungen*, Hes and De Graaf, MS 't Goy-Houten 2004.

STADELMANN-STEFFEN, ISABELLE, *Der Ökonomische Wert sozialer Beziehungen. Eine empirische Analyse zum Verhältnis von Vertrauen, sozialen Netzwerken und wirtschaftlichem Wachstum im interkulturellen Vergleich*, in FRANZEN, AXEL – FREITAG, MARKUS (Hrsg.), *Sozialkapital. Grundlagen und Anwendungen*, Springer, Wiesbaden 2007, S. 294–320.

STRUCK, WOLFGANG, *Karten-Legenden. August Petermanns Verschollene*, in GRADINARI, IRINA – ET AL. (Hrsg.), *Reisen und Nichtwissen. Versteckt – Verirrt – Verschollen* (*Trierer Beiträge zu den historischen Kulturwissenschaften*), Bd. 18, Reichert Verlag, Wiesbaden 2016, S. 69–84.

SUCHY, GOTTFRIED (Hrsg.), *Gothaer Geographen und Kartographen: Beiträge zur Geschichte der Geographie und Kartographie*, Bd. 26, Haack, Geographisch-Kartographische Anstalt, Gotha 1985.

SUDROW, ANNE, *Der Schuh im Nationalsozialismus. Eine Produktgeschichte im deutsch-britisch-amerikanischen Vergleich*, Wallstein Verlag, München 2010.

TELESKO, WERNER, *Das 19. Jahrhundert. Eine Epoche und ihre Medien*, Böhlau Verlag, Wien, Köln, Weimar 2010.

TIETZE, BEATE, *Historische Generationen. Über einen sozialen Mechanismus kulturellen Wandels und kollektiver Kreativität*, transcript, Bielefeld 2009.

TITEL, VOLKER, *Von der Gründung des Börsenvereins bis zur Krönerschen Reform (1825–1888)*, in FÜSSEL, STEPHAN – ET AL. (Hrsg.), *Der Börsenverein des Deutschen Buchhandels 1825–2000. Ein geschichtlicher Aufriss*, Börsenverein des Deutschen Buchhandels e. V., Frankfurt am Main 2000, S. 30–59.

VAN DOREN, CHARLES, *Geschichte des Wissens*, Birkhäuser Verlag, Basel u. a. 1996.

VEBLEN, THORSTEIN – BANTA, MARTHA, *The Theory of the Leisure Class*, Neuauflage, Oxford University Press, Oxford und New York 2009.

VOLKER-SAAD, KERSTIN – GREVE, ANNA (Hrsg.), *Äthiopien und Deutschland. Sehnsucht nach der Ferne*, 1. Auflage, Deutscher Kunstverlag, München, u. a. 2006.

WARDENGA, UTE, *Petermanns Geographische Mitteilungen, Geographische Zeitschrift und Geographischer Anzeiger: Eine vergleichende Analyse von Zeitschriften in der Geographie 1855–1945*, in LENTZ, SEBASTIAN – ORMELING, FERJAN (Hrsg.), *Verräumlichung des Welt-Bildes. Petermanns Geographische Mitteilungen zwischen explorati-*

ver Geographie und „Vermessenheit" europäischer Raumphantasien (*Friedenstein-Forschungen*), Bd. 2, Franz Steiner, Stuttgart 2008, S. 31–44.

Weber, Max, *Wissenschaft als Beruf*, 11. Auflage, Duncker & Humblot, Berlin 2011.

Wegmann, Thomas, *Noch eine „Ausweitung der Markenzone"? Autorschaft und „branding" in der Literatur*, in Windgätter, Christof (Hrsg.), *Verpackungen des Wissens. Materialität und Markenbildung in den Wissenschaften* (*Maske und Kothurn. Internationale Beiträge zur Theater-, Film- und Medienwissenschaft*), Bd. 2, Böhlau Verlag, Wien, Köln, Weimar 2012, S. 13–24.

Weidhaas, Peter, *Zur Geschichte der Frankfurter Buchmesse*, Suhrkamp Verlag, Frankfurt am Main 2003.

Weinstein, Stanley – Barden, Pamela, *The Complete Guide to Fundraising Management*, 4. Auflage, John Wiley and Sons, Hoboken 2017.

Weissberg, Liliane, *Das starre Subjekt, das bewegliche Auge. Zur Geburt des „realistischen" Blicks*, in Danneberg, Lutz – Vollhardt, Friedrich (Hrsg.), *Wissen in Literatur im 19. Jahrhundert*, Max Niemeyer Verlag, Tübingen 2002, S. 127–146.

Westphal, Siegrid – et al. (Hrsg.), *Die Welt der Ernestiner: ein Lesebuch*, Böhlau Verlag, Köln, Weimar, Wien 2016.

Willink, Robert Joost, *The Fateful Journey. The Expedition of Alexine Tinne and Theodor von Heuglin in Sudan 1863–1864*, Amsterdam University Press, Amsterdam 2011.

Windgätter, Christof (Hrsg.), *Verpackungen des Wissens. Materialität und Markenbildung in den Wissenschaften*, Bd. 2, Böhlau Verlag, Wien, Köln, Weimar 2012.

———, *Wissenschaft als Marke. Schaufenster, Buchgestaltung und die Psychoanalyse*, Brinkmann und Bose, Berlin 2016.

Wisnicki, Adrian S., *Interstitial Cartographer. David Livingstone and the Invention of South Central Africa*, „Victorian Literature and Culture" 37/1 (2009), S. 255–271.

Wittmann, Reinhard, *Buchmarkt und Lektüre im 18. und 19. Jahrhundert*, Max Niemeyer Verlag, Tübingen 1982.

———, *Geschichte des deutschen Buchhandels*, 4. Auflage, C. H. Beck, München 2019.

Wolzogen, Christoph von, *Zur Geschichte des Dietrich Reimer Verlages, 1845–1985*, Dietrich Reimer Verlag, Berlin 1986.

———, *Verlags-Katalog von Dietrich Reimer 1845–1886*, Dietrich Reimer Verlag, Berlin 1995.

Wood, Gerald – et al., *HumanSigma – Die wirtschaftliche Bedeutung von emotional gebundenen Mitarbeitern und Kunden für das Unternehmen*, in Dürndorfer, Martina – Friederichs, Peter (Hrsg.), *Human Capital Leadership. Strategien und Instrumente zur Wertsteigerung der wichtigsten Ressource von Unternehmen*, 1. Auflage, Murmann, Hamburg 2004, S. 354–372.

Worth, Michael J., *Fundraising. Principles and Practice*, Sage Publications, Los Angeles u. a. 2016.

Zerfaß, Ansgar, *Unternehmenskommunikation und Kommunikationsmanagement: Grundlagen, Wertschöpfung, Integration*, in Piwinger, Manfred – Zerfaß, Ansgar (Hrsg.), *Handbuch Unternehmenskommunikation*, Springer Gabler, Wiesbaden 2007, S. 21–70.

Zimmerli, Walther Ch., *Wissenskulturen des 18. und 21. Jahrhunderts*, in Schneider, Ulrich Johannes (Hrsg.), *Kulturen des Wissens im 18. Jahrhundert*, Walter de Gruyter, Berlin, New York 2008, S. 1–22.

Zwahr, Hartmut – et al. (Hrsg.), *Leipzigs Messen 1497–1997. Gestaltenwandel – Umbrüche – Neubeginn. Teilband 1: 1497–1914*, Bd. 9/1, Böhlau Verlag, Köln, Weimar, Wien 1999.

8 Abbildungsverzeichnis

https://doi.org/10.1515/9783111004372-008